普通高校“十三五”规划教材

自动控制元件

（第二版）

刘陵顺　王　昉　王　晶　李　岩　编著

北京航空航天大学出版社

内 容 简 介

本书在第一版教材的基础上修订而成，主要阐述了自动控制系统中常用的控制元件的结构特点、工作原理、工作特性以及典型应用等内容，包括直流电磁铁、直流伺服电动机、直流测速发电机、旋转变压器、自整角机、交流伺服电动机、交流测速发电机、同步电动机、无刷直流电动机、步进电动机、直线电动机以及常用传感器等。

本书可作为电气工程、自动化、控制工程等专业的本科教材，也可作为其他相关专业的教学用书或参考用书。

图书在版编目(CIP)数据

自动控制元件 / 刘陵顺等编著. -- 2 版. -- 北京：北京航空航天大学出版社，2016.2

ISBN 978-7-5124-2046-5

Ⅰ. ①自… Ⅱ. ①刘… Ⅲ. ①自动控制－控制元件－高等学校－教材 Ⅳ. ①TP273

中国版本图书馆 CIP 数据核字(2016)第 009378 号

自动控制元件(第二版)

刘陵顺　王　昉　王　晶　李　岩　编著

责任编辑　金友泉

*

北京航空航天大学出版社出版发行

北京市海淀区学院路 37 号(邮编 100191)　http://www.buaapress.com.cn

发行部电话：(010)82317024　传真：(010)82328026

读者信箱：goodtextbook@126.com　邮购电话：(010)82316936

北京泽宇印刷有限公司印装　各地书店经销

*

开本：710×1 000　1/16　印张：17.25　字数：368 千字

2016 年 3 月第 2 版　2016 年 3 月第 1 次印刷　印数：3 000 册

ISBN 978-7-5124-2046-5　定价：40.00 元

前　言

本书从基本结构、工作原理、运行特性以及典型应用四个方面介绍了自动控制系统中几种典型的控制元件。本书共分12章，包括磁路计算、直流电磁铁、直流测速发电机、直流伺服电动机、旋转变压器、自整角机、交流伺服电动机及交流测速发电机、同步电动机、无刷直流电动机、步进电动机、直线电动机以及常用传感器等。在内容编排上主要是以基本的电磁关系为主线，既考虑不同元件的共性，又注重分析它们的特殊性。

本书在2009年出版的《自动控制元件》的基础上修订而成。修编内容更加注重实用性和先进性，如第3章增加了直流测速发电机的绕组判别方法，第5章和第6章分别增加了旋转变压器和自整角机的数字化角度测量方法，第7章增加了数字化交流伺服系统介绍以及交直流伺服电机的性能比较，第9章和第10章分别增加了无刷直流电动机的DSP控制系统和基于单片机的步进电机控制技术等。另外考虑到自动控制等专业的先行课是"电路"而不是"电工技术"，因此，本书选编了基本磁路的计算以及直流电磁铁等章节；同时，本书也对自动控制系统中常用的传感器进行了详尽地介绍，使教材的内容更加全面、实用。

本书可以作为电气工程、自动化以及控制工程等专业的本科教材使用，也可作为其他相关专业的教学用书或参考书。

本书由刘陵顺教授、王昉讲师、王晶副教授、李岩教授共同完成修编工作，张凯、李建海、王亭等同志也参与了部分内容的编写工作，全书由李岩教授主审。

海军航空工程学院兵器科学与工程系的刘爱东教授对本书的部分内容提出了宝贵的意见和建议，同时在本教材的编写过程中，参阅并引用了一些国内优秀教材和文献的相关内容，在此编者表示诚挚的谢意！

本书教学课件，可通过电子邮箱 lingshunliu@sohu.com 索取。

由于本书作者水平有限以及编写经验不足，书中不妥和错误之处恳请广大读者批评指正。

编　者

2015年12月

目　录

绪　论

1. 自动控制元件的功能和分类

随着科学技术的高速发展，自动控制系统已经成为数控机床、自动化仪表和仪器、机器人控制、计算机外设、家用电器等设备以及飞机自动驾驶仪、雷达天线定位、激光和红外线技术、导弹制导、火炮控制、舰艇驾驶控制等军事设备领域不可或缺的部分，尽管它们的功能和结构不同，但都是由信号指令、控制器、放大器、执行机构、检测装置和被控对象构成的，如图 0.1 所示。

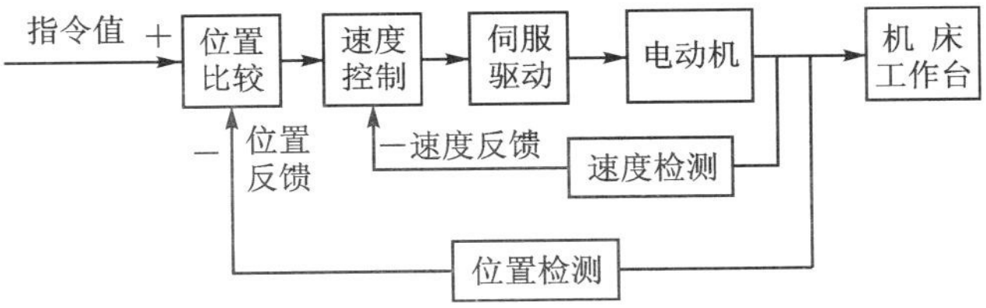

图 0.1　全闭环位置伺服控制系统

图 0.1 为全闭环位置伺服控制系统。该系统由数控装置给出加工所要求的位移指令值，在机床工作台上装有直线位置传感器进行实际位置检测，在伺服电动机轴上还装有速度传感器完成实际速度检测。该系统的位置比较电路要进行位置指令值和实际位置反馈值之间的偏差运算，根据偏差情况计算出所需速度；而所需速度还要和实际速度检测值进行比较，用一系列综合运算结果实时地通过伺服驱动器去推动伺服电动机旋转，实现工作台的精确移动。

任何自动控制系统都是由不同种类和功用的控制元件构成的。现以雷达天线系统(见图 0.2)为例来说明一下控制元件的种类和用途。

指挥仪输入给自整角发送机一个转角 α，若自整角接收机被驱动的转角为 β，两者间存在一个角差 $\theta(\theta=\alpha-\beta)$，将使自整角接收机的输出绕组产生与该角差成正比的输出电压 U_1，经前置放大器放大后变为直流电压 $U_2=K_1(\alpha-\beta)$，K_1 为前置放大器的系数；另外直流测速发电机的输出电压为 $U_3=K_2\mathrm{d}\beta/\mathrm{d}t$，$K_2$ 为直流测速发电机的输出斜率。这样直流放大器的输入电压为 $\Delta U=U_2-U_3$，该电压作为控制电压加到伺服电动机的控制绕组中，带动自整角接收机转动，使 β 增大，直到 $\beta=\alpha$ 时，伺服电动机输入电压 $U_2=0$，这时电动机应停转。

为了改善自动控制系统的品质，在系统中还采用直流测速发电机的校正作用。直流测速发电机产生与 $n=\mathrm{d}\beta/\mathrm{d}t$ 成正比的电压信号，反馈到直流放大器中，对系统的振荡起到阻尼功能。

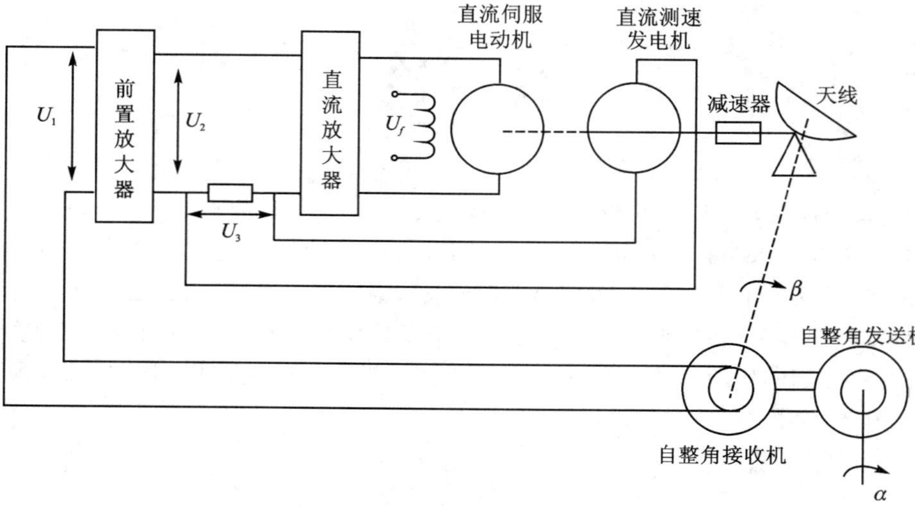

图 0.2 雷达天线系统

在上面的控制系统中,各元件按基本功能可分为:

检测元件——把被测的物理量转换为电信号,如自整角机对。

放大元件——把电信号进行电压和功率放大,以达到执行元件的要求,如功率放大器。

执行元件——把经过放大的控制信号转换为机械信号以带动控制对象,如交流伺服电动机。

校正元件——改善系统的性能,使系统稳定工作并达到规定的精度指标,如直流测速发电机。

在实际系统中控制元件的种类很多,若按电流分类,可分为直流、交流和脉冲三种。直流控制元件有直流伺服电动机、直流测速发电机等;交流控制元件如交流伺服电动机、交流测速发电机、微型同步电动机等;脉冲元件如步进电动机。按功用分类,自动控制元件又可分为电机、电器(继电器、电磁铁)和传感器等。

各种控制元件的用途和功能尽管不同,但它们基本上可分为测量(信号)元件和执行(功率)元件两大类。作为测量(信号)元件的有交、直流测速发电机、自整角机、旋转变压器以及各种传感器;作为执行(功率)元件的有交流和直流伺服电动机、步进电动机等。

2. 本书特点

本书作为自动控制、电气工程自动化等专业的技术基础课教材,主要介绍各种常用控制元件的基本结构、工作原理、工作特性和典型应用。各种控制元件的工作原理是建立在基本的电磁理论基础上的,涉及的基础理论和实际知识面广,在掌握基本理论的同时,还要注意培养一定的实验操作技能。

① 抓主要矛盾，有条件地略去一些次要因素；

② 抓住重点，弄清基本电磁关系，掌握主要理论、基本原理和主要特性；

③ 要有良好的学习方法，运用对比或比较的方法，分析各种控制元件的共性和特点，加深对原理和性能的理解；

④ 理论联系实际，重视科学实验和工程实践，提高动手能力。

第1章 磁路基本知识

将线圈绕在磁性材料上，由此构成的磁路是电磁元件的基本结构，其工作原理多是基于电磁感应原理。为了能更好地掌握此类元件的工作原理及特性，本章首先对磁路的基本物理量、磁性材料的基本特性和磁路基本定律进行简单介绍，之后讲述电磁元件的磁路及其计算。

1.1 磁场的基本物理量

磁路问题就是局限于一定路径内的磁场问题，磁场的各个物理量也适用于磁路。磁场的特性主要由以下几个物理量来表示。

1. 磁感应强度

磁感应强度 B 是表征磁场内某点磁场强弱及方向的一个物理量，是一个矢量。由电流产生的磁场和磁感应强度与电流之间的方向关系可用右手螺旋定则确定，其大小可用 $B=\frac{F}{Il}$ 来衡量。

在磁场中，不同点的磁感应强度是不同的。为了形象地描绘出磁场中各处磁感应强度及方向的分布情况，可用该处磁力线的多少来表示，即用垂直于某处单位面积上的磁力线数来反映磁感应强度的数值。如果磁场内各点磁感应强度大小相等、方向相同，这样的磁场称为均匀磁场。

在国际单位制中，磁感应强度的单位是特斯拉(T)。

2. 磁　通

通过某一截面 S 的磁力线的总数称为磁通量 Φ，简称磁通。其定义为

$$\Phi = \int_S B\,\mathrm{d}S \tag{1-1}$$

若截面 S 与磁感应强度 B 垂直且 B 是各点均匀的，则式(1-1)又可写成

$$\Phi = BS(\mathrm{T}\cdot\mathrm{m}^2) \text{ 或 } B = \Phi/S(\mathrm{Wb/m^2}) \tag{1-2}$$

式(1-2)表明，磁感应强度在数值上可以由与磁场方向垂直的单位面积所通过的磁力线数决定。因此，磁感应强度 B 又称为磁通密度，简称磁密。

在国际单位制中，磁通的单位为韦伯(Wb)。

3. 磁场强度

磁场强度也是用来表示磁场中各点磁力大小和方向的物理量，与磁感应强度不同的是它的大小与磁场中磁介质的性质无关，仅与产生磁场的电流大小和载流导体

的形状有关。

安培环路定理表明磁场强度 H 与励磁电流 I 之间的关系，其表示式为

$$\int_l H \cdot \mathrm{d}l = \sum I \tag{1-3}$$

当线圈有 N 匝时，则式(1-3)变为

$$\int_l H \cdot \mathrm{d}l = \sum IN \tag{1-4}$$

这就是说，磁场强度 H 沿某一闭合路径 l 的线积分，等于路径 l 所包围的电流 I 的代数和。当电流的参考方向与闭合路径规定的方向符合右手螺旋定则时，电流 I 取正号；反之取负号。

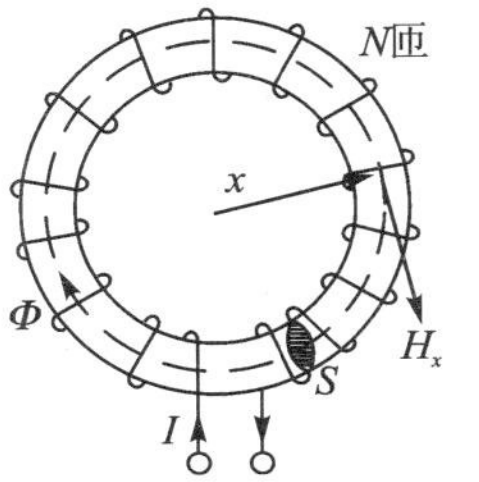

图 1.1　环形线圈

以图 1.1 所示的环形线圈为例，其中媒质是均匀的，应用安培环路定理计算线圈内部各点的磁场强度。取磁通作为闭合回线，且以其方向作为回线的围绕方向，则有

$$\int_l H \cdot \mathrm{d}l = H_x l_x = H_x \times 2\pi x,\quad \sum I = NI,\quad H_x \times 2\pi x = NI$$

则

$$H_x = \frac{NI}{2\pi x} = \frac{NI}{l_x} \tag{1-5}$$

式中：N——线圈匝数；

$l_x = 2\pi x$ 是半径为 x 的圆周长；

H_x——半径 x 处的磁场强度；

NI——线圈匝数与电流的乘积。

线圈匝数与电流的乘积 NI 称为磁通势，用字母 F 表示，则有

$$F = NI \tag{1-6}$$

磁通由磁通势产生，磁通势的单位是安匝。

4. 磁导率

磁导率 μ 是用于衡量物质导磁能力的物理量。磁场强度与磁感应强度之间关系为

$$B = \mu H \tag{1-7}$$

在国际单位制中，磁导率的单位是亨/米(H/m)。

由实验测出，真空的磁导率 $\mu_0 = 4\pi \times 10^{-7}$(H/m)，因为这是一个常数，所以将其他物质的磁导率和它比较是很方便的。

任一种物质的磁导率 μ 和真空的磁导率 μ_0 之比值，称为该物质的相对磁导率 μ_r，即

$$\mu_r = \frac{\mu}{\mu_0} = \frac{\mu H}{\mu_0 H} = \frac{B}{B_0} \tag{1-8}$$

也就是说，μ_r 指磁场媒质是某种物质时某点的磁感应强度 B 与在同样电流值下真空时该点的磁感应强度 B_0 之比所得的值。

物质按导磁性能的不同分为磁性材料(铁、钴、镍及其合金)和非磁性材料(磁性材料以外的其他物质，如铜、铝、橡胶等各种绝缘材料及空气等)两类。非磁性材料的磁导率 μ 与真空的磁导率 μ_0 相差很小，工程上通常认为两者相同。

磁性材料的磁导率 μ 要比真空的 μ_0 大很多倍(几百～几万倍不等)，因此工程上用磁性材料做成各种形状的磁路，以便使磁通能集中在选定的空间，以增强磁场。

1.2 磁性材料的特性

磁性材料主要是指铁、钴、镍及其合金，它们具有如下特性。

1. 高导磁性

磁性材料的磁导率 μ 是非磁性材料磁导率的几百～几万倍，这就使它们具有被强烈磁化(呈现磁性)的特性。

下面用磁分子学说解释磁性材料为什么具有被磁化的特性。人们知道在物质的分子中，由于电子环绕原子核运动和本身自转运动而形成分子电流，分子电流也要产生磁场，每个分子相当于一个基本小磁铁。同时，在物质内部还分成许多小区域，这些小区域称为磁畴。由于磁性材料不同于其他物质，其分子间有一种特殊的作用力。在没有励磁电流(或外磁场)的作用时，各个磁畴排列混乱，磁场互相抵消，对外就显示不出磁性来，如图 1.2(a)所示。当有励磁电流(或外磁场)的作用时，磁性材料每个磁畴内的分子磁铁都会顺外磁场方向转向，显示一定的磁性。

随着励磁电流的增大(或外磁场的增强)，磁畴就逐渐转到与外磁场相同的方向上并整齐地排列起来(见图 1.2(b))，这样便产生了一个很强的与外磁场同方向的磁化磁场，而使磁性材料内的磁感应强度大大增加，也就是说磁性材料被强烈地磁化了。

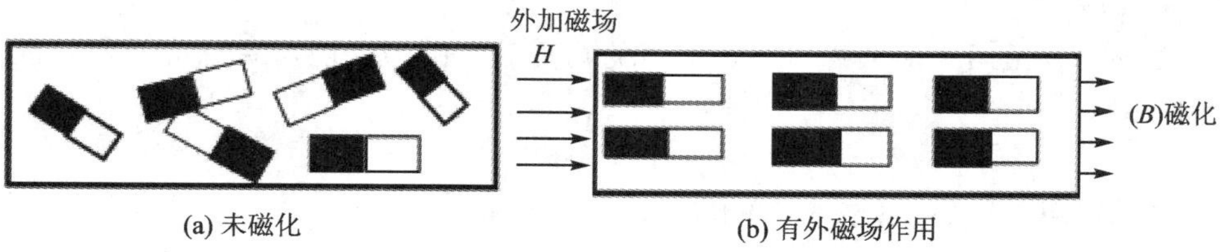

图 1.2 磁性材料的磁化特性

磁性材料的高导磁性被广泛地应用于电工设备中，如电机、变压器及各种铁磁元件的线圈中都放有铁芯。在这种具有铁芯的线圈中通入不太大的励磁电流，便可以产生较大的磁通和磁感应强度。这就解决了既要磁通大，又要励磁电流小的矛盾。利用优质的磁性材料可使同一容量的电机的重量和体积大大减轻和减少。

非磁性材料没有磁畴的结构，所以不具有磁化的特性。

2. 磁饱和性

磁性材料由磁化所产生的磁化磁场不会随着外磁场的增强而无限的增强。当外磁场增大到一定程度时，磁性材料的全部磁畴的磁场方向都转向与外部磁场方向一致，磁化磁场的磁感应强度将趋向某一定值，即磁化磁场的磁感应强度 B_J 达最大值，如图 1.3 所示。

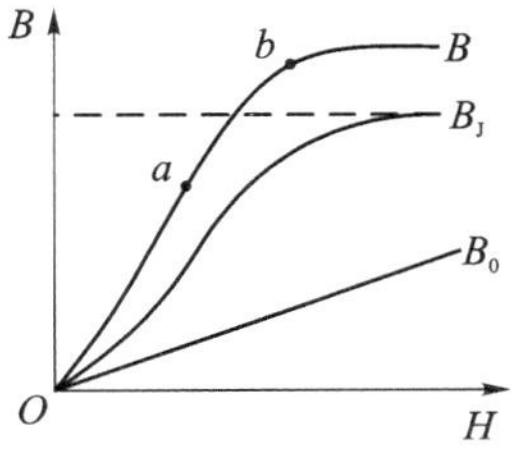

图 1.3　磁化曲线

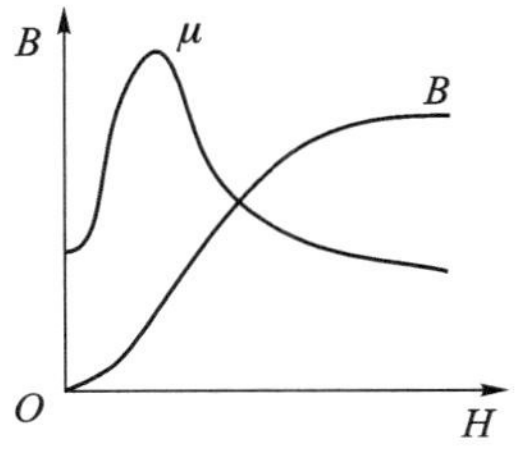

图 1.4　*B* 和 *μ* 与 *H* 关系

图 1.3 中的 B_0 是在外磁场作用下如果磁场内不存在磁性材料时的磁感应强度。将 B_J 曲线和 B_0 直线的纵坐标相加，便得出 $B-H$ 磁化曲线。各种磁性材料的磁化曲线可通过实验得出，在磁路计算中极为重要。这曲线可分为三段：Oa 段内 B 与 H 成正比地增加；ab 段内 B 的增加缓慢下来；b 点以后，B 增长减慢，逐渐趋于饱和。

磁性材料的 $B-H$ 曲线不是直线，即 B 和 H 的比值 μ 不是常数，μ 随 H 改变的情况如图 1.4 所示。在磁化的起始阶段 μ 数值较小，随着 H 的增加，μ 值迅速增加达到最大值，H 再继续增加后，B 值接近饱和，而 μ 值反而下降，所以磁性材料的 μ 值不是常数，其值的大小与磁场强度及磁性材料的磁状态有关。

3. 磁滞性

当铁芯线圈内的电流大小及方向改变时，磁场强度将循环地在 $+H_m$ 和 $-H_m$ 之间变化，这时将得到一个对称原点的闭合磁化曲线（见图 1.5），该曲线称为磁性材料的磁滞回线。

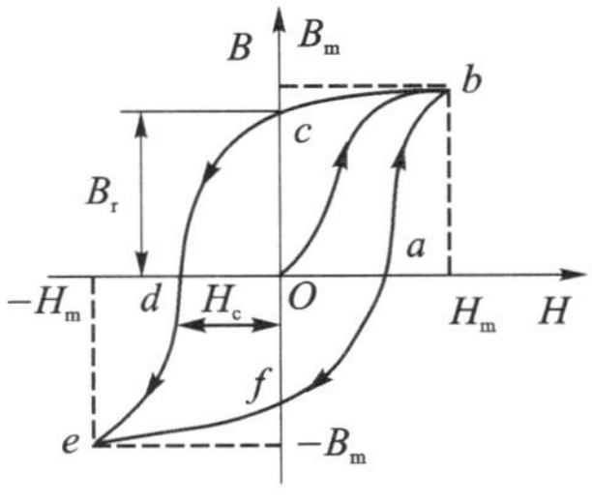

图 1.5　磁滞回线

磁性材料反复磁化时，磁化过程的上升段（$a\to b$）或（$d\to e$）与下降段（$b\to c$）或（$e\to f$）不重合，即 H 减为零时，B 减小到 B_r（B_r 称为剩磁），只有反向去磁的磁场强度达到 $-H_c$ 时剩磁才会消失。在反复的磁化过程中，B 的变化落后于 H，这种现象称为磁滞现象，由此测试出的闭合磁化曲线称为磁滞回线。

磁性材料不同，其磁滞回线和磁化曲线也不同。图 1.6 中示出了几种磁性材料的磁化曲线。

磁性材料按其磁滞回线的形状分为两类,软磁材料和硬磁材料。

软磁材料的磁滞回线包围的面积较小,主要特性是磁导率高,易于磁化,剩磁也易消失。这类磁性材料包括电工软铁、硅钢片、铁镍合金(坡莫合金)等。软磁材料多用于交流磁路,硅钢片主要用于制作电机、变压器的铁芯,铁镍合金多用于电子设备中的脉冲变压器铁芯,其中电工软铁用于直流磁路。

硬磁材料的磁滞回线宽,具有较高的剩磁。这类材料一经磁化即能保持较强的恒定磁性,又称为永磁材料。属于永磁材料的有合金钢、铝镍钴合金、稀土合金等,主要用于扬声器、磁电系仪表、永磁发电机等电器以产生恒定磁场。

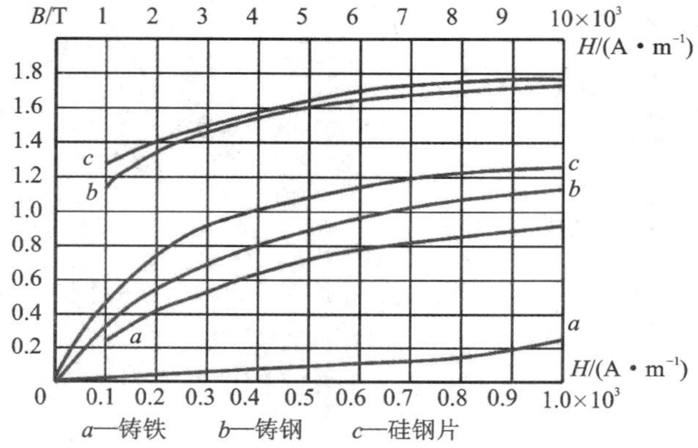

图 1.6 磁化曲线

4. 损 耗

(1) *磁滞损耗*

磁性材料置于交变磁场中时,由于磁滞现象的发生,磁畴相互间不停地摩擦、消耗能量、造成损耗,这种损耗称为磁滞损耗。这种损耗的能量转变为热能而使磁性材料发热。交变磁化一个循环时,磁滞损耗的大小与磁滞回线的面积成正比。

由于硅钢片磁滞回线的面积较小,故电机和变压器的铁芯常用硅钢片叠成。

(2) *涡流损耗*

磁性材料在反复磁化时,铁芯中的磁通发生变化,在垂直于磁力线方向的铁芯截面上产生感应的闭合电流,该电流称为涡流。

磁滞损耗和涡流损耗合称为铁损耗。铁损耗的多少与磁性材料的成分、铁芯中的最大磁密 B_m、磁通交变的频率 f 等诸多因素有关。

为了减少铁损耗,除应使用磁滞回线面积小的磁性材料外,在电磁元件中,如电机、变压器应用 0.15～0.5 mm 硅钢片或 0.1 mm 厚的微晶、非晶等磁性材料叠制铁芯,并在钢片的表面涂有绝缘漆以减小涡流回路的尺寸,增加回路电阻,降低铁损耗。

1.3　磁路及其基本定律

1.3.1　磁路基本定律

在电机、变压器及各种铁磁元件中常用磁性材料做成一定形状的铁芯。铁芯的磁导率比周围空气或其他物质的磁导率高得多，磁通的绝大部分经过铁芯形成闭合通路，这种人为造成的磁通的闭合路径，称为磁路。图 1.7 和图 1.8 分别表示四极直流电机和交流接触器的磁路。磁通经过铁芯（磁路的主要部分）和空气隙（有的磁路中没有空气隙）而闭合。

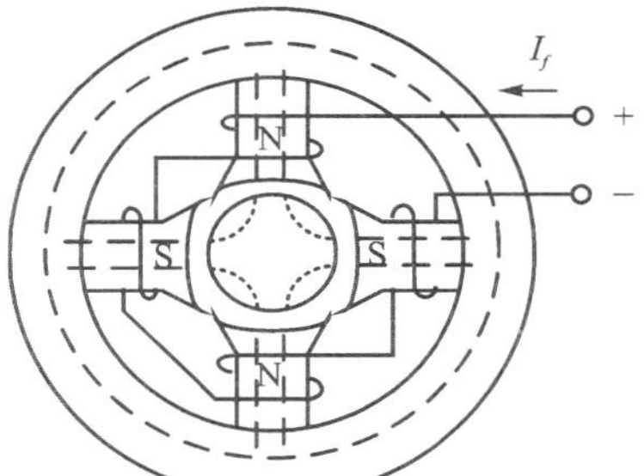

图 1.7　直流电机的磁路

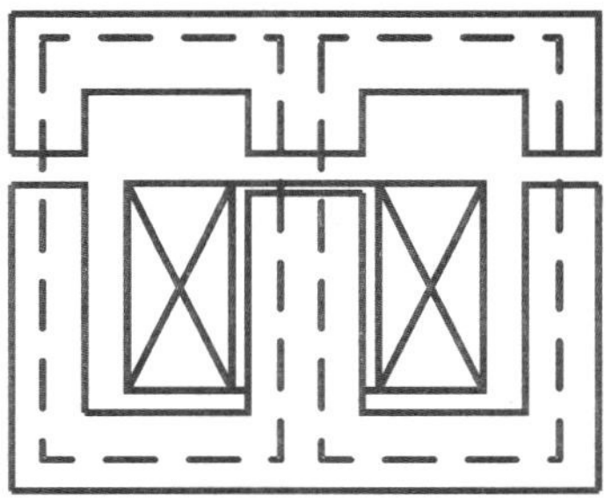

图 1.8　交流接触器的磁路

磁路的欧姆定律是磁路分析和计算的基本定律。以图 1.1 所示的环形线圈为例，图中媒质是均匀的，磁导率为 μ，以此来计算线圈内部的磁通 Φ。根据安培环路定理有

$$\int_l H \cdot \mathrm{d}l = \sum I$$

设磁路的平均长度为 l，则有

$$NI = Hl = \frac{B}{\mu}l = \frac{\Phi}{\mu S}l \quad \text{或} \quad \Phi = \frac{NI}{\dfrac{l}{\mu S}} = \frac{F}{R_\mathrm{m}} \tag{1-9}$$

式中：$F = NI$ 为磁通势，即由此而产生磁通；R_m 称为磁阻，是表示磁路对磁通具有阻碍作用的物理量；l 为磁路的平均长度；S 为磁路的截面积。

式(1－9)与电路的欧姆定律在形式上相似，所以称为磁路的欧姆定律。两者的对照关系如表 1.1 所列。

表 1.1 磁路与电路对照

磁 路	电 路
磁通势 F	电动势 E
磁通 Φ	电流 I
磁感应强度 B	电流密度 J
磁阻 $R_m=\frac{l}{\mu S}$	电阻 $R=\frac{l}{\gamma S}$
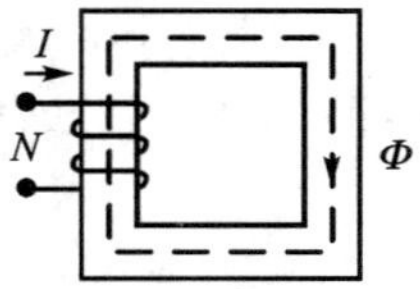	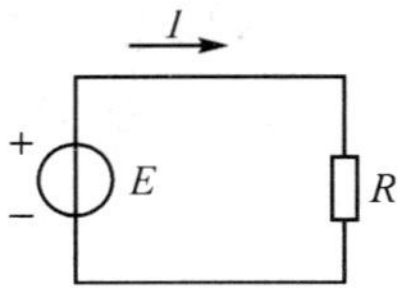
$\Phi=\frac{F}{R_m}=\frac{NI}{\frac{l}{\mu S}}$	$I=\frac{E}{R}=\frac{E}{\frac{l}{\gamma S}}$

磁路和电路有很多相似之处,但分析与处理磁路比电路难得多,具体表现在:

① 在处理电路时一般不涉及电场问题,而处理磁路时离不开磁场的概念。

② 在处理电路时一般可以不考虑漏电流,因为导体的电导率比周围介质的电导率大得多;在处理磁路时一般要考虑漏磁通,因为磁性材料的磁导率比周围介质的磁导率大得不太多。

③ 磁路的欧姆定律和电路的欧姆定律只是在形式上相似。由于 μ 不是常数,它随励磁电流而变,所以不能直接应用磁路的欧姆定律来计算,只能用于定性分析。

④ 在电路中,当 $E=0$ 时,$I=0$;但在磁路中,由于有剩磁,当 $F=0$ 时,$\Phi\neq 0$。

1.3.2 磁路的计算

在计算电机、电器等的磁路时,通常预先选定磁性材料中的磁通 Φ(或磁感应强度 B),按照所定的磁通、磁路各段的尺寸和材料,求产生预定的磁通所需要的磁通势 $F=NI$,确定线圈匝数和励磁电流。

如果磁路由不同材料或不同长度和截面积的 n 段组成,即磁路由磁阻不同的几段串联而成,则基本公式为

$$NI = H_1 l_1 + H_2 l_2 + \cdots + H_n l_n = \sum (Hl) \tag{1-10}$$

式中,$H_1 l_1$,$H_2 l_2 \cdots H_n l_n$ 等称为磁路各段的磁压降。

已知磁通和各段的材料和尺寸,计算磁通势的基本步骤如下:

① 计算各段的磁感应强度 B_i。若各段磁路的截面积不同，但其中又通过同一磁通，可按

$$B_1=\frac{\Phi}{S_1},\qquad B_2=\frac{\Phi}{S_2},\quad \cdots$$

来计算各段的磁感应强度。

② 求各段磁场强度 H_i。根据各段磁路材料的磁化曲线 $B_i=f(H_i)$，求 B_1，B_2，…相对应的 H_1，H_2，…。

③ 计算各段磁路的磁压降 H_il_i。

④ 根据式(1-10)计算磁通势 NI。

【例 1.3.1】 一个闭合的均匀的铁芯线圈，其匝数为 300，铁芯中的磁感应强度为 0.9 T，磁路的平均长度为 45 cm。试求：① 铁芯材料为铸铁时线圈中的电流；② 铁芯材料为硅钢片时线圈中的电流。

【解】 ① 查铸铁材料的磁化曲线：当 $B=0.9$ T 时，磁场强度 $H=9\ 000$ A/m，则

$$I=\frac{Hl}{N}=\frac{9\ 000\ \text{A/m}\times 0.45\ \text{m}}{300}=13.5\ \text{A}$$

② 查硅钢片材料的磁化曲线：当 $B=0.9$ T 时，磁场强度 $H=260$ A/m，则

$$I=\frac{Hl}{N}=\frac{260\ \text{A/m}\times 0.45\ \text{m}}{300}=0.39\ \text{A}$$

可见，由于所用铁芯材料的不同，要得到相等的磁感应强度，采用磁导率高的铁芯材料，可以降低线圈电流，减少用铜量。

【例 1.3.2】 在例 1.3.1①与②两种情况下，如线圈中通有同样大小的电流 0.39 A，要得到相同的磁通 Φ，铸铁材料铁芯的截面积和硅钢片材料铁芯的截面积，哪一个比较小？

【解】 线圈中通有 0.39 A 的电流，则铁芯中的磁场强度是相等的，即260 A/m。查磁化曲线可知：

$$B_{铸铁}=0.05\ \text{T},\quad B_{硅钢}=0.9\ \text{T}$$

因 $\Phi=BS$，要得到相同的磁通 Φ，则铸铁铁芯的截面积必须是硅钢片铁芯的截面积的 18 倍。

可见，如果线圈中通有同样大小的励磁电流，要得到相等的磁通，采用磁导率高的铁芯材料，可使铁芯的用铁量大为降低。

【例 1.3.3】 有一环形铁芯线圈，其内径为 10 cm，外径为 5 cm，铁芯材料为铸钢。磁路中有一空气隙，其长度等于 0.2 cm。设线圈中通有 1 A 的电流，如要得到 0.9 T 的磁感应强度，试求线圈匝数。

【解】 空气隙的磁场强度

$$H_0 = \frac{B_0}{\mu_0} = \frac{0.9}{4\pi \times 10^{-7}} = 7.2 \times 10^5 \text{ A/m}$$

查铸钢材料的磁化曲线，当 $B=0.9$ T 时，磁场强度 $H_1=500$ A/m，则磁路的平均总长度为

$$l = \frac{10+15}{2}\pi = 39.2 \text{ cm}$$

铁芯的平均长度

$$l_1 = l - \delta = 39.2 \text{ cm} - 0.2 \text{ cm} = 39 \text{ cm}$$

各段的磁压降分别为

$$H_0\delta = 7.2 \times 10^5 \text{ A/m} \times 0.2 \times 10^{-2} \text{ m} = 1\,440 \text{ A}$$

$$H_1 l_1 = 500 \text{ A/m} \times 39 \times 10^{-2} \text{ m} = 195 \text{ A}$$

总磁通势为 $NI = H_0\delta + H_1 l_1 = 1\,440 \text{ A} + 195 \text{ A} = 1\,635 \text{ A}$

线圈匝数为 $N = \frac{NI}{I} = \frac{1\,635\text{A}}{1\text{A}} = 1\,635\text{A}$

由此可见，磁路中含有空气隙时，由于其磁阻较大，磁通势几乎都降在空气隙上面。

通过上述 3 个例题，可以得出下面几个结论：

① 如果要得到相等的磁感应强度，采用磁导率高的铁芯材料，可以降低线圈电流，减少用铜量。

② 如果线圈中通有同样大小的励磁电流，要得到相等的磁通，采用磁导率高的铁芯材料，可使铁芯的用铁量大为降低。

③ 当磁路中含有空气隙时，由于其磁阻较大，磁通势几乎都降在空气隙上面，要得到相等的磁感应强度，必须增大励磁电流(设线圈匝数一定)。

小　结

本章首先介绍了磁场基本物理量及磁性材料的基本特性，然后介绍了直流磁路的概念以及磁路计算定律，并对简单磁路的计算进行了分析。磁路定律是与安培环路定律相对应。本章内容是学习后面内容的基础和预备知识。

思考题与习题

1-1 有一线圈，其匝数 $N=1\,000$，绕在由铸钢制成的闭合铁芯上，铁芯的截面积 $S_{Fe}=20 \text{ cm}^2$，铁芯的平均长度 $l_{Fe}=50$ cm。如在铁芯中产生 $\Phi=0.002$ Wb 的磁通，试问线圈中应通入多大的直流电？

1-2 如果上题的铁芯含有一长度为 $\delta=0.2$ cm 的空气隙(与铁芯柱垂直)，由于空气隙较短，磁通的边缘扩散可忽略不计，试问线圈中通入多大的电流才能在铁芯中产生 $\Phi=0.002$ Wb 的磁通？

第 2 章　直流磁系统及其应用

直流磁系统包括直流电磁铁、电磁继电器、极化继电器以及接触器等常用低压电器，在飞机、舰船等军事装备和工农业生产中主要用于控制各用电设备的工作，保护供电和用电设备不受故障发生时的损坏。

本章首先分析直流电磁铁的结构、工作原理和吸力特性，然后重点讲述极化继电器的结构分类、工作原理、分析方法，最后介绍几种常用接触器。

2.1　直流电磁铁

2.1.1　概　述

电磁铁作为电磁式动作元件，它首先把电能转换为磁能，然后由磁能产生机械力的作用，即当线圈通电后对铁磁物质产生吸力，引起铁磁物质作机械运动。当线圈通入直流电时，称为直流电磁铁，按照结构特点，直流电磁铁可分为拍合式、旋转式、吸入式和极化式等。

2.1.2　分类和工作原理

1. 拍合式电磁铁

拍合式电磁铁的特点是只有在工作支点一侧有气隙，衔铁绕支点旋转不大的角度来完成吸合和释放。拍合式电磁铁常见的有 U 型磁路，如图 2.1 所示。通常由铁轭、铁芯、衔铁、线圈、工作气隙及返回弹簧组成。此类电磁铁的主磁通产生吸力，漏磁通一般不产生吸力。

拍合式的磁系统如图 2.1 所示。它的组成和特点是：衔铁 1 做成片状，线圈通电后，在磁路中产生主磁通 Φ_δ 和漏磁通 Φ_σ，Φ_δ 对衔铁产生电磁吸力。衔铁在电磁吸力作用下，将沿着磁力线的方向移动（或旋转）一个不大的距离，使工作气隙 δ 减少。主、漏磁通的路径如图中虚线所示。

对于如图 2.1 所示的吸片绕棱角旋转的 U 形拍合式电磁铁，其工作气隙 δ 中的主磁通对吸片产生吸力。由于气隙 δ 一般很小，可以近似认为气隙磁导 $\Lambda_\delta=\mu_0 S/\delta$。式中 S 为极靴面积，可以推导出电磁吸力表达式为

$$F_{\mathrm{em}}=\frac{1}{2}U_\delta^2\frac{\mu_0 S}{\delta^2}(\mathrm{N}) \tag{2-1}$$

如果忽略铁磁阻和非工作气隙的磁阻，气隙磁压降 U_δ 近似等于线圈总磁动势

IN。衔铁在电磁吸力作用下,将沿着磁力线的方向移动(或旋转)一个不大的距离,使工作气隙 δ 减少。由于其工作气隙小,而且漏磁通不产生吸力,使其闭合位吸力大,释放位吸力小,所以其特性较陡,如图 2.2 所示。当 δ 增大时,F_{em} 下降很多。

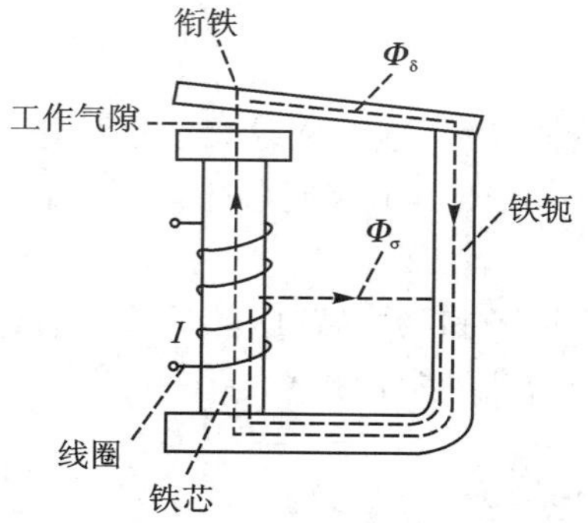

图 2.1　拍合式电磁铁

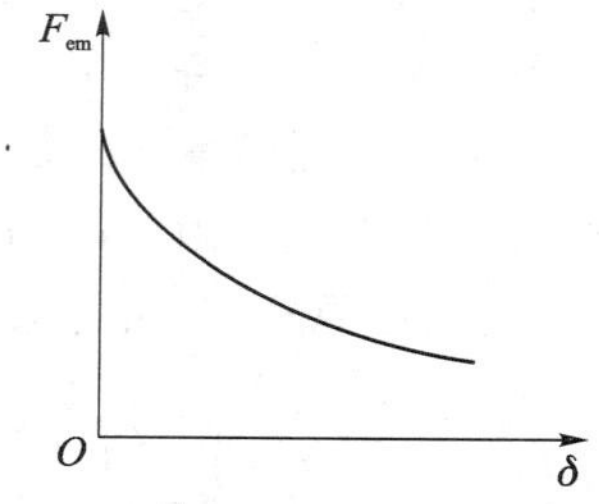

图 2.2　拍合式电磁铁吸力特性

拍合式电磁铁主要用于吸力不大、移动距离小的场合。

2. 吸入式电磁铁

吸入式电磁铁的衔铁是一个圆柱形的可动铁芯,位于(螺管)线圈中。线圈通电后,在磁路中产生的主磁通 Φ_δ 以及部分漏磁通 Φ_σ 均对衔铁产生同方向的电磁吸力,而且工作气隙的铁芯相对面积大,所以产生吸力较拍合式的大,因此衔铁将沿磁力线的方向被更深的吸入,产生直线运动,如图 2.3 所示。

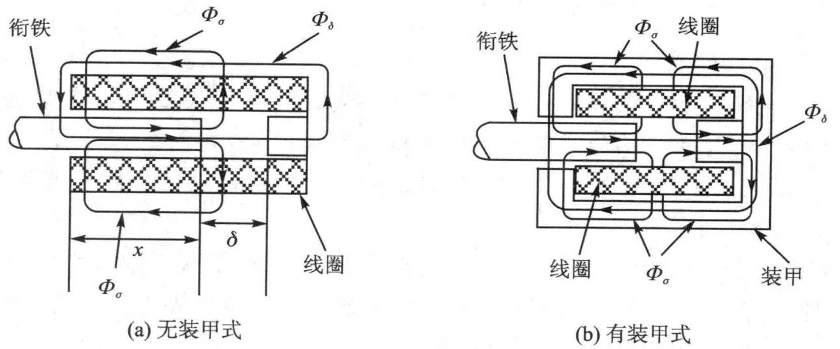

图 2.3　吸入式电磁铁

吸入式电磁铁可分为有装甲和无装甲两种。有装甲吸入式电磁铁的装甲可以参与导磁,而且缩短了工作气隙,所以其吸力随着气隙的变化较平稳;无装甲吸入式电磁铁其气隙较长,磁阻大,主磁通较小。其漏磁通也参与产生吸力,由于有两种电磁吸力的作用,吸入电磁铁应用于大行程和大吸力的场合,如航空接触器、大功率电磁继电器、液压电磁阀、电磁锁等都是采用有装甲式吸入式电磁铁。

在吸入式电磁铁中，除了主磁通 Φ_δ 对衔铁端面产生吸力外，衔铁侧面的漏磁通 Φ_σ 与线圈导线电流作用产生电动力，使衔铁右移。此时可将作用于衔铁上的电磁力 F_{em} 看成是由两部分力合成，即

$$F_{em} = F_{em\delta} + F_{em\sigma} \tag{2-2}$$

式中：$F_{em\delta}$——通过主工作气隙 δ 的主磁通中 Φ_δ 产生的端面吸力；

$F_{em\sigma}$——漏磁通 Φ_σ 与线圈导线电流作用而产生的电动力，也称螺管力。

吸入式电磁铁的吸力特性如图 2.4 所示。有装甲吸入式电磁铁的吸力特性较拍合式和无装甲吸入式电磁铁的吸力特性平坦，即 δ 增大时，F_{em} 减小较平缓。而无装甲吸入式电磁铁的吸力特性存在最大值，随 δ 变化时，F_{em} 变化不平缓。

3. 旋转式电磁铁

旋转式电磁铁如图 2.5 所示。其电磁力矩的方向总是力图使衔铁旋转到整个磁路内磁阻的最小的位置（凸极的轴线与铁芯的轴线一致），衔铁绕其中心线旋转，以闭合两个工作气隙的磁路。当线圈通电时，主磁通在两个工作气隙处均对衔铁产生吸力，这两个力的方向相反而使衔铁绕中心轴线旋转，完成电路或非电参数的转换功能。

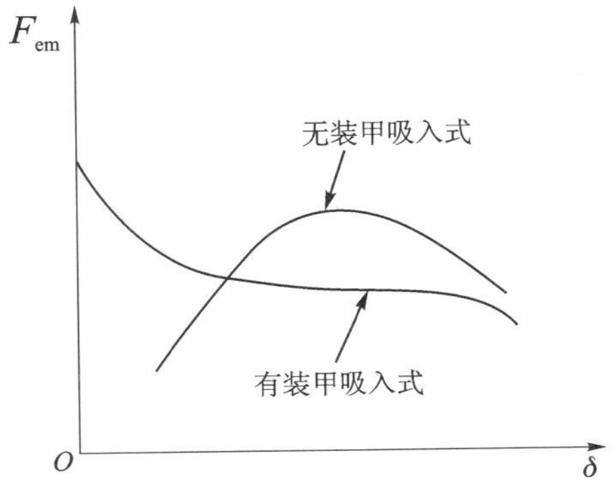

图 2.4　吸入式电磁铁的吸力特性

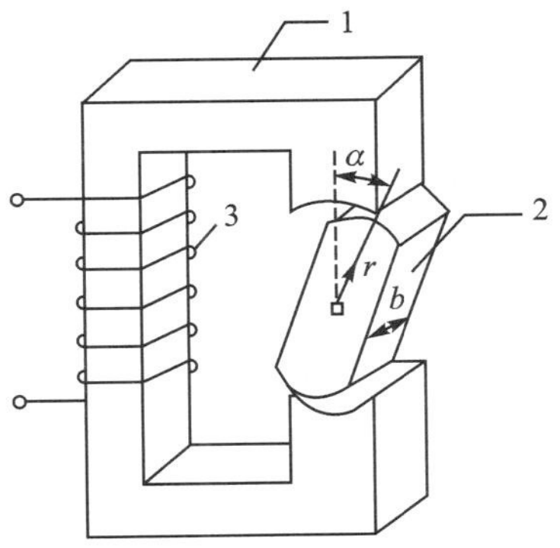

1—铁芯；2—衔铁；3—线圈

图 2.5　旋转式电磁铁

旋转式电磁铁转动时，其衔铁运动的方向垂直于磁力线的方向。电磁力矩的方向总是力图使衔铁运动到使整个磁路内磁阻为最小的位置，由于在整个转动过程中，δ 是不变的，只是极面相对面积发生变化，如不考虑散磁，则气隙磁导率可由下式计算，即

$$\Lambda_\delta = \frac{\mu_0 S}{\delta_0} = \frac{\mu_0 \alpha r_0 b}{\delta_0} \tag{2-3}$$

式中：α——极面对转轴所夹的角度(rad)，见图 2.5；

r_0——极面圆弧的半径(m)；

b——衔铁厚度(m)。

因为$\frac{\mathrm{d}\Lambda_\delta}{\mathrm{d}\alpha}=\mu_0 r_0 b/\delta_0$，且衔铁旋转时上下两个气隙的极面都发生变化，因此，电磁力矩为

$$T_{em}=2\times\frac{1}{2}U_\delta^2\frac{\mathrm{d}\Lambda_\delta}{\mathrm{d}\alpha}=U_\delta^2\frac{\mu_0 r_0 b}{\delta_0}\tag{2-4}$$

式中，U_δ 为每个气隙上的磁压降(安匝)。

由式(2-4)可见，若忽略铁磁阻，则当线圈磁势 IN 为常数时，U_δ 为常数，在 $\alpha=0\sim\alpha_1$ 范围内，磁铁的力矩特性为一水平直线，如图 2.6 所示。

旋转式电磁铁的转动中心与重心相重合，耐震动、冲击性能好，也适用于耐恶劣环境条件的小型或超小型继电器的电磁铁。但是旋转式电磁铁的经济性较差，即在做同样机械功时，它的体积和质量要比前两种大，线圈需要的功率也较大。它能旋转较大的转角(60°～90°)，可应用于力矩电动机、微动同步器和线性电磁铁等。

4. 极化磁路电磁铁

上面几种类型的电磁铁只有一个励磁线圈，衔铁吸向与线圈电流的方向无关，即它们都不能反映线圈通电的极性。图 2.7 所示的电磁铁，除有线圈产生的磁通 Φ_k 以外，还有永久磁铁产生永久磁铁磁通 Φ_{m1} 和 Φ_{m2}，使一个气隙中的 Φ_k 与 Φ_{m1} 同向，而另一个气隙中与 Φ_{m2} 反向，衔铁将向合成磁通大的一边运动。显然，线圈的电流方向不同，衔铁的运动方向也不同。这类电磁铁是有极性的，称为极化电磁铁。

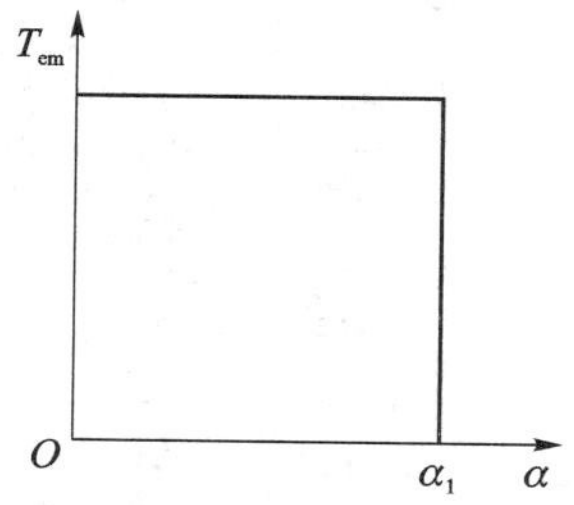

图 2.6 旋转式电磁吸力矩特性

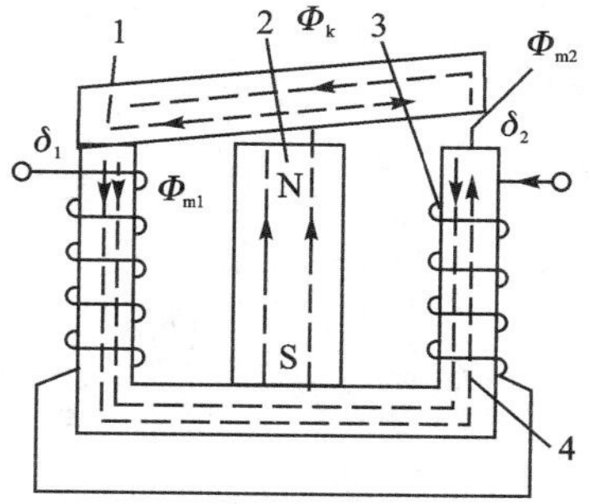

1—衔铁；2—线圈；3—铁芯

图 2.7 极化电磁铁

极化电磁铁能反映线圈信号的极性，还有灵敏度高、动作快、线圈过载能力强以及能记忆上次通入线圈的电流极性等优点。例如某些极化电磁铁的吸合磁势只需 0.5～1 安匝，吸合功率只需(5～10)10^{-6} W，动作时间只有 1～2 ms，比电磁式电磁铁最快的吸合时间 5～10 ms 要小很多。线圈长时间通以 20～30 倍吸合电流也不会烧毁。

2.2　极化继电器的结构与原理

2.2.1　电磁式继电器

电磁式继电器是由控制电流通过线圈所产生的电磁吸力，驱动磁路中的衔铁实现触点的开、闭或转换功能的继电器。它是由线圈、铁芯、衔铁、铁轭、反力弹簧和簧片以及触点等构成，如图 2.8 所示。

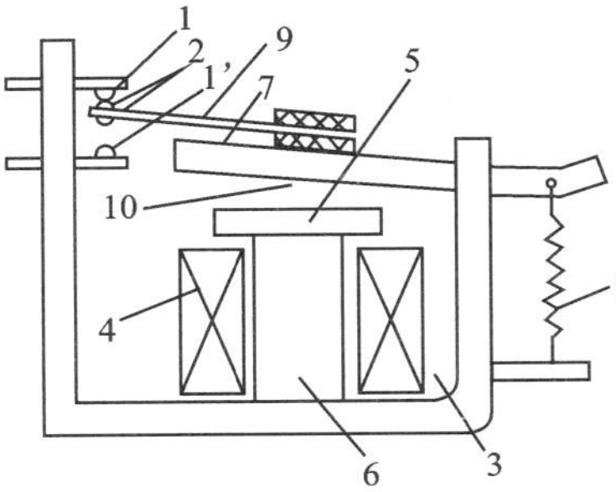

1，1′—静触点；2—动触点；3—铁轭；4—线圈；5—极靴；

6—铁芯；7—衔铁；8—弹簧；9—簧片；10—气隙

图 2.8　一般电磁式继电器结构图

一般情况下，直流电磁继电器是没有极性的，不能反映线圈电流的方向。在一些检测系统中需要继电器能反映输入线圈信号的极性，极化继电器就具有这个特点。因为极化继电器的衔铁偏转方向随线圈上所加信号电压极性的改变而改变。

2.2.2　极化继电器的工作原理

图 2.9 为极化继电器的结构原理图。极化继电器工作时，其工作气隙内存在两个互相独立的磁通，一个是由永久磁铁产生的磁通，称为极化磁通 Φ_m，另一个磁通是由工作线圈产生的，称为工作磁通，用 Φ_k 表示。而工作磁通的大小及方向由通入线圈的电流大小及极性所决定。

① 当线圈电流为零时，$\Phi_k=0$，Φ_m 在气隙 δ_1 和 δ_2 分为两路磁通 Φ_{m1} 和 Φ_{m2}。如果衔铁处于中立位，则 $\delta_1=\delta_2$，那么 $\Phi_{m1}=\Phi_{m2}$，所以其产生的吸力是 $F_{m1}=-F_{m2}$，使衔铁在中立位的合力为零，处于平衡状态；但这种平衡状态不稳定，如外界干扰，则会向一边偏移。如果衔铁向左边偏移，则 $\delta_1<\delta_2$，那么 $\Phi_{m1}>\Phi_{m2}$。$F_{m1}>F_{m2}$ 使继电器处于左边的吸合位。

② 如果线圈通入图 2.9 所示的电流方向时，则电流产生的工作磁通 Φ_k 将贯穿地通过气隙 δ_1 和 δ_2，使得气隙 δ_1 中的合成磁通 Φ_1 与气隙 δ_2 中的合成磁通 Φ_2 分别为

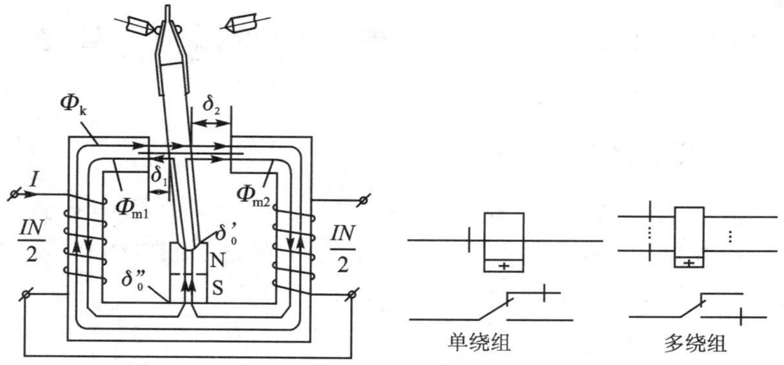

(a) 原理图 (b) 符号

图 2.9 极化继电器结构原理图

$$\left.\begin{aligned}\Phi_1 &= \Phi_{m1} - \Phi_k \\ \Phi_2 &= \Phi_{m2} + \Phi_k\end{aligned}\right\} \qquad (2-5)$$

它们将分别对衔铁产生吸力 F_1 与 F_2，即

$$\left.\begin{aligned}F_1 &= \frac{1}{2\mu_0 S}\Phi_1^2 \\ F_2 &= \frac{1}{2\mu_0 S}\Phi_2^2\end{aligned}\right\} \qquad (2-6)$$

式中，S 为左或右气隙的截面积。

当电流 I 较小时，Φ_k 也较小，因 Φ_{m1} 比 Φ_{m2} 大得多，故仍有 $\Phi_1>\Phi_2$ 及 $F_1>F_2$，衔铁仍将停留在左边。而当 I 增加到大于某一临界值(触动值)后，就会有 $\Phi_1<\Phi_2$ 及 $F_1<F_2$，于是衔铁就开始向右偏转。衔铁一经触动，就会使 δ_1 增大而使 δ_2 减小，进而使 Φ_{m2} 增加而 Φ_{m1} 减小，这将导致 F_1 越来越小而 F_2 越来越大，衔铁的偏转会越来越快。特别是当衔铁偏离中间位置后，即有 $\Phi_{m2}>\Phi_{m1}$，衔铁将更加急速地倒向右边。衔铁动作完毕后，即使外加电流 I 去掉，衔铁也会稳定地保持在右侧。

显然，当衔铁在右侧(左侧)时，若施加与图示电流方向相同(相反)的电流，衔铁是不会运动的。

2.2.3 极化继电器的结构

1. 电磁系统的结构

极化继电器的电磁系统一般有串联磁路、差动式磁路和桥式磁路。

串联磁路式磁系统是极化继电器发展初期采用的结构，其原理图及等值磁路如图 2.10 所示。在这种磁系统中，永久磁铁产生的极化磁通 Φ_m 和工作线圈电流产生的 Φ_k 都通过相同的路径。当工作线圈不通电时，极化磁通 Φ_m 所产生的吸力不足以克服反力，因此吸片处于打开位置；线圈通电后，只有当 Φ_k 的方向与 Φ_m 的方向相同，并且合成磁通 $\Phi_k+\Phi_m$ 所产生的吸力足够大时，吸片才吸合。串联磁路有很多缺点，由于工作磁通 Φ_k 必须通过永久磁铁，而永久磁铁的磁阻又比较大，因此所需磁势就比较大，灵敏度就比较低。此外，永久磁铁受到工作磁通的去磁作用会使其工作点不稳定。所以，这种磁系统目前已很少采用。

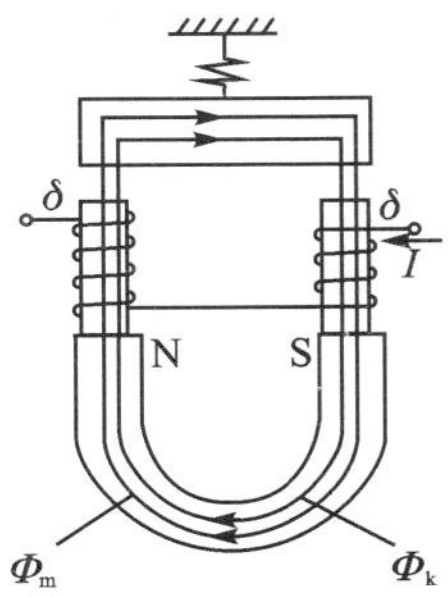

图 2.10　串联式磁系统

图 2.11 为用于电力系统保护的仿苏 TPM 冲击继电器的差动式磁系统，每个线圈分内外两层绕组，Ⅰ线圈外层绕组与Ⅱ线圈内层绕组同极性串联，Ⅱ线圈外层绕组与Ⅰ线圈内层绕组同极性串联，构成两个新绕组，一个为动作用，另一个为返回用。图 2.12 给出了另一种差动式磁系统。

差动式磁系统是极化继电器的进一步发展形式，如图 2.11 所示。在这种磁系统中，作用于衔铁上的力是左右两个吸力之差。由于在差动式磁系统中，工作线圈电流所产生的工作磁通 Φ_k 基本上不通过永久磁铁(因为永磁的磁阻较大，远大于气隙磁阻)，因此所需磁势小，灵敏度高，工作点稳定。所以，差动式磁系统是目前常用的一种类型。

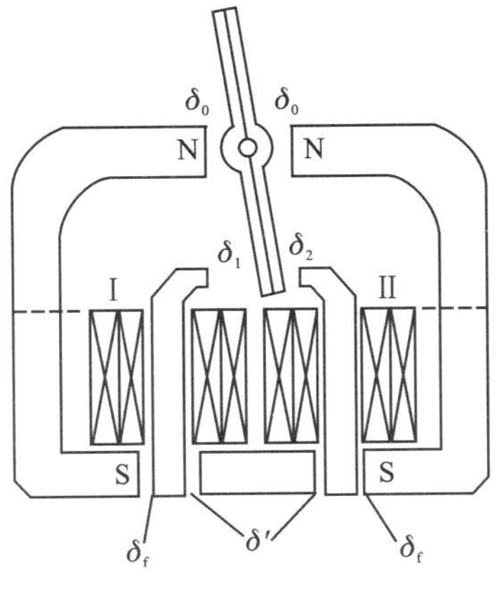

图2.11　用于电力系统保护的差动式磁系统

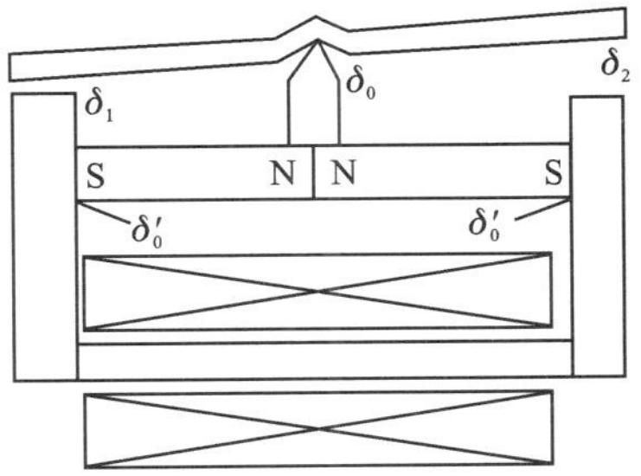

图 2.12　差动式磁系统

桥式磁路磁系统是极化继电器更进一步的发展形式，也是较完善的一种，如图 2.13 所示。

图中，Φ_{m1}、Φ_{m2}、Φ_{m3} 为永磁产生的极化磁通；Φ_{k1}、Φ_{k2} 为工作线圈电流产生的工作磁通。在桥式磁路中，衔铁也是差动式的，但它比差动式磁路更有优点。当线圈中无电流时，通过衔铁的磁通(桥路的不平衡磁通)只是由永磁产生的部分极化磁通 Φ_{m2}。当给工作线圈通以电流 I 时，为使衔铁动作，电流 I 在衔铁中产生的工作磁通 $\Phi_k=\Phi_{k1}+\Phi_{k2}$ 的方向必须与 Φ_{m2} 的方向相反(此时 Φ_{k1}、Φ_{k2} 的方向与图 2.13 中标示的方向

相反),即衔铁中的总磁通为

$$\Phi = \Phi_{m2} - \Phi_{k} = \Phi_{m2} - (\Phi_{k1} + \Phi_{k2}) \tag{2-7}$$

衔铁行将动作时,

$$\Phi \approx 0 \tag{2-8}$$

证明 令 Φ_1、Φ_2 分别代表上面的左、右气隙 δ_1、δ_2 的磁通,为使衔铁动作,应有

$$\left.\begin{aligned}\Phi_1 &= \Phi_{m1} + \Phi_{m2} - \Phi_{k1}\\ \Phi_2 &= \Phi_{m1} + \Phi_{k2}\end{aligned}\right\} \tag{2-9}$$

衔铁行将动作的条件是:$\Phi_1 \approx \Phi_2$。

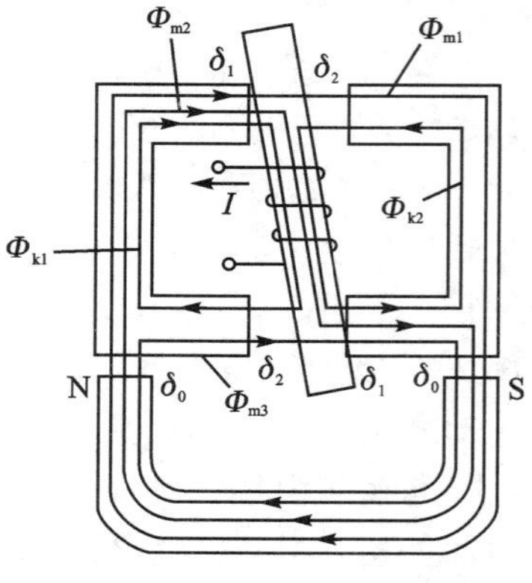

图 2.13 桥式磁系统

将上式代入式(2-9),并利用式(2-7),即得式(2-8)。桥式磁路是较为完善的磁路系统。这种结构的磁路与电路中的电桥相似,衔铁放置在桥的对角线上,这种结构的衔铁不易饱和,故衔铁的截面积可以做得较小,可做成平衡式,耐震动与冲击能力较强,外磁场影响较小,温度稳定性较高。

极化继电器一般有多个绕组,每个绕组的匝数与电阻都不相同,以满足不同使用条件的需要。

2. 触点系统

触点系统一般可做成两种形式,即硬舌片和软舌片。图 2.14 所示为极化继电器的触点系统。

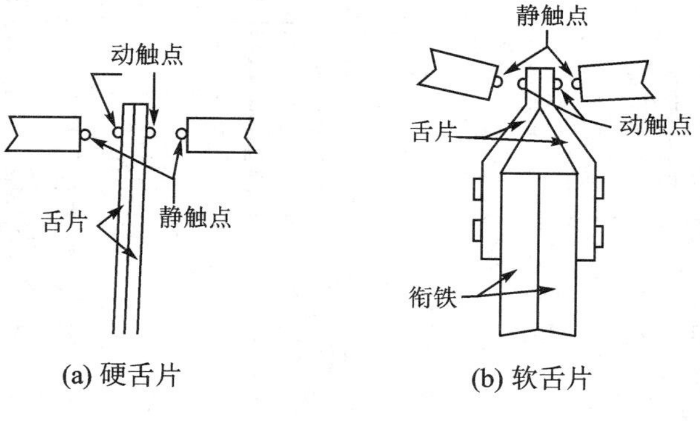

图 2.14 极化继电器的触点系统

① 硬舌片触点系统:由于硬舌片担任衔铁的功能,在磁力的作用下不弯曲变形,故与固定触点接触时会产生弹跳现象。

② 软舌片触点系统:由于软舌片具有较好的弹性,同时两片舌片之间还会产生摩擦,能够吸收很大一部分碰撞动能,可以大大减小触点的弹跳。

触点与衔铁的动作情况一般有三种形式(见图 2.15),而双位置中性式、双位置

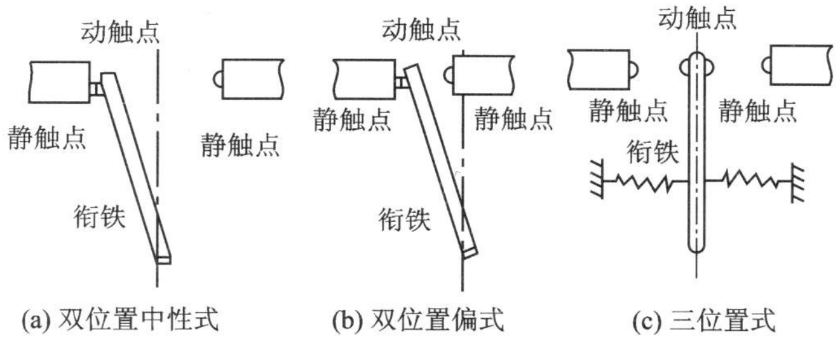

图 2.15 极化继电器触点与衔铁动作情况示意图

偏式和三位置式。双位置中性式结构,如图 2.15(a)所示,其固定触点对称活动触点安置于两侧,向哪一边偏转由输入信号的极性所决定。双位置偏式在线圈无信号时,只稳定于一边,如图 2.15(b)所示的位置,只有线圈通入使衔铁右移的信号时,衔铁才向右偏转。三位置式的结构如图 2.15(c)所示,当有输入信号时,活动触点将倒向与信号极性相应的一侧,无信号时,活动触点将保持中立位。

2.3 极化继电器的分析方法

本节利用等效磁路中的节点分析法,对典型的差动式和桥式极化磁系统的气隙工作点进行分析与计算,并总结出统一的计算公式。

2.3.1 差动式磁系统

典型的差动式磁系统的结构与等效磁路如图 2.16 所示。

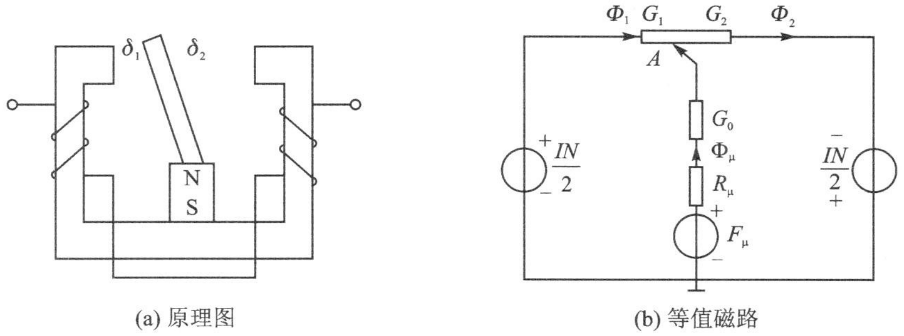

图 2.16 差动式磁系统结构与等效磁路

图中,G_1、G_2 分别为气隙 δ_1 和 δ_2 的磁导,R_μ 为永磁体磁阻,F_μ 为永磁体磁势,G_0 为衔铁磁导,IN 为线圈总安匝数。

利用节点分析法可得

$$U_A = \frac{\frac{IN}{2}G_1 + F_\mu G_i - \frac{IN}{2}G_2}{G_{tot}} \tag{2-10}$$

式中:$G_i=(G_0^{-1}+R_\mu)^{-1}$为永磁支路等效磁导;$G_{tot}=G_1+G_2+G_i$。

假定 $\Phi_k=F_\mu G_i$ 为永磁体等效短路磁通,则

$$U_A = \frac{\Phi_k + \frac{IN}{2}G_1 - \frac{IN}{2}G_2}{G_{tot}} \tag{2-11}$$

由左回路列节点方程式

$$\Phi_1 G_1^{-1} + U_A = \frac{IN}{2}$$

可得气隙磁通工作点,即

$$\Phi_1 = \frac{G_1}{G_{tot}}\left[\frac{IN}{2}(2G_2+G_i) - \Phi_k\right] \tag{2-12}$$

$$\Phi_2 = \frac{G_2}{G_{tot}}\left[\frac{IN}{2}(2G_1+G_i) + \Phi_k\right] \tag{2-13}$$

2.3.2 桥式磁系统

根据励磁线圈的位置不同,典型的桥式磁系统可分为两类。第一类的结构图与等效磁路如图 2.17 所示。

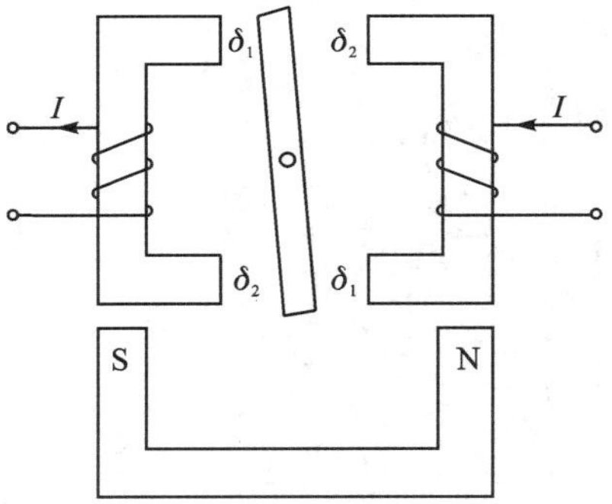

(a) 原理图

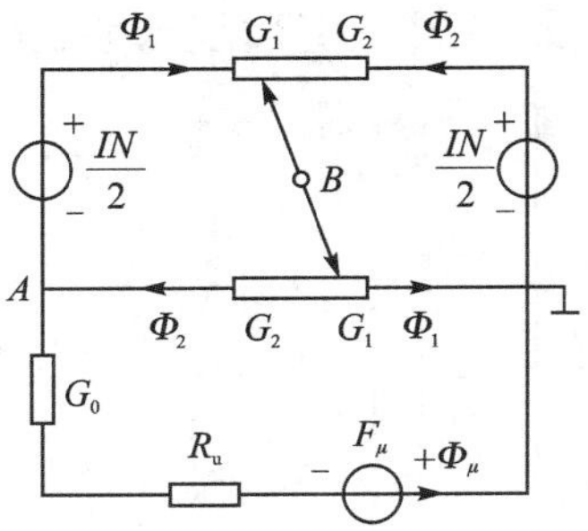

(b) 等值电路

图 2.17 第一类桥式磁系统的结构及等效磁路

列写节点方程,即

$$\left.\begin{aligned} U_A G_{tot} - U_B(G_1+G_2) &= -F_\mu G_i - \frac{IN}{2}G_i \\ -U_A(G_1+G_2) + 2U_B(G_1+G_2) &= \frac{IN}{2}G_1 + \frac{IN}{2}G_2 \end{aligned}\right\} \tag{2-14}$$

解得

$$U_{B}=\frac{1}{G_{tot}+G_{i}}\left[\frac{IN}{2}(G_{2}+G_{i})-\Phi_{k}\right] \tag{2-15}$$

由此可得磁通工作点，即

$$\Phi_{1}=U_{B}G_{1}=\frac{G_{1}}{G_{tot}+G_{i}}\left[\frac{IN}{2}(G_{2}+G_{i})-\Phi_{k}\right] \tag{2-16}$$

$$\Phi_{2}=\left(\frac{IN}{2}-U_{B}\right)G_{2}=\frac{G_{2}}{G_{tot}+G_{i}}\left[\frac{IN}{2}(G_{1}+G_{i})+\Phi_{k}\right] \tag{2-17}$$

第二类桥式磁系统的结构及等效磁路图如图 2.18 所示。

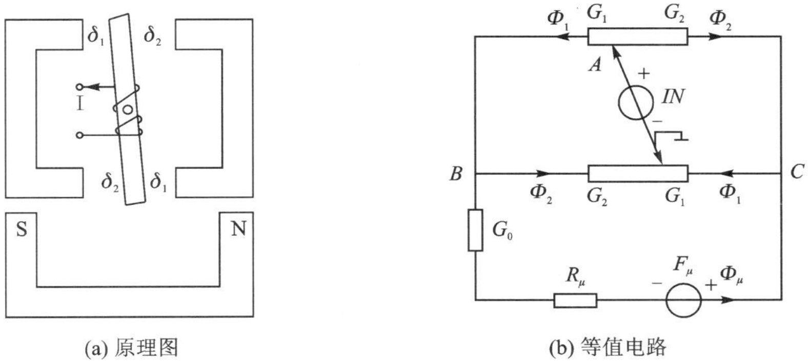

图 2.18　第二类桥式磁系统的结构及等效磁路

列写节点方程，即

$$\left.\begin{aligned}U_{A}&=IN\\-U_{A}G_{1}+U_{B}G_{tot}-U_{C}G_{i}&=F_{\mu}G_{i}\\-U_{A}G_{2}-U_{B}G_{i}+U_{C}G_{tot}&=-F_{\mu}G_{i}\end{aligned}\right\} \tag{2-18}$$

解得

$$U_{C}=\frac{1}{G_{tot}+G_{i}}[IN(G_{2}+G_{i})-\Phi_{k}] \tag{2-19}$$

可求得气隙磁通，即

$$\Phi_{1}=U_{C}G_{1}=\frac{G_{1}}{G_{tot}+G_{i}}[IN(G_{2}+G_{i})-\Phi_{k}] \tag{2-20}$$

$$\Phi_{2}=(U_{A}-U_{C})G_{2}=\frac{G_{2}}{G_{tot}+G_{i}}[IN(G_{1}+G_{i})+\Phi_{k}] \tag{2-21}$$

将上述计算结果总结如表 2.1 所列。

表 2.1　参数总结

磁系统			差动磁系统	桥式磁系统	
				第一类	第二类
网络与正方向			(1) Φ_1与Φ_2按IN的正方向设定；(2) $\Phi_2=\Phi_1+\Phi_\mu$；(3) F_μ与Φ_μ同向		
基本参量			$G_\delta=G_1+G_2$; $G_i=(G_0^{-1}+R_\mu)^{-1}$; $G_{tot}=G_\delta+G_1$; $\Delta G=G_1-G_2$; $\Phi_k=F_\mu G_i$		
统一计算式			$\Phi_1=\dfrac{G_1}{\sum G}(F_I G_a-\Phi_k)$;	$\Phi_2=\dfrac{G_2}{\sum G}(F_I G_b+\Phi_k)$	
参量	气隙磁通	$\sum G$	G_{tot}	$G_{tot}+G_i$	
		F_I	$IN/2$		IN
		G_a	$2G_2+G_i$	G_2+G_i	
		G_b	$2G_1+G_i$	G_1+G_i	

2.3.3　一组工作气隙的衔铁工作吸力

一组工作气隙模型如图 2.19 所示。图中 M_{em}为电磁吸力。

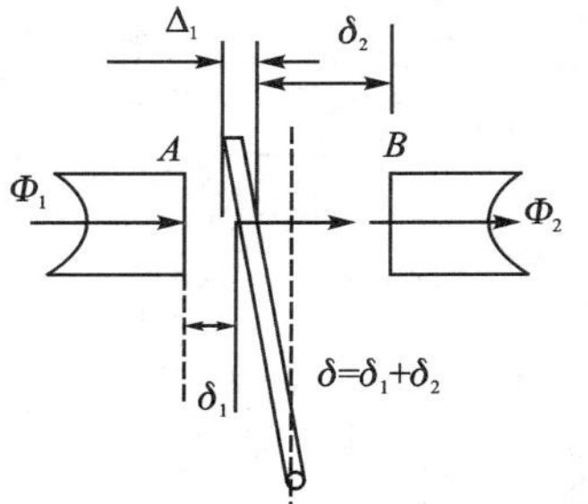

图 2.19　单气隙模型

利用麦克斯韦公式，计算衔铁电磁吸力为

$$M_{em}=\frac{1}{2\mu_0 S}(\Phi_2^2-\Phi_1^2) \quad (2-22)$$

利用表 2.1 中的气隙磁通的统一表达式代入式(2-22)后得

$$M_{em}=\frac{1}{2\mu_0 S}\left[\left(\frac{G_2}{\sum G}\right)^2(F_I G_B+\Phi_k)^2-\left(\frac{G_1}{\sum G}\right)^2(F_I G_A-\Phi_k)^2\right] \quad (2-23)$$

整理后得

$$\begin{aligned}M_{em}&=\frac{\Phi_k^2}{2\mu_0 S}\frac{G_\delta(-\Delta G)}{\left(\sum G\right)^2}+\frac{\Phi_k F_I G_{\delta 0}^2}{\mu_0 S}\frac{G_2^2 G_B+G_1^2 G_A}{\left(\sum G\right)^2 G_{\delta 0}^2}+\frac{(F_I G_{\delta 0})^2}{2\mu_0 S}\frac{G_2^2 G_B-G_1^2 G_A}{\left(\sum G\right)^2 G_{\delta 0}^2}\\&=M_\mu+M_{\mu I}+M_I\end{aligned} \quad (2-24)$$

式中：$G_{\delta 0}=\dfrac{G_1 G_2}{G_1+G_2}$为气隙磁导；

$M_\mu=\dfrac{\Phi_k^2}{2\mu_0 S}\dfrac{G_\delta(-\Delta G)}{(\sum G)^2}$为永磁吸力，即 $IN=0$ 时的吸力；

$M_{\mu I}=\dfrac{\Phi_k F_I G_{\delta 0}^2}{\mu_0 S}\dfrac{G_2^2 G_B+G_1^2 G_A}{(\sum G)^2 G_{\delta 0}^2}$为极化吸力，与 IN 的极性有关；

$M_I=\frac{(F_I G_{\delta 0})^2}{2\mu_0 S}\frac{G_2^2 G_B - G_1^2 G_A}{(\sum G)^2 G_{\delta 0}^2}$ 为电磁吸力，仅与工作线圈安匝数的平方成正比。

三种电磁吸力随行程变化情况如图 2.20 所示。

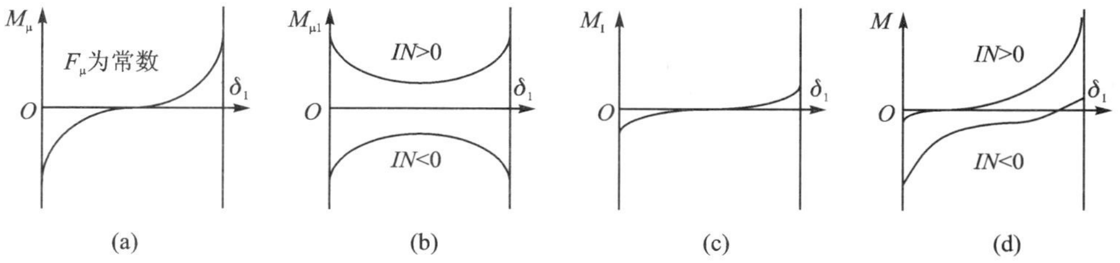

图 2.20 电磁吸力随行程变化情况

由图 2.20 可见，M_μ 与永磁磁势 F_μ 的平方成正比，与励磁线圈安匝数无关，称之为永磁吸力。M_I 只与励磁线圈安匝数的平方成正比，称之为电磁力；在极化磁系统中很小，可忽略。$M_{\mu I}$方向取决于励磁线圈电流的极性，大小与励磁线圈安匝和永磁磁势的乘积成正比，这正是极化磁系统与电流方向有关的原因，在一定电流下，合力 M 大于簧片机械反力时，衔铁吸合；反之，衔铁释放，改变电流方向，衔铁向相反方向运动，故 $M_{\mu I}$为极化力。

利用上述结论，对极化继电器的工作原理进行分析。图 2.21 为极化电磁继电器的电磁吸力与机械反力的配合关系。

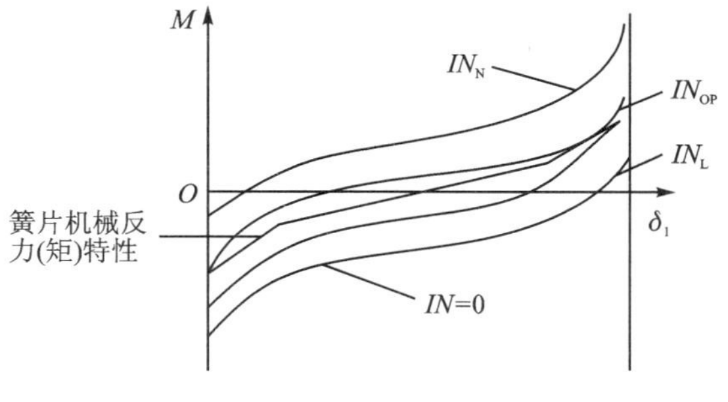

图 2.21 极化继电器电磁吸力与机械反力的配合关系

极化电磁继电器采用磁偏技术，使 $IN=0$ 时电磁吸力低于机械反力，衔铁在 A 处稳定（见图 2.19）；当 $IN=IN_{OP}$时，电磁吸力均高于机械反力，衔铁由 A 极限位置向 B 位置运行，并在 B 处稳定下来。当 $IN=IN_L$ 时，电磁吸力均低于机械反力，衔铁由 B 极限位置向 A 位置运行，并在 A 处稳定下来。

2.4 接触器

接触器是一种用于远距离频繁地接通和断开交直流主电路或大容量控制电路的电磁控制装置,接触器的基本工作原理与前面提及的电磁继电器相似,但具体结构不同。接触器控制的容量较大,一般都是几百安培,有些达到 1 kA 以上。通常人们把操纵电流小于 25 A 的称为继电器,大于 25 A 的称为接触器。接触器主要是用于控制一次回路,继电器是用于控制二次回路的小电流,实现各种控制功能。在继电器的触点容量满足不了要求时,可用接触器代替。当接触器的辅助触点不够用时可加一继电器作辅助触点来实现各种控制。

接触器的种类很多,按照其触点所控制电路性质的不同,可分为直流和交流两种;按照触点的类型不同,可分为单极单投、单极双投、双极单投、双极双投、三极单投、三极双投等多种;按照接触器本身的结构原理不同,可分为单绕组、双绕组、机械闭锁式、磁保持接触器等。

1. 单绕组接触器

单绕组接触器的原理如图 2.22 所示。从图中可以看出,当线圈没有通电时,电磁铁的电磁力等于零,活动铁芯在返回弹簧弹力的作用下被推向上方,使触点分离。线圈通电后,电磁铁所产生的电磁力大于返回弹簧的弹力时,返回弹簧被压缩,活动铁芯向固定铁芯一边运动,活动触点与固定触点接通,从而使外电路接通;线圈断电后,在返回弹簧弹力的作用下,活动铁芯带动活动触点恢复原位,将外电路断开。

2. 双绕组接触器

双绕组接触器的结构与单绕组接触器基本相同,其主要不同点是双绕组接触器采用两个电磁线圈,一个称为吸合绕组,另一个称为保持绕组,如图 2.23 所示。当线圈接上电源时,由于保持绕组被辅助触点短接,电源电压只加在吸合绕组上。由于吸合绕组导线粗,电阻小,电流就比较大,所以能产生较大的电磁力,将主触点接通,从而接通外电路;在主触点接通的同时,连杆的末端(用绝缘胶木制成)即将辅助触点顶

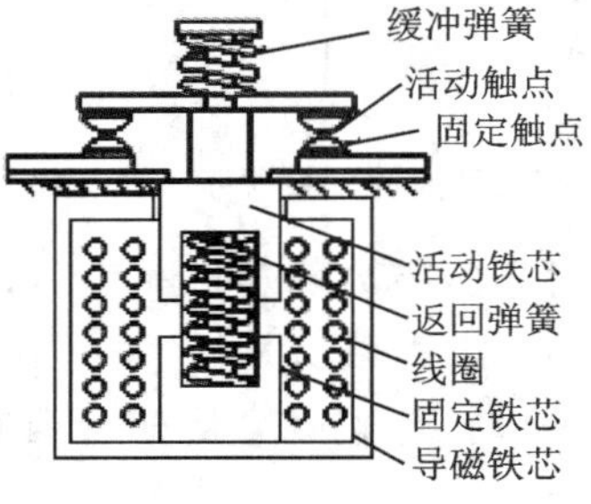

图 2.22 单绕组接触器原理图

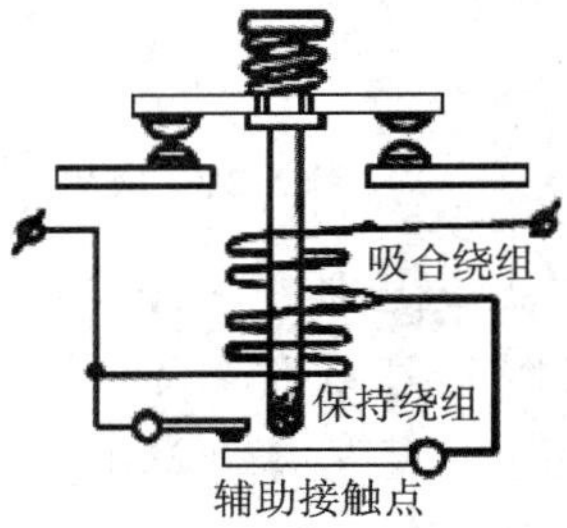

图 2.23 双绕组接触器原理图

于，这时保持绕组与吸合绕组串联，电路中的电阻增大，接触器就以较小的线圈电流维持主触点在接通状态。

3. 机械闭锁式接触器

机械闭锁式（又称机械自锁型）接触器是以机械方法使主触点在电磁线圈断电后仍能自行保持其工作位置的接触器。这种接触器的结构比较复杂，其原理示意图如图 2.24 所示。

它有两个电磁铁：吸合电磁铁和脱扣电磁铁。吸合电磁铁的工作线圈称为吸合线圈，脱扣电磁铁的工作线圈称为脱扣线圈。吸合线圈通电后，吸合电磁铁的活动铁芯被吸下并被脱扣电磁铁的活动铁芯锁住；此时，三对主触点接通被控制的电路，活动铁芯下端的辅助触点转换，吸合线圈电路断开；脱扣线圈电路接通，为脱扣线圈通电做准备。当需要接触器断开被控制的电路时，只需要给脱扣线圈通电即可。

脱扣线圈通电后，机械闭锁机构脱钩，活动铁芯在返回弹簧的作用下恢复原位，主触点跳开。由于机械闭锁接触器有可靠性高、长时间工作不消耗电能等优点，因此，它在飞机上得到广泛使用。

4. 磁保持接触器

图 2.25 是磁保持接触器的原理电路图。有三对主触点用于控制三相交流电路。在线圈未通电工作时，活动铁芯与静铁芯之间的气隙较大，也就具有较大的磁阻，永久磁铁的磁通只有很小的部分通过活动铁芯，不会产生吸力，磁保持接触器不会动作。

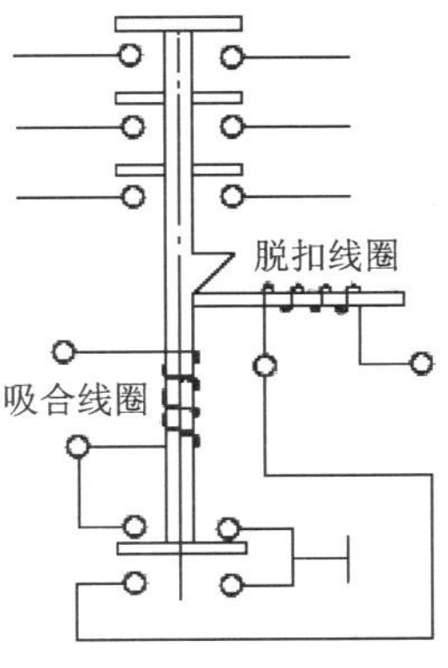

图 2.24　机械闭锁式接触器

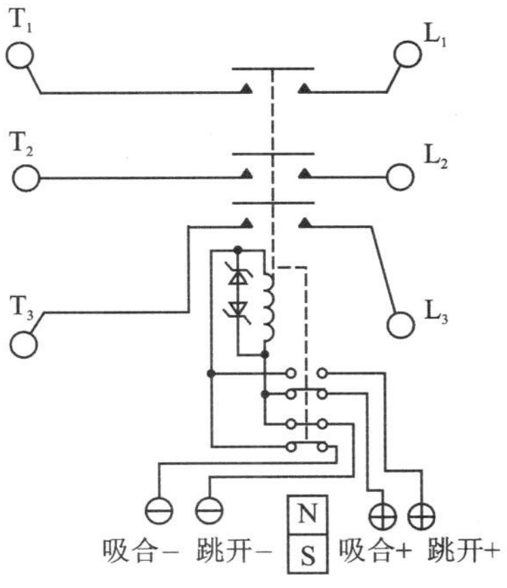

图 2.25　磁保持接触器

在线圈的“吸合＋”与“吸合－”之间加上相应极性的输入信号，此时线圈产生的磁通方向与永久磁铁的磁通方向相同，线圈磁通产生足够大的吸力克服弹簧的反力，活动铁芯向静铁芯移动，在触点闭合后，辅助触点断开了线圈的吸合电路，使跳开线圈处于预位状态。由于永久磁铁的磁通通过活动铁芯、静铁芯构成的磁路磁阻较小，在它产生的吸力的作用下使接触器保持在吸合位置。

如果在线圈的“跳开+”与“跳开-”端加上输入信号，线圈在铁芯内产生的磁通大于永久磁铁的磁通，并且方向相反，抵消了永久磁铁的吸力，使活动铁芯在弹簧反力作用下回到释放状态，带动主触点断开，并使辅助触点发生转换，断开跳开线圈电路，同时接通闭合线圈电路，为下一次接通做准备。

小 结

直流电磁铁可分为拍合式、旋转式、吸入式和极化式等，本章分别介绍了它们的结构、工作原理和吸力特性。

本章重点介绍了极化继电器的工作原理。极化继电器在工作时，其工作气隙内存在两个互相独立的磁通，一个是由永久磁铁产生的磁通，称为极化磁通；另一个磁通是由工作线圈产生的，称为工作磁通。工作磁通的大小及方向是由通入线圈的电流大小及极性所决定，极化继电器的衔铁偏转方向随线圈上所加信号电压极性的改变而改变。极化继电器的电磁系统一般有串联磁路、差动磁路和桥式磁路，其触点系统一般可做成两种形式，即硬舌片和软舌片。利用等效磁路中的节点分析法，对典型的差动式和桥式极化磁系统的气隙工作点进行了分析与计算，总结出了统一的可用于计算机编程的计算公式。

接触器是一种用于远距离频繁地接通和断开交直流主电路或大容量控制电路的电磁控制装置，接触器的基本工作原理与前面提及的电磁继电器相似，但具体结构不同。接触器控制的容最较大，一般都是几百安培，有些达到 1kA 以上。接触器主要用于一次回路，继电器用于二次回路的小电流，实现各种控制功能。在继电器的触点容量满足不了要求时，可用接触器代替。当接触器的辅助触点不够用时可加一继电器作辅助触点来实现各种控制。

思考题与习题

2-1 为什么吸入式电磁铁的漏磁通会产生电磁吸力？

2-2 为什么吸入式电磁铁的吸力特性比拍合式电磁铁的吸力特性平坦？

2-3 四种类型的电磁铁各有什么特点？吸力特征是什么？

2-4 极化继电器按照电磁系统可分为几种结构形式？各有什么特点？

2-5 接触器和继电器的区别是什么？各有什么特点？

第 3 章 直流测速发电机

直流测速发电机是一种检测机械转速的直流旋转电磁装置,它把输入的机械转速变换成直流电压信号输出,其机电能量转换的工作原理与普通直流发电机完全相同,但从应用特性和要求上有其特殊性。

本章首先介绍直流发电机的基本结构与工作原理,然后重点分析直流测速发电机的输出特性、误差原因及减小误差的方法,最后简单介绍直流测速发电机的应用。

3.1 概 述

在自动控制系统和计算装置中直流测速发电机通常作为测速元件、校正元件、解算元件和角加速度信号元件等。

自动控制系统对测速发电机的要求主要是精度高、灵敏度高、可靠性好等,通常包括如下几个方面:

① 输出电压与转速要保持良好的正比关系;

② 正反转时输出电压应该对称;

③ 输出电压的脉动要小,即输出电压要保持稳定,纹波小;

④ 温度变化对输出特性的影响要小;

⑤ 输出特性的斜率要大,即转速变化所引起的输出电压的变化要大,保证测速发电机的输出电压对转速的变化反应灵敏;

⑥ 电机的转动惯量要小,摩擦转矩要小,以保证反应迅速。

直流测速发电机虽然存在着机械换向引起的火花和无线电干扰问题,但它具有输出特性斜率大、温度容易补偿、没有相位误差、输出电压信号不受负载性质的影响等优点,因而在实际中得到广泛的应用。

3.2 直流发电机的工作原理和主要结构

3.2.1 直流发电机的工作原理

直流发电机是一种将机械能转换为电能的电器设备。它的工作原理基于电磁感应定律,原理模型图如图 3.1 所示。

在图 3.1 中,N 和 S 是一对固定的磁极。磁极之间有一个可以转动的铁质圆柱体,称为电枢铁芯。铁芯表面固定一个用绝缘导体构成的电枢线圈 *abcd*,线圈的两

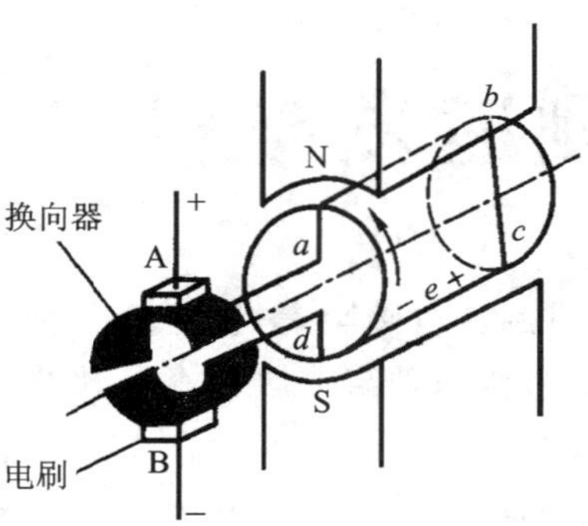

(a) 初始位置

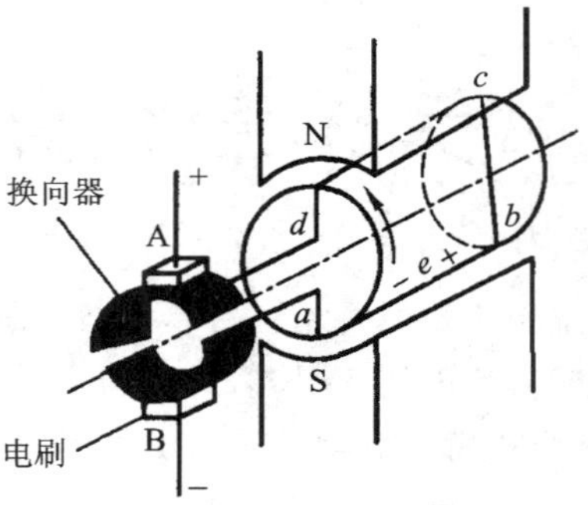

(b) 180°位置

图 3.1　直流发电机的物理模型

端分别接到相互绝缘的两个半圆形铜片(换向片)上,它们组合在一起称为换向器。换向片固定在转轴上,随着转轴同步旋转,在每个半圆铜片上又分别放置一个固定不动而与之滑动接触的电刷 A、B,线圈 *abcd* 通过换向器和电刷接通外电路。

设原动机驱动转子按照逆时针方向旋转,即线圈 *abcd* 沿逆时针方向旋转,此时线圈将切割磁场产生感应电动势,即

$$E_a = Blv \tag{3-1}$$

式中:B 为导体所在位置的气隙磁密;l 为导体有效长度;v 为导体切割磁场的线速度。

感应电动势的方向用右手定则确定。在图 3.1(a)所示瞬间,导体 *ab*、*cd* 的感应电动势方向分别由 $b \to a$ 和 $d \to c$。这时电刷 A 为正极,B 为负极。

当原动机驱动电枢转过 180°时,导体 *ab* 与 *cd* 互换了位置,如图 3.1(b)所示。根据右手法则不难判断,此时导体 *ab* 中的电动势方向为 $a \to b$,导体 *dc* 感应电动势的方向为 $c \to d$,即发电机内部线圈的电动势方向发生了变化,此时电刷 A 仍为正极,B 仍为负极。

原动机带动电枢连续旋转,导体 *ab* 和 *cd* 交替地切割 N 极和 S 极下的磁力线,因此,导体 *ab* 和 *cd* 产生的感应电动势是交变的,但是由于换向片的整流作用,电刷之间的电动势极性始终不变。

因此,在直流发电机中,换向器和电刷的共同作用是:

① 将线圈中的交流电动势整流成电刷间的直流电动势;

② 把内部转动的电枢电路与不转的外电路相连接。

上述单线圈的电动势脉动会很大,为了减小电动势的脉动程度,实际电机采用很多元件组成电枢线圈,均匀分布在电枢表面,并按一定规律连接,刷间串联元件数增多,脉动减小,就得到所需的直流电。

3.2.2　直流电机的主要结构

直流电机的结构主要由定子和转子两大部分组成。直流电机运行时静止不动的部分称为定子，定子的主要作用是产生磁场，由机座、主磁极、换向极、端盖、轴承和电刷装置等组成。运行时转动的部分称为转子，其主要作用是产生电磁转矩和感应电动势，是直流电机进行能量转换的枢纽，所以通常又称为电枢，由转轴、电枢铁芯、电枢绕组、换向器和风扇等组成。装配后的电机如图 3.2 所示。直流电机的定子剖面结构图如图 3.3 所示。

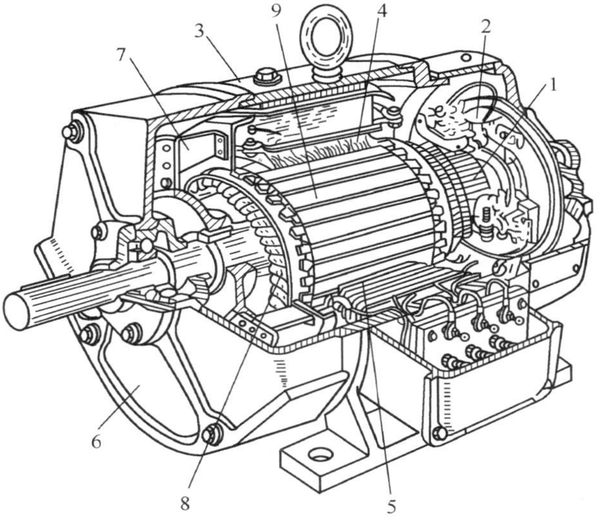

1—换向器；2—电刷装置；3—机座；4—主磁极；5—换向极；
6—端盖；7—风扇；8—电枢绕组；9—电枢铁芯

图 3.2　直流电机的装配结构图

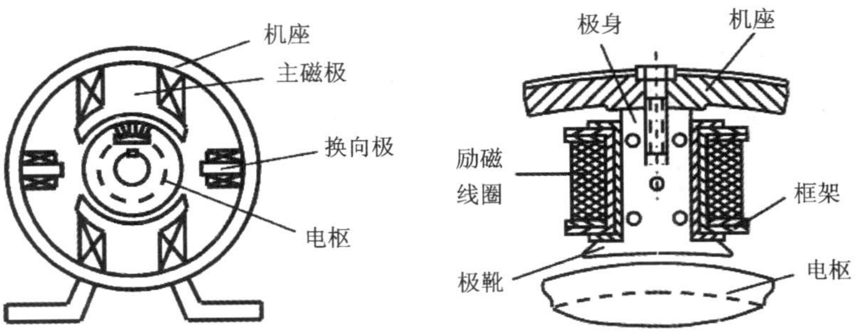

(a) 定子剖面图　(b) 主磁极剖面图

图 3.3　直流电机的定子剖面结构图

1. 定　子

定子由机座、主磁极、换向极、电刷装置等组成,其剖面结构示意图如图 3.3(a)所示。它的主要作用是产生主磁场和作电机的机械支架。

① 主磁极:主磁极的作用是建立主磁场。主磁极由主磁极铁芯和套装在铁芯上的励磁绕组构成,如图 3.3(b)所示。主磁极铁芯靠近转子一端较宽的部分称为极靴,它的作用是使气隙磁阻减小,改善主磁极磁场分布,并使励磁绕组容易固定。为了减少转子转动时由于齿槽移动引起的铁耗,主磁极铁芯采用 1～1.5 mm 的低碳钢板冲压一定形状叠装固定而成。主磁极上装有励磁绕组,整个主磁极用螺杆固定在机座上。主磁极的个数一定是偶数,励磁绕组的连接必须使得相邻主磁极的极性按 N、S 极交替出现。

② 换向极:换向极的作用是为了改善直流电机的换向,使电机运行时不产生有害的火花。换向极的个数一般与主磁极的极数相等,在功率很小的直流电机中,也可以不装或少装换向极。换向极绕组和电枢绕组相串联,流的是电枢电流,所以其导线截面较大,匝数较少。

③ 电刷装置:由电刷、刷握、刷杆、压紧弹簧等组成(见图 3.4),它的作用是连接转动和静止之间的电路。

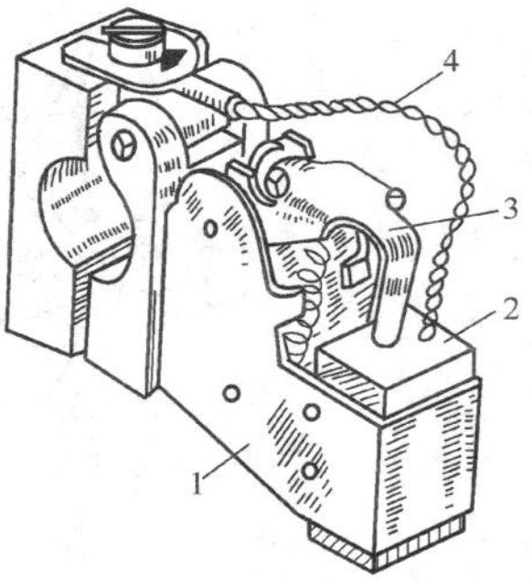

1—刷握;2—电刷;3—压紧弹簧;4—刷辫

图 3.4　电刷装置

2. 转　子

转子(又称电枢)由电枢铁芯、电枢绕组、换向器、转轴和风扇等组成,如图 3.5 所示。它的作用是产生电磁转矩或感应电动势,实现机电能量的转换。

(a) 电枢铁芯冲片

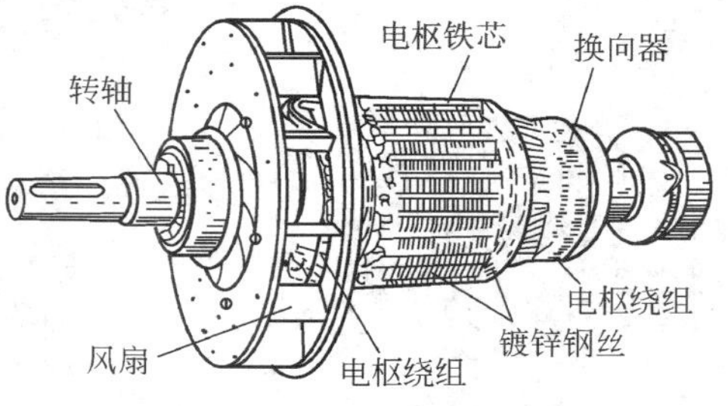

(b) 转子结构图

图 3.5　转子结构图

① 电枢铁芯:一般用 0.5 mm 厚的涂过绝缘漆的硅钢片叠压而成,作用是嵌放电枢绕组,同时它又是电机主磁路的一部分。

② 电枢绕组：由绝缘导线绕制成的线圈（又称绕组元件）按一定规律连接组成，每个元件的两个有效边分别嵌放在电枢铁芯表面的槽内，元件的两个出线端分别与两个换向片相连。电枢绕组的作用是产生感应电动势和电磁转矩，是实现机电能量转换的关键部件。

③ 换向器：由许多相互绝缘的换向片组成，作用是将电枢绕组中的交流电整流成电刷间的直流电或将电刷间的直流电逆变成电枢绕组中的交流电。换向装置如图 3.6 所示。

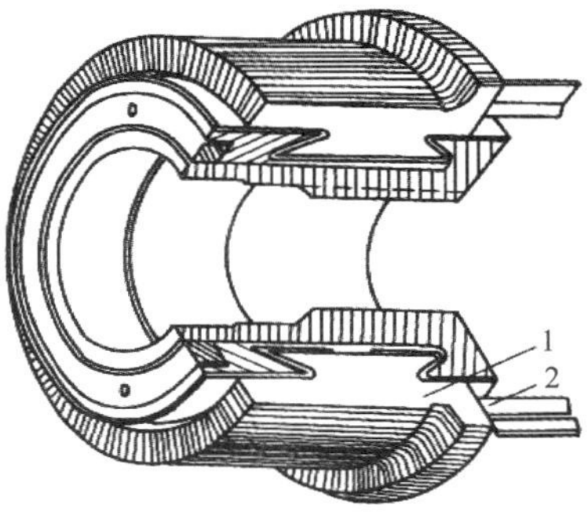

1—换向片；2—连接片

图 3.6　换向器装置

3.2.3　直流电机的电枢感应电动势

直流电机电枢绕组的感应电动势是指从一对正负电刷之间引出的电动势，也称为电枢电动势。

一根导体的感应电动势为

$$E_{av} = B_{av} l v \tag{3-2}$$

式中，B_{av} 为一个磁极下的平均气隙磁密。

$$B_{av} = \frac{\Phi}{\tau l} \tag{3-3}$$

式中：Φ 为每极磁通，τ 为极距(m)，l 为铁芯长度。

电枢表面圆周线速度为

$$v = \frac{\pi D}{60} n = 2p\tau \frac{n}{60} \tag{3-4}$$

式中：D 为电枢直径(m)，n 为电枢转速(r/min)，p 为极对数。

将式(3-3)、式(3-4)代入式(3-2)，可得每一根导体的感应电动势为

$$E_{av} = 2p\Phi \frac{n}{60} \tag{3-5}$$

若电枢导体总数为 N，电枢绕组并联支路数为 $2a$，则每条支路的导体数为 $N/(2a)$，因此，可得电刷之间的输出电动势为

$$E_a = \frac{N}{2a} E_{av} = \frac{N}{2a} \times 2p\Phi \frac{n}{60} = \frac{pN}{60a} \Phi n = C_e \Phi n \tag{3-6}$$

式中，$C_e = \frac{pN}{60a}$ 称为电动势常数，它是与电机结构有关的参数，电枢电动势单位为 V。

根据式(3-6)，可以看出：

① $E_a \propto \Phi n$，改变 Φ 或 n 的大小，可使 E_a 的大小发生变化；

② E_a 的方向取决于 Φ 或 n 的方向，改变 Φ（即改变励磁电流的方向）或 n 的方

向,就可改变 E_a 的方向。

当磁通 Φ 一定时,E_a 为

$$E_a = K_e n \tag{3-7}$$

式中,$K_e = C_e\Phi$,称为电动势系数。

可见,电刷之间的感应电动势与电机的转速成正比,即电动势能表征转速的大小,因此,直流发电机能够将转速信号转变为电动势信号,从而可以用来测速。

3.3 直流测速发电机

3.3.1 直流测速发电机的类型

直流测速发电机是一种微型直流发电机,按励磁方式可分为电磁式和永磁式两种类型。

1. 电磁式

电磁式直流测速发电机如图 3.7(a)所示,励磁绕组由直流电源供电,通电时产生磁场。

2. 永磁式

永磁式直流测速发电机定子磁极是由永久磁钢做成,其他部分的结构和电磁式相同,如图 3.7(b)所示。它不需要励磁绕组,所以可省去励磁电源,具有结构简单,使用方便,温度变化对励磁磁通的影响很小等特点。其缺点是永磁材料的价格较贵,通常需要选用矫顽力较高的永磁材料,以保证发电机的特性稳定。

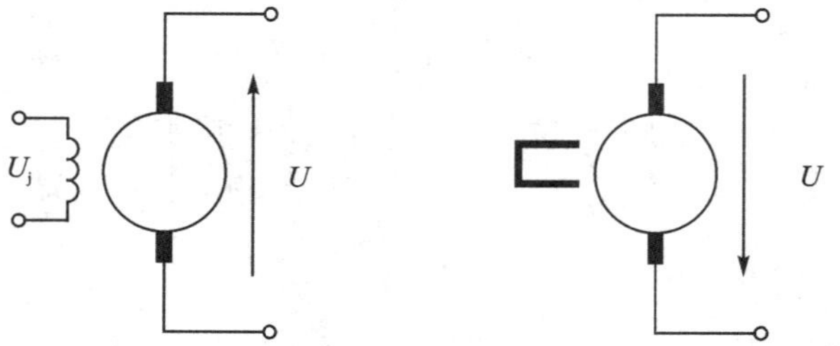

(a) 电磁式　　(b) 永磁式

图 3.7　直流测速发电机

永磁式直流测速发电机按其应用场合不同,可分为普通速度型和低速型。前者的工作转速一般在每分钟几千转以上,最高可达每分钟一万转以上;而后者一般在每分钟几百转以下,最低可达每分钟一转以下,其中低速测速发电机能和低速力矩电动机直接耦合,有利于提高系统的精度和刚度。

3.3.2　输出特性

直流测速发电机输出电压和转速的关系称为输出特性，即 $U=f(n)$。

直流测速发电机的工作原理与一般直流发电机相同。根据前面的推导，在每极总磁通量 Φ 为常数时，电枢感应电动势与转速 n 成正比关系，即 $E_a \propto n$。

空载时，电枢电流 $I_a=0$，直流测速发电机的输出电压和电枢感应电动势相等，因而输出电压与转速 n 成正比。

直流测速发电机电刷两端接负载电路如图 3.8 所示。

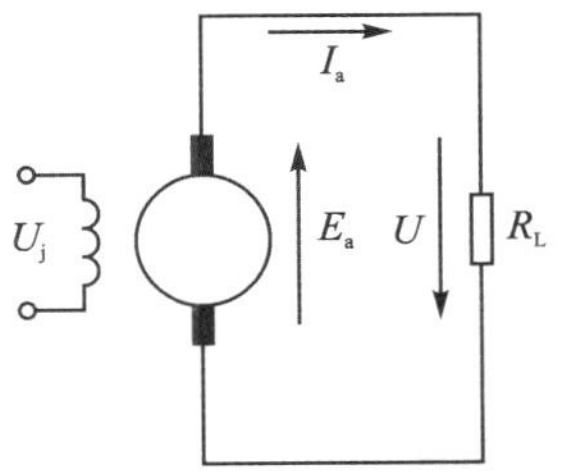

图 3.8　带负载的直流测速发电机

因为电枢电流 $I_a \neq 0$，根据 KVL，直流测速发电机的输出电压为

$$U = E_a - I_a R_a \tag{3-8}$$

式中：R_a 为电枢回路总电阻，I_a 为电枢电流。

此时，电枢电流为

$$I_a = \frac{U}{R_L} \tag{3-9}$$

式中，R_L 为直流测速发电机的负载电阻。

将式(3-9)代入式(3-8)，可得 $U=E_a-\frac{U}{R_L}R_a$。整理后得

$$U = \frac{E_a}{1+\frac{R_a}{R_L}} = \frac{C_e\Phi}{1+\frac{R_a}{R_L}}n = \frac{K_e}{1+\frac{R_a}{R_L}}n = Cn \tag{3-10}$$

当不考虑电枢反应，且认为 Φ、R_a 和 R_L 都能保持为常数，斜率 C 也是常数，其输出特性便有线性关系。对于不同的负载电阻，测速发电机输出特性的斜率也不相同，它将随负载电阻的增大而增大，如图 3.9 中实线所示。

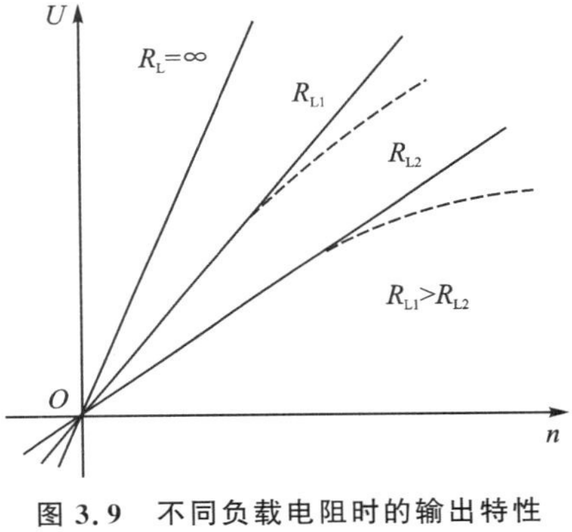

图 3.9　不同负载电阻时的输出特性

实际上,直流测速发电机的输出特性 $U=f(n)$ 并不是严格的线性关系,而与线性特性之间存在误差。下面讨论产生误差的原因及减小误差的方法。

3.3.3　直流测速发电机的误差及减小误差的方法

1. 电枢反应的影响

当电机带负载时,电枢绕组中就有电流,电枢电流也要产生磁场——电枢磁场,此时,气隙磁场是由主极磁场和电枢磁场合成。负载时电枢磁场对主极磁场的影响称为电枢反应。

电机空载运行时,只有励磁绕组建立的主极磁场,如图 3.10(a)所示。电机负载运行时,当电刷放在几何中心线上,电刷就是电枢表面电流分布的分界线。若电枢上半圆周电流为流入,下半圆周电流为流出,该电枢电流便建立一个两极的电枢磁场,磁场轴线总是与电刷轴线重合,如图 3.10(b)所示。在主极的右半个 N 极下,电枢磁场由主极指向电枢,起增磁作用;在主极的左半个 N 极下,电枢磁动势由电枢指向主极,起去磁作用。

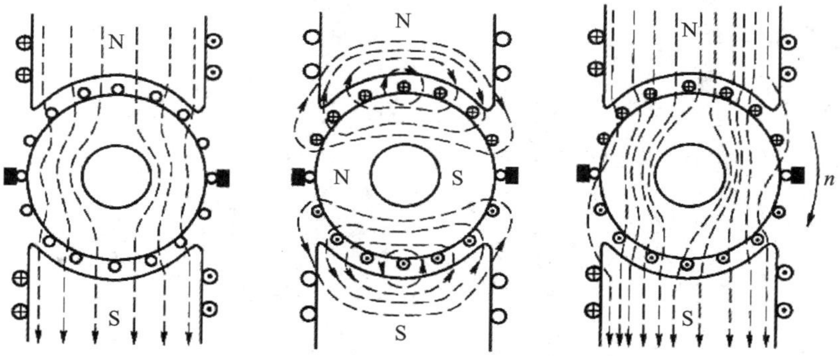

图 3.10　直流电机磁场及电枢反应

因此,电枢磁场在半个磁极下起增磁作用,在另半个磁极下,起去磁作用。如果不计饱和,则增磁和去磁效果恰好相等,总体上整个磁场的磁通不变;但是实际电机的磁路处于饱和状态,因此,N 极右半极由于增磁,磁路更加饱和,磁阻变大,合成磁通比不计饱和时略低;而在 N 极左半极由于去磁,磁路饱和程度降低,合成磁通与不计饱和时基本一致,因此饱和时电枢反应总的作用是起到了去磁作用。合成磁场分布如图 3.10(c)所示。

负载电阻越小或转速越高,电枢电流就越大,电枢反应的去磁效应就越明显,输出特性偏离直线就越多,非线性误差就越大,如图 3.9 的虚线所示。因此,为了减小电枢反应的不良影响,直流测速发电机需有最大线性工作转速和最小负载电阻值的限制,在使用时,转速不应超过最大线性工作转速,所接负载电阻不应小于最小负载电阻。

2. 电刷接触电阻的影响

要使 $U=f(n)$ 成线性关系，R_a 必须为常数。但实际上，R_a 还包含电刷与换向器之间的接触电阻，该电阻也要产生压降 ΔU_b，在相同的 R_L、n 下将使输出电压降低，即

$$U = E_a - I_a R_W - \Delta U_b = K_e n - \frac{U_a}{R_L} R_W - \Delta U_b \tag{3-11}$$

$$U = \frac{K_e}{1+\dfrac{R_W}{R_L}} n - \frac{\Delta U_b}{1+\dfrac{R_W}{R_L}} \tag{3-12}$$

式中，R_W 表示电枢绕组的电阻。

电刷接触电阻是非线性的，它与流过的电流密度、方向、接触材料、接触表面温度等有关。当电枢电流较小时，接触电阻较大，接触压降也较大；当电枢电流较大时，接触电阻较小。可见接触电阻与电流成反比。只有电枢电流较大，电流密度达到一定数值时，电刷接触压降才可近似认为是常数。考虑到电刷接触压降的影响，直流测速发电机的输出特性如图 3.11 所示。

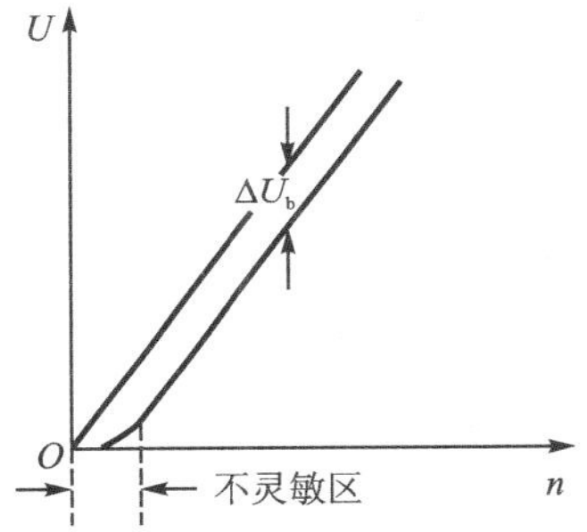

图 3.11　考虑电刷接触压降时的输出特性

由图 3.11 可见，在转速较低时，输出特性上有一段输出电压极低的区域，这一区域叫做不灵敏区。在此区域内，测速发电机虽然有输入信号(转速)但输出电压很小(甚至为零)，对转速的反应很不灵敏。接触电阻越大，不灵敏区也越大。

为了减小电刷接触压降的影响，缩小不灵敏区，在要求较高的场合，换向器可采用银合金材料或者在表面镀上银层，这样也可以减小电刷和换向器之间的磨损。

3. 延迟换向的影响

从前面的分析知道，直流电机的电枢绕组元件一会儿在这个支路里，一会儿又在另一个支路里，而且元件从一个支路换到另一个支路时，必定要经过电刷。另外，当电机带了负载时，电枢中同一支路里各元件的电流大小与方向都一样，相邻支路里电流大小虽然一样，但方向却是相反的。可见，某一元件由一条支路经过电刷进入另一条支路时，电流的方向必将发生变化，这个电流改变方向的过程称为换向。换向元件存在两个电动势，一个是自感电动势 e_L，一个是运动电动势 e_a。根据楞次定律，自感电动势总是阻碍电流的变化，因此 e_L 的方向与换向前电流的方向一致。与此同时，几何中心线处还有一定的电枢磁场，换向元件切割该磁场时，将产生运动电动势 e_a。这两个电动势的方向相同，均与换向前的电枢电流方向一致，因此起到阻碍换向的作用，使换向延迟，而且它们的电动势之和将在被电刷短路的换向元件中产生相同方向

的附加电流 i_k，i_k 流过换向元件时便产生与主磁通方向相反的去磁磁通，称为延迟换向去磁，如图 3.12 所示。

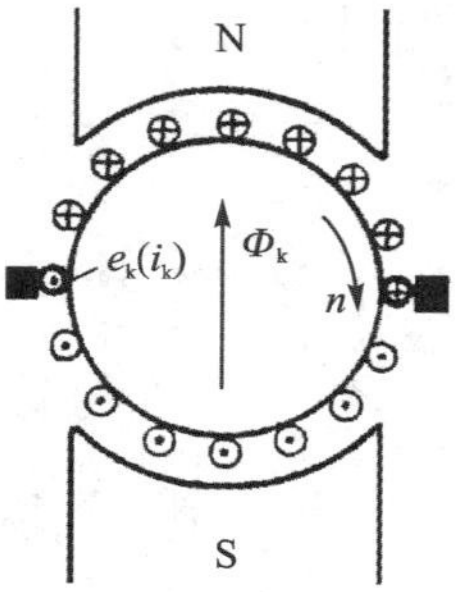

(a) 换向元件的电动势

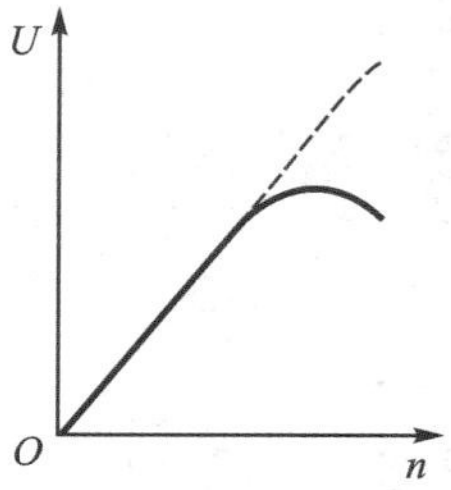

(b) 延迟换向对输出特性的影响

图 3.12　换向元件的电动势方向及延迟换向的影响

直流测速发电机的输出电压与转速成正比，当负载电阻一定时，电枢电流及换向元件电流也与转速成正比；另外，换向周期与转速成反比，而 e_L 是正比于单位换向时间内换向电流的变化量，因此，e_L 正比于转速的平方。由于 $e_a = B_a l v$，而 e_a 与电枢电流成正比，因此与转速也成正比，而 v 也与转速成正比，这样 e_a 也与转速的平方成正比。因此，转速越高，延迟换向的非线性影响越明显(见图 3.12(b))，基于此，必须有最高转速的限制。

4. 温度的影响

电磁式直流测速发电动机在实际工作时，由于周围环境温度的变化以及电机本身发热，都会引起电机中励磁绕组电阻的变化。当温度升高时，励磁绕组电阻增大，这时即使励磁电压保持不变，励磁电流也将减小，磁通也随之减小，导致电枢绕组的感应电动势和输出电压降低；反之，当温度下降时，输出电压便升高。温度的变化对电磁式直流测速发电机输出特性的影响是很严重的。

为了减小温度变化对输出特性的影响，通常可采取下列措施：

① 设计电机时，磁路比较饱和，使励磁电流的变化所引起磁通的变化较小。

② 在励磁回路中串联一个阻值比励磁绕组电阻大几倍的附加电阻来稳流。附加电阻可用温度系数较低的合金材料制成(如锰镍铜合金或镍铜合金)，它的阻值随温度变化较小，其缺点是相应励磁电源电压需增高，励磁功率随之增大。

③ 对测速精度要求比较高的场合，可在励磁回路中串联具有负温度系数的热敏电阻并联网络，如图 3.13 所示。只要使负温度系数的并联网络所产生电阻的变化与正温

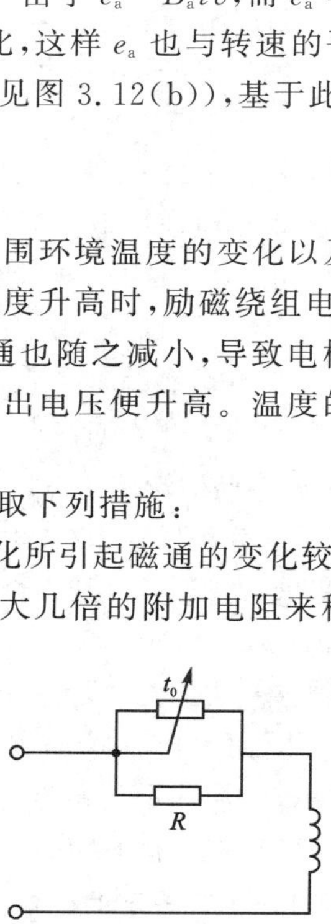

图 3.13　励磁回路的热敏电阻并联网络

度系数的励磁绕组电阻所产生的变化相同，励磁回路的总电阻就不会随温度而变化，因而励磁电流及励磁磁通也就不会随温度变化而变化。

当然，温度的变化也会影响电枢绕组的电阻，但电枢绕组的电阻数值较小，造成的影响也小，可不予考虑。

5. 纹波的影响

实际上当直流测速发电机的 Φ 和 n 为定值时，其输出电压并不是稳定的直流电压，而总是带有微弱的脉动，通常把这种脉动称为纹波。

引起纹波的因素主要有电机本身的固有机构以及加工误差。如电机的槽数、元件数及换向片数不可能无限增加等，所以输出电压不可避免要产生脉动。另外，由于电枢铁芯有齿和槽，气隙不均匀，以及电枢铁芯的椭圆度、偏心等，铁芯材料的导磁性能各向相异等，也会使输出电压中纹波幅值上升。

纹波电压的存在对于速度反馈或加速度反馈系统都很不利。特别在高精度的解算装置中更不允许。因此，实用的直流测速发电机在结构和设计上都采取了一定的措施来减小纹波电压幅值，如无槽电枢电机输出电压纹波幅值只为有槽电枢电机输出电压纹波幅值的五分之一。

3.4 直流测速发电机的应用

3.4.1 直流测速发电机的性能标准

1. 线性误差 $\Delta U\%$

在直流测速发电机工作转速的范围内，实际输出电压与理想输出电压的最大差值 ΔU_m 与最大理想输出电压 U_{am} 之比称为线性误差，即

$$\Delta U\% = \frac{\Delta U_m}{U_{am}} \times 100\% \tag{3-13}$$

一般要求 $\Delta U\%$ 在 0.5%左右。

2. 最大线性工作转速 n_m

在允许的线性误差范围内的电枢最高转速称为最大线性工作转速，亦即直流测速发电机的额定转速。

3. 输出斜率

在额定的励磁条件下，单位转速所产生的输出电压称为输出斜率，此值越大越好，增大负载电阻，可提高输出斜率。

4. 最小负载电阻 R_L

R_L 是保证输出特性在允许误差范围内的最小负载电阻值。在使用时，接到电枢两端的电阻应不小于此值。

5. 不灵敏区

由于换向器与电刷间的接触压降 ΔU_b 导致直流测速发电机在低转速时,其输出电压很低,几乎为零,这个转速范围称为不灵敏区。

6. 输出电压的不对称度 K_{ub}

在相同转速下,直流测速发电机正、反转时的输出电压绝对值之差 ΔU 与两者平均值 U_{av} 之比称为输出电压的不对称度,即

$$K_{ub}=\frac{\Delta U}{U_{av}}\times 100\% \tag{3-14}$$

正反转不对称度是由于电刷没有严格地与位于几何中心线上的元件相连所致,一般不对称度为 0.35%～2%。

此外,还要求直流测速发电机体积小,重量轻,结构简单,工作可靠,对无线电通信的干扰小和噪声小等。

3.4.2 直流测速发电机的选择与接线

在实际应用中,不同的自动控制系统对直流测速发电机的性能要求各有所侧重。例如作解算元件或恒速控制时,对线性误差、纹波系数、温度误差和剩余电压等都要求较高,一般允许在千分之几到万分之几的范围内,但对输出电压的斜率要求却不高;作阻尼元件时,对线性误差和纹波系数等指标的要求不高,而要求输出电压的斜率要大。

他励式直流测速发电机接线板上标有 F_1、F_2 的为激磁绕组,标有 S_1、S_2 的为电枢绕组,如标注不清晰,对于一般的直流电动机或他励直流伺服电动机而言,其激磁绕组电阻远大于电枢绕组的电阻,也可用欧姆表测试判断。但是对于直流测速发电机的激磁绕组电阻不一定大于电枢绕组的电阻,不能直接采用欧姆表测试判别。其判别方法如下:先用欧姆表测出同一个绕组的两个接线头;然后给其中一个绕组加低电压使其电流值低于额定电流,另一个绕组接电压表,用手转动转子,如果电压表有读数,则接低电压的为激磁绕组,接电压表的为电枢绕组,如果电压表无读数,则接低电压的为电枢绕组,接电压表的为激磁绕组。

3.4.3 直流测速发电机的应用举例

尽管直流测速发电机因为电刷、换向器导致可靠性和精度不高,但是直流测速发电机具有输出斜率大、无剩余电压和相位误差以及易于温度补偿等优势,在自动控制系统和计算装置中可以作为测速元件、阻尼元件、解算元件和角加速度信号元件。

1. 测速和反馈

直流测速发电机作为测速和反馈元件应用于恒速控制,如图 3.14 所示为恒速控制系统原理图。

当直流伺服电动机的负载发生变化时,电动机的转速也随之变化,要想在给定电

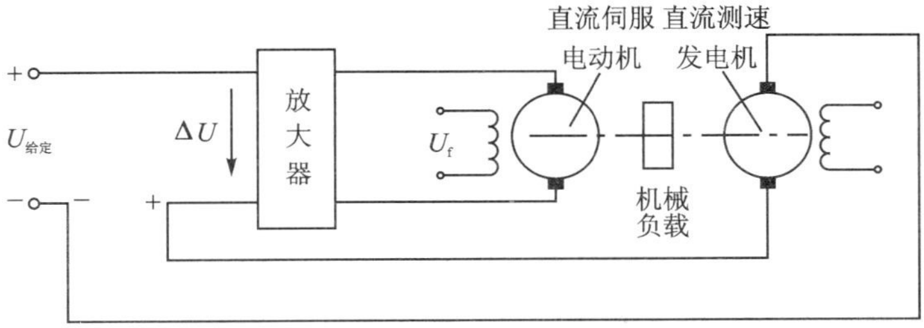

图 3.14　恒速控制系统原理图

压不变时保持恒速，需要在电动机的转轴上耦合一台直流测速发电机作为转速负反馈环节，并将其输出电压与给定电压相比较，经放大器放大后作为直流伺服电动机的控制信号。例如，如果负载转矩因为某种因素增加，则电动机的转速将减小，此时直流测速发电机的输出电压将减小，转速给定电压与测速发电机的反馈电压之差增大，经过放大器放大后，使直流伺服电动机的控制电压增大，此时电动机将加速，测速发电机的反馈电压信号也随之增大，差值信号减小，直至达到所要求的转速为止。反之，如果电动机的转速因为某种原因增加，则直流测速发电机的输出电压增加，给定电压与反馈电压的差值减小，经过放大器放大后，加给直流伺服电动机的控制电压减小，电动机减速，直至达到所要求的转速为止。因此，由于直流测速发电机的转速负反馈作用，该系统具有自动调节转速达到恒速的功能。

2. 解算元件

根据 $U=C_e\Phi n=C'_e\dfrac{d\theta}{dt}$，用直流测速发电机可以实现转角 θ 对时间的微分运算。反之，也可以作积分运算之用，如图 3.15 所示。

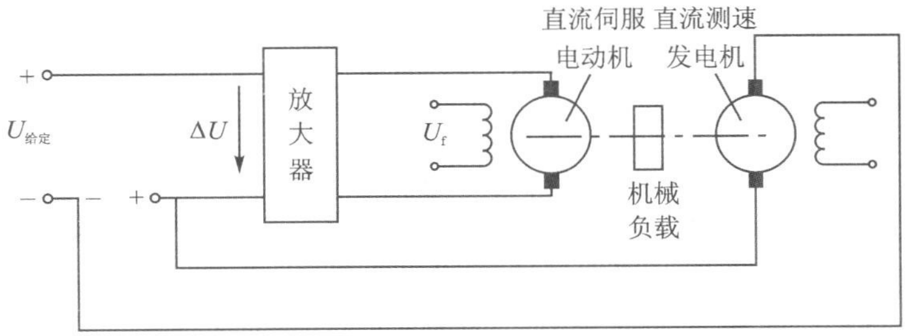

图 3.15　积分运算原理图

放大器的输出电压为

$$U_a = K(U_{给定} - U) \tag{3-15}$$

式中：K 为放大器的放大系数，$U_{给定}$ 为输入信号，U 为测速发电机的输出电压。

若 K 很大，则 $(U_{给定}-U)$ 很小，可近似为 $U_{给定}-U=0$，即 $U_{给定}=U=C'_e\dfrac{d\theta}{dt}$，不难

得出

$$\theta = \frac{1}{C'_e}\int U_{给定}(t)\mathrm{d}t \tag{3-16}$$

即可实现输出转角 θ 对输入电压信号的积分运算。

3. 阻尼元件

在图 3.14 中,如果输入量是转角 α 的函数,当伺服电动机带动负载转动 θ 角,当 $\alpha=\theta$ 时,使电动机停止转动,使系统稳定平衡下来。但是由于惯性,电动机可能不能马上停转,如果不接测速发电机,系统将会产生振荡。当接入测速发电机时,当 $\alpha=\theta$ 时,而 $\frac{\mathrm{d}\theta}{\mathrm{d}t}\neq 0$ 时,测速发电机的输出电压 $U=C'_e\frac{\mathrm{d}\theta}{\mathrm{d}t}$ 将会阻止伺服电动机继续转动,使振荡衰减,从而起到阻尼作用。

3.4.4 直流测速发电机的发展趋势

直流测速发电机的发展趋势是高灵敏度、高线性度、高可靠性、低纹波电压和低温度影响,体积小、重量轻。如新发展的一种永磁式高灵敏度直流测速发电机,直径大、轴向尺寸小、电枢元件数多、电刷间的串联导体数多、换向片数多,使得输出电压斜率大,灵敏度是普通测速发电机的 1 000 倍之多,以使纹波电压大大降低。

直流测速发电机由于具有电刷和换向器装置,会产生可靠性差、飞机高空运行时换向困难、结构复杂、电磁干扰大等问题,一方面可从改善换向器、电刷的接触结构以及制作工艺方面下功夫,提高性能指标和可靠性;另一方面可采用电子换向的无刷直流测速发电机,如霍耳效应无刷直流测速发电机和二极管式测速发电机等,可从根本上取消机械换向结构,从而彻底消除机械接触式换向的弊端,改善测速发电机的性能指标,无刷直流电机的相关内容将在后续章节中介绍。

小　结

直流测速发电机是一种检测机械转速的直流旋转电磁装置,它把输入的机械转速变换成直流电压信号输出。直流电压是利用“导体在磁场中运动产生感应电势”的电磁规律,通过电刷和换向器的作用而获得的。当磁通 Φ 一定时,电刷间的感应电动势与电机的转速成正比,即电动势能表征转速的大小。在理想条件下,其输出特性为一条直线,而实际上存在一定的误差。造成非线性误差的原因有多种,如电枢反应和延迟换向的去磁效应、纹波电压、电刷和换向器接触压降的变化、温度的变化等。在使用时必须注意电机转速不得超过规定的最高转速,负载电阻不可小于最小值;而对于温度变化较大,或对变温输出误差要求严格的场合,应对测速机进行温度补偿。

思考题与习题

3-1　直流测速发电机由哪几部分组成？各部分分别有什么作用？

3-2　换向器和电刷在直流测速发电机中起到什么作用？

3-3　直流测速发电机的类型有几种？它们的特点有哪些？

3-4　直流测速发电机的输出特性产生误差的原因有哪些？改进措施是什么？

3-5　使用直流测速发电机时为什么有最高转速和最小负载电阻的限制？

第 4 章　直流伺服电动机

直流伺服电动机把输入的电压信号转变为转轴的角位移或角速度输出，在自动控制系统中作为执行元件，故直流伺服电动机又称为执行电动机，在飞机仪表、自动驾驶仪、导弹、雷达等装备中得到了广泛地应用。直流伺服电动机的基本结构、电磁关系和工作原理与一般直流电动机相同，但是其具体结构、控制方法和使用要求有其特殊性。

本章首先讲述直流电动机的工作原理和使用方法，然后分析直流伺服电动机的特有控制方法与运行特性；最后介绍直流力矩电动机和几种低惯量直流伺服电动机。

4.1　概　述

自动控制系统对直流伺服电动机的要求如下：

① 可控性好：有控制电压信号时，直流伺服电动机在转速上应能做出正确的反应；控制电压信号消失时，电动机应能可靠停转，即无“自转”现象。

② 响应快：电动机的转速应能随控制电压的改变而快速变化，即要求机电时间常数小和灵敏度高。

③ 具有线性的机械特性和调节特性，更有利于提高控制系统的精度。

④ 调速范围大，转速稳定。改变控制电压，要求伺服电动机的转速能在宽广的范围内连续调节。

⑤ 控制功率要小，有利于减小控制器的体积和成本。

由于自动控制系统对电动机的性能及快速响应的要求越来越高，促使伺服电动机有了很大的发展，出现了各种低惯量的伺服电动机，如低惯量的空心杯形转子直流伺服电动机、盘形电枢直流伺服电动机和电枢绕组直接绕在铁芯上的无槽电枢直流伺服电动机等。

直流伺服电动机的基本结构、工作原理及内部电磁关系和普通的直流电动机相同，其输出功率一般为 0.1～100 W。

4.2　直流电动机的基本原理

4.2.1　直流电动机的基本工作原理

直流电动机的基本结构与直流发电机相同。所不同的是直流电动机输入的是直流电压信号，输出的是转速信号。下面分析直流电动机的基本工作原理。

为了简单起见，仍然采用直流电动机的物理模型进行分析，如图 4.1 所示。在图(a)所示的瞬间，将电刷 A、B 接到直流电源上，电刷 A 接正极，电刷 B 接负极，此时电枢线圈中将有电流流过。电流由电源正极经电刷 A 流入电枢绕组，在线圈中的流动方向为 *abcd*，然后经电刷 B 流回电源负极。根据安培定律，载流导体 *ab* 和 *cd* 在磁场里要受到电磁力的作用，其方向由左手定则判断，方向如图所示。导体 *ab* 和 *cd* 受到的力形成一个力矩，使得转子逆时针方向转动。

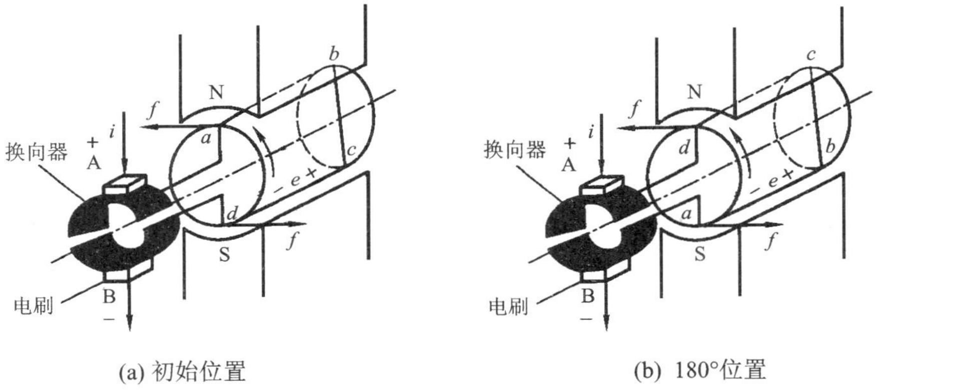

图 4.1　直流电动机的物理模型

当电枢旋转了 180°后，导体 *cd* 转到 N 极下，*ab* 转到 S 极下，如图 4.1(b)所示。由于直流电源产生的电流方向不变，仍从电刷 A 流入，在线圈中的流动方向为 *dcba*，然后经电刷 B 流出。此时载流导体产生的转矩仍然使得转子逆时针方向转动。这样，转子持续受到逆时针方向力矩的作用，实现了直流电能向机械能的转换。这就是直流电动机的工作原理。

从图 4.1 可见，外部输入的是直流电，而线圈里的是交流电，换向片与电刷起到了逆变的作用，从而保证了每一磁极下导体里的电流方向是不变的，因此线圈受到的力矩方向是恒定的。

实际应用中的直流电动机转子绕组并非只有一个线圈，是由多个线圈按照一定的规律连接而成的，可以减小电磁转矩的波动。

一台直流电机，既可以作为发电机运行，也可以作为电动机运行，它们在一定条件下可以互相转换，是可逆的。

4.2.2　电磁转矩和电枢电动势

1. 电磁转矩

上面已经分析，当处于磁场中的电枢绕组有电流流过时，导体将受到电磁力的作用，根据电磁力定律，任一导体所受平均电磁力为

$$f_{av}=B_{av}li_a \tag{4-1}$$

式中，i_a 为导体流过的电流。

作用在任一导体上的平均电磁转矩为

$$T_X=f_{av}\frac{D}{2} \tag{4-2}$$

电机总的电磁转矩则为

$$T_{em}=B_{av}l\frac{I_a}{2a}N\frac{D}{2} \tag{4-3}$$

把 $B_{\alpha v}=\frac{\Phi}{\tau l}$ 和 $D=\frac{2p\tau}{\pi}$ 代入式(4-3)，可得

$$T_{em}=\frac{pN}{2\pi a}\Phi I_a \tag{4-4}$$

式中：$C_T=\frac{pN}{2\pi a}$ 是一个常数，称为转矩常数；$I_a=2i_a$ 是电枢总电流；$2a$ 为并联支路数。

当磁通 Φ 恒定时，电磁转矩写为

$$T_{em}=K_TI_a \tag{4-5}$$

式中，K_T 为转矩系数，$K_T=C_T\Phi$。

因此，对于已经制好的电动机而言，电磁转矩与每极磁通 Φ 和电枢电流 I_a 成正比。

2. 电枢电动势

当电枢旋转时，电枢绕组中的导体切割磁力线将产生感应电动势。电动势的表达式与直流发电机的相同，即

$$E_a=\frac{pN}{60a}\Phi n=C_e\Phi n \tag{4-6}$$

其极性由图 4.1 并用右手法则判断，与电流的方向相反，即为反电动势。

4.2.3 直流电动机的基本关系式

1. 转矩平衡方程式

当稳速运行时，直流电动机的电磁转矩 T_{em} 除了要克服由电机本身机械摩擦以及铁损引起的空载转矩 T_0 外，还要与转轴上输出的机械转矩 T_2 相平衡，即负载转矩 T_L 为空载转矩和输出转矩之和，即

$$T_{em}=T_0+T_2=T_L \tag{4-7}$$

当转速变化时，应考虑惯性转矩 $J\frac{d\Omega}{dt}$，惯性转矩的方向是阻碍转速变化的，升速时为负值，起到制动作用；降速时为正值，起到增速作用，此时，转矩平衡方程式为

$$T_{em}=T_2+T_0+J\frac{d\Omega}{dt} \tag{4-8}$$

式中，J 为负载和电动机转动部分的转动惯量。

2. 电压平衡方程式

为了列出电压平衡方程式，需要规定各物理量的正方向，如图 4.2 所示。

根据基尔霍夫电压定律，可以列出电压平衡方程式为

$$U = E_a + R_a I_a \tag{4-9}$$

将 $E_a = C_e \Phi n$ 代入式(4-9)，可得电枢电流的表达式为

$$I_a = \frac{U - C_e \Phi n}{R_a} \tag{4-10}$$

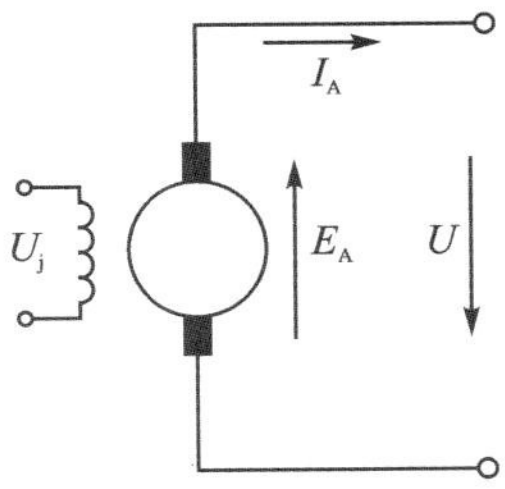

图 4.2　直流电动机的电枢回路

因此，电枢电流取决于外加电压、电枢内阻以及与转速有关的反电动势的大小。

在动态情况下，由于电枢电流的变化，还需要计入电枢的电感电动势的大小，因此电压平衡方程式为

$$u = e_a + R_a i_a + L_a \frac{di_a}{dt} \tag{4-11}$$

式中，L_a 为电枢等效电感。

4.2.4　直流电动机的使用

1. 启　动

电动机从加上电压到转速稳定的过程称为启动过程。通常要求启动电流不能过大，有足够大的启动转矩以缩短启动时间，另外启动设备要简单。

在启动的瞬间，由于转速为零，反电动势 $E_a = 0$，因此电机的端电压全部加到电枢电阻 R_a 的两端，此时电枢的电流为

$$I_{st} = \frac{U_a}{R_a} \tag{4-12}$$

通常电枢电阻很小，因此启动电流很大，可能达到额定电流的 10～20 倍。为了降低启动电流，一般采用在电枢回路串联电阻的方法，使启动电流降低到额定电流的 1.5～2 倍，如图 4.3(a)所示。

当电动机启动后，随着转速的提高，反电动势逐渐增加，启动电流和转矩都逐渐减小。为了获得足够大的启动转矩，需要随着转速的提高而逐段切除串联电阻，转速变化如图 4.3(b)所示。

特别需要指出的是：直流电动机无论在启动还是在正常工作时，励磁电路一定要接通，不能让它断开(而且启动时要满励磁)。否则只要有一点剩磁，就可能发生不能启动、烧毁绕组和空载飞车等事故。

2. 调　速

在电动机运行过程中，通常需要电动机的转速在一定范围内可调节。根据

式(4－9),不难得出

$$n=\frac{U-I_aR_a}{C_e\Phi n} \tag{4-13}$$

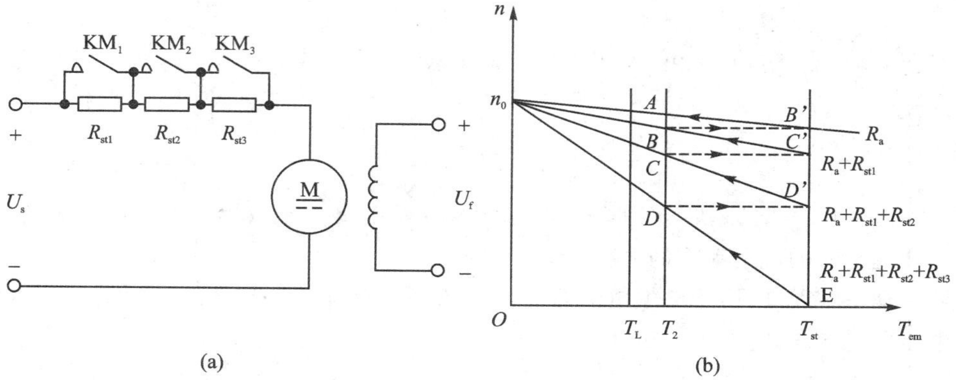

图 4.3 电枢回路串联启动电阻

可以看出,调速方法有三种:

① 电枢串电阻调速;

② 改变电枢电压调速;

③ 改变磁通 Φ(调磁)调速。

直流电动机的机械特性是指电动机加上一定的电压和一定的励磁电流时,电机的转速与电磁转矩之间的关系,即 $n=f(T_{em})$。

把 $I_a=\frac{T_{em}}{C_T\Phi}$ 代入式 $n=\frac{E_a}{C_e\Phi}=\frac{U-I_aR_a}{C_e\Phi}$ 中,得

$$n=\frac{U}{C_e\Phi}-\frac{R_a}{C_eC_T\Phi^2}T_{em}=n_0-\beta T_{em} \tag{4-14}$$

式中:$n_0=\frac{U}{C_e\Phi}$为理想空载转速,$\beta=\frac{R_a}{C_eC_T\Phi^2}$为机械特性的斜率。

式(4－14)为直流电动机的机械特性表达式。可以看出,转速与电磁转矩的关系受电枢电压 U、电枢电阻 R_a 以及主磁通 Φ 的影响。

下面利用机械特性曲线来说明三种调速方法。

(1) 电枢串电阻调速

当电枢加额定电压 U_N,励磁电流 I_f 不变,改变电枢回路的串接电阻 R,根据机械特性表达式 $n=\frac{U}{C_e\Phi}-\frac{R_a+R}{C_eC_T\Phi^2}T_{em}=n_0-\beta T_{em}$,电动机的理想空载转速 n_0 不变,但机械特性的斜率 β 会增大,特性曲线倾斜度增加,且串入电阻越大,曲线越倾斜。改变电枢回路的串接电阻 R 机械特性如图 4.4 所示。

电枢串电阻调速的特点是：

① 实现简单，操作方便；

② 只能在基速以下调速，轻载时调速效果较差；

③ 由于电阻是分级切除的，所以只能实现有级调速，平滑性差；

④ 由于串接电阻上要消耗电功率，因而经济性较差。

(2) 改变电枢电压调速

电动机励磁电流为额定值，使每极磁通为 Φ_N 并保持不变，电枢回路不外接电阻，改变电动机的电枢电压 U。根据机械特性表达式 $n=\frac{U}{C_e\Phi}-\frac{R_a}{C_eC_T\Phi^2}T_{em}=n_0-\beta T_{em}$，不断改变 U，可得到一组平行曲线，特性曲线的硬度均相同，理想空载转速大小不同，如图 4.5 所示。

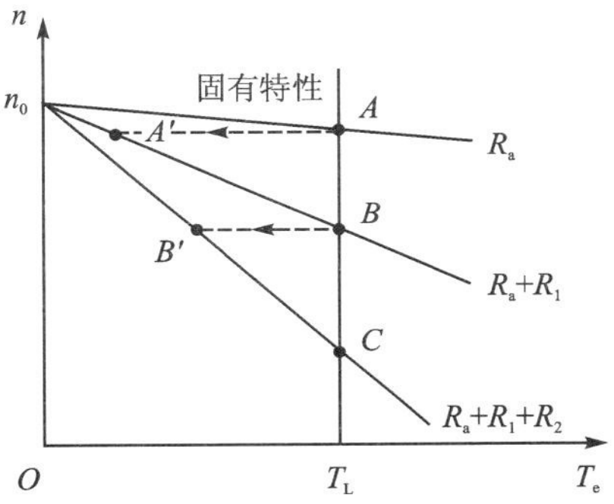

图 4.4　电枢串电阻调速

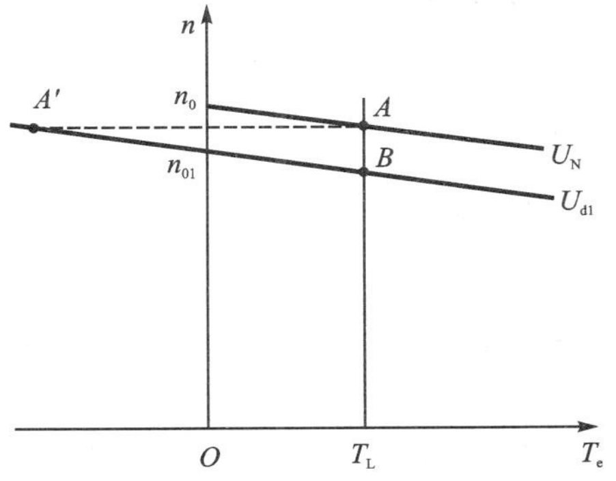

图 4.5　改变电枢电压调速

受电机绝缘耐压的限制，其电枢电压不允许超过额定电压，只能在额定电压 U_N 以下进行，因此，调压调速也是一种在基速以下调节转速的方法。

调压调速的特点是：

① 在基速以下调速；

② 可实现无级调速；

③ 调速前后机械特性硬度不变，调速范围较宽，调速范围可达 10～20；

④ 调速过程中能量损耗较少，因此调速经济性较好；

⑤ 需要一套可控的直流电源。

(3) 改变磁通 Φ(调磁)调速

降低励磁电压或在励磁回路串接电阻 R_c，使励磁电流 I_f 减小。由于磁通与励磁电流在额定磁通以下时基本成正比，所以主极磁通减小了。根据机械特性表达式可知

$$n_0\propto\frac{1}{\Phi},\quad \beta\propto\frac{1}{\Phi^2} \tag{4-15}$$

当磁通减小后，理想空载转速 n_0 升高，斜率 β 也增大，使特性曲线倾斜度增加，电动机的转速较原来有所提高，整个特性曲线均在固有机械特性之上，机械特性曲线

如图 4.6 所示。

调磁调速的特点是：

① 在基速以上调速；

② 可连续调节电阻值，实现无级调速；

③ 调速范围不大。磁通越弱转速越高，由于受电机机械强度和换向火花的限制，转速不能太高，造成调速范围窄；

④ 由于励磁电流远小于电枢电流，因而控制方便，能量损耗小。

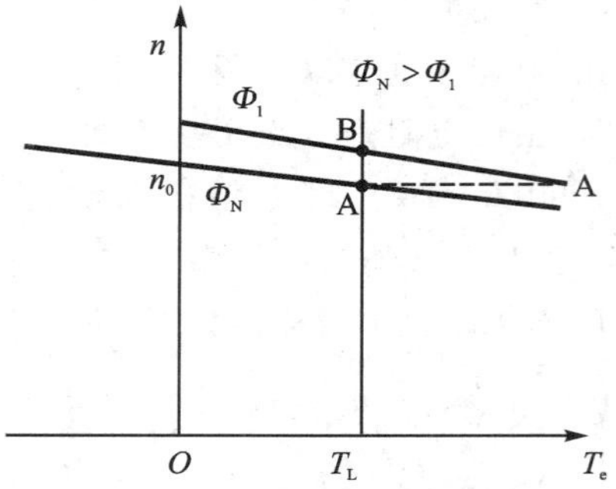

图 4.6 调磁调速

在要求调速范围大的场合，可以采用改变电枢电压向下调速及减弱磁通向上调速的双向调速方法。

3. 反 转

要改变电动机的转向，必须改变电磁转矩的方向。改变电磁转矩的方向有两种方法：

① 磁场方向固定，单独改变电枢电流的方向。

② 电枢电流的方向不变，单独改变励磁绕组电流的方向。

如果同时改变磁通和电枢电流的方向，则不难推出电磁转矩的方向不变。

4.3 直流伺服电动机的控制及运行特性

4.3.1 结构和分类

按结构类型分，直流伺服电动机可分为传统型和低惯量型两大类。

传统型直流伺服电动机的结构形式与普通直流电动机相同，只是它的容量和体积要小得多。它由定子和转子两部分组成。按励磁方式它又可以分为电磁式和永磁式两种。

相对于传统型直流伺服电动机，低惯量直流伺服电动机的机电时间常数要小，大大改善了电机的动态特性。常见的低惯量直流伺服电动机有空心杯形电枢直流伺服电动机、盘式电枢直流伺服电动机和无槽电枢直流伺服电动机。

4.3.2 控制方法

根据前面推导的直流电动机的机械特性：$n=\dfrac{U}{C_e\Phi}-\dfrac{R_a}{C_eC_T\Phi^2}T_{em}$。不难看出，在电磁转矩不变的情况下，改变电枢电压 U 或励磁磁通 Φ，就可以控制电机的转速。通过改变电枢电压来控制电机转速的方法称为电枢控制；用调节磁通来控制转速的方法称为磁场控制。

实际应用中，考虑到电枢控制线性度好、特性曲线为一组平行的直线和响应迅速等优点，直流伺服电动机主要采用电枢控制方式。

当电动机的负载转矩和励磁磁通均不变时，升高电枢电压 U，电动机的转速就升高；反之，降低电枢电压，转速就下降，当电枢电压 $U=0$ 时，电动机就不转，当电枢电压 U 的极性改变时，电动机就反转，因此可以把电枢电压作为控制信号，实现直流伺服电动机的转速控制。

因此，下面仅对电枢控制时直流伺服电动机的特性进行分析。

4.3.3　静态特性

直流伺服电动机的静态特性包括机械特性和调节特性。为了简化分析，可作如下假定：

① 电机磁路不饱和；

② 电刷位于几何中心线处。

根据上面的假设，可略去负载时电枢反应的影响，认为电机的每极气隙磁通恒定。

1. 机械特性

由式(4-14)的 $n=\dfrac{U}{C_e\Phi}-\dfrac{R_a}{C_eC_T\Phi^2}T_{em}=n_0-\beta T_{em}$ 可知，在电枢电压 U 一定的条件下，由于磁通 $\Phi=$常数，式(4-14)的右边除了电磁转矩 T_{em} 以外都是常数，因此转速 n 是电磁转矩 T_{em} 的线性函数。

其机械特性曲线如图 4.7 所示。可见，直流伺服电动机的机械特性是线性的，其物理意义如下：

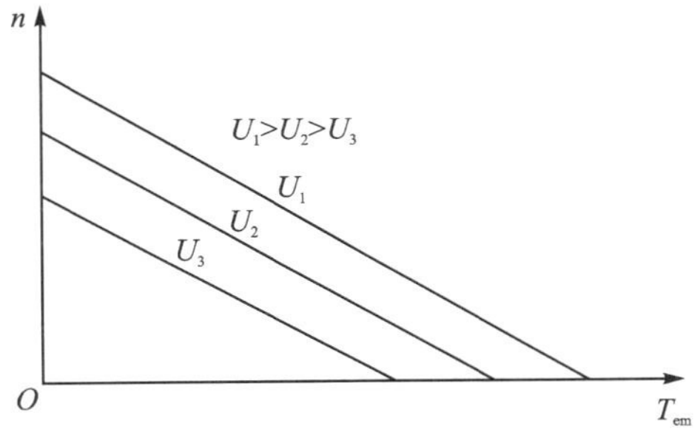

图 4.7　电枢控制时直流伺服电动机的机械特性

(1) 理想空载转速 n_0

机械特性曲线在纵轴上的截距表示为电磁转矩等于零时的电动机的理想空载转速 $n_0=U/(C_e\Phi)$。实际电动机运行时,由于电机本身具有空载损耗,产生阻转矩。因此,即使空载(即轴上输出转矩 $T_2=0$),电磁转矩 T_{em} 并不为零,只有在理想条件下,即电机本身没有空载损耗时才可能有 $T_{em}=0$,所以 n_0 是指理想空载($T_{em}=0$)条件下电动机的转速,即理想空载转速。

(2) 堵转转矩 T_d

令电机的转速 $n=0$,得到特性曲线在横轴上的截距为

$$T_d=\frac{C_T\Phi}{R_a}U \tag{4-16}$$

式中,T_d 为电动机的堵转转矩,有时也称为启动转矩。

(3) 斜　率

特性曲线的斜率:$\beta=\frac{R_a}{C_eC_T\Phi^2}$表示直流伺服电动机机械特性的硬度,式(4-14)中 β 前的负号表示特性曲线是下降的,即随着电磁转矩 T_{em} 的增加,电动机的转速减小;反之,当电磁转矩减小时,转速上升。直流伺服电动机机械特性的斜率 β 与电枢电阻 R_a 成正比,电枢电阻 R_a 大,斜率 β 也大,机械特性就软;反之,电枢电阻 R_a 小,斜率 β 也小,机械特性就硬。硬机械特性转矩的变化对转速的影响比软特性好,更易于控制,因此,直流伺服电动机工作时,总希望电枢电阻 R_a 的数值小。

由式(4-14)和式(4-16)可知,随着电枢电压 U 的增加,空载转速 n_0 和堵转转矩 T_d 增大,而斜率 β 不变,所以电枢控制时直流伺服电动机的机械特性是相互平行的直线。

如果直流伺服电动机的电枢电压 U 由系统中的放大器提供,由于放大器存在内阻,可以等效为一个电动势源 E_i 和一个内阻 R_i 的串联,考虑放大器内阻后电动机的电枢回路如图 4.8 所示。电枢回路的电压平衡方程式可写成

$$E_i=U+I_aR_i=E_a+I_a(R_a+R_i) \tag{4-17}$$

放大器内阻将使电枢回路等效电阻加大,机械特性变软,这时机械特性的斜率为

$$k=\frac{R_a+R_i}{C_eC_T\Phi^2} \tag{4-18}$$

电动机的理想空载转速为

$$n_0=\frac{E_i}{C_e\Phi} \tag{4-19}$$

放大器内阻对直流伺服电动机机械特性的影响如图 4.9 所示。由图可见,放大器内阻越大,机械特性越软。因此,为改善直流伺服电动机的特性,希望降低放大器的内阻。

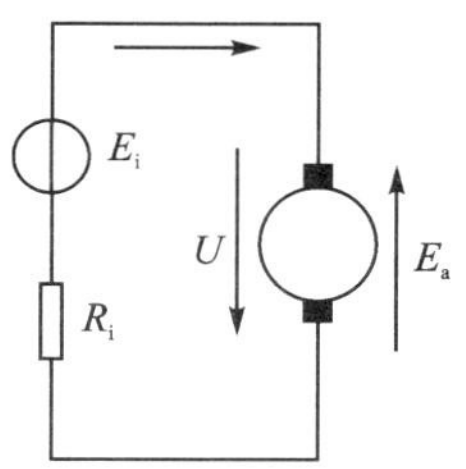

图 4.8　考虑放大器内阻时的电枢回路

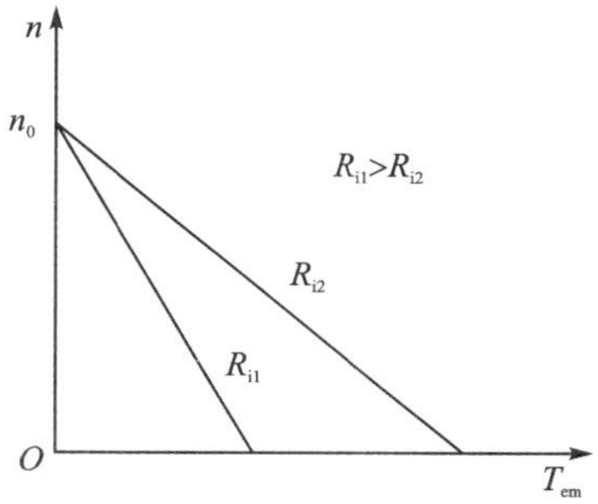

图 4.9　放大器内阻对直流伺服电动机机械特性的影响

2. 调节特性

调节特性是指负载转矩恒定时，电动机的稳态转速随控制电压变化的关系，即 T_L＝常数时，$n=f(U)$。

(1) 不变负载时的调节特性

当负载转矩为 T_L 恒定不变且稳定运行时，$T_{em}=T_L$，由式(4-14)得电机的转速 n 与控制电压 U 的关系为

$$n=\frac{U}{C_e\Phi}-\frac{R_a}{C_eC_T\Phi^2}T_L \tag{4-20}$$

对应的直流伺服电动机的调节特性如图 4.10 所示，它们也是一组平行的直线。直线的斜率为 $1/(C_e\Phi)$，与负载大小无关，仅由电机的参数决定。

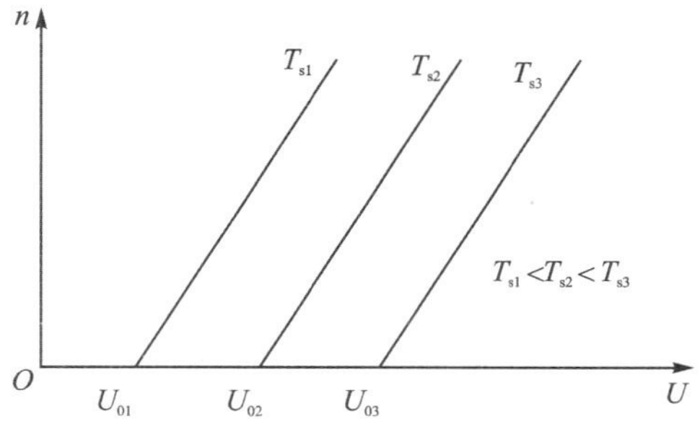

图 4.10　直流伺服电动机的调节特性

当电机转速 $n=0$ 时

$$U_0=\frac{R_aT_L}{C_T\Phi} \tag{4-21}$$

即调节特性与横轴的交点，它表示在负载转矩 T_L 下，电动机的始动电压。在负载转矩一定时，当电机的控制电压大于相应的始动电压，直流伺服电动机便能启动并在一定的转速下运行；反之，控制电压小于相应的始动电压，则直流伺服电动机产生的电磁转矩仍小于启动转矩，电机不能启动。所以，在调节特性曲线上从原点到始动电压

对应点的横坐标所示的范围,称为在该负载转矩时直流伺服电动机的死区。显然,始动电压亦即死区的大小与负载转矩的大小成正比,负载转矩越大,死区越大,始动电压也就越高。

从上面的分析可知,电枢控制时直流伺服电动机的机械特性和调节特性都是一组平行的直线。这是直流伺服电动机十分重要的优点,也是交流伺服电动机所不及的。

(2) 可变负载时的调节特性

实际上,直流伺服电动机的负载在多数情况下是不变的,但是也有少数可变负载。当负载 T_L 随着转速变化时,相应的电枢电流 I_a 也将变化,此时 I_aR_a 不再保持常数,反电动势 E_a 不再随着电压 U 的变化成正比变化。当转速越来越高时,负载转矩增量越来越大,I_aR_a 的增量也越来越大,E_a 的增量越来越小,n 的增量也就越来越小,因此 $U=f(n)$ 将不再是一条直线,如图 4.11 所示。

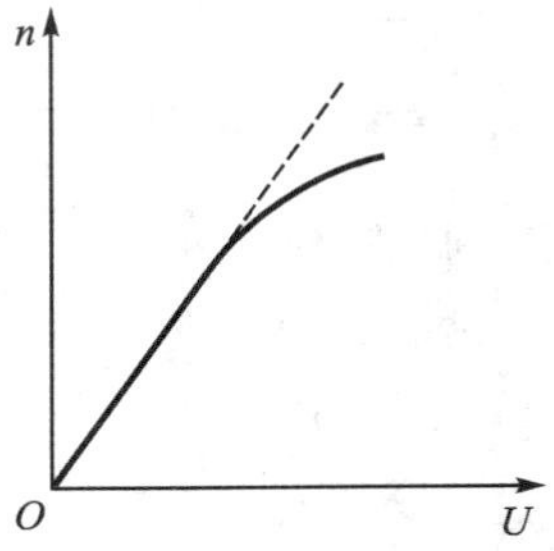

图 4.11 可变负载时的调节特性

当然,$U=f(n)$ 的曲线还与负载特性 $T_L=f(n)$ 的形状有关,但总体趋势是一致的。在实际工作中,常采用实验的方法直接测出调节特性。

对于低速运行时的直流伺服电动机会出现不稳定的状况,主要原因是:

① 齿槽效应、电刷与换向器之间接触电压的不稳定性造成了电磁转矩的不稳定;

② 电刷与换向器之间摩擦阻转矩的不稳定性造成了输出转矩的不稳定。

4.3.4 动态特性

电枢控制时直流伺服电动机的动态特性是指电枢电压发生突变时,电机转速从一种稳态转速变化到另一种稳态转速的过程,即 $n=f(t)$ 或 $\Omega=f(t)$。

当电枢电压突然改变时,由于电枢绕组具有电感,电枢绕组中的电流不能突变,具有一个电气过渡过程,相应的电磁转矩的变化也有一个过程。在变化了的电磁转矩作用下,电机的转速将发生变化,由于电机和负载有转动惯量,转速不能突变,将从一种稳定转速过渡到另一种稳定转速,具有一个机械过渡过程。

电气过渡过程和机械过渡过程相互影响,从电枢电压突变到电动机达到新的稳定转速这一过程中,这两种过渡过程交迭在一起形成了总的机电过渡过程。一方面,电机转速的变化由电磁转矩(或电枢电流)所决定;另一方面,电磁转矩或电枢电流又随着转速的变化而变化,因此,电动机的机电过渡过程是一个复杂的电气、机械相交迭的物理过程。但是一般来说,电气过渡过程的时间要比机械过渡过程短得多。

自动控制系统要求直流伺服电动机的机电过渡过程时间尽可能短，电动机转速的变化应能迅速跟上控制信号的改变，以满足系统快速响应的要求。

研究电动机机电过渡过程的方法是，列写出电动机的动态方程式（微分方程），经过拉普拉斯变换后求出电动机的传递函数，对该函数进行拉氏反变换，得到电动机动态过程的解，即电枢电压跃变时，转速和电流随时间的变化关系。

1. 动态方程式

直流伺服电动机电枢控制的控制原理图如图 4.12所示。

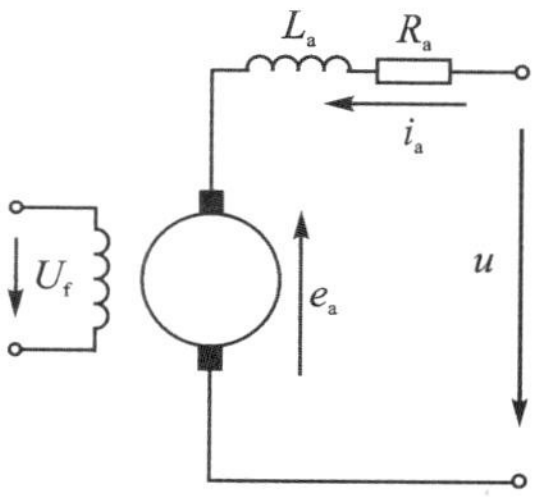

图 4.12　电枢控制原理图

图中 R_a、L_a 分别为电枢绕组的电阻和电感，Ω 为转子机械角速度，J 为负载和电机总的转动惯量。设电机电枢绕组上突施阶跃电压，电枢回路的电压平衡方程式为

$$u = R_a i_a + L_a \frac{\mathrm{d}i_a}{\mathrm{d}t} + e_a \qquad (4-22)$$

作用在电动机转子轴上的加速力矩为 $\Delta T = T_{em} - T_L$，忽略摩擦转矩后，电机的转子运动方程为

$$\Delta T = J\frac{\mathrm{d}\Omega}{\mathrm{d}t} \qquad (4-23)$$

动态运行时，电磁转矩和感应电动势表达式为

$$T_{em} = C_T \Phi i_a \qquad (4-24)$$

$$e_a = C_e \Phi n = C_e \Phi \frac{60}{2\pi}\Omega \qquad (4-25)$$

设 $T_L = 0$，将式(4-23)、式(4-24)和式(4-25)代入式(4-22)得

$$u = \frac{L_a J}{C_T \Phi}\frac{\mathrm{d}^2\Omega}{\mathrm{d}t^2} + \frac{R_a J}{C_T \Phi}\frac{\mathrm{d}\Omega}{\mathrm{d}t} + \frac{60 C_e \Phi}{2\pi}\Omega \qquad (4-26)$$

式(4-26)两边同乘以$\frac{2\pi}{60C_e\Phi}$后，可改写为

$$\tau_m \tau_e \frac{\mathrm{d}^2\Omega}{\mathrm{d}t^2} + \tau_m \frac{\mathrm{d}\Omega}{\mathrm{d}t} + \Omega = K_\Omega u \qquad (4-27)$$

$$\tau_m = \frac{2\pi R_a J}{60 C_e C_T \Phi^2} \qquad (4-28)$$

$$\tau_e = \frac{L_a}{R_a} \qquad (4-29)$$

$$K_\Omega = \frac{2\pi}{60 C_e \Phi} \qquad (4-30)$$

式中，τ_m、τ_e 和 K_Ω 分别为电机的机电时间常数、电气时间常数和速度常数。

2. 传递函数

对式(4-27)进行拉普拉斯变换，以 s 表示拉普拉斯操作数，u 和 Ω 的象函数分别以 $U(s)$ 和 $\Omega(s)$ 表示，则得直流伺服电动机的传递函数为

$$F(s)=\frac{\Omega(s)}{U(s)}=\frac{K_\Omega}{\tau_m\tau_e s^2+\tau_m s+1} \tag{4-31}$$

通常，电枢绕组的电感很小，所以电气时间常数 τ_e 很小，而机电时间常数 τ_m 要比电气时间常数大得多，往往可以忽略电动机的电气过渡过程，即令 $\tau_e=0$，从而电动机的传递函数可简化为

$$F(s)=\frac{\Omega(s)}{U(s)}=\frac{K_\Omega}{\tau_m s+1} \tag{4-32}$$

3. 时间常数

当略去直流伺服电动机的电气过渡过程，电枢绕组外施阶跃电压 U_a 示，其象函数为

$$U(s)=\frac{u}{s}$$

则

$$\Omega(s)=K_\Omega u\left[\frac{1}{s}-\frac{1}{s+\frac{1}{\tau_m}}\right] \tag{4-33}$$

利用拉氏反变换可求得输出量的原函数，即电动机角转速随时间变化的规律为

$$\Omega(t)=K_\Omega u\left(1-e^{-\frac{t}{\tau_m}}\right)=\Omega_0\left(1-e^{-\frac{t}{\tau_m}}\right) \tag{4-34}$$

式中，$\Omega_0=K_\Omega u$ 为电动机理想空载角速度，即 $\Omega_0=\frac{2\pi n_0}{60}(\mathrm{rad/s})$。

电动机角转速随时间变化的曲线如图 4.13 所示。

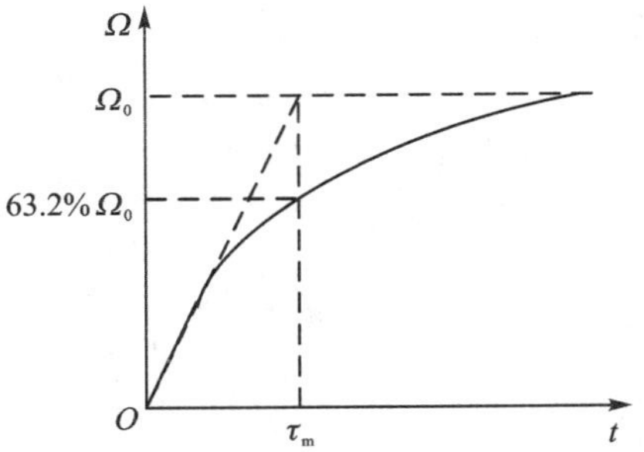

图 4.13 直流伺服电动机角速度的变化曲线

由式(4-34)可知，当 $t=\tau_m$ 时，$\Omega=0.632\Omega_0$。所以，机电时间常数 τ_m 的定义为：当电动机在空载情况下并加额定励磁电压，电枢绕组外施阶跃电压，转速从零上升到理想空载转速的 63.2%所需的时间。当 $t=4\tau_m$ 时，$\Omega=0.985\,\Omega_0$，此时可以认为过渡

过程已经结束，所以 $4\tau_m$ 为过渡过程时间。

4. 机电时间常数 τ_m 与电机参数的关系

由式(4-28)可知，机电时间常数 $\tau_m=\dfrac{2\pi R_a J}{60C_e C_T \Phi^2}$ 与电机参数的关系如下：

① τ_m 与转动惯量 J 成正比，J 越小越有利于减小机电时间常数 τ_m，J 包括折合后的负载转动惯量 J_L 和电机本身的转动惯量 J_0，因此采用空心杯电枢、盘形电枢或细长形的电枢、有利于降低转动惯量 J。

② 电枢电阻 R_a 越小，τ_m 越小。减小电枢绕组 R_a，可以减小机电时间常数。考虑到直流伺服电动机由放大器供电，因此，电枢回路的电阻应包括放大器的内阻 R_i，即机电时间常数表达式中的 R_a 应以 R_a+R_i 代替。因此，在设计或选用放大器时，应减小放大器的内阻，以减小机电时间常数。

机电时间常数表示了电机过渡过程时间的长短，反映了电机转速追随信号变化的快慢程度，是直流伺服电动机的一项重要性能指标。一般直流伺服电动机的机电时间常数小于 30 ms。快速低惯量直流伺服电动机的机电时间常数通常小于 10 ms，其中空心杯形电枢永磁直流伺服电动机的机电时间常数可小于 2～3 ms。

4.4 直流力矩电动机

对于某些被控对象运行速度比较低的自动控制系统中，如使用一般的直流伺服电动机，通常需要使用齿轮减速后再去拖动，但是减速齿轮将使系统结构复杂，齿轮之间的间隙使控制系统的性能指标变差，降低系统的精度和刚度，使系统在小范围内振荡。因此，希望有一种低转速、大转矩的电动机来直接拖动被控对象。

直流力矩电动机即是为了满足这种低转速、大转矩负载的要求而设计的一种执行元件。在位置控制中，它可以长期工作在堵转状态下；在转速控制中，它可以工作在低速下且能输出很大的转矩，不需要齿轮减速而直接带动负载。目前生产的直流力矩电动机的输出转矩可达几千牛米，而转速可低至 10 r/min 左右。它具有动态响应快，转矩波动小，机械特性和调节特性线性度好，能在低速下稳定运行等优点。

4.4.1 结构特点

直流力矩电动机的工作原理与普通直流伺服电动机相同，只是结构和外形尺寸比例上有所不同。为了减小转动惯量，一般直流伺服电动机做成细长圆柱形。而直流力矩电动机做成圆盘状，电枢长度与直径之比一般为 0.2 左右，结构上采用较多极对数的永磁式结构，为了减小转矩和转速的波动，选用较多的槽数、换向片数和串联导体数。

直流力矩电动机的总体结构形式有分装式和内装式两种。分装式结构包括定子、转子和电刷架三大部件，转子直接套在负载轴上，机壳由用户根据需要自行选配。

内装式与一般电机结构相同,机壳和轴已由制造厂在出厂时装配好。

图 4.14 所示为直流力矩电动机的结构示意图。图中定子是由软磁材料制成的带槽的圆环,在槽中嵌入永磁材料作为主磁场源,在气隙中形成近似正弦分布的磁场。转子通常用冷轧硅钢片叠成,并压入非导磁材料的金属支架。槽中嵌入电枢绕组,电枢绕组为电波绕组。槽楔由铜板制成,兼做转向片,槽楔两端伸出槽外,一端作为电枢绕组接线用,另一端做成梯形,排列成环形转换器。然后,将转子的所有部件用高温环氧树脂浇铸成整体。

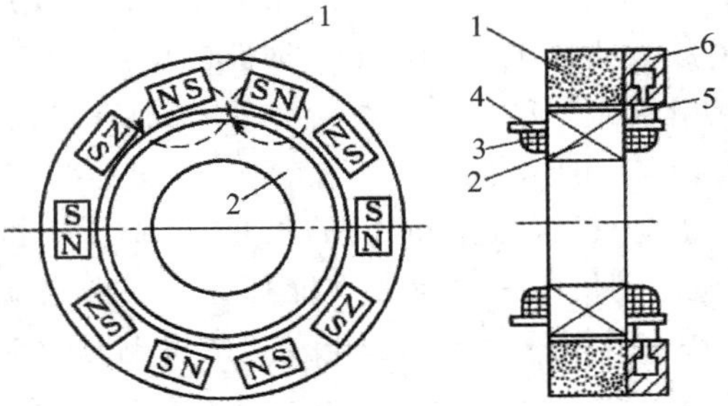

1—定子;2—转子;3—电枢绕组;4—槽楔;5—电刷;6—电刷架

图 4.14 直流力矩电动机结构示意图

4.4.2 直流力矩电动机转矩大、转速低的原因

直流力矩电动机之所以做成扁平式结构,是为了能在相同的体积和控制电压下获得较大的转矩和较低的转速。下面以图 4.15 所示的两极电动机模型为例来说明。

1. 转矩与电枢形状的关系

图 4.15 所示的两台电动机模型,电枢体积、电枢电流、电流密度和气隙磁通密度相同。设图 4.15(b)中电机的电枢直径 D_2 是图 4.15(a)电机的电枢直径 D_1 的两倍,即

$$D_2 = 2D_1 \tag{4-35}$$

因为两个电机的体积相等,所以

$$l_1 = 4l_2 \tag{4-36}$$

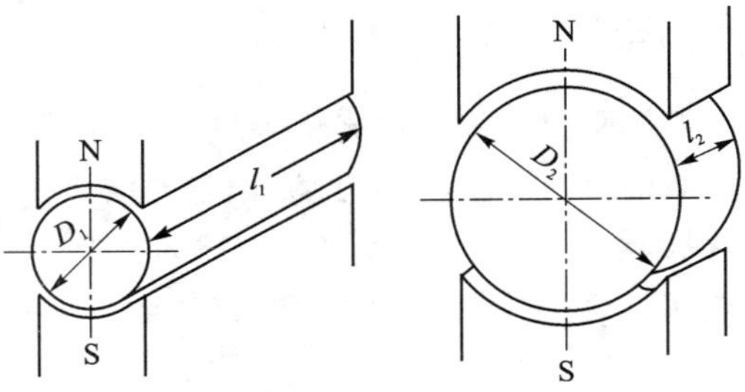

图 4.15 电枢体积相同、不同直径的电动机模型

图 4.15(b)与图 4.15(a)相比，电枢电流和电流密度相同，电枢的直径增大了一倍，则电枢铁芯截面积增大了 4 倍，所以槽面积和电枢总导体数也近似增大四倍。

电机的电磁转矩为

$$T_{\mathrm{ema}} = B_\delta l_1 N_1 \frac{D_1}{2} \tag{4-37}$$

$$T_{\mathrm{emb}} = B_\delta l_2 N_2 \frac{D_2}{2} \tag{4-38}$$

根据式(4－35)、式(4－36)，可得

$$T_{\mathrm{emb}} = 2T_{\mathrm{ema}} \tag{4-39}$$

式(4－39)说明，在电枢体积、电枢电流、电流密度和气隙磁通密度相同的条件下，电枢直径增大一倍，电磁转矩也增大一倍，即电磁转矩基本上与电枢直径成正比。

2. 空载转速与电枢形状的关系

设电枢总导体数为 N，一对电刷间的并联支路数为 2，则每一支路所串联的导体数为$\frac{N}{2}$，从而总刷间的电动势为

$$E_{\mathrm{a}} = B_\delta l N \frac{\pi D n}{120} \tag{4-40}$$

当理想空载时，电动机的转速为 n_0，电枢电压 U 与反电动势 E_{a} 近似相等，则

$$n_0 = \frac{120}{\pi} \frac{U}{B_\delta N l} \frac{1}{D} \tag{4-41}$$

当电枢体积和导体直径不变，Nl 的乘积近似不变。在电枢电压和气隙平均磁通密度相同的情况下，电枢直径增大一倍，理想空载转速减小一半，即理想空载转速 n_0 与电枢直径近似成反比。电枢直径越大，电动机理想空载转速就越低。

因此，在电压 U 和 B_δ 相同时，增大电动机的直径，减小其轴向长度，可以增加电动机的转矩和降低电动机的转速，这就是力矩电动机做成扁平式结构的原因。

4.4.3　直流力矩电动机性能特点

1. 力矩波动小，低速下运行稳定

力矩波动是表征力矩电动机性能优劣的一个重要指标。力矩波动是指转子处于不同位置时，堵转转矩的峰值与平均值之差。力矩波动的主要原因包括因绕组元件数、换向片数有限使反电动势产生波动，电枢铁芯齿槽引起磁场脉动，换向器表面不平使电刷换向器之间的滑动摩擦力发生变化等。

抑制力矩波动的措施有：采用扁平式电枢，可增加电枢槽数、元件数和换向片数；适当增大电机的气隙，采用磁性槽楔、斜槽等措施。

2. 响应迅速，动态特性好

虽然直流力矩电动机电枢直径大，转动惯量大，但是它的堵转转矩 T_{d} 很大，空

载转速 n_0 很低,所以力矩电动机的机电时间常数较小。电气时间常数正比于电枢电感 L_a,而 L_a 主要取决于电枢绕组的电枢反应磁链,增加极对数可以减小电枢反应磁链,所以力矩电动机采用多极结构,可以减小电气时间常数,提高其快速性。

3. 机械特性和调节特性的线性度好

直流电动机线性的机械特性和调节特性是在保证励磁磁通不变的情况下得出的。由于电动机存在着电枢反应的去磁作用,且去磁作用的强弱与电枢电流或负载转矩有关,这会导致机械特性和调节特性的非线性。为了提高线性度,在设计直流力矩电动机时,将磁路设计成高度饱和,并采取增大气隙等方法来减小电枢反应的影响。

4. 电机的连续堵转转矩和峰值堵转电流

电机的连续堵转转矩是指它在长期堵转下,稳定温升不超过允许值时所能输出的最大堵转转矩。对应于这种情况下的电枢电压称为连续堵转电压,相应的电枢电流称为连续堵转电流。

力矩电动机在运行时,会产生一个正比于电枢电流的去磁磁动势。为此,电动机在出厂前,必须经受规定电流的正反两个方向的磁性稳定处理,使电动机工作在预定的回复线上。该稳定磁化电流称为峰值堵转电流。在这种情况下力矩电动机所能输出的堵转转矩就是峰值堵转转矩。因此,力矩电动机的峰值堵转转矩是受电机磁钢去磁条件限制的最大堵转转矩。

在自动控制系统中,为了使力矩电动机快速动作,往往在短时间内输入一个较大的电流,使电机迅速加速。此电流值可以允许超过连续堵转电流,但是决不允许超过峰值堵转电流。否则,会使力矩电动机磁钢失磁、转矩下降,并使力矩电动机性能产生不可逆转的变化。如果力矩电动机磁钢一旦失磁,必须重新充磁才能恢复正常工作。

4.5 低惯量直流伺服电动机

直流伺服电动机具有调速范围宽、启动转矩大、机械特性和调节特性的线性度好、控制方便等优点,因此在控制系统中能够得到广泛的应用。但是,直流伺服电动机的转子铁芯及其齿槽会带来一系列缺陷,如转动惯量大、机电时间常数大、灵敏度差;转矩波动大,低速运转不平稳,换向火花带来无线电干扰,并影响电动机的寿命等。因此,国内外在直流伺服电动机的基础上发展了低惯量直流伺服电动机,例如,杯形电枢、盘式电枢和无槽电枢直流伺服电动机。

4.5.1 空心杯形电枢直流伺服电动机

图 4.16 所示为空心杯形电枢直流伺服电动机的结构简图。其定子部分包括一个外定子和一个内定子。外定子可以由永久磁钢制成,也可以是通常的电磁式结构。

内定子由软磁材料制成，以减小磁路的磁阻，仅作为主磁路的一部分。空心杯形转子上的电枢绕组可以采用印制绕组，也可先绕成单个成形绕组，然后将它们沿圆周的轴向排列成空心杯形，再用环氧树脂固化。电枢绕组的端侧与换向器相连，由电刷引出。空心杯转子直接固定在转轴上，在内、外定子的气隙中旋转。

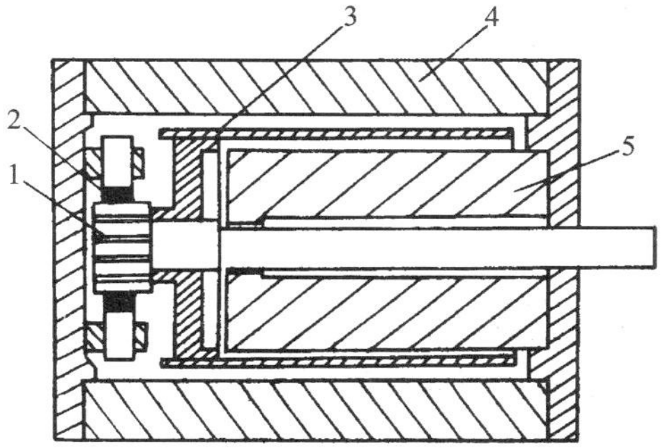

1—换向器；2—电刷；3—空心杯电枢；4—外定子；5—内定子

图 4.16　空心杯形电枢直流伺服电动机

也有内定子采用永久磁钢制成，而外定子采用软磁材料的结构时，外定子是主磁路的一部分。这种结构形式称为内磁场式，与上面介绍的外磁场式在原理上相同。

空心杯形电枢直流伺服电动机的特点如下：

① 低转动惯量：由于转子无铁芯，且壁薄细长，因此，转动惯量很小，启动时间常数小，可达 1 ms 以下。

② 灵敏度高：转子散热条件好，绕组的电流密度可达 30 A/mm^2，永久磁钢体积大，可以提高气隙磁密，增大转矩，又因为转动惯量小，因此，具有大的转矩/惯量比，机电时间很小，始动电压在 100 mV 以下，灵敏度得到提高，快速性好。

③ 损耗小，效率高：转子无磁滞和涡流损耗造成的铁耗，因此效率较高，可达 80%以上。

④ 力矩波动小，低速运行平稳，噪音很小。这是因为杯形电枢没有齿槽效应，绕组在气隙中均匀分布。

⑤ 换向性能好，寿命长。杯形转子无铁芯，换向元件电感小，几乎不产生火花，减小了对无线电的干扰。

空心杯形电枢直流伺服电动机多用于高精度的伺服系统及测量装置等设备中，如电视摄像机、X—Y 函数记录仪、数控机床等机电一体化设备中。

4.5.2　盘式电枢直流伺服电动机

图 4.17 所示为盘式电枢直流伺服电动机结构图。其定子由永久磁钢和前后软

磁铁组成,磁钢放置在圆盘的一侧,并产生轴向磁场,它的极数比较多,一般制成6极、8极或10极。在磁钢和另一侧的软铁之间放置盘式电枢绕组。电枢绕组可以是绕线式绕组或印制绕组。绕线式绕组先绕制成单个绕组组件,并将绕好的全部绕组组件沿圆周径向排列,再用环氧树脂浇制成圆盘形。印制绕组采用制造印制电路板相类似的工艺制成。盘形电枢上的电枢绕组中的电流沿径向流过圆盘表面,并与轴向磁通相互作用产生电磁转矩。因此,绕组的径向段为有效部分。

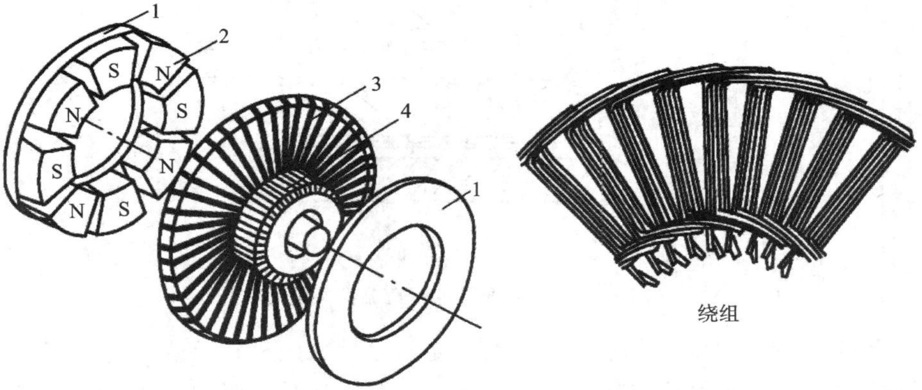

1—软磁铁;2—永磁体;3—电枢绕组;4—换向器

图 4.17 盘式电枢直流伺服电动机结构图

盘式电枢直流伺服电动机的特点如下:

① 结构简单,制造成本低。

② 启动转矩大。这是因为电枢绕组全部在气隙中,散热良好,绕组电流密度高于普通直流伺服电动机10倍以上,因此,容许的启动电流和启动转矩大。

③ 力矩波动小,低速运行稳定,调速范围宽且平滑。原因是没有齿槽效应及电枢元件数和换向片数度。

④ 换向性能好,电枢由非磁性材料做成,换向元件电感小,换向火花小。

⑤ 电枢转动惯量小、响应速度快,机电时间常数一般在10~15 ms。

盘式电枢直流伺服电动机适用于低速和启动、反转频繁,要求薄形安装尺寸的系统中。输出功率在几瓦到几千瓦之间。功率较大的用于数控机床、机器人以及雷达天线等系统中。

4.5.3 无槽直流伺服电动机

无槽电枢直流伺服电动机的电枢铁芯上不开槽,电枢绕组直接排列在铁芯圆周表面,再用环氧树脂将它和电枢铁芯固化成一个整体,并用玻璃丝带加固,使电枢绕组与铁芯成为一个坚实的整体,如图4.18所示。

由于转子采用无槽结构，电枢绕组均匀地分布在铁芯的表面上，大大缩短了电枢直径，因此，减小了转子的转动惯量。气隙尺寸较大，比普通直流电动机大 10 倍以上，定子励磁采用高性能的永磁体。

图 4.18　无槽电枢直流伺服电动机

无槽电枢直流伺服电动机具有以下优点：转子转动惯量小，机电时间常数小，反应快；转矩惯量比大，过载能力强，最大转矩可比额定转矩大 10 倍；低速性能好，转矩波动小，线性度好。但是它也存在如下缺点：用在转速高的场合仍需减速器，齿轮间隙给系统带来的不利因素仍然存在。无槽电枢直流伺服电动机主要用在快速动作、功率较大的伺服系统中，如雷达天线、自行火炮、导弹发射架以及数控机床等。

4.6　直流伺服电动机的应用

直流伺服电动机具有响应快、低速平稳性好、调速范围宽等特点，在自动控制系统中作为执行元件，通常在实现高精密调速的随动系统、遥测和遥控系统及各种增量运动控制系统中起到主传动元件的作用，如火炮稳定系统、舰载平台、雷达天线、机器人等控制系统中。由直流伺服电动机组成的伺服系统，按被控对象可分为：速度控制方式、位置控制方式、转矩控制方式和混合控制方式等。其中通常采用速度控制或位置控制的居多，它们的原理图分别如图 4.19(a)、(b)所示。

图 4.19(a)为速度伺服驱动系统，n^* 为速度给定，n 为测速元件输出的实际速度值，两者的差值通过速度调节器补偿后作为转矩环的指令信号。图 4.19(b)为位置伺服系统，它是在速度控制环的外环加上位置环，其中 θ^* 为位置给定信号，与实际位置检测值的差值通过位置调节器进行调节。

下面以雷达天线系统为例来说明直流伺服电动机在控制系统中的功用。图 4.20为雷达天线系统原理图，被跟踪目标的位置经雷达系统检测并发出误差信号，此信号经放大后作为力矩电动机的控制信号，并使力矩电动机驱动天线跟踪目标。若天线因为某种偶然因素使它的阻力发生变化，例如阻力增大，则电机轴上的阻力矩增加，电动机的转速下降，此时雷达天线系统检测出来的误差信号增大，它通过自动控制系统的调节作用，使力矩电动机的电枢电压立即增高，相应地电机的电磁转矩增加，转速上升，天线又重新跟踪目标。该系统使用了测速发电机反馈回路，有助于提高系统的运行稳定性。

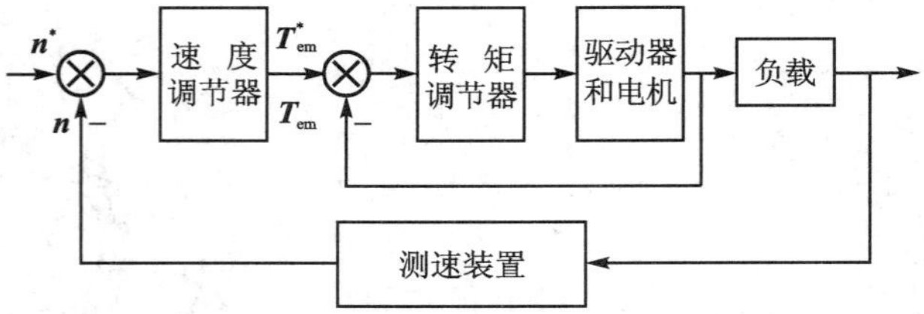

(a) 速度控制方式

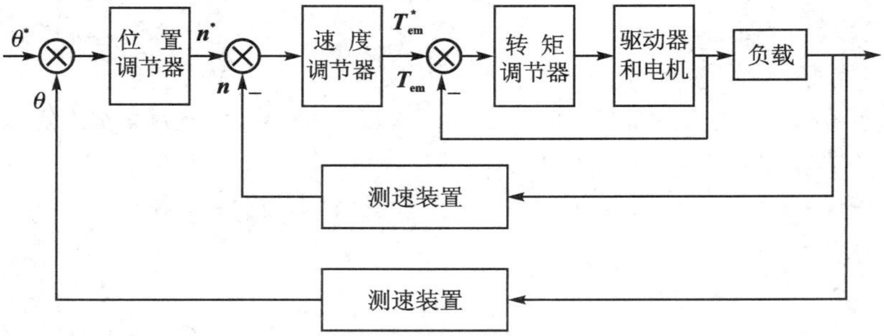

(b) 位置控制方式

图 4.19 速度控制和位置控制原理图

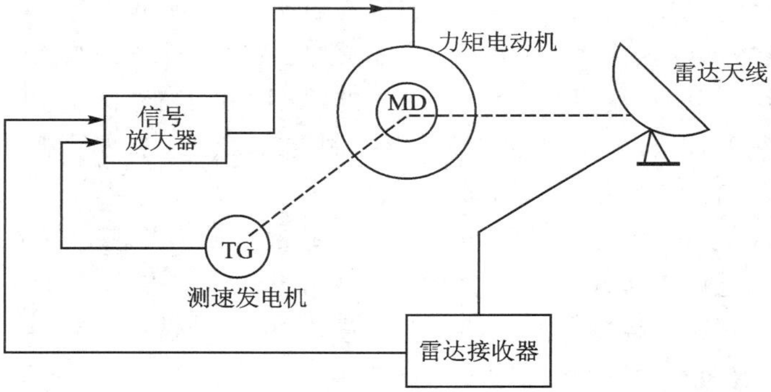

图 4.20 雷达天线系统工作原理图

小 结

直流伺服电动机又称为执行电动机,在自动控制系统中作为执行元件,它将输入的电压信号转变为转轴的角位移或角速度输出。传统型直流伺服电动机的结构形式和工作原理与普通直流电动机相同,只有它的容量和体积要小得多。直流电动机内部同时存在两种作用,即电枢绕组的载流导体在磁场中受到电磁转矩的作用和在磁场中相对运动会产生电动势。其基本关系式为:$T_{em}=C_T\Phi I_a$,$E_a=C_e\Phi n$,$U=E_a+$

$R_\varepsilon I_a$，$T_{em}=T_2+T_0=T_L$。

直流伺服电动机的机械特性表达式为

$$n=\frac{U}{C_e\Phi}-\frac{R_a}{C_eC_T\Phi^2}T_{em}=n_0-\beta T_{em}$$

由此可以推出它的三种调速方式、控制方法以及机械特性和调节特性。

直流伺服电动机大多采用电枢控制方式，恒负载转矩下机械特性和调节特性都是一组平行的直线，这是直流伺服电动机十分重要的优点。

相对于传统型直流伺服电动机，低惯量直流伺服电动机的机电时间常数小，大大改善了电机的动态特性。常见的低惯量直流伺服电动机有空心杯形电枢直流伺服电动机、盘式电枢直流伺服电动机和无槽电枢直流伺服电动机。

思考题与习题

4－1　直流电动机的电磁转矩由哪些物理量决定？

4－2　一台他励直流电动机，如果励磁电流和负载力矩不变，提高电枢电压，则电枢电流和电机的转速如何变化？

4－3　并励直流电动机的电源电压极性改变，其转向能否改变？

4－4　直流伺服电动机电枢电压、励磁电压不变，如果负载转矩减小，电动机的电枢电流、电磁转矩和转速如何变化？

4－5　直流伺服电动机的死区与哪些因素有关？当电动机不带负载时，其死区是否存在？

4－6　直流伺服电动机的励磁电压下降，它的机械特性和调节特性会有哪些影响？

4－7　放大器内阻对于直流伺服电动机的机械特性和动态特性各有什么影响？

4－8　一台直流伺服电动机，原来运行情况为：$U=110$ V，$E_a=90$ V，$R_a=20\ \Omega$，$I_a=1$ A，$n=3\ 000$ r/min，为了提高转速，将励磁回路的调节电阻增加，使磁通 Φ 减小 10%，如果负载转矩不变，则转速如何变化？

4－9　一台直流伺服电动机，额定转速 $n=3\ 000$ r/min，如果电枢电压和励磁电压为额定值不变，该电机能否长期运行在 2 500 r/min 下？为什么？

4－10　一台直流伺服电动机带动一个恒负载转矩，测得始动电压为 4 V，如果电枢电压 $U=50$ V 时，转速 $n=1\ 500$ r/min，要求转速达到 $n=3\ 000$ r/min，需要加多大的电枢电压？

第5章 旋转变压器

旋转变压器是自动控制系统中一类精密的控制微电机，其输出电信号与转子转角呈一定的函数关系，既可以单机运行，也可以成对或多机组合使用。从电机原理上看，旋转变压器是一种能转动的变压器，其原、副边绕组分别放置在定、转子上，原、副边绕组之间的电磁耦合程度与转子的转角有关。

本章首先讲述普通变压器的结构、工作原理以及电磁关系；然后分析正、余弦旋转变压器的工作原理及补偿方法，接着分析线性旋转变压器的电路特点与特性；最后介绍了旋转变压器的技术指标与应用方法。

5.1 概　述

按照输出电压与转子转角间的函数关系，旋转变压器可以分为正余弦旋转变压器(代号 XZ)、线性旋转变压器(代号 XX)和比例式旋转变压器(代号 XL)。正余弦旋转变压器的输出电压与转子转角成正、余弦关系，线性旋转变压器的输出电压与转子转角在一定的转角范围内成线性关系，比例式旋转变压器在结构上增加了一个锁定转子位置的装置。

旋转变压器按照极对数可分为单对极和多对极两种，多对极可用来提高系统的精度。按照有无电刷和滑环可分为有刷和无刷两种，常用的为有刷式旋转变压器。

在自动控制系统中，旋转变压器可以作为解算元件，用于三角运算、坐标转换等；在随动系统中，用于传输与转角相应的电信号；此外还可以用于作移相器和角度—数字转换装置。

5.2 变压器的工作原理

旋转变压器、自整角机、交流伺服电动机等重要的控制元件的运行是基于变压器的工作原理，它们的分析方法和变压器类似，故本节介绍变压器的工作原理。

变压器是一种静止的电机，它利用电磁感应原理将某一等级的电压和电流信号转换成同频率的另一等级的电压和电流信号，有时也用于阻抗匹配。

5.2.1 变压器的结构

铁芯和绕组是变压器的最基本部件，称为电磁部分。

1. 铁　芯

铁芯是变压器的磁路部分，担负着变压器原、副边的电磁耦合任务。为了减少交变磁通引起的磁滞、涡流损耗，铁芯一般用厚度为 0.3～0.5 mm 的两面涂有绝缘漆的冷轧或热轧硅钢片叠装而成。为了保证磁耦合性能，铁芯都做成闭合形状。铁芯由铁芯柱和铁轭两部分组成(见图 5.1)，线圈绕在铁芯柱上，铁轭将铁芯连接起来形成闭合磁路。

变压器的铁芯有两种基本形式，即芯式和壳式。在单相芯式变压器中(图 5.2(a))绕组放在两个铁芯柱上，对于单相壳式变压器(见图 5.2(b))，它具有两个分支的闭合磁路，铁芯围绕着绕组的两面，好像是绕组的外壳。

2. 绕　组

绕组是变压器的电路部分，它用绝缘铜导线绕制而成。变压器绕组由原边绕组和副边绕组组成，与电源相连的绕组称为原边绕组(也叫一次绕组或初级绕组)，与负载相连的绕组称为副边绕组(也叫二次绕组或次级绕组)。原边绕组只有一个，而副边绕组可以有一个或多个或与原边绕组有共同部分。一般情况下原、副边绕组的匝数不同。原、副边绕组套装在同一个铁芯上(见图 5.1)，图中两个铁芯柱上的原边绕组和副边绕组可分别相互串联或并联。

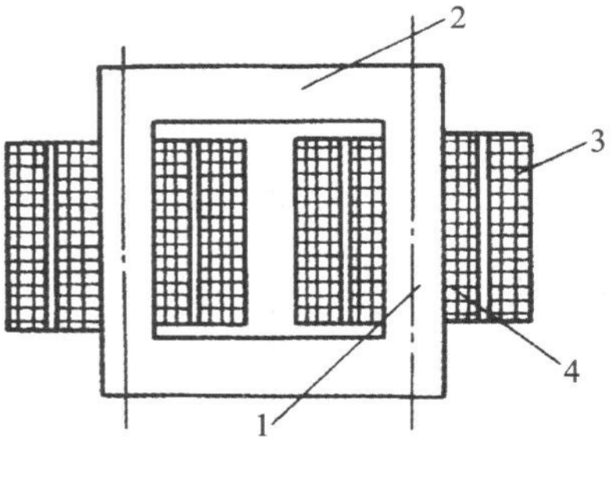

1—铁芯柱；2—铁轭；3—原边绕组；4—副边绕组

图 5.1　变压器的结构示意图

5.2.2　变压器的运行

图 5.3 为变压器工作原理示意图。变压器原边接入正弦交流电源，原边的各量均以下标“1”来表示，如电压、电流、电阻和匝数依次为 u_1、i_1、R_1 和 N_1；变压器副边连接负载，副边的各量均以下标“2”来表示，如电压、电流、电阻和匝数依次为 u_2、i_2、R_2 和 N_2。

原边绕组在交流电压 u_1 的作用下有电流 i_1 流过，原边绕组的磁动势 N_1i_1 在铁芯中产生与电源同频率的交变磁通 Φ。磁通 Φ 同时匝链原、副边绕组，分别感应出电动势 e_1 和 e_2。如果副边开路，e_2 就等于开路电压 u_2；如果副边绕组接上负载 Z_L，则会有电流 i_2 流过副边绕组，副边绕组的磁动势 N_2i_2 与原边的磁通势 N_1i_1 方向相反，力图

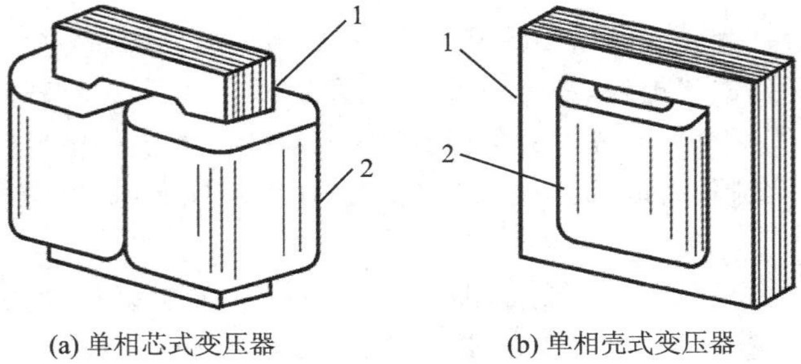

1—铁芯;2—绕组

图 5.2　芯式和壳式变压器结构示意图

使铁芯中的磁通发生变化。当原边的电压 u_1 不变时,带载后原边的电流就会增加,增加部分产生的磁动势恰好抵消副边绕组磁动势 $N_2 i_2$,使铁芯中的磁通和空载时几乎一样。因此铁芯中的磁通由原、副绕组的磁动势共同产生,这个磁通称作主磁通 Φ。此外,这两个磁动势分别产生漏磁通 $\Phi_{1\sigma}$ 和 $\Phi_{2\sigma}$,并在各自的绕组中分别感应出漏感应电动势 $e_{1\sigma}$ 和 $e_{2\sigma}$。

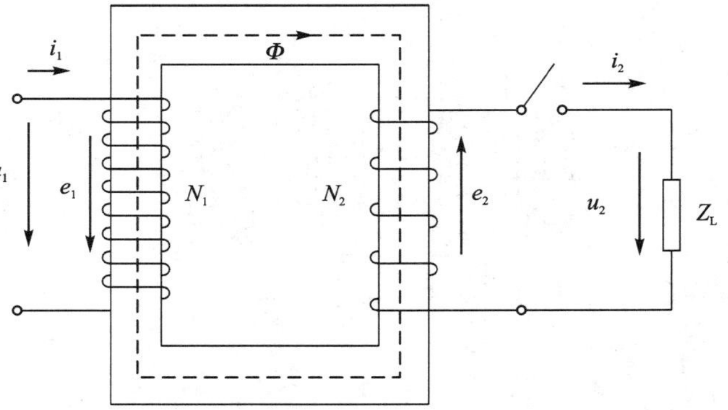

图 5.3　变压器工作原理图

1. 变压器的惯例

为了研究变压器运行状态的规律,在列写方程时有统一的符号和形式,要正确地表示变压器中电压、电流、电势、磁通等物理量之间的相位关系,因此必须规定它们的正方向。为了在各种电机中使用同一方程式表示同一电磁现象,就采用了选用的参考方向表示各物理量的方法,这就是“惯例”。图 5.3 给出了变压器各物理量的惯例。

① 电源电压 u_1 与其电流 i_1 采用电动机惯例,吸收电能;

② 原、副边电流 i_1、i_2 与主磁通 Φ 符合右手螺旋定则;

③ 原、副边感应电动势 e_1、e_2 与主磁通 Φ 符合右手螺旋定则;

④ 副边电压 u_2 与其电流 i_2 采用发电机惯例，发出电能。

2. 变压器空载运行

变压器的空载运行是指变压器的原边绕组接额定正弦交流电源 u_1 上，而副边绕组开路($i_2=0$)的工作状态，如图 5.4 所示。当原边绕组接上正弦交流电源后，绕组中有电流 i_0，称为空载电流。i_0 流过原边绕组建立交变磁动势 $N_1 i_0$，产生交变磁通。根据所经过的路径不同，可把磁通分为主磁通 Φ 和漏磁通 $\Phi_{1\sigma}$。主磁通 Φ 沿铁芯闭合，同时匝链原、副边绕组；漏磁通 $\Phi_{1\sigma}$ 以非磁性材料为磁路，仅匝链原边绕组，$\Phi_{1\sigma}$ 仅占总磁通的 0.25% 左右。交变的磁通 Φ 和 $\Phi_{1\sigma}$ 将在匝链的绕组中产生感应电动势。

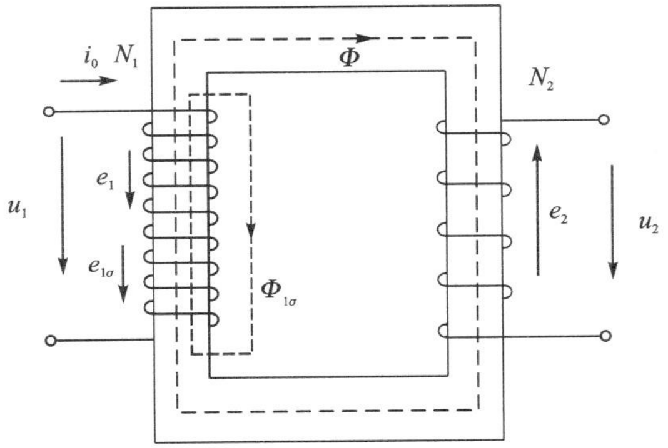

图 5.4 变压器的空载运行原理

主磁通 Φ 在原、副边绕组中产生的感应电动势为

$$e_1 = -N_1 \frac{\mathrm{d}\Phi}{\mathrm{d}t}, \quad e_2 = -N_2 \frac{\mathrm{d}\Phi}{\mathrm{d}t} \tag{5-1}$$

而漏磁通只在原边绕组产生感应电动势

$$e_{1\sigma} = -N_1 \frac{\mathrm{d}\Phi_{1\sigma}}{\mathrm{d}t} \tag{5-2}$$

若主磁通按正弦规律变化，即 $\Phi=\Phi_m \sin \omega t$，则

$$\begin{aligned} e_1 &= -N_1 \frac{\mathrm{d}\Phi}{\mathrm{d}t} = -N_1 \omega \Phi_m \cos \omega t \\ &= 2\pi f N_1 \Phi_m \sin(\omega t - 90^\circ) = E_{m1} \sin(\omega t - 90^\circ) \end{aligned}$$

式中，$E_{m1}=2\pi f N_1 \Phi_m$，则原边感应电势的有效值和相量表示形式为

$$E_1 = \frac{E_{m1}}{\sqrt{2}} = 4.44 f N_1 \Phi_m \tag{5-3}$$

$$\dot{E}_1 = -\mathrm{j}4.44 f N_1 \dot{\Phi}_m \tag{5-4}$$

同理可得

$$E_2 = 4.44 f N_2 \Phi_m, \quad \dot{E}_2 = -\mathrm{j}4.44 f N_2 \dot{\Phi}_m \tag{5-5}$$

对漏电势有

$$E_{1\sigma}=4.44fN_1\Phi_{1\sigma m},\quad \dot{E}_{1\sigma}=-\mathrm{j}4.44fN_1\dot{\Phi}_{1\sigma m} \tag{5-6}$$

根据 KVL,对变压器的原边电路可列出电压平衡方程

$$u_1+e_1+e_{1\sigma}=i_0R_1$$

其相量表达式为

$$\dot{U}_1+\dot{E}_1+\dot{E}_{1\sigma}=\dot{I}_0R_1 \tag{5-7}$$

也可以表示成

$$\dot{U}_1=-\dot{E}_1-\dot{E}_{1\sigma}+\dot{I}_0R_1=-\dot{E}_1+\mathrm{j}X_{1\sigma}\dot{I}_0+\dot{I}_0R_1 \tag{5-8}$$

式中:$X_{1\sigma}$是原边绕组的漏电抗,$X_{1\sigma}=\omega L_{1\sigma}$,$L_{1\sigma}$是一次绕组的漏电感。

原边绕组的电阻 R_1 和漏电抗 $X_{1\sigma}$ 都很小,其漏阻抗压降也很小,可以认为

$$\dot{U}_1\approx-\dot{E}_1$$

根据式(5-3)有

$$U_1\approx E_1=4.44fN_1\Phi_m \tag{5-9}$$

对于变压器的副边,由于 $i_2=0$,开路电压 u_{20}就等于二次绕组的电动势 e_2,即

$$\dot{U}_{20}=\dot{E}_2$$

根据式(5-5)有

$$U_{20}=E_2=4.44fN_2\Phi_m \tag{5-10}$$

变压器一次绕组的匝数 N_1与二次绕组匝数 N_2之比称为变压器的电压比 k,即

$$k=N_1/N_2=E_1/E_2\approx U_1/U_{20} \tag{5-11}$$

k 表明,变压器原、副边电压比等于原、副边绕组的匝数比。当电源电压一定时,只要改变两绕组的匝数比,就能达到变电压的目的,这就是变压器的变压原理。由式(5-11)可知,若 $k<1$,即 $N_2>N_1$时,变压器起升压作用;若 $k>1$,即 $N_2<N_1$,变压器起降压作用。

3. 变压器的负载运行

变压器的负载运行是指变压器的原边接额定正弦交流电压 u_1,副边绕组接负载 Z_L的工作状态,如图 5.5 所示。负载时副边绕组的电流 i_2不再等于零。原、副边绕组都有电流流过,主磁通由两个磁动势 N_1i_1 和 N_2i_2共同作用产生。忽略原、副边绕组漏阻抗的影响,由式(5-9)看出,在电源电压 U_1不变的情况下不论空载还是负载,铁芯中的主磁通的最大值 Φ_m基本保持不变,产生主磁通的磁动势基本不变,即 $N_1i_1+N_2i_2=N_1i_0$,其相量表达式为

$$\dot{I}_1N_1+\dot{I}_2N_2=\dot{I}_0N_1 \tag{5-12}$$

式(5-12)称为变压器的磁动势平衡方程式,经整理后得

$$\dot{I}_1=\dot{I}_0+\left(-\frac{N_2}{N_1}\dot{I}_2\right)=\dot{I}_0+\left(-\frac{\dot{I}_2}{k}\right) \tag{5-13}$$

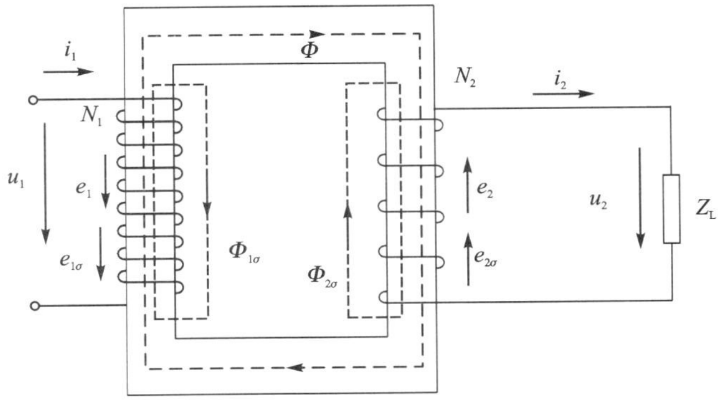

图 5.5　变压器的负载运行原理图

式(5-13)表明，变压器带负载时，原边电流有两部分组成：一部分是产生主磁通 Φ 的励磁分量 $\dot{I}_0$；另一部分是抵消副边电流对主磁通影响的负载分量 $(-\dot{I}_2/k)$。

空载时，$\dot{I}_0$ 很小(为额定电流的 2%～10%)，可以忽略不计，则

$$\dot{I}_1 \approx -\frac{\dot{I}_2}{k} \quad \text{或} \quad \frac{I_1}{I_2} \approx \frac{N_1}{N_2} = \frac{1}{k} \tag{5-14}$$

可见，变压器负载工作的输入、输出电流之比等于原、副边绕组匝数比的反比。匝数多的绕组电流小，匝数少的绕组电流大，所以变压器的高压边总是电流小，导线细；低压边总是电流大，导线粗。改变匝数比就可以改变电流比，这就是变压器的电流变换作用。

4. 变压器的等值电路

式(5-8)中，漏电动势 $\dot{E}_{1\sigma}$ 可以写成电抗压降形式，同理，主磁通感应电动势 $\dot{E}_1$ 也可以仿照上述关系，引入电抗参数 X_m 的压降来表示。但考虑到主磁通在铁芯上还产生铁损耗，不能单独用电抗参数，还应引入一个反映铁损的电阻参数 R_m，并用 $I_0{}^2R_m$ 等效铁损，这样就引入一个阻抗参数 $Z_m = R_m + jX_m$，把 $\dot{E}_1$ 看成是 $\dot{I}_0$ 在 Z_m 上的压降，即

$$\dot{E}_1 = -\dot{I}_0 Z_m = -\dot{I}_0(R_m + jX_m) \tag{5-15}$$

式中：Z_m 为变压器的励磁阻抗；R_m 为励磁电阻，反映铁损的等效电阻；X_m 为励磁电抗，反映主磁通对电路的电磁效应。

按照图 5.5 所标的各物理量参考方向，根据 KVL，变压器的原、副边电路可分别列出电压平衡方程

$$\left.\begin{aligned} \dot{U}_1 &= -\dot{E}_1 + (jX_{1\sigma} + R_1)\dot{I}_1 \\ \dot{U}_2 &= \dot{E}_2 - (jX_{2\sigma} + R_2)\dot{I}_2 \end{aligned}\right\}$$

这组方程式反映变压器负载后的电势平衡关系，对应的电路图如图 5.6 所示。

图 5.6 中虚线框部分是一个二端口网络，即

$$\dot{I}_2 = \frac{\dot{E}_2}{\mathrm{j}X_{2\sigma} + R_2 + Z_L} \tag{5-16}$$

将式(5－15)和式(5－16)代入(5－13)得

$$\dot{I}_1 = -\frac{\dot{E}_1}{Z_m} - \frac{1}{k}\frac{\dot{E}_2}{\mathrm{j}X_{2\sigma} + R_2 + Z_L}$$

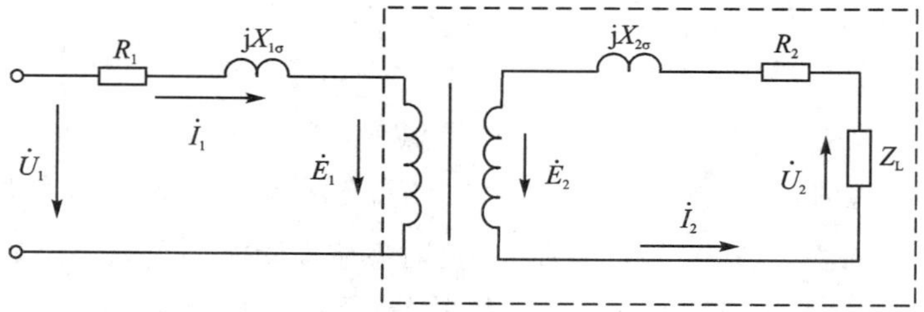

图 5.6 变压器原、副边的电路图

考虑到 $\dot{E}_1/\dot{E}_2=k$，代入上式得

$$\frac{-\dot{E}_1}{\dot{I}_1} = \frac{1}{\dfrac{1}{Z_m} + \dfrac{1}{k^2(\mathrm{j}X_{2\sigma} + R_2 + Z_L)}} \tag{5-17}$$

根据式(5－17)，图 5.6 虚线框内的等效电路是由阻抗 Z_m 和 $k^2(\mathrm{j}X_{2\sigma}+R_2+Z_L)$ 两条支路并联，对应的等效电路如图 5.7 所示。

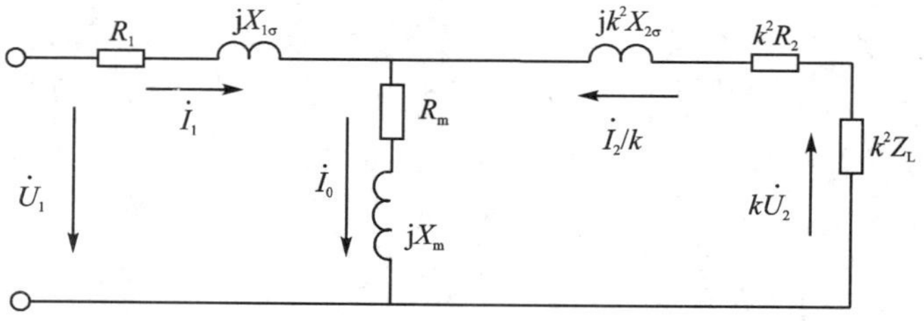

图 5.7 变压器的等值电路

利用图 5.7 等效电路进行计算比较复杂，为了简便可忽略励磁电流在原边阻抗上的压降，将励磁回路移到输入端，得到近似如图 5.8 所示的等效电路。

由于空载到满载，空载电流所占的比例很小，若将空载电流忽略不计，可得到简化等效电路，如图 5.9 所示。图中 $R_k=R_1+k^2R_2$ 称为短路电阻，$X_k=X_{1\sigma}+k^2X_{2\sigma}$ 称为短路电抗，$Z_k=R_k+\mathrm{j}X_k$ 称为短路阻抗。

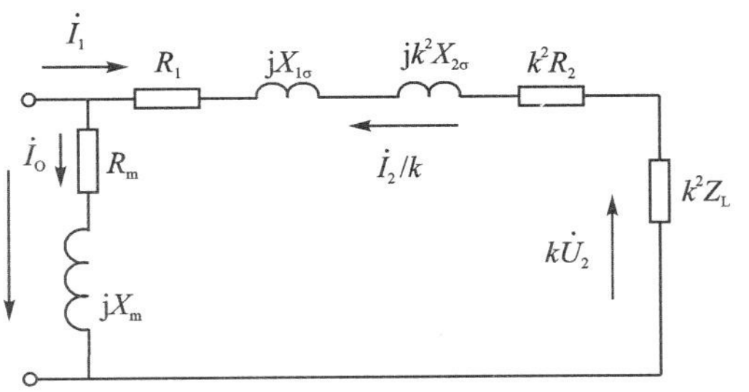

图 5.8　变压器的近似等值电路

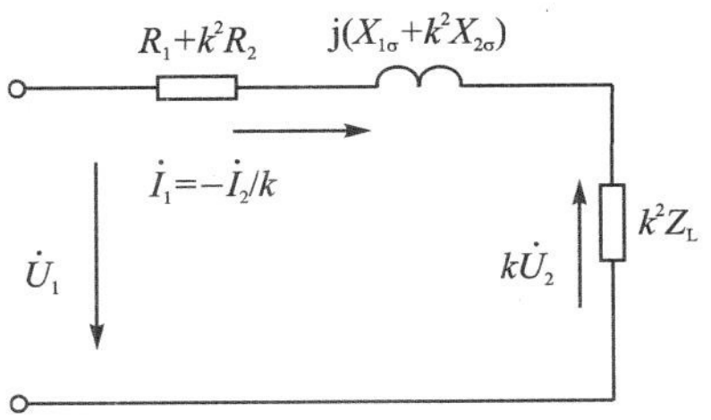

图 5.9　变压器的简化等值电路

5.2.3　变压器的额定值

变压器作为一个实际电工设备，其工作电压、电流、功率都是有一定限度的，为了正确使用和正常运行变压器，必须了解变压器额定值的意义。变压器的额定值标注在铭牌上或书写在说明书上。

1. 额定电压 U_{1N} 和 U_{2N}

根据变压器的绝缘强度和允许发热条件而规定的电压值称为额定电压，单位为 V 或 kV。原边额定电压是变压器正常工作时，规定加在原边的电源电压，用 U_{1N} 表示。副边额定电压是原边加上 U_{1N} 后，在副边测到的空载输出电压，用 U_{2N} 表示。

2. 额定电流 I_{1N} 和 I_{2N}

根据变压器绝缘材料的温升而规定的原、副边最大允许工作电流称为变压器的原、副边的额定电流，分别用 I_{1N}、I_{2N} 表示，单位为 A 或 kA。

3. 额定容量 S_N

变压器的额定容量指的是变压器副边的额定视在功率 S_N，单位为 VA 或 kV · A，它反映了变压器传送电功率的能力。

变压器的效率非常高，对于单相变压器，忽略压降损耗时有

$$S_N = U_{1N}I_{1N} = U_{2N}I_{2N}$$

4. 额定频率 f_N

我国规定的标准工业用电频率为 50 Hz。

此外，变压器还有一些其他额定值，此处就不再解释。

5.3　正余弦旋转变压器

正余弦旋转变压器是输出电压与转子转角保持正、余弦函数关系的旋转变压器。

5.3.1　正余弦旋转变压器的结构特点

同普通电机一样，正余弦旋转变压器也是由定子和转子两大部分组成的，每一部

分又有自己的电磁部分和机械部分,如图 5.10 所示。

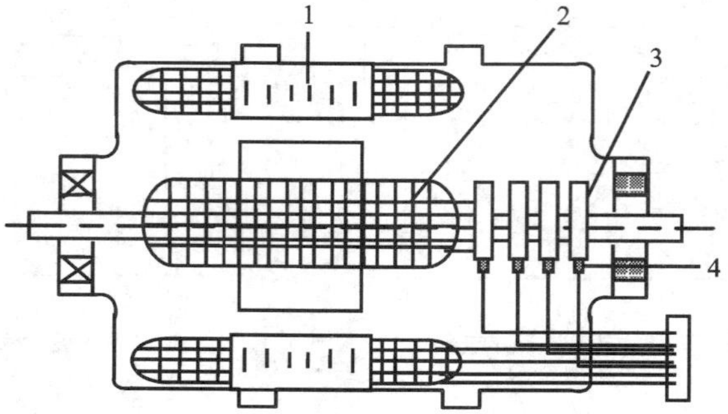

1—定子组件;2—转子组件;3—滑环;4—电刷

图 5.10　旋转变压器结构简图

1. 定　子

定子的电磁部分由可导电的绕组和能导磁的铁芯组成。定子绕组有两个,分别称为定子励磁绕组(其引线端为 D_1、D_2)和定子交轴绕组(其引线端为 D_3、D_4)。两绕组嵌放在定子槽中,结构完全相同,且两绕组的轴线在空间互成 90°,如图 5.11(a)所示。定子铁芯由硅钢片叠装而成,定子硅钢片内缘冲有一定数量的齿槽,用以嵌放定子绕组。定子绕组引出线可直接引出或接到固定的接线板上。定子铁芯外缘是和机壳内缘过盈配合,机壳、端盖等部件起支撑作用,是旋转电机的机械部分。

2. 转　子

转子的电磁部分也由绕组和铁芯组成。转子绕组也有两个,分别叫余弦输出绕组(其引线端为 Z_1、Z_2)和正弦输出绕组(其引线端为 Z_3、Z_4)。两绕组嵌放在转子槽中,结构完全相同,且两绕组的轴线在空间互成 90°,如图 5.11(b)所示。转子铁芯的硅钢片外缘冲有一定数量的齿槽,用以嵌放绕组。转子铁芯内缘与转轴铁芯挡过盈配合。转轴两端的轴承挡和端盖的轴承室之间装有轴承,以达到转子自由旋转的目的。转子绕组引出线和滑环相接,并经电刷直接引出或接到固定的接线板上。滑环应有四个,均固定在转轴的一端。

定、转子间的气隙是均匀的,气隙磁场一般为两极。

旋转变压器是精度较高的一类控制电动机,其定、转子绕组的互感系数要按转角的正弦函数变化,以满足输出电压和转角严格地成正弦关系。为此,要通过对绕组进行特殊的设计以及对整个电机进行精密的加工才能达到上述要求。

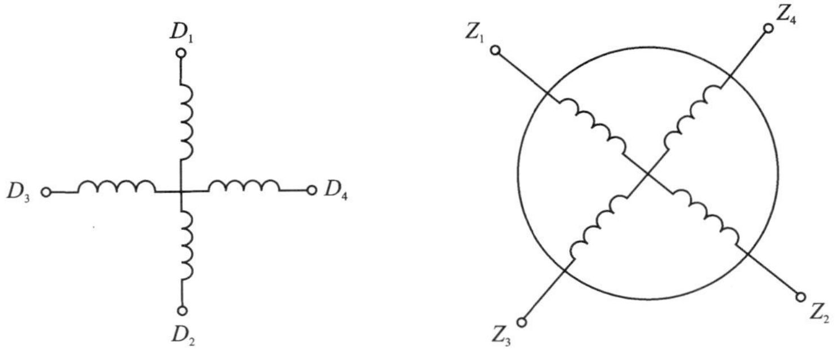

(a) 定子绕组　　(b) 转子绕组

图 5.11　正余弦旋转变压器的定、转子绕组

5.3.2　正余弦旋转变压器的工作原理

1. 空载运行

正余弦旋转变压器空载是指转子绕组（即副边）$Z_1—Z_2$ 和 $Z_3—Z_4$ 开路，定子交轴绕组 $D_3—D_4$ 开路，唯有定子励磁绕组 $D_1—D_2$ 加交流励磁电压 $\dot{U}_{S1}$。和普通变压器一样，励磁电流 i_j 流过励磁绕组后，产生励磁磁势并建立起沿励磁绕组轴线（此轴线方向定义为直轴，用 d 表示；与直轴垂直的方向定义为交轴，用 q 表示）方向的励磁磁通 $\dot{\Phi}_D$，如图 5.12 所示。

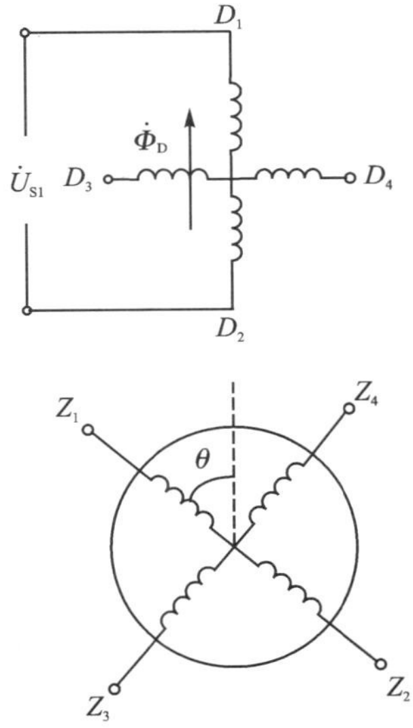

图 5.12　正余弦旋转变压器空载原理图

为了分析方便，图 5.13(a)定子上只画了一个整距的励磁绕组，转子上只画了一个集中的输出绕组。

当绕组 D_1D_2 中流过电流

$$i = \sqrt{2}I\sin\omega t \tag{5-18}$$

电流由 D_1 流进（用⊗表示）、D_2 流出（用⊙表示）作为电流的参考正方向。根据右手螺旋定则决定磁场的方向，如图中虚线所示，定子电流建立一个两极磁场。由全电流定律可知，每根磁力线都包围着相同的电流

$$\oint_l H \cdot \mathrm{d}l = \sum iN = iN_y \tag{5-19}$$

式中：N_y 是绕组的有效匝数，iN_y 是一对极的总磁动势。

如果忽略铁芯中的磁压降，则绕组产生磁动势就等于两个气隙上的磁压降之和。

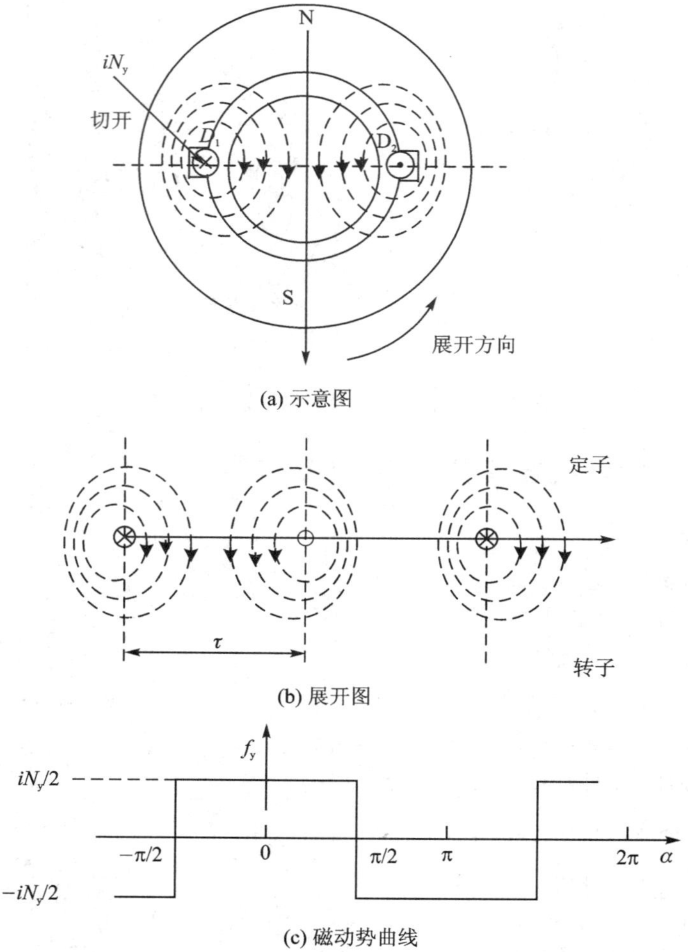

图 5.13　励磁绕组的磁动势

由于气隙均匀，因此各处气隙磁压降均等于绕组磁动势的一半，每个极的磁动势为

$$f_y = \frac{1}{2}iN_y = \frac{\sqrt{2}}{2}IN_y\sin\omega t \tag{5-20}$$

为了便于分析，将电机从 D_1 处切开，把圆周展开成直线，上面为定子，下面为转子如图 5.13(b)所示。在定子内表面取直角坐标，纵坐标与绕组 D_1D_2 的轴线重合，定子内圆周为横坐标 x 轴。若确定磁力线从定子穿过气隙到转子所消耗的磁动势 f_y 为正方向，反之为负方向，则绕组的磁动势沿气隙在空间按矩形规律分布，构成一矩形波形，其周期为 2 τ，如图 5.13(c)所示。当 $i=0$ 时，两矩形高度等于零；当 $i=\sqrt{2}I$ 时，两矩形高度达到最大值；当电流为负值时，两矩形的高度也随之而改变符号。正的变为负，负的变为正。这种在空间位置不动、幅值大小随时间在正负最大

值之间变化的磁动势称为脉振磁动势，其频率等于电流的频率。由于电流随时间正弦变化，矩形波的高度也随之而改变符号。

当电流为最大值是，绕组的矩形波磁动势的幅值为

$$F_{ym} = \frac{\sqrt{2}}{2} I N_y \tag{5-21}$$

利用傅里叶级数将该矩形磁势波进行分解，并取其基波，则有

$$f_y = \frac{4}{\pi} F_{ym} \cos\alpha \tag{5-22}$$

则整距元件脉振磁动势的基波表达式是

$$f_y = 0.9 I N_y \sin\omega t \cos\alpha \tag{5-23}$$

当绕组匝数为 N_1，考虑到绕组是短距和分布的情况，绕组的磁势为

$$f_\varphi = 0.9 I N_1 K_N \sin\omega t \cos\alpha \tag{5-24}$$

式(5-24)是两极电机的情况，若 $p>1$，则有

$$f_\varphi = 0.9 \frac{N_1 K_N}{p} I \sin\omega t \cos\alpha = F_m \sin\omega t \cos\alpha \tag{5-25}$$

式中：$F_m = 0.9 I N_1 K_N / p$(安匝)，它为相磁势基波的最大幅值；K_N 为基波绕组系数，一般 $N_1 K_N$(匝)称为有效匝数。

以上分析可见旋转变压器的励磁磁场是一个轴线在空间固定于 D_1—D_2 轴线上，磁动势的幅值随时间作正弦交变的磁场，这种磁场叫脉振磁场，该脉振磁场的磁通密度特点如下：

① 对某一瞬间而言，气隙各点磁通密度沿定子内圆作余弦分布；

② 对气隙中的某一点而言，该点的磁通密度随时间作正弦规律变化。

脉振磁场可以用一个磁通密度空间矢量 $\boldsymbol{B}$ 表示，矢量 $\boldsymbol{B}$ 固定地位于磁场轴线上(即磁通密度分布曲线的幅值位置)，其方向和 t 时刻的磁通方向一致，其长度则与气隙磁通密度分布曲线的幅值成正比。

在励磁绕组 D_1—D_2 中，由交变磁通 $\dot{\Phi}_D$ 感应电动势有效值为

$$E_D = 4.44 f N_D \Phi_{Dm} \tag{5-26}$$

式中：N_D 表示定子每相绕组的有效匝数，Φ_{Dm} 为 d 轴脉振磁通 $\dot{\Phi}_D$ 的幅值。

d 轴脉振磁通 $\dot{\Phi}_D$ 将在转子的两绕组 Z_1—Z_2 和 Z_3—Z_4 中感应出变压器电势，两电势在时间上同相位，其有效值与对应绕组的位置有关。设转子转角即余弦输出绕组 Z_1—Z_2 轴线与直轴的夹角为 θ，那么直轴磁通在 Z_1—Z_2 和 Z_3—Z_4 中感应电势的有效值 E_{R1}、E_{R2} 为

$$\left.\begin{aligned} E_{R1} &= 4.44 f N_R \Phi_{Dm} \cos\theta = E_R \cos\theta \\ E_{R2} &= -4.44 f N_R \Phi_{Dm} \sin\theta = -E_R \sin\theta \end{aligned}\right\} \tag{5-27}$$

式中：N_R 表示转子每相绕组的有效匝数；E_R 为副边感应电势的最大有效值，即转子转角 θ 为零时，余弦输出绕组的感应电势的有效值。

令旋转变压器的变比为

$$k_u = \frac{E_R}{E_D} = \frac{N_R}{N_D} \tag{5-28}$$

将式(5-28)代入式(5-27)则得

$$\left.\begin{aligned} E_{R1} &= k_u E_D \cos\theta \\ E_{R2} &= -k_u E_D \sin\theta \end{aligned}\right\} \tag{5-29}$$

与变压器一样,如果忽略励磁绕组的阻抗,则 $E_D=U_{S1}$,那么转子 z_1—z_2 和 z_3—z_4 绕组输出绕组的开路电压分别为

$$\begin{aligned} U_{R1} &= E_{R1} = k_u U_{S1}\cos\theta \\ U_{R2} &= E_{R2} = -k_u U_{S1}\sin\theta \end{aligned} \tag{5-30}$$

可见,当电源电压不变时,转子绕组输出电压与转角 θ 有严格的正、余弦关系。

2. 负载运行

当转子的正弦输出绕组 Z_3—Z_4 接上负载 Z_L 后,绕组中有电流 $\dot{I}_{R2}$ 流过,$\dot{I}_{R2}$ 为

$$\dot{I}_{R2} = \frac{\dot{E}_{R2}}{Z_L + Z_\sigma}$$

式中,Z_σ 为转子绕组的阻抗。

图 5.14 为正弦输出绕组接负载 Z_L 的线路图

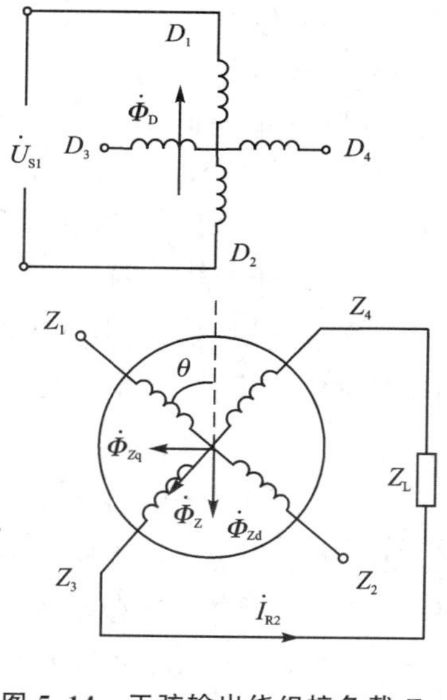

图 5.14 正弦输出绕组接负载 Z_L

转子电流 $\dot{I}_{R2}$ 将在气隙中产生脉振磁通 $\dot{\Phi}_Z$,$\dot{\Phi}_Z$ 轴线位于绕组 Z_3-Z_4 的轴线上,如图 5.14所示。磁通 $\dot{\Phi}_Z$ 可以分解成与励磁绕组轴线一致的直轴分量 $\dot{\Phi}_{Zd}$ 和与励磁绕组轴线垂直的交轴分量 $\dot{\Phi}_{Zq}$,其值分别为 $\dot{\Phi}_Z\sin\theta$ 和 $\dot{\Phi}_Z\cos\theta$。

在直轴方向上,按照变压器的原理可知 $\dot{\Phi}_{Zd}$ 对 $\dot{\Phi}_D$ 起去磁作用,由磁势平衡关系,定子电流必将自动增加一个负载分量,以补偿 $\dot{\Phi}_{Zd}$ 的去磁影响。若外施励磁电压 $\dot{U}_{S1}$ 恒定,略去励磁绕组的漏阻抗压降,则负载时的直轴磁通的幅值应与空载时一样,就不会使输出电压受到明显影响,因此,$\dot{\Phi}_{Zd}$ 对输出特性的畸变影响是很小的。

在交轴方向上,$\dot{\Phi}_{Zq}$ 的方向与励磁绕组轴线成 90°,不可能由励磁绕组中的电流来补偿。$\dot{\Phi}_{Zq}$ 将在转子正弦绕组中感应电动势

$$E_{R2L} = 4.44 f N_R \Phi_{Zqm} \cos\theta = 4.44 f N_R \Phi_{Zm} \cos^2\theta \tag{5-31}$$

可见正弦输出绕组 Z_3—Z_4 接上负载 Z_L 后，除了仍然存在 $E_{R2}=-k_u U_{S1}\sin\theta$ 的电势以外，还附加了一个 $E_{R2L}=4.44fN_R\Phi_{Zqm}\cos^2\theta$ 的电势。显然后者的出现破坏了输出电压随转子转角作正弦函数变化的关系，这种输出特性偏离正弦规律的现象称为输出特性的畸变。在一定的转角下，E_{R2L} 正比于 Φ_{Zq}，Φ_{Zq} 又正比于绕组 Z_3-Z_4 中的电流 I_{R2}，所以负载电流越大，E_{R2L} 也越大，输出特性偏离正弦函数关系就越远。图 5.15给出了实际应用时旋转变压器空载和负载时正弦输出特性的对比。

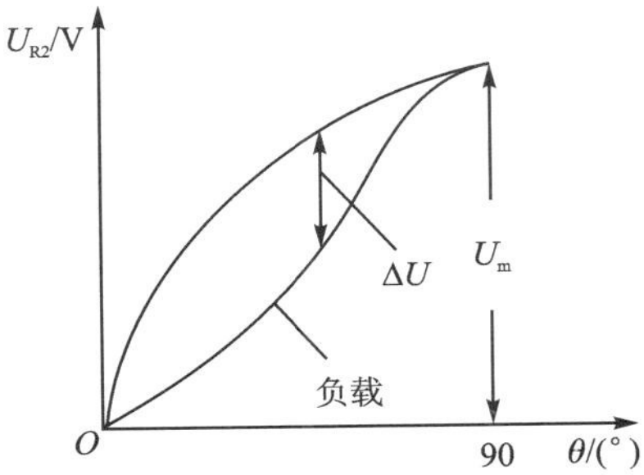

图 5.15 输出特性的畸变

同样，如果余弦输出绕组 Z_1—Z_2 带上负载，输出电压也会产生畸变。负载运行时，交轴磁通是输出特性畸变的主因，需要采取措施进行补偿。

5.3.3 输出特性的补偿

为了使旋转变压器的输出电压与转角有严格的正余弦关系，必须设法消除引起畸变的转子磁通的交轴分量，即转子的交轴磁势必须完全予以补偿。补偿的方法有三种：副边补偿、原边补偿和原副边同时补偿。

1. 副边补偿法

在转子的余弦输出绕组 Z_1—Z_2 中接入合适的负载 Z'_L，用余弦绕组产生的磁势去抵消正弦绕组产生的磁势的影响，从而消除正弦绕组输出特性的畸变，这种方法称为副边补偿。其图 5.16 所示为副边补偿的正余弦旋转变压器。

Z_1—Z_2 绕组电流为 I_{R1}，建立的磁势为 F_{R1}；Z_3—Z_4 绕组电流为 I_{R2}，建立的磁势为 F_{R2}，则有

$$\left.\begin{aligned} F_{R1} &= N_R I_{R1} \\ F_{R2} &= N_R I_{R2} \end{aligned}\right\}$$

交轴磁势为

$$\left.\begin{aligned} F_{R1q} &= F_{R1}\sin\theta = N_R I_{R1}\sin\theta \\ F_{R2q} &= F_{R2}\cos\theta = N_R I_{R2}\cos\theta \end{aligned}\right\} \tag{5-32}$$

由电路关系得

$$\left.\begin{aligned} I_{R1} &= \frac{U_{R1}}{Z'_L + Z_\sigma} = \frac{k_u U_{S1}}{Z'_L + Z_\sigma}\cos\theta \\ I_{R2} &= \frac{U_{R2}}{Z_L + Z_\sigma} = -\frac{k_u U_{S1}}{Z_L + Z_\sigma}\sin\theta \end{aligned}\right\} \tag{5-33}$$

将式(5-33)代入式(5-32)得

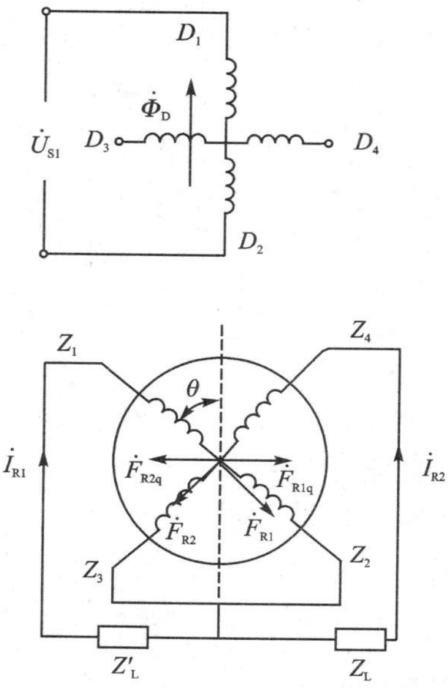

图 5.16　副边补偿的正余弦旋转变压器

$$
\begin{aligned}
F_{R1q} &= \frac{N_R k_u U_{S1}}{Z'_L + Z_\sigma}\cos\theta\sin\theta \\
F_{R2q} &= -\frac{N_R k_u U_{S1}}{Z_L + Z_\sigma}\sin\theta\cos\theta
\end{aligned} \tag{5-34}
$$

如果要求全补偿,即 $F_{R1q}=F_{R2q}$时,只要满足 $Z'_L=Z_L$即可。此时,正余弦绕组磁势在直轴上的两个分量方向相同,合成后对励磁磁势起去磁作用。

2. 原边补偿法

在定子的交轴绕组中接入负载 Z,如图 5.17 所示。励磁绕组 D_1—D_2加交流励磁电压,D_3—D_4绕组接阻抗 Z。定子交轴绕组 D_3—D_4对交轴磁通来说是一个阻尼线圈。因为交轴磁通在绕组中要产生感应电流,根据楞次定律,该电流所产生的磁通是反对交轴磁通变化的,因而对交轴磁通起去磁作用,从而达到补偿的目的。可以证明,当 Z 等于励磁电源内阻抗 Z_n时,由转子电流所引起的输出特性畸变可以得到完全的补偿。因一般电源内阻抗 Z_n较小,因此常把交轴绕组直接短路。

3. 原、副边补偿法

原边和副边都补偿时的正余弦旋转变压器如图 5.18 所示,此时,旋转变压器的四个绕组全部用上,转子的两个绕组外接阻抗 Z_L和 Z'_L,允许 Z_L有所改变。

和单独副边补偿或单独原边补偿两种方法比较,采用原、副边都补偿的方法,对消除输出特性畸变效果更好。单独副边补偿时,补偿用的阻抗 Z'_L的数值和旋转变压器所带的负载 Z_L必须相等;对于变动的负载阻抗来说,不能实现完全补偿。单独原边补偿时,交轴绕组短路而与负载阻抗无关,易于实现。但是同时采用原、副边补偿,对减小误差、提高系统性能是更有利的。

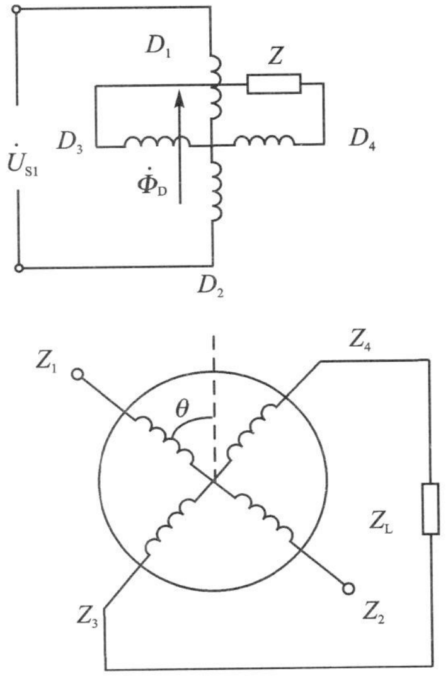

图 5.17 原边补偿的旋转变压器

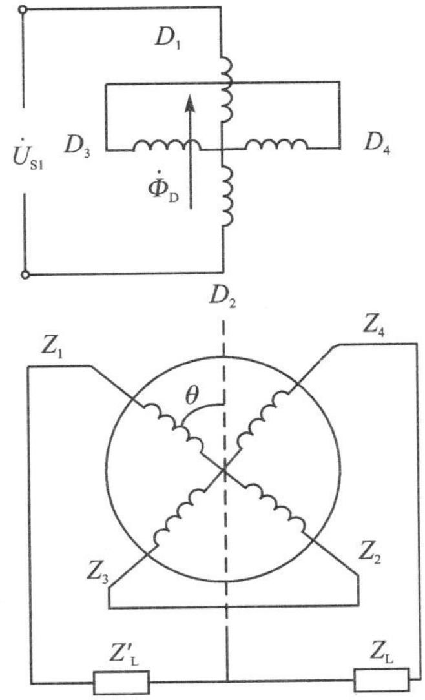

图 5.18 原、副边同时补偿的旋转变压器

5.4 线性旋转变压器

输出电压的大小和转子的转角成正比,即 $U=k\theta$ 的旋转变压器叫做线性旋转变压器。线性旋转变压器实际上是正余弦变压器的一种特殊接法。一种接法是将正余弦变压器的定子励磁绕组 D_1—D_2 和转子的余弦输出绕组 Z_1—Z_2 串联后接到单相励磁交流电源 $\dot{U}_{S1}$ 上,定子交轴绕组 D_3—D_4 短接作为原边补偿,正弦输出绕组 Z_3—Z_4 接负载阻抗 Z_L,如图 5.19 所示,另一种接法是线性旋转变压器的补偿绕组由余弦绕组完成。下面以第一种接法来分析线性旋转变压器的工作原理。

由于交轴绕组抵消了大部分交轴磁通,可以近似认为旋转变压器中只有直轴磁通 $\dot{\Phi}_D$,而没有交轴磁通。直轴脉振磁通 $\dot{\Phi}_D$ 在绕组 D_1—D_2、Z_1—Z_2、Z_3—Z_4 中产生的感应电势的相位相同,有效值为

$$E_D = 4.44 f N_D \Phi_{Dm}$$

$$E_{R1} = 4.44 f N_R \Phi_{Dm} \cos\theta = k_u E_D \cos\theta$$

$$E_{R2} = 4.44 f N_R \Phi_{Dm} \sin\theta = -k_u E_D \sin\theta$$

绕组 D_1—D_2 和 Z_1—Z_2 串联,所以当忽略绕组的阻抗压降时,则有

$$U_{S1} = E_D + E_{R1} = E_D + k_u E_D \cos\theta \tag{5-35}$$

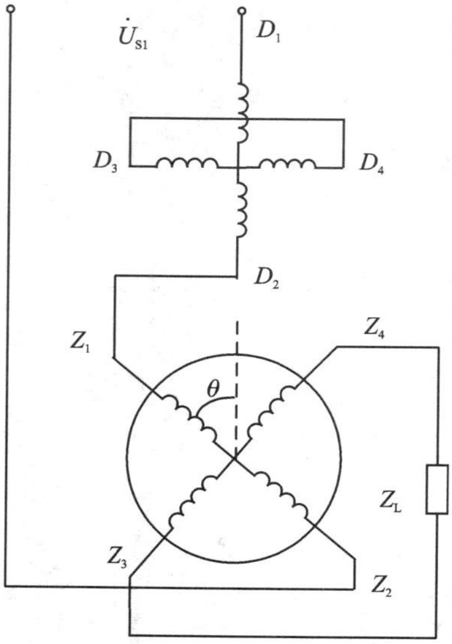

图 5.19　原边补偿的线性旋转变压器

忽略绕组的阻抗压降时，正弦输出绕组输出电压的有效值 $U_{R2} \approx -E_{R2}$，则有

$$\frac{U_{R2}}{U_{S1}} = \frac{k_u E_D \sin\theta}{E_D + k_u E_D \cos\theta} = \frac{K_u \sin\theta}{1 + k_u \cos\theta} \tag{5-36}$$

根据式(5－36)可做出输出电压随转角 θ 变化的曲线如图 5.20 所示。

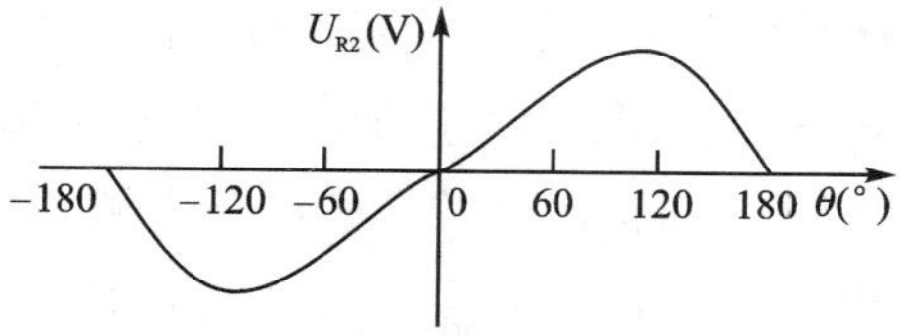

图 5.20　线性旋转变压器的输出特性曲线

经数学推导证明，当 $k_u \approx 0.52$ 时，在 $\theta = \pm 60°$ 范围内，输出电压和转角成线性关系，并且和理想直线比较时，误差不超过 0.1%。式(5－36)是忽略了绕组阻抗压降后得出的，在实际的线性旋转变压器中，为了获得最佳的线性特性，在电源内阻很小时，其变比 k_u 一般取为 0.56～0.57。所以，一台变比为 0.56 的正余弦旋转变压器若按图 5.19 连接，就可以作为线性旋转变压器使用。本节介绍的线性旋转变压器采用了原边补偿，其交轴绕组被短路而与负载无关，使用较为方便，在实际中采用较多。

5.5 旋转变压器的应用

5.5.1 旋转变压器的误差指标

1. 正余弦函数误差

当原边的一相加额定的激磁电压,另一相短路,在不同转角时,两相输出绕组的感应电势与理论正、余弦函数之差相对于最大理论电压之比为,误差范围为0.02%~0.3%之间,该值影响着解算元件的精度。

2. 线性误差 δ_z

线性旋转变压器在工作转角范围内,不同转角时实际输出电压与理论值之差对理论最大输出电压之比,误差范围为0.05%~0.3%,工作转角范围一般为±60°。

3. 电气误差 $\Delta\theta_d$

正余弦旋转变压器在不同转角位置,其两个输出绕组电压之比等于相应的理论电气角的正切或余切时,实际电气位置和理论电气位置的机械角度差叫电气误差,一般范围为3′~18′。

4. 零位误差 $\Delta\theta_0$

正余弦旋转变压器定子一相绕组短路,另一相绕组加额定激磁电压时,两个输出绕组电压的基波同相分量为零时,叫电气零位。实际电气零位与理论电气零位(0°,90°,180°,270°)之差叫作零位误差,误差范围为3′~22′。

5. 零位电压 U_0

转子处于实际电气零位时的输出电压,误差范围为额定电压的0.01%~C.04%。

6. 输出相位移 φ

输出电压基波分量与输入电压基波分量的相位差叫做输出相位移,误差范围为3°~22°。

旋转变压器广泛应用于解算装置和高精度随动系统及系统装置的电压调节和阻抗匹配等。在解算装置中主要用来求矢量或进行坐标转换、求反三角函数、进行加减乘除及函数的运算等。在随动系统中进行角度数据的传输或测量已知输入角的角度或角度差。

5.5.2 比例旋转变压器

比例式旋转变压器的用途是用来匹配阻抗和调节电压的。若在旋转变压器的定子绕组 D_1—D_2 施以励磁电压 $\dot{U}_{S1}$,余弦输出绕组 Z_1—Z_2 的输出电压为 $U_{R1}=k_uU_{s1}\cos\theta$,此时,定子交轴绕组短接进行原边补偿,转子 Z_3—Z_4 绕组开路,可得

$$\frac{U_{R1}}{U_{S1}} = k_u \cos\theta \tag{5-37}$$

式中转子的转角 θ 在 0°～360°之间变化，也就是说，$\cos\theta$ 在 −1.0～+1.0 范围内变动。因变比 k_u 为常数，故比值 U_{R1}/U_{S1} 将在 $\pm k_u$ 范围内变化。如果调节转子转角 θ 到某定值，则可以得到唯一的 U_{R1}/U_{S1} 比值，这就是比例式旋转变压器的工作原理。在自动控制系统中，若前级装置的输出电压与后级装置需要的输入电压不匹配时，可以在其间放置一比例式旋转变压器。将前置装置的输出电压加在该旋转变压器的输入端，调整比例式旋转变压器的转子转角到适当值，即可得到输出后级装置所需要的输入信号电压。

5.5.3 旋转变压器作为解算元件

当旋转变压器作为解算元件时，其变比系数 k_u 通常设计为 1，它和其他元件配合使用可以进行数学计算、坐标转换等。

1. 矢量分解

在正余弦旋转变压器的励磁绕组上加正比于矢量模值的励磁电压 $\dot{U}_{S1}$，交轴绕组短接，转子从电气零位转过一个等于矢量相角 α 的转角，如图 5.21 所示。设旋转变压器的变比为 1，这时转子正余弦绕组的输出电压应正比于该矢量的两个正交分量，即

$$\left.\begin{aligned} U_x &= U_{R1} = k_u U_{S1}\cos\alpha = U_{S1}\cos\alpha \\ U_y &= U_{R2} = k_u U_{S1}\sin\alpha = U_{S1}\sin\alpha \end{aligned}\right\} \tag{5-38}$$

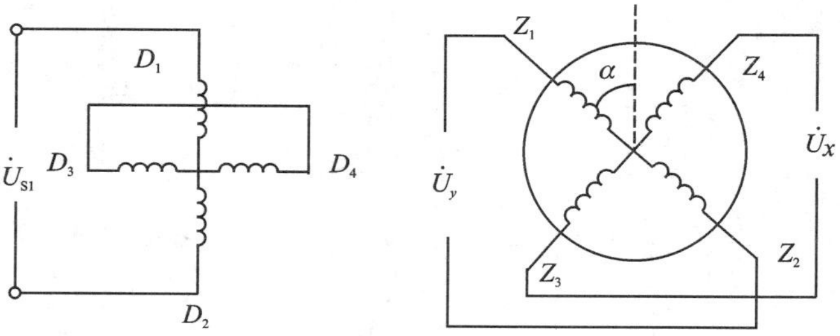

图 5.21 正余弦旋转变压器进行矢量分解

在航空自动领航仪中，可用于分解风速或地速。

2. 反三角函数

图 5.22 是求反三角函数的接线图。电压 E_1 加在转子绕组 Z_1—Z_2 上，定子绕组 D_1—D_2 和电势 E_2 串接后接至放大器，经放大器加在伺服电动机的电枢绕组中，伺服电动机通过减速器与旋转变压器转轴之间机械耦合。绕组 Z_1—Z_2 和绕组 D_1—D_2 完全相同，$k_u=1$，若忽略绕组 Z_1—Z_2 的电阻和漏抗，则 Z_1—Z_2 绕组中通过电流产生的励磁磁通在绕组 D_1—D_2 中感应的电动势为 $E_1\cos\theta$。放大器的输入电势为 $E_1\cos\theta$—

E_2。当 $E_1\cos\theta - E_2 = 0$ 时，伺服电动机将停转，这时 $E_2/E_1 = \cos\theta$，所以转子转角 $\theta = \arccos(E_2/E_1)$。利用这种方法可以求得反三角函数。

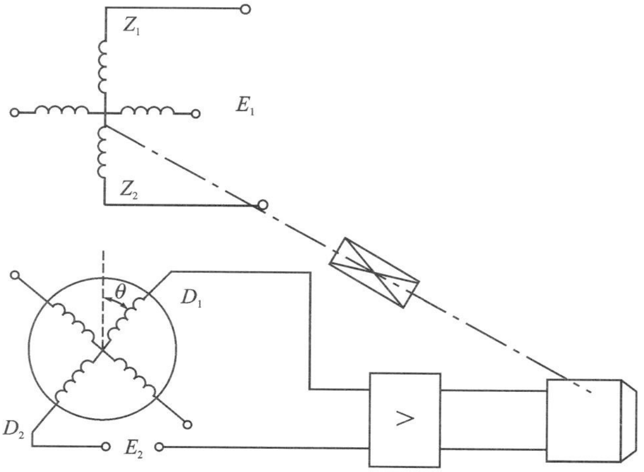

图 5.22 求反三角函数的接线图

5.5.4 数字化角度测量

现代控制系统离不开微处理器、微控制器、计算机之类的数字控制单元，其所需要的接口数据都是数字量。旋转变压器—数字转换装置是将旋转变压器测量到的轴角量的模拟信号通过一定的电子线路进行相应的数据处理，形成与计算机接口需要的轴角量数字信号。几种具体的转换方法如下。

1. 两相 ADC 法测角

通过分析旋转变压器的工作原理，我们已经知道其转子两相开路电压的幅度—角度特性为

$$\left.\begin{aligned} u_c &= u_{R1} = k_u U_{s1}\sin\omega t\cos\theta \\ u_s &= u_{R2} = k_u U_{s1}\sin\omega t\sin\theta \end{aligned}\right\} \tag{5-39}$$

式(5.39)表明，当转子轴角 θ 固定时，转子绕组输出电压在时间上是同相位的正弦函数，其频率与激磁电压的频率相同，幅值的大小与轴角的正弦或余弦值有关。因此，u_c 或 u_s 幅值大小可以反映角的大小。为分析方便，取 $k_u=1$，则在激磁电压正峰值时刻 u_c 和 u_s 的幅值分别为

$$\left.\begin{aligned} U_{Cm} &= U_{s1}\cos\theta \\ U_{Sm} &= U_{s1}\sin\theta \end{aligned}\right\} \tag{5-40}$$

这一步可以通过峰值采样实现，即每次都在 $\sin\omega t = 1$ 时对转子输出电压进行采样。由式(5-40)可看出，当激磁电压一定时，转子绕组输出电压幅值是空间上的转子轴角 θ 的正弦或余弦函数。

考虑到U_{Cm}、U_{Sm}在0°～360°范围内都不是轴角θ的单值函数，为简化对轴角θ的编码，对U_{Cm}、U_{Sm}进行变换。取U_{Cm}、U_{Sm}的绝对值，并将0°～360°等分为8个区间，如图5.23所示。

在每个45°区间内，$|U_{Cm}|$、$|U_{Sm}|$都是轴角θ的单值函数。由此，只要判断出轴角θ处于第几区间，再依据$|U_{Cm}|$和$|U_{Sm}|$的值求出0°～45°范围内的轴角值θ_l，即可求出轴角θ。这样，对0°～360°轴角编码的实现就变成了判断区间和确定θ_l的数值。

下面介绍一种判断轴角θ所处区间的编码方法。如果要明确地标示出8个不同的区间，至少需要3位二进制数，但是通过比较器判断U_{Cm}和U_{Sm}的正负关系只能提供2位二进制数，再利用比较器对$|U_{Sm}|-|U_{Cm}|$的正负关系进行判断，即可提供第三位二进制数。由此可编制如下区间编码表，三路信号与区间编码的对应关系如图5.24所示。

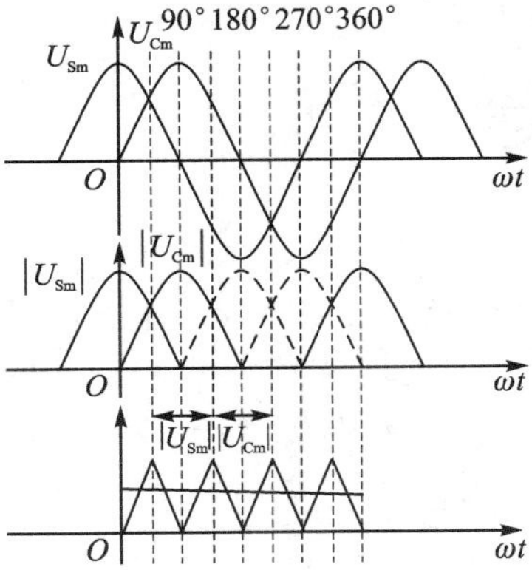

图5.23 ADC法角度区间划分

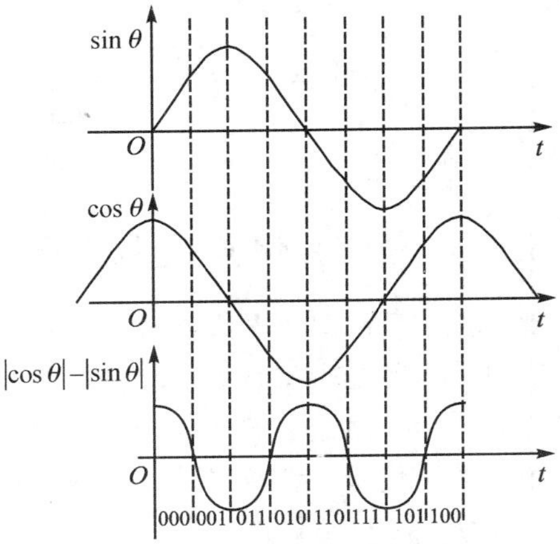

图5.24 ADC法角度区间编码

峰值采样后，得到的是与区间内转角ε的正弦值成比例的电压值，即$U_s = k_u U_{s1} \sin\varepsilon$，如图5.25所示。

通过调整激励电压，可使$k_u U_{s1}=1$，于是可以通过以下方法求得ε：

① 反正弦求解，得区间的角度值ε；

② 近似法，用泰勒展开多项式直接求解；

③ 查表法。

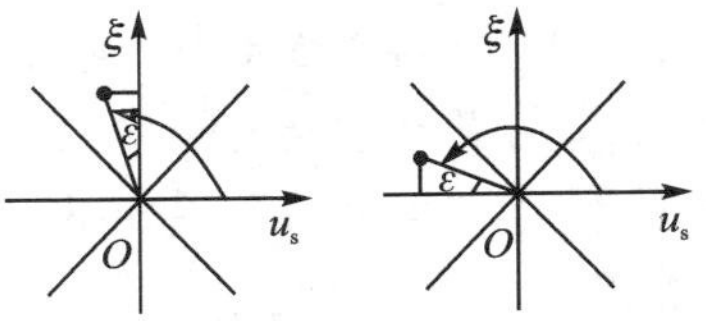

图5.25 区间内转角与电压值关系

区间编码和和角度计算公式如表5.1所列。从表中不难看出，8个区间的编码刚好是循环码，所以这种确定轴角θ范围的方法也称为循环码法。

表 5.1　两相法角度区间编码及计算公式

区　间	范围/(°)	D_3 $\sin\theta<0$	D_2 $\cos\theta<0$	D_1 $\lvert\cos\theta\rvert-\lvert\sin\theta\rvert<0$	Q
1	0～45	0	0	0	ε
2	45～90	0	0	1	$90-\varepsilon$
3	90～135	0	1	1	$90+\varepsilon$
4	135～180	0	1	0	$180-\varepsilon$
5	180～225	1	1	0	$180+\varepsilon$
6	225～270	1	1	1	$270-\varepsilon$
7	270～315	1	0	1	$270+\varepsilon$
8	315～360	1	0	0	$360-\varepsilon$

ADC 法实现旋转变压器测角的信号逻辑框图如图 5.26 所示。其中，采样保持器通过逻辑控制始终连接 $|U_{\mathrm{Cm}}|$ 和 $|U_{\mathrm{Sm}}|$ 中的较小值。

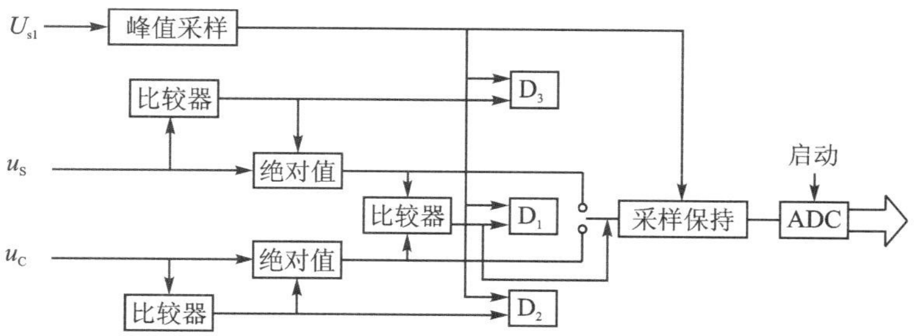

图 5.26　两相 ADC 法测角原理图

例如机械角度为 190°时的转换过程如下：

① 190°角度时，正余弦绕组的输出值为

$$u_c = k_u U_{s1}\cos\theta\sin\omega t = k_u U_{s1}(-0.9848)\sin\omega t$$

$$u_s = k_u U_{s1}\sin\theta\sin\omega t = k_u U_{s1}(-0.1736)\sin\omega t$$

② 信号峰值采样值为

$U_c = k_u U_{s1}\cos\theta = k_u U_{s1}(-0.9848)$，　$U_s = k_u U_{s1}\sin\theta = k_u U_{s1}(-0.1736)$，调整使得 $k_u U_{s1}=1$。

③ 划分区间

$D_3=1(-0.1736<0)$，　$D_2=1(-0.9848<0)$，　$D_1=0(|U_S|<|U_C|)$

查表为第 5 区间。

④ ADC 输入量为

$\sin\varepsilon = |U_S| = 0.1736$,解得,$\varepsilon = 10°$。

⑤ 最终结果

用第 5 区间公式:$\theta = 180 + \varepsilon = 190°$。

通过分析上述方法可知,要得到高精度的转换结果,不允许激磁频率等参数存在任何漂移。而在工程中这是难以保证的,因此可对上述方法进行改进,利用反正切函数进行求解得

$$\frac{U_S}{U_C} = \tan\theta \tag{5-41}$$

由此抵消掉参数漂移对转换结果的影响,该方法的信号逻辑框图如图 5.27 所示。

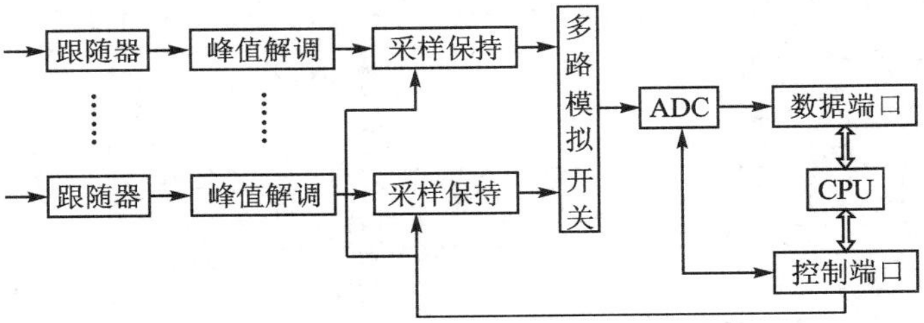

图 5.27 改进的两相 ADC 法测角原理图

2. 闭环反馈法测角

闭环反馈法测角的思路是通过负反馈使 $\Delta\theta = \theta - \theta_D$ 趋于 0,从而跟踪旋转变压器的输出角度 θ。

如果有一个跟踪转角的正余弦函数值与式(5-39)相乘,则可得

$$\left.\begin{aligned} u_c &= k_u U_{s1} \sin\omega t \cos\theta \sin\theta_D \\ u_s &= k_u U_{s1} \sin\omega t \sin\theta \cos\theta_D \end{aligned}\right\} \tag{5-42}$$

相减后得

$$\begin{aligned} \Delta U = u_s - u_c &= k_u U_{s1} \sin\omega t (\sin\theta\cos\theta_D - \cos\theta\sin\theta_D) \\ &= k_u U_{s1} \sin\omega t \sin(\theta - \theta_D) \end{aligned} \tag{5-43}$$

因为 $\lim\limits_{x=0}\dfrac{\sin x}{x} = 1$,所以当 $\sin(\theta - \theta_D)$ 趋近于 0,即 ΔU 趋近于 0 时,可知 $\theta - \theta_D$ 趋近于 0,也就是角度 θ_D 跟随待测角度 θ 变化。闭环反馈法测角方案的原理如图 5.28

所示。

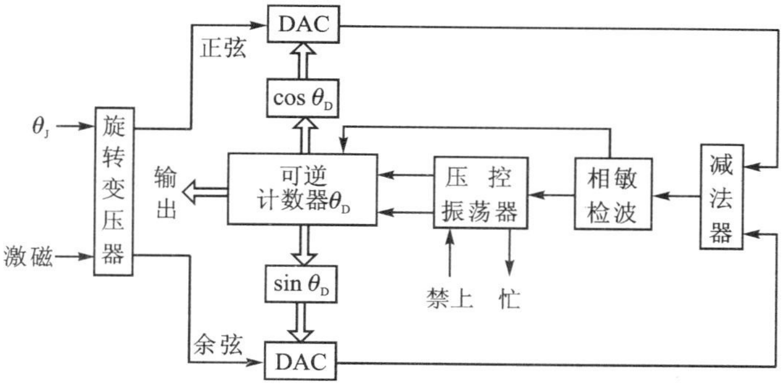

图 5.28 闭环反馈法测角原理图

闭环反馈法测角方案包括以下组成部分：

① 乘法器：DAC 四象限乘法器；

② 减法器：运放模拟减法器；

③ 相敏检波器：用于幅值检出；

④ 可逆计数器：实现加、减计数功能，用于产生 θ_D 和输出角度寄存；

⑤ 压控振荡器：V—F 变换，用于给计数器提供计数脉冲；

⑥ 接口逻辑：提供禁止命令、忙状态。

正余弦函数值可利用查表法，通过对同一个数值表进行正序和反序查表获得。

而乘法器输出为

$$\begin{aligned} u_c &= k_u U_{s1} \sin \omega t \cos \theta \sin \theta_D \\ u_s &= k_u U_{s1} \sin \omega t \sin \theta \cos \theta_D \end{aligned} \tag{5-44}$$

减法器输出为

$$\Delta U = k_u U_{s1} \sin \omega t \sin(\theta - \theta_D) \tag{5-45}$$

经过相敏检波后输出为

$$\Delta U = k_u U_{s1} \sin(\theta - \theta_D) \tag{5-46}$$

压控振荡器输出频率为

$$f_D = k\Delta U = kk_u U_{s1} \sin(\theta - \theta_D) \tag{5-47}$$

式中，k 为比例系数。

根据相敏检波的输出是否小于给定的最小值判断转换结束条件为

$$|\Delta U| = |k_u U_{s1} \sin(\theta - \theta_D)| < |\Delta U_{min}| \tag{5-48}$$

综上所述,闭环反馈测角法的最大转换时间为半周阶跃所用时间而达到稳态时则可随时读取结果,可视为随动系统。

3. 基于并行输出芯片的旋转变压器—数字转换器

AD公司生产的旋转变压器—数字转换器包括并行输出和串行输出芯片两大类。其中并行输出(如AD2S80,AD2S83)功能更为强大,其缺点是外围电路和接口电路复杂、价格昂贵。

并行输出芯片AD2S83具有下列特点:

① 提供10位、12位、14位和16位的分辨率:用户可通过两个控制引脚自行选用不同的分辨率。

② 可将输入的模拟信号转换为并行二进制输出,易于单片机或DSP等控制芯片接口。

③ 采用比率跟踪转换方式,使之连续输出数据而没有转换延迟,具有较强的抗干扰能力和远距离传输能力。

④ 用户可通过外围元件的选择来改变带宽、最大跟踪速度等动态性能。

⑤ 具有很高的跟踪速度:当采用10位分辨率时,最大跟踪速度达1 040 r/s。

⑥ 能产生与转速成正比的模拟信号,输出范围为±8 V(DC),线性度可达±0.1%,回差小于±0.3% ,可代替传统的测速发电机,提供高精度的速度信号。

⑦ 具有过零标志信号(RIPPLE CLOCK)和旋转方向信号(DIRECTION)。

⑧ 正常工作的参考频率为0~20 kHz。

串行输出芯片的基本工作原理与并行芯片相同,如AD2S90接收旋转变压器定子边的正、余弦输出信号有效值(2 V±10%,3~20 kHz)和一个同步参考信号。将转子位置信号以两种方式输出:12位绝对串行二进制输出和仿1 024线增量式编码器输出。还输出一个表示转轴转向的信号和一个模拟速度信号(满量程为375 r/s)。其功能没有并行芯片强大,但其价格便宜,采用方形小封装可直接安装在电机内部,与电机一体化,分辨率固定为12位。

下面介绍并行输出芯片AD2S83的典型应用方法,AD2S83的外围电路典型配置如图5.29所示。电阻和电容是在参考频率为5 kHz、带宽为520 Hz、最大跟踪速度为260 r/s的条件下给出的。分辨率与最大跟踪速度的关系如表5.2所列,外围电路的参数选择可参考相关文献,在此不再赘述。

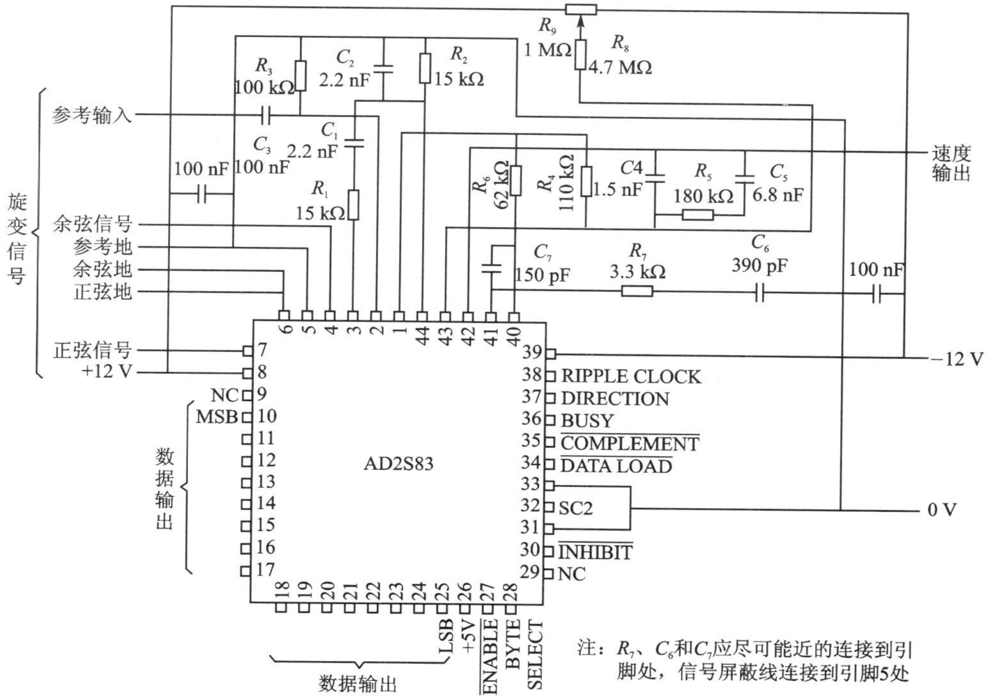

图 5.29 AD2S83 外围电路的典型配置

表 5.2 分辨率与最大跟踪速度的关系

分辨率/bit	最大跟踪转速/$r \cdot s^{-1}$	参考频率与闭环带宽的比率
10	1 024	2.5∶1
12	260	4∶1
14	65	6∶1
16	16.25	7.5∶1

小 结

变压器是利用电磁感应原理，把一种形式的电信号转换成另一种形式的电信号。变压器电动势的表达式为 $E_1 = 4.44 f N_1 \Phi_m$，定性分析时认为 $U_1 \approx E_1 = 4.44 f N_1 \Phi_m$。这说明变压器的主磁通由电源电压决定。

变压器的磁动势平衡方程为

$$\dot{I}_1 N_1 + \dot{I}_2 N_2 = \dot{I}_0 N_1$$

原、副边的电动势平衡方程分别为

$$\dot{U}_1=-\dot{E}_1+(\mathrm{j}X_{1\sigma}+R_1)\dot{I}_1,\quad \dot{U}_2=\dot{E}_2-(\mathrm{j}X_{2\sigma}+R_2)\dot{I}_2$$

旋转变压器是一种能旋转的变压器，其原、副边绕组分别装在定子和转子上，原边、副边绕组的电磁耦合程度由转子的转角决定。当旋转变压器的原边外施单相交流电压励磁时，副边输出的电压将与转子转角严格保持某种函数关系，如正余弦关系、线性关系等。

旋转变压器在负载时出现交轴磁动势，它破坏了输出电压随转角作正弦、余弦函数变化的规律，因此必须进行补偿。补偿的方法有原边补偿、副边补偿和原、副边同时补偿。原(副)边补偿，就是把原(副)边绕组组成对称绕组。补偿时，原边补偿是把原边接上一个与电源内阻抗相等的阻抗或直接短路。副边补偿是把副边补偿绕组接上一个与负载阻抗相等的阻抗。在副边，不管转子转到什么位置，即不管 θ 为何值，副边绕组产生的合成磁动势总是沿着励磁绕组轴线方向，转子电流产生的直轴磁场和转角 θ 无关，即原边电流和转角无关，旋转变压器的输入阻抗和转角无关是一个常数，这是副边补偿的优点。原边补偿的优点是补偿绕组的阻抗与负载阻抗无关。

思考题与习题

5-1 某台变压器，额定电压 $U_{1N}/U_{2N}=220/110\text{V}$，额定频率 $f_N=50$ Hz，问原边能否接到下面的电源上，试分析原因。

① 交流 380 V，50 Hz ② 交流 440 V，100 Hz ③ 直流 220 V

5-2 什么是脉振磁场？它有何特点和性质？

5-3 正余弦旋转变压器输出特性畸变的原因是什么？消除输出特性畸变的方法是什么？

5-4 正余弦旋转变压器副边全补偿的条件是什么？原边全补偿的条件又是什么？

5-5 采用原边全补偿时，旋转变压器在工作时交轴磁通在某绕组中感生电流，该电流所产生的磁通对交轴磁通有什么作用？单独原边全补偿时，负载阻抗改变将能否影响其补偿程度，即与负载阻抗值的改变是否有关？

5-6 有一台正余弦旋转变压器，输入电压 $U_1=36$ V，变比 $k_u=0.56$，把它作为线性旋转变压器，求转角 $\theta=60°$时的输出电压。

5-7 有一台线性旋转变压器，输入电压 $U_1=50$ V，变比 $k_u=0.57$，试分别求出转角 $\theta=30°$和 $\theta=60°$的输出电压。

5-8 比例式变压器的工作原理是什么？

5-9 试设计用正余弦旋转变压器求反三角函数 $\theta=\arctan(a/b)$的线路图。

第6章 自整角机

自整角机是一种感应式具有自动整步能力的微特电机，它能实现转轴的转角和电信号之间的相互变换，在飞机等武器装备自动控制系统中，实现角度的传输、变换和指示。譬如，在飞机远读平仪中，自整角机可用于测量和传递飞机的俯仰角或倾斜角等。

本章首先讲述控制式自整角机的结构与工作原理，然后分别讲述力矩式自整角机和差动式自整角机的运行原理，最后介绍自整角机的使用方法和典型应用实例。

6.1 概 述

自整角机通常是两台或多台组合使用，不能单独使用，使机械上互不相连的两根或多根机械轴保持相同的角变化或同步的旋转变化。自整角机若按使用要求不同分为控制式自整角机和力矩式自整角机两大类。若按结构、原理的特点又将自整角机分为控制式、力矩式、霍耳式、多极式、固态式、无刷式、四线式等七种。前两种是自整角机最常用的运行方式。

控制式自整角机主要在随动系统中作为角度和位置的检测元件，将机械角度转换为电信号或将角度的数字量转换为电压模拟量。其接收机转轴不直接带负载，只输出一个与发送机、接收机之间的角位移有关的电压信号。控制式自整角机精度高，较多用于精密的闭环控制的伺服系统中。控制式自整角机按其用途可以分为控制式发送机、控制式变压器和控制式差动发送机三种。目前，我国生产的相应自整角机的型号为ZKF、ZKB和ZKC。

力矩式自整角机主要用于同步指示系统，还可以作为两地或更多地之间的机械连接使用。功用是实现转角随动的目的，即把机械角度转换为力矩输出，无力矩放大作用，接收误差稍大，负载能力较差，故只适用于轻负载转矩或精度要求不太高的开环控制的伺服系统中。力矩式自整角机按其用途可以分为力矩式发送机、力矩式接收机、力矩式差动发送机和力矩式差动接收机四种。目前，我国生产的相应自整角机的型号为ZLF、ZLJ、ZCF和ZCJ。

6.2 自整角机的结构

自整角机的结构与一般电机相似，主要由定子和转子两大部分组成。定、转子之间有很小的空气隙。每一部分又有自己的电磁部分和机械部分,如图 6.1 所示。定、转子的电磁部分都由可导电的绕组和能导磁的铁芯组成。

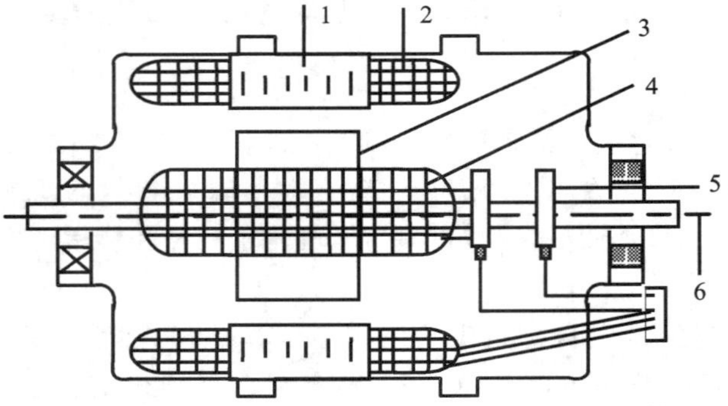

1—定子铁芯;2—三相绕组;3—转子铁芯;4—转子绕组;5—滑环;6—轴

图 6.1　自整角机结构简图

1. 定　子

自整角机定子的铁芯由高导磁率、低损耗的薄硅钢片冲制后,经涂漆叠装而成。定子铁芯内圆冲有槽,槽内均匀分布匝数相同、阻抗相等、空间位置互差 120°的三相对称绕组。设每相绕组集中成一个线圈,线圈的首末端分别用 D_1—D_4、D_2—D_5 和 D_3—D_6 表示。末端 D_4、D_5、D_6 连接在一起,始端 D_1、D_2、D_3 引出到连接板上,构成星形连接。图 6.2 给出了定子三相对称绕组的示意图。

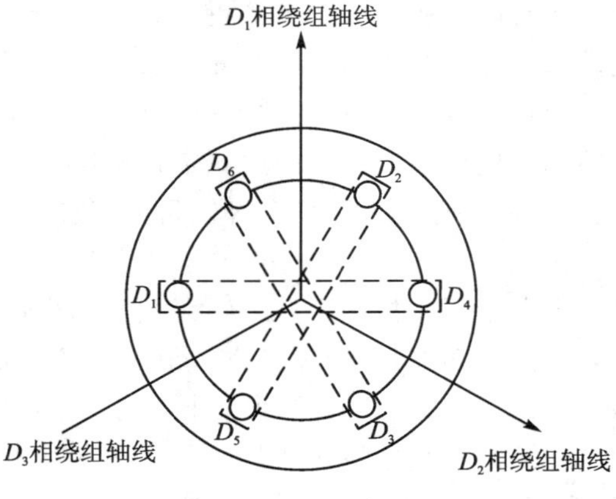

图 6.2　定子三相对称绕组示意图

2. 转　子

自整角机的转子有凸极式(ZKB 或 ZKC 采用)和隐极式(ZLF 或 ZLJ 采用)两种结构,它们的铁芯分别由图 6.3 所示的硅钢片叠压而成。转子绕组为单相绕组(差动式自整角机为三相绕组),可以是分布式也可以是集中式的,它在铁芯中的放置如

图 6.4 所示。单相(或三相)转子绕组的两个(或三个)引线端分别焊在两个(或三个)滑环上。滑环和电刷摩擦接触,通过电刷滑环将转子绕组出线端可靠地引到接线板上,如图 6.1 所示。滑环之间以及滑环和转轴之间都应绝缘。

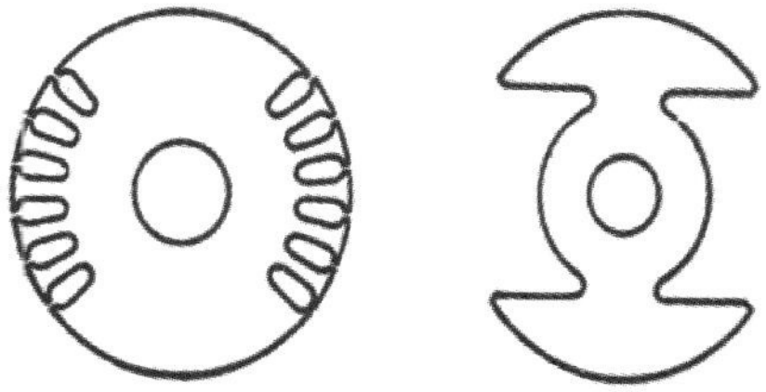

(a) 隐极　　(b) 凸极

图 6.3　自整角机转子铁芯硅钢片

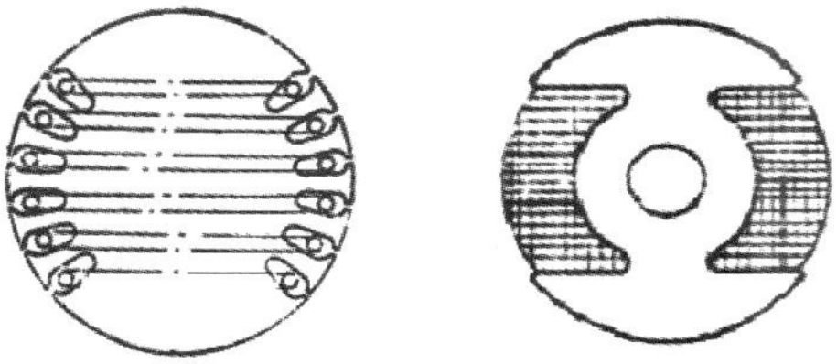

(a) 隐极转子　　(b) 凸极转子

图 6.4　自整角机转子

图 6.1 所示的自整角机,由于其定转子是装在一个机壳里,故称为组装式。此外,还有分装式自整角机,其定、转子是可分的,它们分别在现场安装固定。其结构特点是电机外径较大,轴向长度很短呈环状而非筒柱状,且转子不带轴,转子内孔较大,便于和现场的转轴装配。

6.3　控制式自整角机的工作原理

本节以控制式发送机(ZKF)和控制式变压器(ZKB)成对运行为例来说明控制式自整角机的工作原理。

6.3.1　控制式自整角机的工作原理

图 6.5 所示为控制式自整角机的工作原理图,左边为自整角发送机(ZKF),右边为自整角接收机亦称为自整角机变压器(ZKB)。发送机的转子绕组 $Z_1—Z_2$ 接交流励磁电压 $\dot{U}_j$,称为励磁绕组。发送机的定子引线端 D_1、D_2、D_3 和变压器的定子引线端 D_1'、D_2'、D_3' 对应连接,称为同步绕组或整步绕组。变压器的转子绕组 $Z_1'-Z_2'$ 向外输出电压称为输出绕组。发送机励磁绕组对定子 D_1 相的夹角为发送机转子的位置角,用 θ_1 表示;变压器输出绕组相对定子 D_1' 相的夹角为接收机转子的位置角,用 θ_2 表示。

1. 定子绕组的感应电动势、电流

当励磁绕组 $Z_1—Z_2$ 接入单相交流励磁电压 $\dot{U}_j$,电机的气隙中将形成一个余弦分布的脉振磁场 $\boldsymbol{B}_j$。$\boldsymbol{B}_j$ 所产生的脉振磁通必定和定子三相绕组相匝链,θ_1 角时 D_1 相绕组所耦合的励磁磁通的幅值为

$$\Phi_1 = \Phi_m \cos \theta_1 \tag{6-1}$$

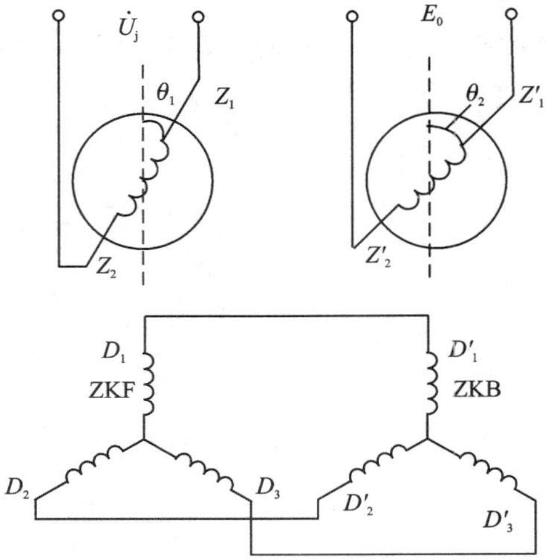

图 6.5　控制式自整角机的工作原理图

D_2、D_3 相绕组分别与励磁绕组轴线的夹角为$(\theta_1+120°)$和$(\theta_1+240°)$。这样 D_2、D_3 相绕组耦合的励磁磁通的幅值为

$$\Phi_2=\Phi_m\cos(\theta_1+120°) \tag{6-2a}$$

$$\Phi_3=\Phi_m\cos(\theta_1+240°) \tag{6-2b}$$

以上磁通在定子的三相绕组中感应电动势,这种电势是由于线圈中磁通的变化所引起的,所以称为变压器电势。各感应电动势在时间上同相位,假设定子每相绕组的有效匝数为 N_D,则各感应电动势的有效值为

$$E_1=4.44fN_D\Phi_1=E\cos\theta_1 \tag{6-3a}$$

$$E_2=4.44fN_D\Phi_2=E\cos(\theta_1+120°) \tag{6-3b}$$

$$E_3=4.44fN_D\Phi_3=E\cos(\theta_1+240°) \tag{6-3c}$$

式中,E 为定子绕组轴线和转子绕组轴线重合时该相感应电动势的大小,也是定子绕组的最大相电势,即 $E=4.44fN_D\Phi_m$。可见,各相电动势的大小与转子的位置有关。

发送机和变压器定子对应连接,发送机定子三相变压器电动势必定在同步绕组形成的回路中产生电流。设两星形的中间点 O、O'之间有连接线,如图 6.6 所示。这样流过回路的电流等于回路中的电动势除以回路的总阻抗。

以 D_1—D_1'相回路为例,回路的总阻抗 Z 为发送机和接收机的定子阻抗 Z_F、Z_R 及各连接线阻抗 Z_L之和,即

$$Z=Z_F+Z_R+Z_L$$

发送机和变压器定子都是三相对称绕组,各相和中线所构成的回路的总阻抗相等,则流过三相回路的各电流在时间上同相位,有效值分别为

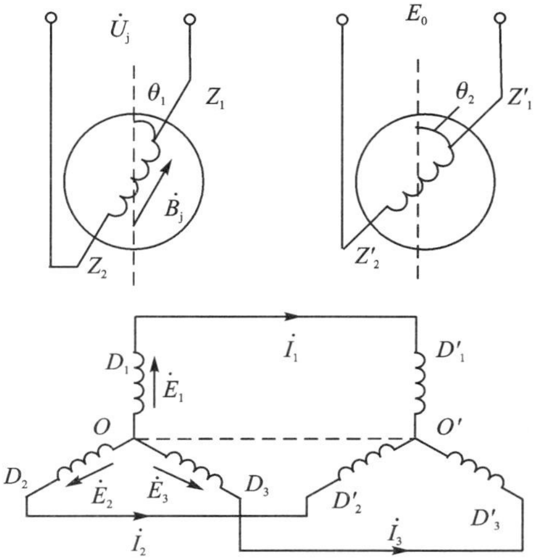

图 6.6　定子绕组中的电流

$$
\left.\begin{aligned}
I_1 &= \frac{E_1}{Z} = \frac{E\cos\theta_1}{Z} = I\cos\theta_1 \\
I_2 &= \frac{E_2}{Z} = \frac{E\cos(\theta_1+120^\circ)}{Z} = I\cos(\theta_1+120^\circ) \\
I_3 &= \frac{E_3}{Z} = \frac{E\cos(\theta_1+240^\circ)}{Z} = I\cos(\theta_1+240^\circ)
\end{aligned}\right\} \tag{6-4}
$$

式中，I 为励磁绕组轴线和定子绕组 D_1 相轴线重合时 D_1 相电流的有效值，也是最大的相电流，即 $I=E/Z$。

根据基尔霍夫电流定律流过中线电流为

$$
I_{\infty'} = I_1 + I_2 + I_3 = I\cos\theta_1 + I\cos(\theta_1 + 120^\circ) + I\cos(\theta_1 + 240^\circ) = 0 \tag{6-5}
$$

可见中线中没有电流，可以省去，所以实际上自整角机的定子只有三根引出线用以连接发送机和变压器的同步绕组。

2. 定子绕组的磁场

自整角机发送机定子绕组流过电流时，也要产生定子磁场。定子 D_1 相绕组流过电流 $\dot{I}_1$，产生脉振磁场。脉振磁场的轴线位于 D_1 相绕组的轴线上，可用磁通密度空间矢量 $\boldsymbol{B}_1$ 表示。同理，定子的 D_2、D_3 相绕组流过电流 $\dot{I}_2$ 和 $\dot{I}_3$，也产生各自的脉振磁场。脉振磁场的轴线位于 D_2、D_3 相绕组的轴线上，用磁通密度空间矢量 $\boldsymbol{B}_2$、$\boldsymbol{B}_3$ 表示。

根据磁路欧姆定律可知任何瞬时，气隙中各点的磁通密度总是和产生它的电流瞬时值成正比。由于磁通密度空间矢量的长度与磁通密度分布曲线的幅值成正比，故磁通密度空间矢量的长度与电流瞬时值成正比。已知定子绕组三相电流是同相位的,其有效值用式(6-4)确定,假设电流的初相位为零,则各相电流的瞬时值为

$$i_1 = \sqrt{2}I\cos\theta_1\sin\omega t = I_m\cos\theta_1\sin\omega t$$

$$i_2 = \sqrt{2}I\cos(\theta_1 + 120°)\sin\omega t = I_m\cos(\theta_1 + 120°)\sin\omega t$$

$$i_3 = \sqrt{2}I\cos(\theta_1 + 240°)\sin\omega t = I_m\cos(\theta_1 + 240°)\sin\omega t$$

因此磁通密度空间矢量 $\boldsymbol{B}_1$、$\boldsymbol{B}_2$、$\boldsymbol{B}_3$ 的长度为

$$B_1 = Ki_1 = KI_m\cos\theta_1\sin\omega t = B_m\cos\theta_1\sin\omega t \tag{6-6a}$$

$$B_2 = Ki_2 = KI_m\cos(\theta_1 + 120°)\sin\omega t = B_m\cos(\theta_1 + 120°)\sin\omega t \tag{6-6b}$$

$$B_3 = Ki_3 = KI_m\cos(\theta_1 + 240°)\sin\omega t = B_m\cos(\theta_1 + 240°)\sin\omega t \tag{6-6c}$$

为了便于分析计算,以转子励磁磁场 $\boldsymbol{B}_j$ 的轴线方向作 x 轴,并作 y 轴和 x 轴正交,将磁通密度空间矢量 $\boldsymbol{B}_1$、$\boldsymbol{B}_2$ 和 $\boldsymbol{B}_3$ 分解、合成如图 6.7 所示。

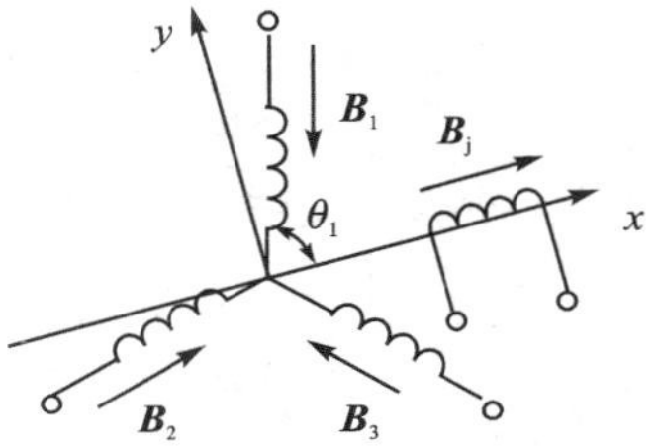

图 6.7 定子合成磁场的合成与分解

$\boldsymbol{B}_1$、$\boldsymbol{B}_2$ 和 $\boldsymbol{B}_3$ 分解成 x 轴分量和 y 轴分量,各分量的长度为

$$B_{1x} = -B_1\cos\theta_1 \qquad B_{1y} = -B_1\sin\theta_1$$

$$B_{2x} = -B_2\cos(\theta_1 + 120°) \qquad B_{2y} = -B_2\sin(\theta_1 + 120°)$$

$$B_{3x} = -B_3\cos(\theta_1 + 240°) \qquad B_{3y} = -B_3\sin(\theta_1 + 240°)$$

x 轴和 y 轴方向总的磁通向量的长度分别为

$$\begin{aligned} B_x &= B_{1x} + B_{2x} + B_{3x} \\ &= -[B_1\cos\theta_1 + B_2\cos(\theta_1 + 120°) + B_3\cos(\theta_1 + 240°)] \\ &= -B_m[\cos^2\theta_1 + \cos^2(\theta_1 + 120°) + \cos^2(\theta_1 + 240°)]\sin\omega t \\ &= -0.5B_m[1 + \cos 2\theta_1 + 1 + \cos(2\theta_1 + 240°) + 1 + \cos(2\theta_1 + 120°)]\sin\omega t \\ &= -(3/2)B_m\sin\omega t \end{aligned} \tag{6-7}$$

$$\begin{aligned} B_y &= B_{1y} + B_{2y} + B_{3y} \\ &= -[B_1\sin\theta_1 + B_2\sin(\theta_1 + 120°) + B_3\sin(\theta_1 + 240°)] \\ &= -B_m[\sin\theta_1\cos\theta_1 + \sin(\theta_1 + 120°)\cos(\theta_1 + 120°) + \sin(\theta_1 + 240°) \\ &\quad \cos(\theta_1 + 240°)]\sin\omega t \\ &= 0.5B_m[\sin 2\theta_1 + \sin(2\theta_1 + 240°) + \sin(2\theta_1 + 120°)] = 0 \end{aligned} \tag{6-8}$$

由以上分析结果,概括如下结论:

① 合成磁通密度矢量 $\boldsymbol{B}$ 在 x 轴方向,即在励磁绕组轴线上,但和 $\boldsymbol{B}_j$ 反向。发送机转子的位置角为 θ_1,则定子合成磁场的轴线超前 D_1 相轴线$(180°-\theta_1)$。

② 合成磁通密度矢量 $\boldsymbol{B}$ 在空间位置不变,其长度是时间的正弦函数,所以定子合成磁场也是一个脉振磁场。

③ 合成脉振磁场的幅值为(3/2)B_m，它和转子的转角 θ_1 无关。

从物理本质看，把发送机励磁绕组作为原边，定子三相绕组作为副边，变压器定子三相绕组作为对称感性负载，则发送机励磁绕组和定子三相绕组间的电磁关系就类似一台变压器，定子合成磁场必定对励磁磁场起去磁作用，方向与励磁磁场方向相反。

发送机和变压器的三相定子绕组是对应连接，各对应相的电流应该是大小相等、方向相反，故变压器定子合成磁场 $\boldsymbol{B}'$ 与发送机定子合成磁场 $\boldsymbol{B}$ 相对于定子绕组位置的方向相反，如图 6.8 所示。变压器输出绕组轴线对 D_1' 相的夹角为 θ_2，因此变压器合成磁场对输出绕组轴线的夹角为 $\delta=\theta_2-\theta_1$，δ 是发送轴和接收轴的转角差。

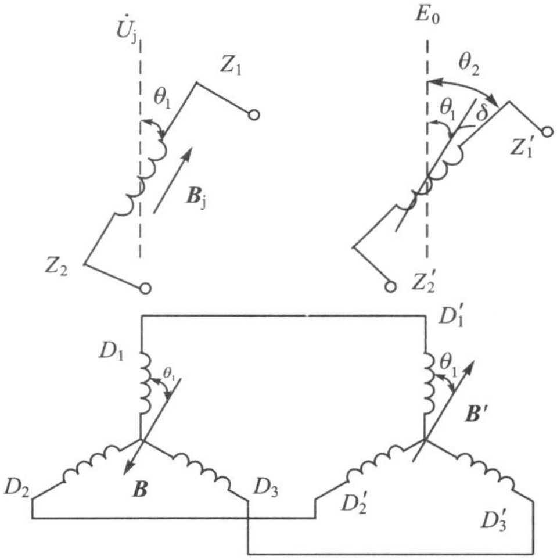

图 6.8　ZKF、ZKB 定子合成磁场

3. 输出绕组的电动势

当变压器定子合成磁场的轴线和输出绕组轴线交角为 $\delta=\theta_2-\theta_1$ 时，合成磁场在输出绕组中产生的感应电动势有效值为

$$E_2 = E_{2m}\cos\delta \tag{6-9}$$

式中，E_{2m} 为输出感应电势的最大值，即输出绕组轴线与变压器定子合成磁场轴线重合时的感应电势。

由于自整角发送机的励磁电压一定，成对运行的自整角机参数不变，故 E_{2m} 是一个常数。从式(6-9)可以看出，变压器输出绕组电势的有效值和两转轴的差角 δ 的余弦成正比。当 $\delta=0$，$\cos\delta=1$ 时，E_2 达到最大；$\delta=90°$时，$\cos\delta=0$，$E_2=0$。规定输出绕组电势为零时的输出绕组的轴线位置为控制式自整角机的协调位置，即落后于定子合成磁场 $\boldsymbol{B}'$ 达 90°的位置，如图 6.9 所示。输出绕组偏离协调位置的角度叫做失调角 γ，当 ZKB 输出绕组的轴线超前协调位置时，γ 取正号，即

$$E_2 = E_{2m}\cos\delta = E_{2m}\sin(90^\circ - \delta) = E_{2m}\sin\gamma \qquad (6-10)$$

自整角变压器的输出电势和失调角的正弦成正比,其波形如图 6.10 所示。

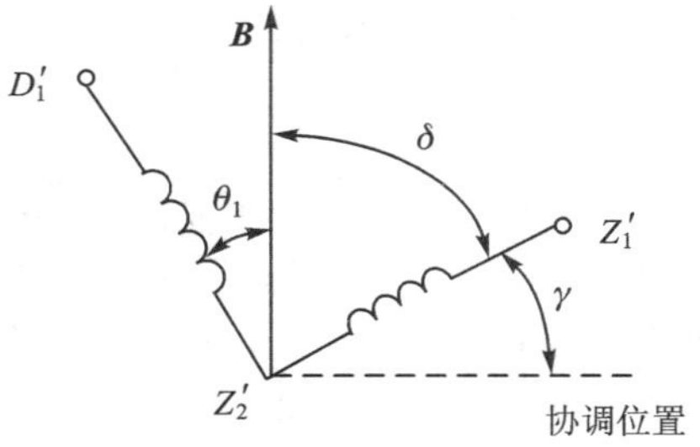

图 6.9 控制式自整角机的协调位置

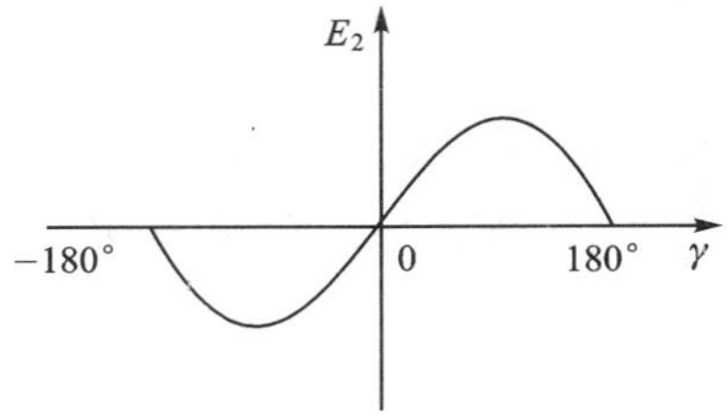

图 6.10 控制式自整角机的输出电势

在 0～90°范围内,失调角愈大,输出电势也愈大。当 $\gamma=90^\circ$时输出电势最大,$\gamma>90^\circ$后,输出电势随 γ 角增大反而减小,至 $\gamma=180^\circ$时,输出电动势又变为零。当 γ 角变负时,输出电势的极性改变,即相位变化了 180 °。

当失调角 γ 很小时,$\sin\gamma\approx\gamma$,近似认为 $E_2\approx E_{2m}$,在以下分析中,这样输出电动势的大小反映了发送轴和接收轴(随动系统中,自整角机变压器的转轴就是接收轴)之间相对位置差值的大小。当接收机输出绕组接上高阻抗的交流放大器时,可认为输出绕组电压 $U_2\approx E_2$与失调角 γ 成正比。这个电压经放大后,送给交流伺服电动机,伺服电动机就带着接收轴转动,以消除转角的差值。

6.3.2 控制式自整角机的比电压

输出电压和失调角的关系为 $U_2=U_{2m}\sin\gamma$,在 γ 角很小时,$U_2\approx U_{2m}\gamma$。这样可以用正弦曲线在 $\gamma=0$ 处的切线近似代替该曲线,如图 6.11 所示。这条切线的斜率称为比电压,其值等于在协调位置附近失调角变化 1°时输出电压的增量,单位为 V/(°)。由图 6.11 可见,比电压大,失调角同样的角度所获得的信号电压大,系统的灵敏度就高。控制式自整角机的技术指标有电气误差、位零电压、速度误差和输出相位差等,可查阅有关资料。

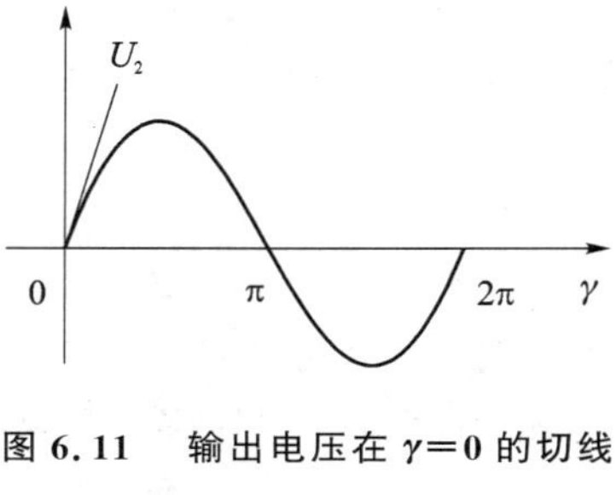

图 6.11 输出电压在 $\gamma=0$ 的切线

6.4　力矩式自整角机的工作原理

6.4.1　力矩式自整角机的工作原理

最简单的力矩式自整角机由一台发送机和一台接收机组成。它们的结构参数、尺寸完全一样。如图 6.12 所示，工作时发送机和接收机的转子绕组接在同一单相交流电源上，皆称为励磁绕组；两台电机的定子绕组彼此对应相接，称为整步绕组。力矩式发送机(ZLF)的励磁绕组对定子 D_1 相的夹角为发送机转子的位置角，用 θ_1 表示(见图 6.12 中 $\theta_1=0°$)；力矩式接收机(ZLJ)励磁绕组相对定子 D_1' 相的夹角为接收机转子的位置角，用 θ_2 表示。为简明起见，忽略磁路饱和的影响，以便应用叠加定理，分别考虑发送机励磁磁通和接收机励磁磁通的作用。

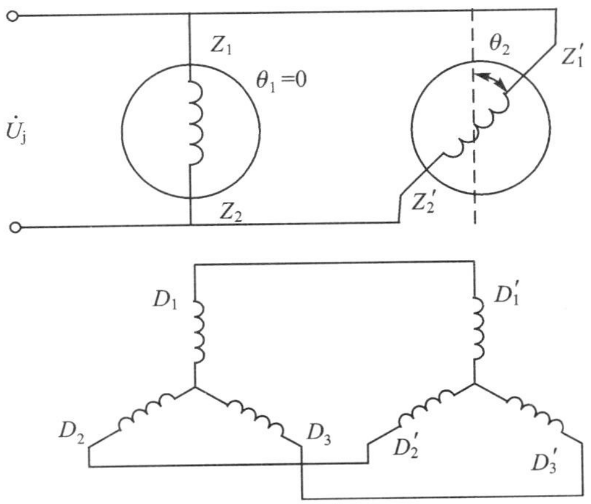

图 6.12　力矩式自整角机的工作电路图

若只将发送机 ZLF 的励磁绕组 Z_1—Z_2 接交流电源 $\dot{U}_j$，接收机 ZLJ 励磁绕组开路，此时情况和控制式运行时相同，即发送机转子励磁磁通在发送机定子绕组中产生感应电动势，因而在发送机、接收机整步绕组中引起电流，这些电流在发送机气隙中形成与发送机励磁磁场 $\boldsymbol{B}_j$ 方向相反的合成磁场 $\boldsymbol{B}$，而在接收机气隙中形成与发送机励磁磁场 $\boldsymbol{B}_j$ 方向相同的合成磁场 $\boldsymbol{B}$，如图 6.13 所示。

若只将接收机 ZLJ 的励磁绕组 $Z_1'-Z_2'$ 接交流电源 $\dot{U}_j$ 励磁，而发送机 ZLF 励磁绕组 Z_1-Z_2 开路，此时接收机中的情况与上述发送机的情况一样，而发送机中的情况与上述接收机中的情况一样。即接收机定子合成磁场 $\boldsymbol{B}'$ 和接收机励磁磁场 $\boldsymbol{B}_j'$ 方向相反，而发送机定子合成磁场 $\boldsymbol{B}'$ 和接收机的励磁磁场 $\boldsymbol{B}_j'$ 方向相同，如图 6.14 所示。

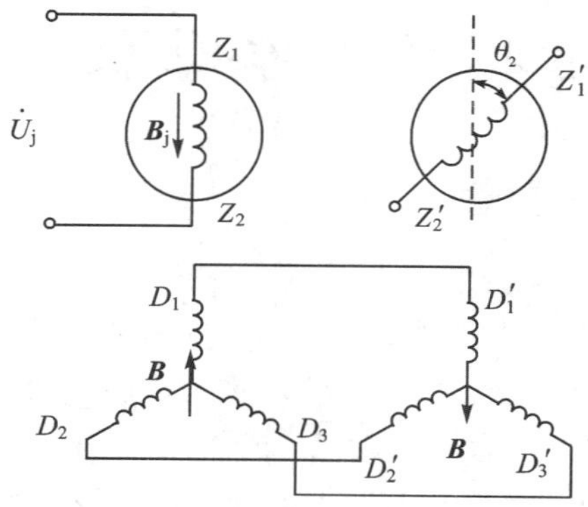

图 6.13 发送机单独励磁

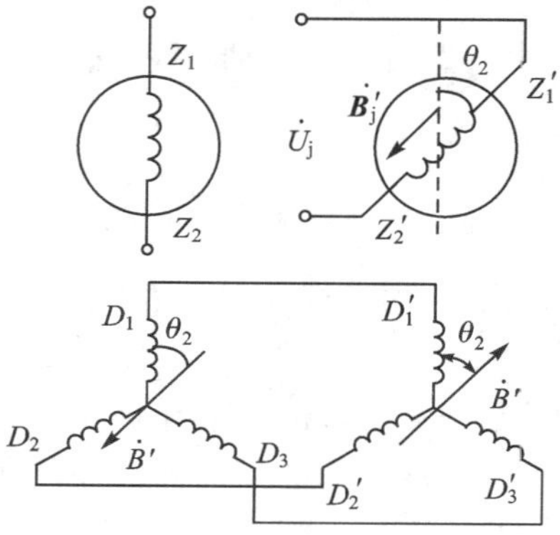

图 6.14 接收机单独励磁

力矩式自整角机实际运行时，发送机和接收机同时励磁，发送机和接收机定子绕组将同时产生磁密 $\boldsymbol{B}$、$\boldsymbol{B}'$，因此定子绕组所产生的气隙合成磁场应该是 $\boldsymbol{B}$ 和 $\boldsymbol{B}'$ 的叠加。

当 $\theta_1=\theta_2$ 时，在发送机和接收机中，$\boldsymbol{B}$、$\boldsymbol{B}'$ 均在励磁轴线上，且大小相等、方向相反，它们互相抵消，定子合成磁密为零。这样在两机的气隙中，只有励磁磁密存在，并在定子绕组对中产生大小相等、相位相反的感应电势。因此，同步绕组相电流为零，发送机和接收机都不能产生转矩，两机处于协调状态，如图 6.15 所示。

当 $\theta_1\neq\theta_2$ 时，发送机和接收机定子合成磁密都不为零，如图 6.16 所示。定子合成磁场和励磁磁场相互作用产生电磁转矩，使两机转到 $\theta_1=\theta_2$ 的协调位置，具体分析如下。

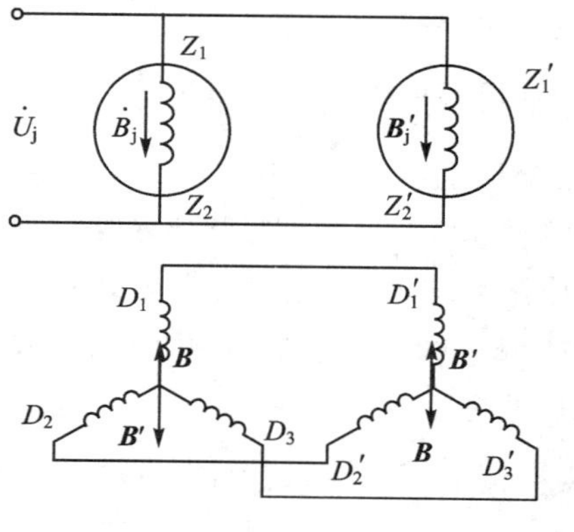

图 6.15 $\boldsymbol{\theta_1=\theta_2}$ 的情况

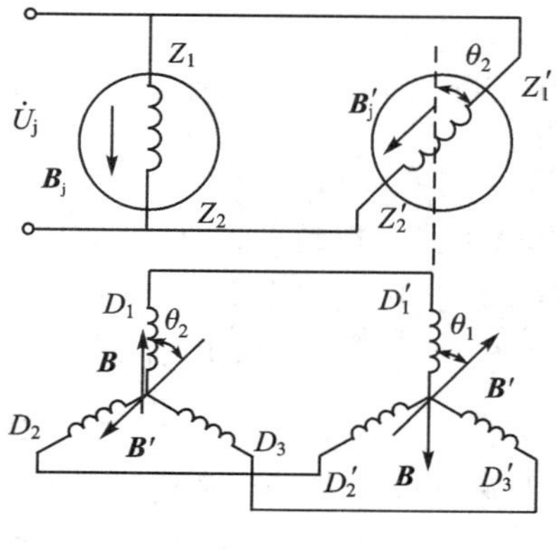

图 6.16 $\boldsymbol{\theta_1\neq\theta_2}$ 的情况

为了分析方便，令 $\theta_1=0°$，则 $\delta=\theta_2-\theta_1=\theta_2$，将接收机中由 ZLF 励磁产生的磁密 $\boldsymbol{B}$ 沿 $\boldsymbol{B}'$ 方向分解成两个分量，如图 6.17 所示。一个分量 $\boldsymbol{B}_d$ 和转子绕组轴线一致，其

大小用 $B\cos\delta$ 表示，这样在转子轴线方向上，定子合成磁密矢量的大小为 $B'-B\cos\delta$，方向与 $\boldsymbol{B}_j'$ 相反起去磁作用，不使接收机转子旋转。另一个分量 $\boldsymbol{B}_q$ 和转子绕组轴线垂直，其大小用 $B\sin\delta$ 表示。$\boldsymbol{B}_q$ 与励磁绕组的励磁电流相互作用使励磁绕组受到电磁力的作用，并形成电磁转矩。根据载流线圈在磁场中会受到电磁力的作用原理，受力情况如图 6.18(a)所示。

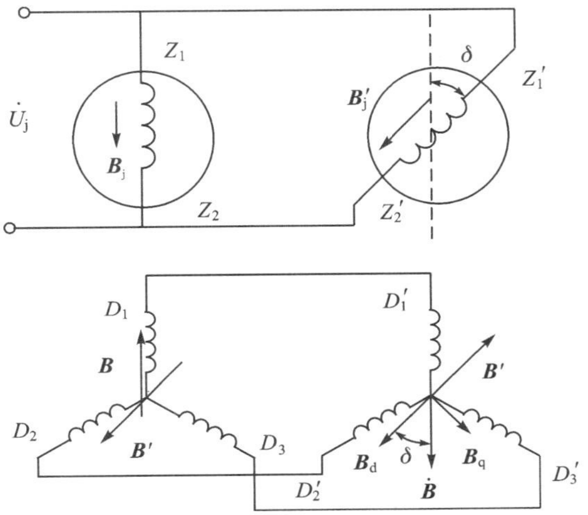

图 6.17　$\boldsymbol{\theta}_1 \neq \boldsymbol{\theta}_2$ 力矩式自整角机工作图

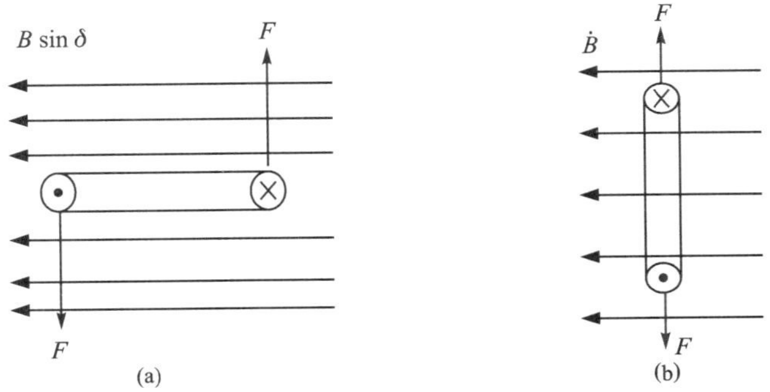

图 6.18　载流线圈在合成磁场中所受到的力矩

两个磁场 $\boldsymbol{B}_j'$ 和 $\boldsymbol{B}_q$ 之间的作用可以转化为载流的接收机励磁绕组和磁密 $B\sin\delta$ 之间的作用。接收机励磁绕组相当于可转动的线圈，$\boldsymbol{B}_q$ 相当于外磁场，励磁绕组通电后它的两个线圈边会受到 $\boldsymbol{B}_q$ 所产生的电磁力矩的作用。电磁转矩的方向是使载流线圈所产生的磁场方向和外磁场方向一致，即使接收机转子受到逆时针方向的转矩，并最终使两机转子转至 $\theta_1=\theta_2$ 位置。如图 6.18(b)所示在 $\theta_1=\theta_2$ 时，两机的定子合成磁密又为零，电磁转矩也为零，两机就处于协调状态。

6.4.2 力矩式自整角机的失调角和协调位置

力矩式自整角机的接收机转子在失调时产生的电磁转矩 T 可促使转子和发送机转子协调,这个转矩称为整步转矩。与接收机转子绕组轴线垂直的磁密 $B\sin\delta$ 起了关键作用,故转矩与 $\sin\delta$ 成正比,即

$$T = kB\sin\delta \tag{6-11}$$

当 $\delta=0$ 时,$T=0$,接收机转子受到的转矩为零,称自整角发送机与接收机处于协调位置;当 $\delta\neq0$ 时,则 $T\neq0$,称自整角发送机与接收机失调,δ 角就称为失调角。

当失调角很小时,由于 $\sin\delta\approx\delta$,则认为

$$T = kB\sin\delta \approx kB\delta \tag{6-12}$$

类似与控制式自整角机的比电压,当失调角为 1°(0.017 453 rad)时,力矩式自整角机所具有的整步转矩称为比整步转矩,用 T_0 表示,即

$$T_0 = kB\sin1^\circ = 0.017\,453\,kB \tag{6-13}$$

比整步转矩愈大,整步能力越强,故 T_0 值是力矩式自整角机的一项重要的性能指标。

6.5 差动式自整角机

在随动系统中,有时需要两台发送机来控制同一台接收机,其目的是用来传递两个发送轴的角度或角度差,这时便采用差动式自整角机系统。

差动式自整角机按系统要求的功能分为三种,即控制式差动发送机(ZKC)、力矩式差动发送机(ZCF)和力矩式差动接收机(ZCJ)。

6.5.1 差动式自整角机的结构

差动式自整角机无论是哪一种类型,定、转子均采用隐极式结构,在定、转子铁芯的槽中放置两极、三相分布绕组,并接成星形。转子绕组通过三相滑环和电刷与外电路相连接。

控制式差动发送机(ZKC)和力矩式差动发送机(ZCF)的主要区别,仅在于绕组的数据不同,前者选用较低的磁通密度,要求零位电压较小。力矩式差动接收机(ZCJ)的结构及绕组数据与力矩式差动发送机(ZCF)相同,但力矩式差动接收机要考虑阻尼性能的要求。

由于差动式自整角机定、转子绕组均为三相绕组,不能装设阻尼绕组,通常在轴上装设机械阻尼器来消除转子的振荡。

6.5.2 差动式自整角机的运行原理

1. 控制式差动发送机(ZKC)

控制式差动发送机串接在 ZKF 与 ZKB 之间，用来传递两个发送轴的角度“和”或“差”。带有 ZKC 的控制式自整角机工作原理如图 6.19 所示。ZKC 的三相定子对称绕组引线端用 C_1、C_2、C_3 表示，转子三相对称绕组引线端端用 C'_1、C'_2、C'_3 表示。C'_1 相轴线与 C_1 相轴线的夹角定义为 ZKC 转轴输入角，用 θ_2 表示。ZKF 的励磁绕组接单相交流电压 $\dot{U}_j$，ZKC 的定、转子绕组分别和 ZKF 和 ZKB 的整步绕组对应相接。

假设初始状态为 $\theta_1=\theta_2=0°$，ZKB 的输出绕组的轴线与其定子相轴线相互垂直，输出电势为 0。现给 ZKF 的转轴输入 θ_1 角，给 ZKC 转轴输入 θ_2 角，这时，ZKC 定子绕组产生的合成磁场 $\boldsymbol{B}_1$ 与 C_1 相绕组轴线的夹角为 θ_1。$\boldsymbol{B}_1$ 为 ZKC 的励磁磁通，由于差动发送机的转子绕组是对称的，故 ZKC 转子合成的磁场 $\boldsymbol{B}_2$ 必定和 $\boldsymbol{B}_1$ 方向相反在同一轴线上，如图 6.19 所示。此时 $\boldsymbol{B}_1$ 与 C'_1 相绕组轴线夹角为 $\theta_1-\theta_2$，所以 $\boldsymbol{B}_2$ 与 C'_1 相绕组轴线夹角为 $180°-(\theta_1-\theta_2)$。ZKC 转子绕组和 ZKB 定子绕组对应相接，故 ZKB 定子合成磁场 $\boldsymbol{B}_2$ 必定和 D'_1 相绕组轴线夹角为 $\theta_1-\theta_2$。$\boldsymbol{B}_2$ 为自整角变压器的励磁磁场，它与输出绕组轴线夹角为 $90°-(\theta_1-\theta_2)$，因此输出电动势为

$$E_2 = E_{2m}\cos[90°-(\theta_1-\theta_2)] = E_{2m}\sin(\theta_1-\theta_2) \qquad (6-14)$$

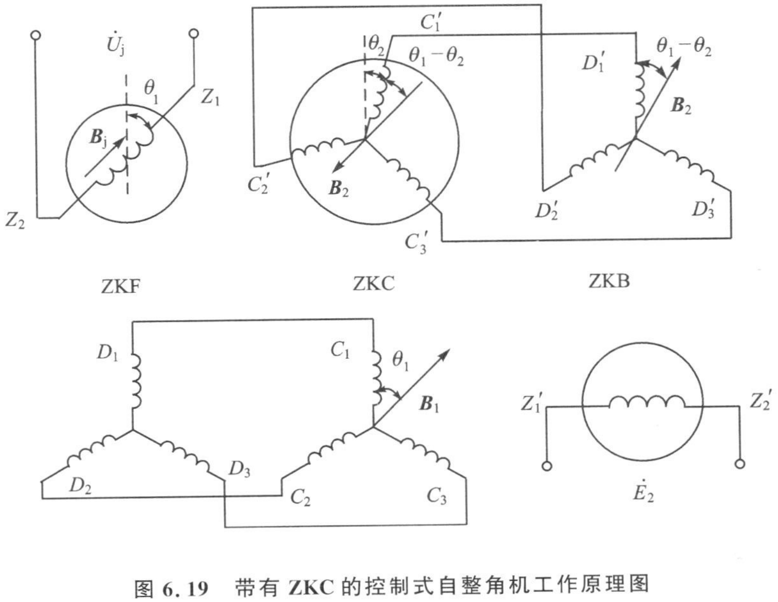

图 6.19 带有 ZKC 的控制式自整角机工作原理图

如果 ZKC 从初始位置按逆时针转过 θ_2 角(ZKF 仍按顺时针方向转过 θ_1 角)，则

ZKB 转过 $\theta_1+\theta_2$ 角,其分析方法同上,可实现两发送轴角度和的传送。

2. 力矩式差动接收机(ZCJ)

力矩式差动接收机串接在两台力矩式发送机之间,显示两个输入角的"和"或"差"。力矩式发送机、差动式接收机、力矩式发送机的工作原理如图 6.20 所示。两台 ZLF 的励磁绕组接同一单相交流电压 $\dot{U}_j$,它们的整步绕组分别和 ZCJ 的定、转子三相绕组按相序对应相接。ZCJ 定子绕组和转子绕组分别与两台发送机构成两对控制式自整角机系统。差动式接收机定子合成磁场 $\boldsymbol{B}_1$ 位于第一台发送机转子的轴线,与 C_1 相绕组轴线夹角为 θ_1;差动式接收机转子合成磁场 $\boldsymbol{B}_2$ 位于第二台发送机转子的轴线,与 C_1' 相绕组轴线夹角为 θ_2。此时,差动式接收机定子合成磁场 $\boldsymbol{B}_1$ 和转子合成磁场 $\boldsymbol{B}_2$ 的轴线方向不一致,它们相互作用,产生整步转矩,使 ZCJ 的转子转过 $\theta=\theta_1\pm\theta_2$ 角,达到协调位置。当两台发送机转子的转向彼此相反时,取"+"号;转子转向一致时,取"-"号,图 6.20 取"-" 号。

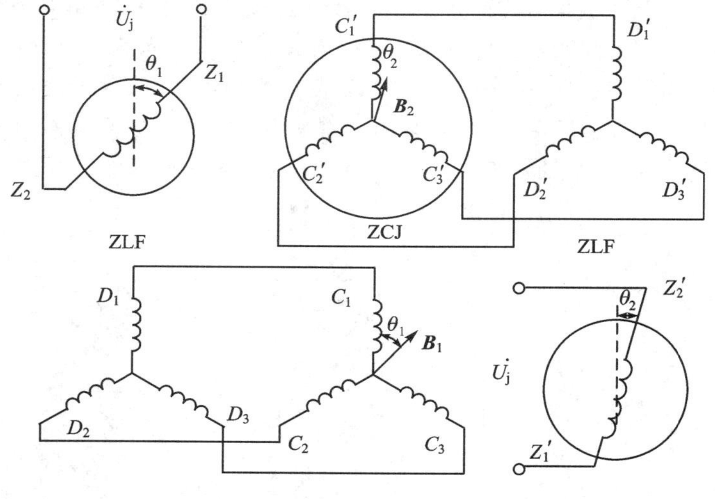

图 6.20 力矩式发送机、差动式接收机、力矩式发送机工作原理图

3. 力矩式差动发送机(ZCF)

力矩式差动发送机串接在力矩式发送机和接收机之间,显示两个输入角的"和"或"差"。力矩式发送机、差动发送机、力矩式接收机的工作原理如图 6.21 所示。力矩式发送机和接收机的励磁绕组接同一单相交流电源,它们的整步绕组分别与力矩式差动发送机的定、转子三相绕组按相序对应相接。ZCF 和 ZLF 构成控制式自整角机系统,ZCF 定子绕组合成磁场位于 ZLF 转子绕组轴线,即与 C_1 相绕组的轴线夹角为 θ_1,ZCF 与 ZLJ 构成力矩式自整角机系统。当 ZCF 的转子转过 θ_2 后,在整步转矩的作用下,ZLJ 转子必将转过 $\theta(=\theta_1\pm\theta_2)$ 角,到达新的协调位置。当两台发送机转子的转向彼此相反时,取"+"号;当转子转向一致时,取"—"号,图 6.21 取"—"号。

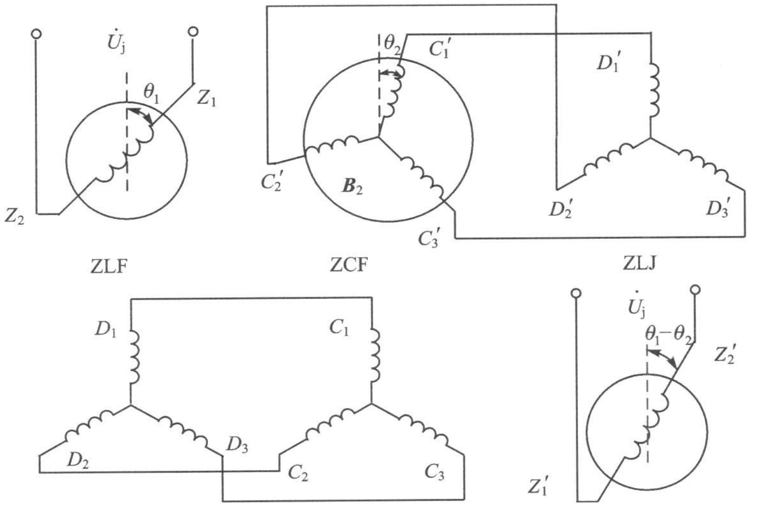

图 6.21 力矩式发送机、力矩式差动发送机、力矩式接收机工作原理图

6.6 自整角机的技术指标及使用

6.6.1 自整角机的技术指标

1. 产品名称代号

ZKF 为控制式发送机；

ZKC 为控制式差动发送机(变压器式差动自整角机)；

ZKB 为自整角变压器(变压器式接收机)；

ZLF 为力矩式发送机；

ZCF 为力矩式差动发送机；

ZLJ 为力矩式接收机。

2. 励磁电压

励磁电压就是加载励磁绕组上,用以产生励磁磁通的电压。对于变压器式发送机、力矩式发送机和接收机而言,励磁绕组均为单相绕组:对于变压器式接收机,励磁绕组是定子三相绕组,其励磁电压是指加在定子绕组上的最大线电压,它的数值应与对接的自整角发送机定子绕组的最大线电压一致。

3. 最大输出电压

最大输出电压是指额定激磁时,自整角机副边的最大线电压。对于上述的发送机和接收机均指定子绕组最大线电压;对于变压器式接收机,则指输出绕组的最大电压。

4. 空载电流和空载功率

空载电流和空载功率是指副边空载时,励磁电流和励磁绕组消耗的功率。

5. 开路输入阻抗

开路输入阻抗是指副边开路,从原边(励磁端)看进去的等效阻抗。对上述的发送机和接收机是指定子绕组开路时从励磁绕组看进去的阻抗;对于变压器式接收机是指输出绕组开路时从定子绕组两端看进去的阻抗。

6. 短路输出阻抗

短路输出阻抗是指原边(励磁端)短路,从副边绕组两端看进去的阻抗。

7. 开路输出阻抗

开路输出阻抗是指原边(励磁端)开路,从副边绕组两端看进去的阻抗。

6.6.2 自整角机的使用要求

1. 自整角机的误差

当发送机的转子在空间转过 θ_1 角时,希望接收机的转子(或磁通 ϕ_1'')也跟着准确地在空间转过 θ_1 角,即发送机转子与接收机转子准确地同位或同步。但实际情况下接收机转子(或磁通 ϕ_1'')并不能准确地与发送机同步,即产生了误差。

产生误差的原因是多种多样的,如三相绕组不对称,绕组有短路线匝,转子不平衡,空气隙不均匀,由齿槽产生的齿谐波、磁路不对称,轴承摩擦及电刷与滑环的摩擦,电源电压频率波动,绕组温度和环境温度变化等。

2. 选用自整角机的注意事项

① 变压器式自整角机和力矩式自整角机在使用上各具不同的特点,要根据实际需要合理选用。表 6.1 对变压器式自整角机和力矩式自整角机进行了比较。由表 6.1 可知,变压器式自整角机适用于精度较高、负载较大的伺服系统。力矩式自整角机适用于精度较低的指示系统。

表 6.1 变压器式自整角机和力矩式自整角机的比较

项 目	变压器式自整角机	力矩式自整角机
负载能力	接收机只输出信号,负载能力取决于系统中的伺服电动机及放大器的功率	接收机的负载能力受到精度及比整步转矩的限制,故只能带动指针、刻度盘等轻负载
精 度	较 高	较 低
系统结构	较复杂,需伺服电动机、放大器、减速器等	较简单,不需要其他辅助元件
系统造价	较 高	较 低

② 自整角机的励磁电压和频率必须与实用的电源符合，若电源可任意选择时，应先用电压较高、频率为 400 Hz 的自整角机，其性能较好，体积较小。

③ 相互连接使用的自整角机，其对接绕组的额定电压和频率必须相同。

④ 在电源容量允许的情况下，应选用输入阻抗较低的发送机，以获得较大的负载能力。

⑤ 选用接收机和差动发送机时，应选输入阻抗较高的产品，以减轻发送机的负载。

3. 使用中应注意的问题

① 零位调整：当自整角机在随动系统中作测量差角时，通常在调整之前，其发送机和接收机刻度盘上的读数是不一致的，因此需要进行调零。调零的方法是转动发送机转子使其刻度盘上的数为零。然后固定发送机转子，再转动变压器式接收机，使其转子在协调位置时，刻度盘的读数也为零，并固定接收机的定子。

② 发送机和接收机切勿调错：在理论分析时，为了简化，曾假定发送机和接收机结构相同。但实际上，发送机和接收机是有差异的。对于变压器式发送机，其转子一般做成凸极，而接收机转子往往做成隐极。因为隐极转子与凸极转子相比，其磁通密度在空间分布更接近正弦。另外，发送机、接收机的定、转子绕组的参数也不一样，因此发送机和接收机不能互换。对力矩式自整角机，其接收机是带有电阻尼或机械阻尼的，而发送机则没有阻尼。所以，如将发送机和接收机调错，将会使自整角机发生振荡。

6.7 自整角机的典型应用

6.7.1 作为位置指示器

在实际中要求指示出某些工作机构的位置或位置差的情况很多，如液面、电梯和矿井提升机位置、变压器分接开关位置指示，两扇闸门开度的指示等。力矩式自整角机被广泛用做示位器。此时需要把被指示的物理量转换成发送机轴的转角，并用指针或刻度盘作为接收机的负载。

图 6.22 所示为液面位置指示的示意图。图中的浮子随着液面上升，并通过绳子、滑轮和平衡锤使自整角发送机转动。因为发送机和接收机是同步转动的，所以接收机指针能够准确地反映了发送机所转过的角度。如果把角位移换算成线位移，就可以知道液面的高度，实现了远距离液面位置的传递。

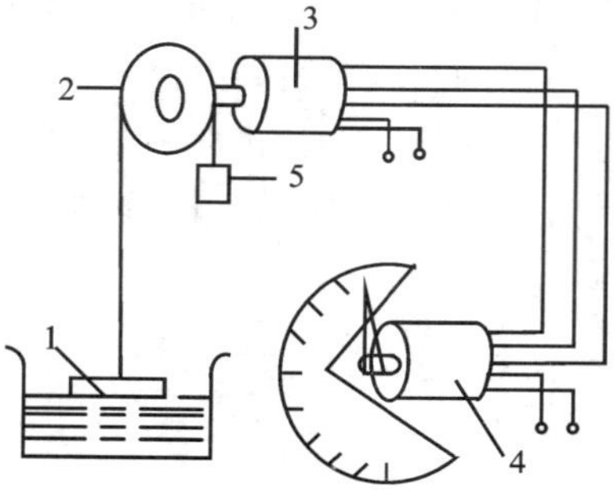

1—浮子;2—滑轮;3—自整角发送机;4— 自整角接收机;5— 平衡锤

图 6.22 液面位置指示器示意图

6.7.2 舰艇上火炮的自动瞄准

利用控制式差动发送机可构成舰艇上火炮的自动瞄准系统。设火炮目标的方位角为正北偏西 α 角,舰艇航向的方位角为正北偏西 β 角,如图 6.23 所示。

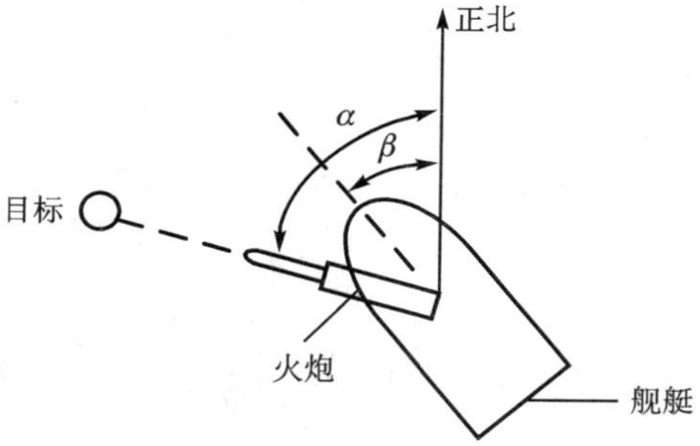

图 6.23 舰艇上火炮方位角确定

当要求火炮能够击准目标时,常常将火炮目标的方位角 α 作为控制式发送机的输入角,舰艇航向的方位角 β 作为控制式差动发送机的输入角,则自整角变压器的输出电压为

$$U_2 = U_{2m}\sin(\alpha - \beta) \tag{6-15}$$

伺服电动机在的 U_2 作用下带动火炮转动。由于自整角变压器的转轴和火炮轴耦合,当火炮相对舰头转过$(\alpha-\beta)$时,自整角变压器也转过同样的角度,则此时输出电压为零,伺服电动机停止转动,火炮所指的位置正好对准目标。舰艇的航向不断变化,但火炮始终能自动对准某一目标。

6.7.3 数字化测角

随着计算机控制技术在武器装备、工业等控制系统中的应用越来越广泛,需要进行模拟/数字和数字/模拟的转换，以适应数字控制系统的要求。近年来各种数字测角装置不断出现和被广泛应用，下面介绍常用的几种数字转换装置。

1. 三相 ADC 法测角

根据式(6－3)可知，三相间的线电压为

$$\left.\begin{aligned} U_{12} &= E_1 - E_2 = \sqrt{3}E\sin(\theta_1 + 60^\circ) \\ U_{23} &= E_2 - E_3 = \sqrt{3}E\sin(\theta_1 + 180^\circ) \\ U_{31} &= E_3 - E_1 = \sqrt{3}E\sin(\theta_1 + 300^\circ) \end{aligned}\right\} \tag{6-16}$$

首先通过实验测得三相间的线电压，三相 ADC 法测角就是利用线电压来实现的，其思路类似于旋转变压器的两相 ADC 法，即先确定待测轴角所在的区间，再利用 AD 转换求解该区间内的角度偏差量，最后用计算机软件组合数据获得待测角度。

以正值为"0"、负值为"1"，每 30°为一个区间，利用 E_1、E_2、E_3、或者它们之间的差值 U_{12}、U_{23}、U_{31} 都能够得到分区编码，其编码情况如图 6.24 所示。

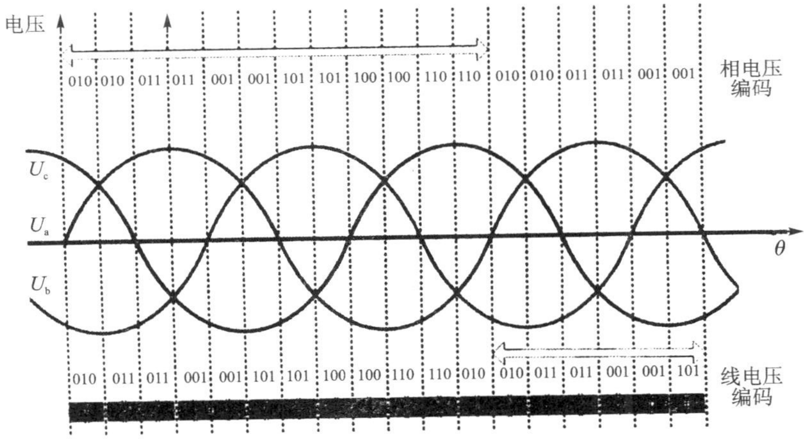

图 6.24 三相 ADC 法角度区间编码

由于三位二进制编码不能表示全部的 12 个区间，因此用三个线电压 U_{12}、U_{23}、U_{31}、和其中的一路相电压值(用 V_x 表示)作为待测角的分区依据。区间编码与待测角计算公式如表 6.2 所列。区间选择编码有两方面的作用：一是确定待测角所在区间；二是用于选择 V_x。

表 6.2 三相法角度区间编码及计算公式

区间	范围/(°)	U_{12} D_4	U_{23} D_3	U_{31} D_2	$V_x<0$ D_1	循环码	采样选择	θ
1	0～30	0	1	0	0	4	E_1	ε
2	30～60	0	1	1	0	6	E_3	60－ε

续表 6.2

区间	范围/(°)	U_{12} D_4	U_{23} D_3	U_{31} D_2	$V_x<0$ D_1	循环码	采样选择	θ
3	60～90	0	1	1	1	7	E_3	$60+\varepsilon$
4	90～120	0	0	1	1	3	E_2	$120-\varepsilon$
5	120～150	0	0	1	0	2	E_2	$120+\varepsilon$
6	150～180	1	0	1	0	A	E_1	$180-\varepsilon$
7	180～210	1	0	1	1	B	E_1	$180+\varepsilon$
8	210～240	1	0	0	1	9	E_3	$240-\varepsilon$
9	240～270	1	0	0	0	8	E_3	$240+\varepsilon$
10	270～300	1	1	0	0	C	E_2	$300-\varepsilon$
11	300～330	1	1	0	1	D	E_2	$300+\varepsilon$
12	330～360	0	1	0	1	5	E_1	$360-\varepsilon$

三相 ADC 法测角的电路框图如图 6.25 所示。E_1、E_2、E_3 是三相电压输入信号;CP1 和 CP2 是控制脉冲,用于控制峰值采样,CP1 应在 CP2 之前到来;可控开关 K_1、K_2、K_3 在对应的三位二进制区码控制下,选通相应的输入信号作为 V_x。

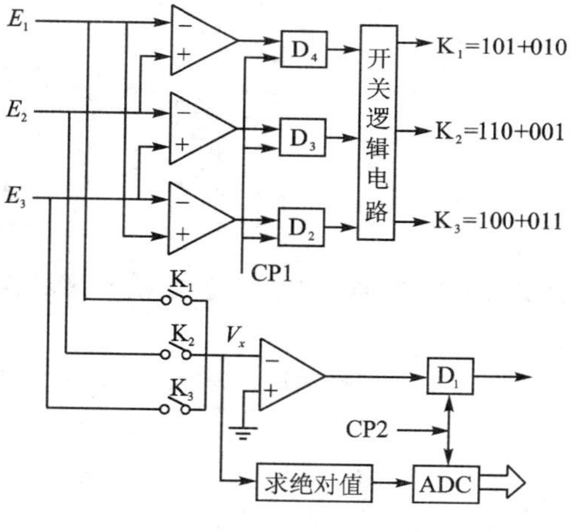

图 6.25 三相 ADC 法电路原理图

2. 两相法测角

两相法是将三相输出变换为两相,再利用旋转变压器的 ADC 法测角。其中三相变两相的方法有两种:斯科特变压器法和运算放大器法。

(1) 斯科特(Scott)变压器法

三相输入电压经斯科特变压器变换为两相电压,变压器结构如图 6.26 所示,斯科特变压器由两个变压器 T_1、T_2 组成,T_1 变压器的初级有一个中间抽头称为主变压器，抽头处上下绕组匝数比为 0.5 绕组，T_2 无中间抽头称为副变压器，下一个绕组匝数比为 0.866（或$\sqrt{3}/2$）绕组，变压器 T_2 的初级绕组的顶端接到 T_1 的中间抽头处。自整角机的两个输入信号分别接至 T_1 初级绕组的两端，第三个输入信号接至 T_2 的初级绕组的 0.866 另一抽头处。

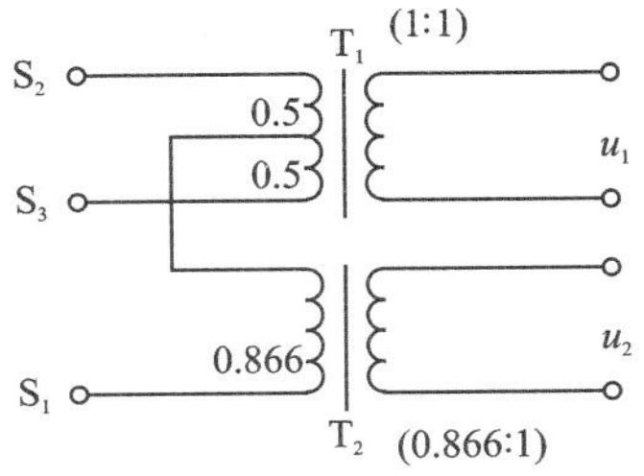

图 6.26　斯科特变压器

图中 S_1、S_2、S_3 分别接自整角机的三相绕组：

$$u_{S_1} = E_0 \sin\theta \sin\omega t \tag{6-17}$$

$$u_{S_2} = E_0 \sin(\theta + 120^\circ)\sin\omega t \tag{6-18}$$

$$u_{S_3} = E_0 \sin(\theta + 240^\circ)\sin\omega t \tag{6-19}$$

式中：θ 为自整角机转角；ω 为励磁电压频率。

设变压器变比为 k，则由图 6.26 可知

$$\begin{aligned} u_1 &= k(u_{s2} - u_{s3}) \\ &= k[E_0 \sin(\theta + 120^\circ)\sin\omega t - E_0 \sin(\theta + 240^\circ)\sin\omega t] \\ &= -\sqrt{3}kE_0 \cos\theta \sin\omega t \end{aligned} \tag{6-20}$$

$$\begin{aligned} u_2 &= k\left[\frac{1}{2}(u_{s2} + u_{s3}) - u_{s1}\right] \Big/ \left(\frac{\sqrt{3}}{2}\right) \\ &= \frac{k}{\sqrt{3}}[E_0 \sin(\theta + 120^\circ)\sin\omega t + E_0 \sin(\theta + 240^\circ)\sin\omega t - 2E_0 \sin\theta \sin\omega t] \\ &= -\sqrt{3}kE_0 \sin\theta \sin\omega t \end{aligned} \tag{6-21}$$

令 $m = -\sqrt{3}k$，则

$$u_1 = mE_0 \cos\theta \sin\omega t \tag{6-22}$$

$$u_2 = mE_0 \sin\theta \sin\omega t \tag{6-23}$$

斯科特变压器还可对前后两级电路还具有隔离和抗干扰作用。

(2) 运算放大器法

运算放大器法是另外一种将三相电变换为两相电的实现方法，其电路原理如图 6.27 所示。

U_1 输出为

$$U_1 = -\sqrt{3}E_1 = -\sqrt{3}kU_m \sin\omega t \cos\theta \tag{6-24}$$

根据运算放大器的虚短和虚断特性，可得

$$\frac{E_3 - \frac{1}{2}E_2}{R} = \frac{\frac{1}{2}E_2 - U_2}{R}$$

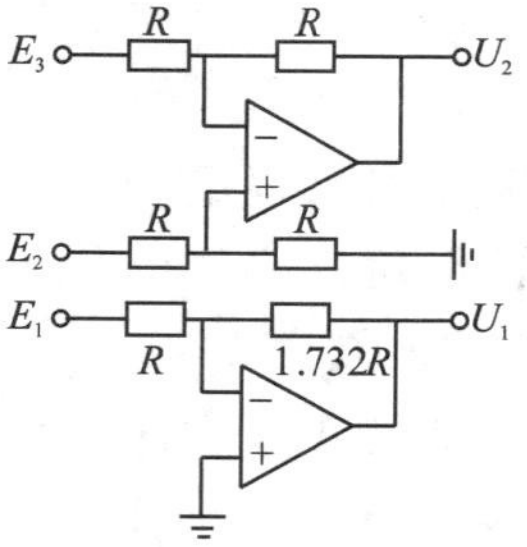

图 6.27 三相变两相电路图

$$\Rightarrow U_2 = -\sqrt{3}kU_m \sin\omega t\cos(\theta - 270°) \tag{6-25}$$

U_1、U_2 两相信号相位相差 1/4 周期,可用两相法进行测角。

3. 跟踪式自整角机/数字(S/D)转换器

图 6.28 所示为跟踪式转换器的工作原理。其核心环节为微型斯科特变压器、数字正余弦乘法器、相敏调制器、积分器、压控振荡器(VCO)和可逆计数器,与斯科特变压器之外的其他环节一起构成数字伺服系统。

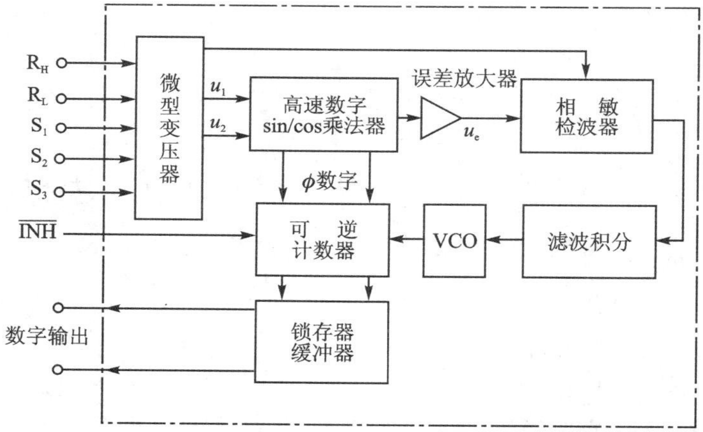

图 6.28 S/D 转换器原理框图

自整角机的三相输入信号经斯科特变压器变换为两相电压后,式(6-22)和式(6-23)所示的两相电压经高速数字 sin/cos 乘法器实现如下运算

$$u_1' = mE_0\cos\theta\sin\omega t\sin\varphi \tag{6-26}$$

$$u_2' = mE_0\sin\theta\sin\omega t\cos\varphi \tag{6-27}$$

式中,φ 为数字角度。

误差放大器对上述两相电压求差可得误差电压为

$$\begin{aligned} u_e &= mE_0\sin\theta\sin\omega t\cos\varphi - mE_0\cos\theta\sin\omega t\sin\varphi \\ &= mE_0\sin\omega t\sin(\theta-\varphi) \end{aligned} \tag{6-28}$$

上述电压经相敏检波后将载波信号 $\sin\omega t$ 去掉，可得到误差电压 $mE_0\sin(\theta-\varphi)$，然后经压控振荡器转换成脉冲，控制可逆计数器计数。当 $\theta=\varphi$ 时，$u_c=0$，此时可逆计数器输出的数字角度 φ 为要测的角度。

4. 采样逐次逼近式 S/D 转换器

图 6.29 表示了逐次逼近式 S/D 转换器原理框图，逐次逼近式 S/D 转换器的基本原理类似于通用逐次逼近式 A/D 转换电路。

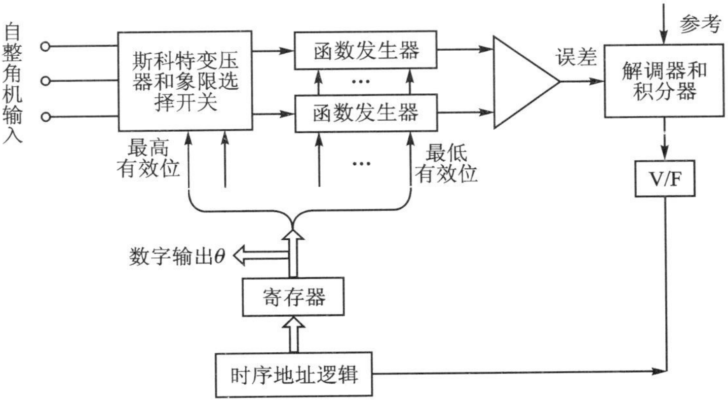

图 6.29 逐次逼近式转换器原理框图

与跟踪式 S/D 转换器相比，逐次逼近式 S/D 转换器的转换速度快，通常小于 100 μs，缺点是对输入信号的噪声干扰很敏感。由于应用采样工作方式，决定了这种转换器所得的读数只反映采样时刻的角度。

图 6.30 为自整角机与 S/D 转换器的连接图。S/D 转换器的输入引脚 Z_1、Z_2 接交流电源，该电源称为参考电源。它与自整角机转子单相电源为同相电源，若与 S/D 转换器电压相同，可直接连接在一起；若与 S/D 转换器电压不同，则必须用一个变压器，将交流电源接人原方，副方一个绕组为自整角机供电，另一绕组为 S/D 转换器供电。S/D 转换器的 3 个输入引脚 D_1、D_2、D_3 分别与自整角机的三相输出电压信号 u_{s1}、u_{s2}、u_{s3} 相连。

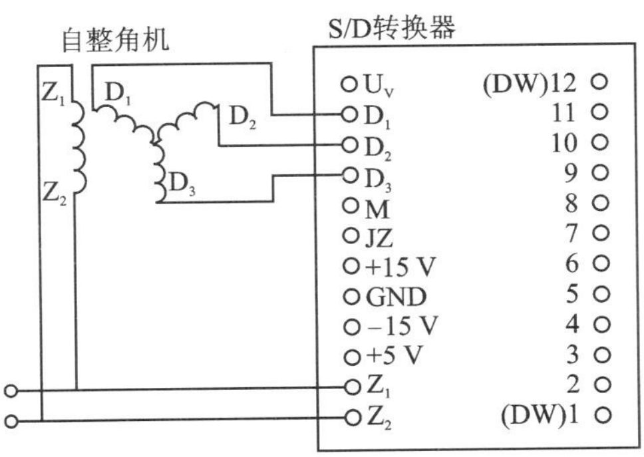

图 6.30 自整角机与 S/D 转换器连接图

5. 数字/自整角机(D/S)转换器

数字/自整角机转换器是一种全电子自整角机模拟输出装置，将输入的数字全角量转换成自整角机能接收的模拟电压输出量，是计算机与控制系统之间的理想接口电路，具有精度高，体积小，质量小，使用灵活方便的特点。

数字/自整角机转换器由参考变压器、象限选择开关、正余弦乘法器、功率放大器和输出变压器(斯科特变压器)等五部分组成，如图 6.31 所示。

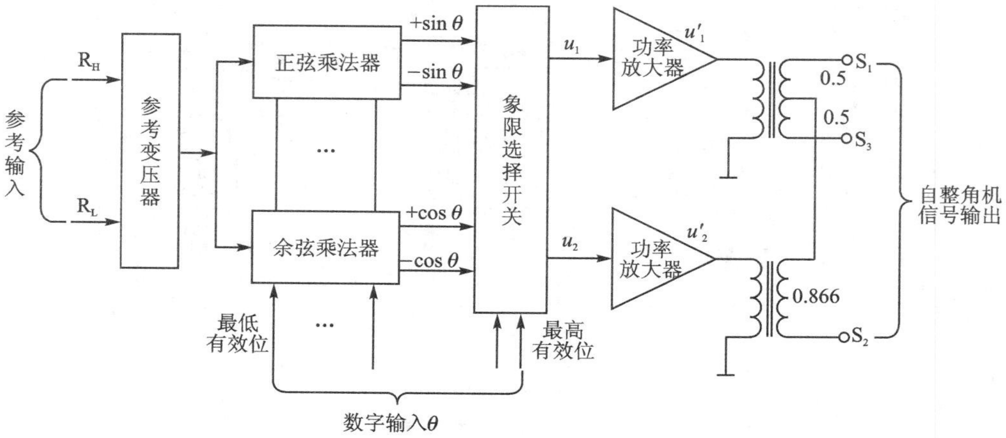

图 6.31 D/S 转换器原理框图

正、余弦快速乘法器将数字输入角度转换成相对应的正、余弦函数的模拟电压。

象限选择电路在输人数字角最高位或次高位的控制下，完成 4 个象限角度的转换，以保证输出角在 0°～360°范围内变化。经象限选择开关输出的两相模拟电压为

$$u_1 = U\sin\theta\sin\omega t \tag{6-29}$$

$$u_2 = U\cos\theta\sin\omega t \tag{6-30}$$

式中，θ 为输入角度数字量；ω 为参考电压频率。

功率放大器将 u_1 和 u_2 放大，提供一定的功率输出。

$$u'_1 = U_m\sin\theta\sin\omega t \tag{6-31}$$

$$u'_2 = U_m\cos\theta\sin\omega t \tag{6-32}$$

输出变压器将 u'_1 和 u'_2 两相的正、余弦函数模拟电压转换成三相的电压输出为

$$u_{s1} = E_0\sin\theta\sin\omega t \tag{6-33}$$

$$u_{s2} = E_0\sin(\theta+120°)\sin\omega t \tag{6-34}$$

$$u_{s3} = E_0\sin(\theta+240°)\sin\omega t \tag{6-35}$$

6.8　粗精组合技术

粗精组合的基本思想是设置粗、精两个通道用于检测同一个待测轴的转动，当粗通道转过 $1/n$ 圈时，精通道转过 1 圈（n 为传动比），由精通道来提高角度的分辨能力。

粗精组合的原理框图如图 6.32 所示。粗通道直接测量待测转角，得到粗通道读数 θ_C；精通道经过传动比为 $1:n$ 的变速装置后测量待测转角，得到精通道读数 θ_J，最后将 θ_C 和 θ_J 组合得到待测转角读数 θ。

图 6.33 为待测转角通过机械齿轮传动带动粗、精两通道转动的示意图。

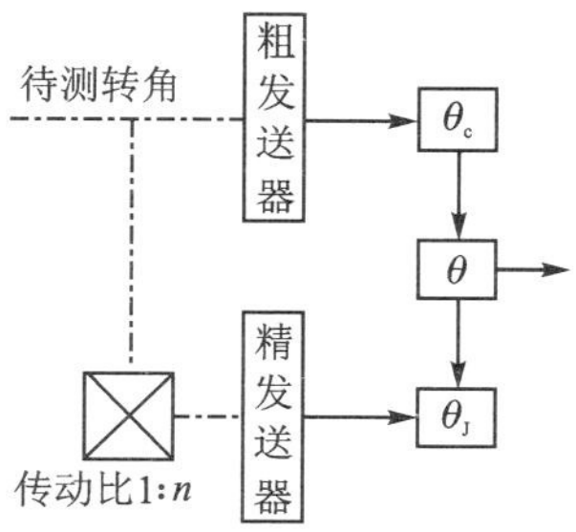

图 6.32　粗精组合原理图

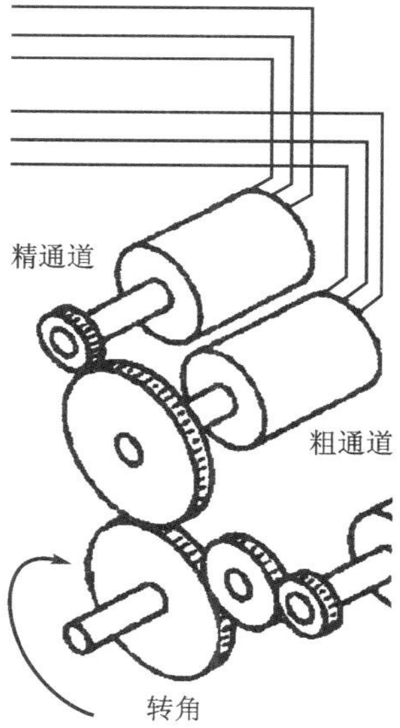

图 6.33　粗精组合齿轮传动结构示意图

以传动比 1:32 为例，如果以电压值表示对待测转角的读数，则随着待测轴转动，粗、精通道的输出变化曲线如图 6.34 所示。从图中可以看出，精通道转动一周所对应的角度变化量为 $\frac{360°}{32°}=11.25°$，虽然提高了分辨率，但当前所处的角度区间未知（即无法记录转动圈数），显然不能够正确的指示出待测转角，因此还需要提供依靠粗通道指示当前待测转角所处的角度区间（即为精通道计圈数）。待测转角 0°～360°的区间划分如表 6.3 所列。

表 6.3 变比 1:32 的角度区间划分

角度范围/(°)	区间号
0～11.25	0
11.25～22.5	1
22.5～37.5	2
37.5～45	3
45～56.25	4
56.25～67.5	5
……	……
337.5～348.75	30
348.75～0	31

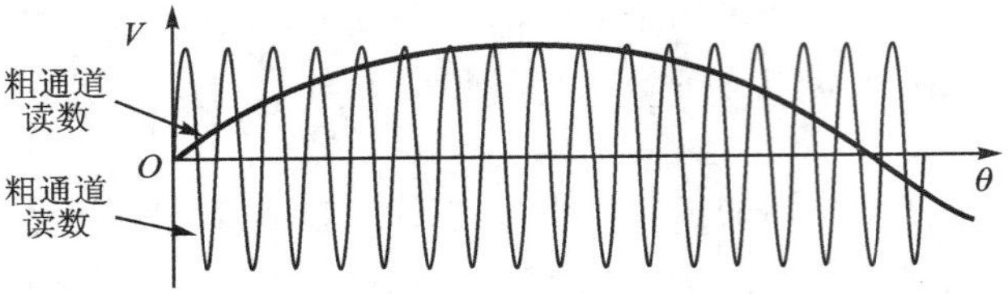

图 6.34 粗、精通道信号关系

综上所述,粗通道编码的作用是指示角度区间,精通道编码的作用是精确指示角度值。假设粗、精通道的传动比(变化)为 1∶n,粗通道读数为 θ_C,则粗通道所记录的精通道圈数为 $\left[\dfrac{\theta_C}{360/n}\right]_{取整}$,精通道转过该圈数所对应的角度为 $\left[\dfrac{\theta_C}{360/n}\right]_{取整}\times\dfrac{360}{n}$,再加上精通道当前读数所对应角度 $\dfrac{\theta_J}{n}$,最终的粗精组合读数理论上应是

$$\theta=\left[\frac{\theta_C}{360/n}\right]_{取整}\times\frac{360}{n}+\frac{\theta_J}{n} \tag{6-36}$$

但是,在实际应用中粗、精通道的读数难免存在各种误差,不可能每时每刻都严格符合理论上的变比 1∶n,例如以下三种情况:

例 1:变比为 1∶20,粗角度 36.1°,精角度 4°,实际角度是多少?

$$\theta=\left[\frac{36.1}{18}\right]_{取整}\times 18+\frac{4}{20}=36.2$$

例 2:变比为 1∶20,粗角度 35.9°,精角度 4°,实际角度是多少?

$$\theta=\left[\frac{35.9}{18}\right]_{取整}\times 18+\frac{4}{20}=18.2$$

例 3:变比为 1∶20,粗角度 36.1°,精角度 356°,实际角度是多少?

$$\theta=\left[\frac{36.1}{18}\right]_{取整}\times 18+\frac{356}{20}=53.8$$

从以上三个实例可以看出,在粗通道或精通道读数稍有变化的情况下,粗精组合输出值却发生了很大的跳变$\left(增加或减少\dfrac{360}{n}\right)$,显然不符合实际,这种现象称为闪码。出现闪码的原因主要是:粗精通道零点不可能绝对对准;码盘安装过程中的偏心误差;齿轮传动中的齿隙误差,等等。其本质是粗通道确定的圈数有误。

那么,有没有办法来消除闪码的影响呢?我们通常认为精通道的读数是可信的

(否则也就没有必要设置精通道了)，经过前人的总结得到了如下所述的“最大 1/4 纠错法”。

① 计算粗通道读数减去整圈数之后的值——粗通道尾数为

$$\theta_{CY} = \theta_C - \left[\frac{\theta_C}{360/n}\right]_{\text{取整}} \times \frac{360}{n} \tag{6-37}$$

② 粗通道尾数换算成精通道对应的读数为

$$\theta_{CYJ} = \theta_{CY} \times n \tag{6-38}$$

③ 确定粗精通道读数所在象限；

④ 象限比较，按如下规则确定粗通道的实际圈数为

IF(θ_{CYJ} 在第一象限)AND(θ_J 在第四象限)　　THEN　$\theta_{CZ} = \theta_{CZ} - 1$

IF(θ_{CYJ} 在第四象限)AND(θ_J 在第一象限)　　THEN　$\theta_{CZ} = \theta_{CZ} + 1$

ELSE　$\theta_{CZ} = \theta_{CZ}$

也可用表 6.4 表示圈数修正规则。

表 6.4　粗通道修正规则

θ_{CYJ}	θ_J	θ_{CZ}
第一象限	第四象限	$\theta_{CZ} = \theta_{CZ} - 1$
第四象限	第一象限	$\theta_{CZ} = \theta_{CZ} + 1$
其他情况		$\theta_{CZ} = \theta_{CZ}$

⑤ 计算实际角度

$$\theta = \theta_{CZ} \times \frac{360}{n} + \frac{\theta_J}{n} \tag{6-39}$$

以上纠错方法之所以称为“最大 1/4 纠错法”，是因为通常我们只认为组合错误可能出现在产生计圈时的前、后 1 个象限(1/4 周期)内，即不允许粗精通道的误差太大，否则无法认定粗通道是否应该被纠正。例如图 6.35 所示，粗通道已经计圈较长时间了，此时就不易判断精通道没有转过整圈，或是已经转过了，所以此时依靠精通道对粗通道进行纠错就不可信了。

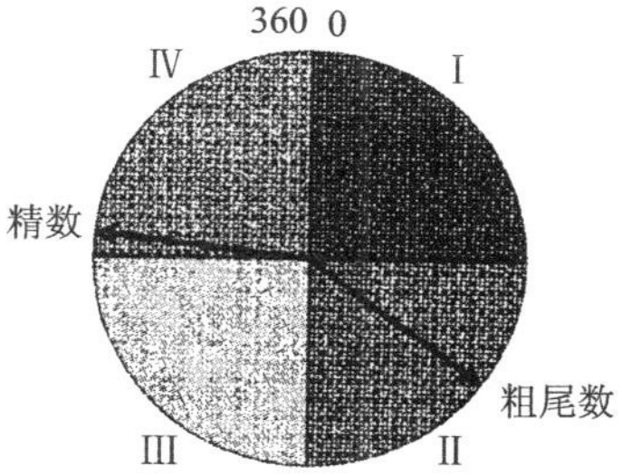

图 6.35　“最大 1/4 纠错法”不能纠错的情况

对于变比为 2 的整数幂的情况，用二进制表示角度，可以避免引入复杂的乘法或除法运算。以 32 倍变比为例，粗通道和精通道二进制数每位的权值如表 6.5 和表 6.6所列，精通道读数中权值最高的 180°和 90°两位分别对应于粗通道读数的第 6 位和第 7 位。

表 6.5 粗、精通道各位权值

精通道						180	90	45	22.5	……
粗通道	180	90	45	22.5	11.25	5.625	2.812 5	1.406 25	0.703 1	……

表 6.6 二进制角度表示的粗通道修正规则

粗 5.625	粗 2.812 5	精 180	精 90	修正值
0	0	1	1	−1
1	1	0	0	1
其他数值				0

将修正值加到粗通道高 5 位读数上,最后将粗通道高 5 位和全部精通道数据连接成一个数据,即为粗精组合输出值。

小　结

自整角机是一种对角位移或角速度偏差能自动整步的电磁元件。自整角机必须成对使用,主令轴上装的是自整角发送机,从动轴上装的是自整角接收机。其运行方式有两种:控制式和力矩式。

控制式自整角机的输入量是自整角机发送轴的转角,输出量是自整角变压器的输出电压并通过放大器、伺服电动机带动接收轴追随发送机同步转动。控制式自整角机的精度比力矩式高,可以驱动随动系统中较大的负载。

力矩式自整角机自身能产生整步转矩,不需要放大器和伺服电动机,在整步转矩的作用下,接收机转子追随发送轴同步转动,力矩式设备比较简单,常用于小负载、精度要求不高的场合,如用来带动指针或刻度盘作为测位器。

自整角机在自动控制系统中的应用较广泛,主要是实现角度的传输、变换和指示,如角位置的远距离指示、远距离定位和远距离控制等。如果系统要求反映出两个输入角的和或差时,则可用差动式自整角机系统。

思考题与习题

6-1 简要说明控制式自整角机发送机和自整角机变压器中合成磁势的特点和性质。

6-2 简要说明力矩式自整角接收机中整步转矩是怎样产生的?它与哪些因素

有关？

6-3　自整角变压器的转子绕组能否产生磁动势？若能，说明其性质如何。

6-4　如果将控制式自整角机中定子绕组的三根引出线改接，D_1 和 D_2' 连接，D_2 和 D_1' 连接，而 D_3 仍和 D_3' 连接，其协调位置和失调角又如何分析？

6-5　一对控制式自整角机如图 6.36 所示。当发送机转子绕组通上励磁电流，在气隙中产生磁场 $\Phi=\Phi_m \sin\omega t$ 后，转子绕组的感应电势为 E_j。设定子、转子绕组的变比 $k=N_D/N_R$，定子回路总阻抗为 $|z|\angle\varphi$，试求：

① 写出发送机定子绕组各相电流的瞬时值 i_1、i_2 和 i_3 表达式；

② 画出自整角变压器转子的协调位置；

③ 写出如图 6.36 中位置时，输出电压 u_2 瞬时值的表达式。式中用 U_{2m} 表示电压的最大值，不考虑铁耗。

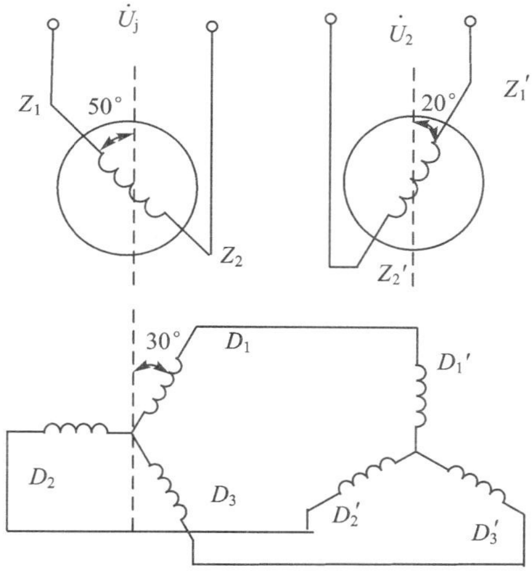

图 6.36　习题 6-5 图

6-6　一对力矩式自整角机如图 6.37 所示，接收机和发送机励磁绕组接同一单相交流电压。

① 画出接收机转子所受的转矩方向；

② 画出自整角变压器转子的协调位置；

③ 若把 D_1 和 D_2' 连接，D_2 和 D_1' 联，而 D_3 仍和 D_3' 连接，再画出接收机转子的协调位置。

6-7　三台自整角机如图 6.38 接线。中间一台为力矩式差动接收机，左右为力矩式发送机。试问：当左右两台发送机分别转过 θ_1、θ_2 角度时，中间的接收机转子将转过的角度 θ 和 θ_1、θ_2 之间是什么关系？

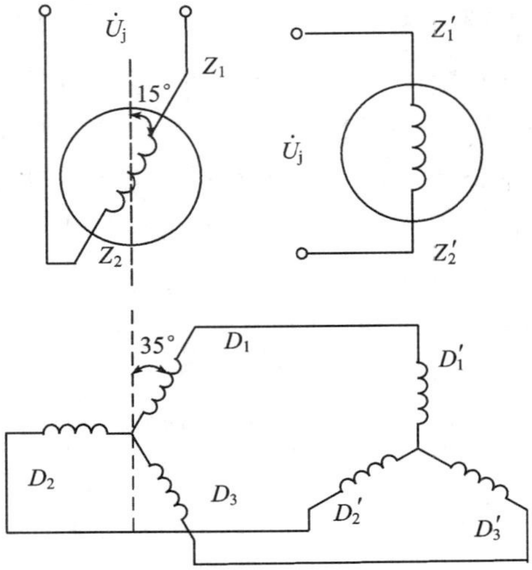

图 6.37　习题 6-6 图

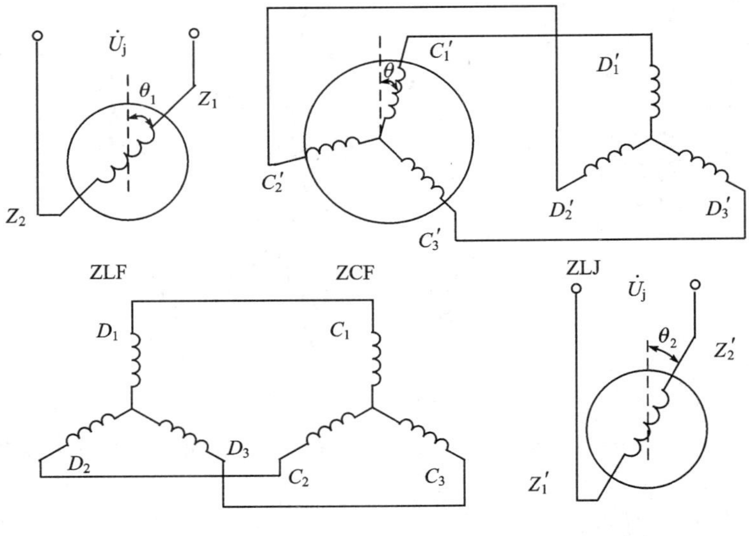

图 6.38　习题 6-7 图

6-8　带有 ZKC 的控制式自整角机接线图如图 6.38 所示，设 $\theta_1=50°$，$\theta_2=20°$，画出 ZKB 的协调位置，并求出失调角。

6-9　图 6.39 所示是一对旋转变压器测量角度差的原理接线图，依据控制式自整角机工作原理分析利用一对旋转变压器测量角度的原理。

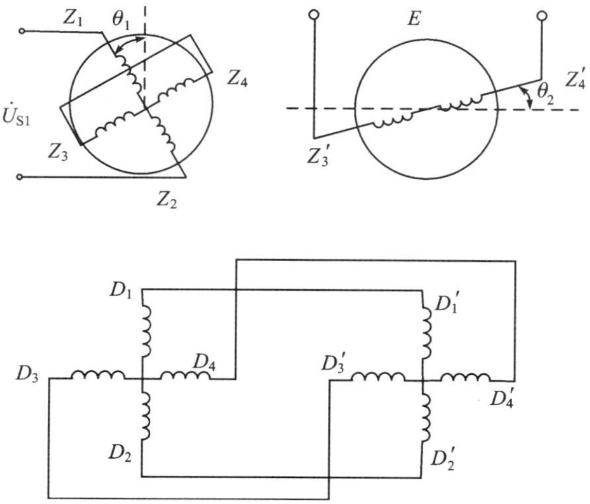

图 6.39　习题 6-9 图

第7章　两相交流电机

在交流信号下工作的电机称为交流电机。与直流电机相比,交流电机由于没有换向器和电刷,从而消除了由它们引起的一系列缺陷,如消除了换向火花引起的电磁干扰和电刷与换向器间的摩擦力矩,明显减少了对电机的维护工作并降低了对工作环境的要求。对于交流电机而言,转矩、转速和功率不受电机换向条件的限制,可以制成高转速、大容量和大转矩的电机。

交流电机按照用途不同可分为交流电动机和交流发电机;从相数上看,交流电机可分为单相电机、两相电机和三相电机等;从结构及工作原理上看,交流电机可分为同步电机和异步电机。在工业生产和日常生活中最为常见的是三相异步电动机。在自动控制系统中应用非常广泛的是两相交流伺服电动机,它在控制系统中用作执行元件;自动控制系统中还常用到交流异步测速发电机,它主要用作为测速元件、校正元件、解算元件和角加速度信号元件。

本章首先讲述两相交流伺服电动机的结构和工作原理,重点分析旋转磁场的产生机理以及圆形旋转磁场与椭圆形旋转磁场作用下的运行特性;接着介绍两相交流伺服电动机的控制方法,最后分析异步测速发电机的工作原理及误差产生。

7.1　两相交流伺服电动机的结构和工作原理

7.1.1　概　述

自动控制系统中的交流伺服电动机通常是指两相异步电动机,输出功率一般为0.1～100 W。工作时,在电动机绕组的两端施加控制电信号 U_k,电动机便以一定的转速带动负载转动,通过调节控制信号 U_k 可以实现电动机的调速或换向。U_k 大,电机转动得快;U_k 小,则电动机转动得慢;U_k 为0时,电动机停止不动;而当 U_k 反相时,电动机随之反转。因此,交流伺服电动机是将控制电信号快速地转换为转轴转动的一个执行元件。

由于交流伺服电动机在控制系统中主要用作执行元件,自控系统对它提出下列几点要求:

① 转速和转向应便于控制信号的控制,调速范围要大;

② 运行范围内应具有线性特性,保证运行的稳定性;

③ 可控性好。当控制信号消除时,伺服电动机应立即停转,无“自转”现象;

④ 控制功率要小,启动转矩应大;

⑤ 机电时间常数要小,始动电压要低,当控制信号变化时,反应要快速灵敏。

7.1.2　交流伺服电动机的结构特点

交流伺服电动机的结构主要由定子和转子两部分组成。定子包括铁芯和绕组。铁芯由硅钢片或坡莫合金叠压而成,厚度一般为 0.5 mm。硅钢或坡莫合金都是良好的软磁材料,磁导率高,而电阻率低,磁滞损耗小。制成薄片状的目的是减小铁芯的涡流损耗。铁芯片的内圆均匀地开有铁芯槽,在铁芯槽里安放两相定子绕组:励磁绕组 j_1-j_2 和控制绕组 k_1-k_2,两相绕组在空间上互差 90°电角度(见图 7.1),所以交流伺服电动机是两相的交流电动机。

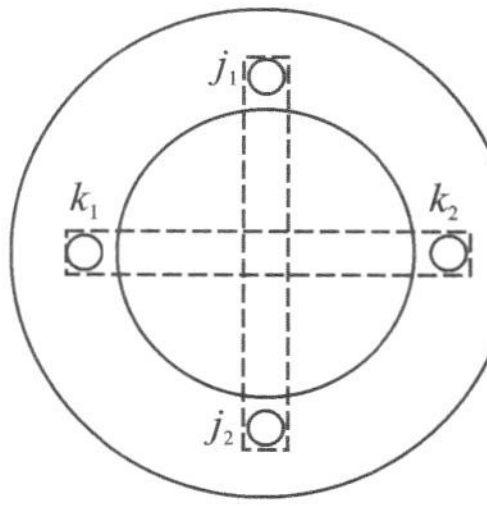

图 7.1　两相绕组分布图

常用的交流伺服电动机的转子结构主要有鼠笼形转子和非磁性杯形转子两种。鼠笼形转子的铁芯每一槽中放置一根导条,所有导条的两端用两个短路环连接构成转子绕组。如果去掉铁芯,整个转子绕组形成一个鼠笼状,如图 7.2 所示,“鼠笼形”转子由此得名。

鼠笼形转子交流伺服电动机广泛应用于小功率自动控制系统中。鼠笼条采用高电阻率的导电材料,以获得转差在 0～1 范围内都能稳定运转的机械特性,但在其低速运转时不够平滑,有抖动现象。为了降低转动惯量,鼠笼转子做得细而长,如图 7.2 所示。

非磁性杯形转子交流伺服电动机结构如图 7.3 所示。定子分外定子和内定子两部分。外定子与鼠笼形转子伺服电动机的定子完全一样。内定子由环形钢片叠成,通常内定子不放绕组,只是代替转子的铁芯,作为磁路的一部分,用以减小主磁

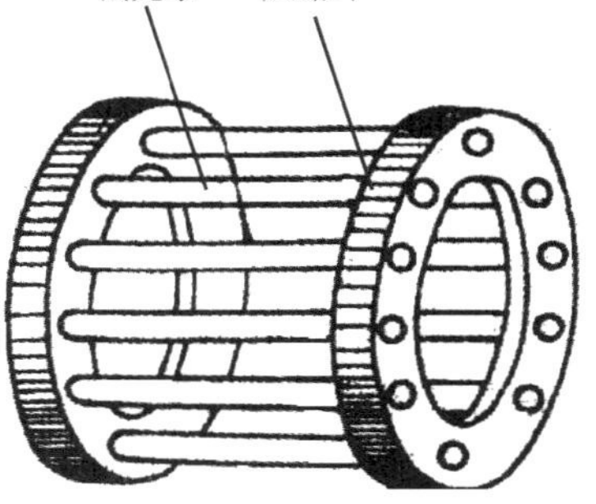

图 7.2　鼠笼形转子交流伺服电动机

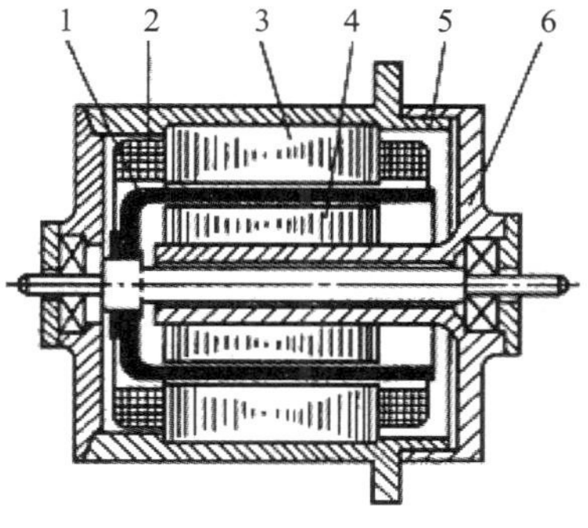

1—杯形转子;2—定子绕组;3—外定子;4—内定子;5—机盖;6—端盖

图 7.3　杯形转子交流伺服电动机

通磁路的磁阻。在内、外定子之间有细长的空心转子装在转轴上,通过转轴可以在内、外定子之间的气隙中自由转动。空心转子做成杯形,由非磁性材料铝或铜制成。杯壁极薄,一般在 0.3 mm 左右。虽然杯形转子与鼠笼形转子从外形看不同,但实际上杯形转子可以看作是很多导条与导条之间紧密靠在一起的鼠笼形转子,杯形的两端相当于短路环,如图 7.4 所示。因此在以后的分析中,只以鼠笼形转子为例,分析结果对于杯形转子也完全适用。

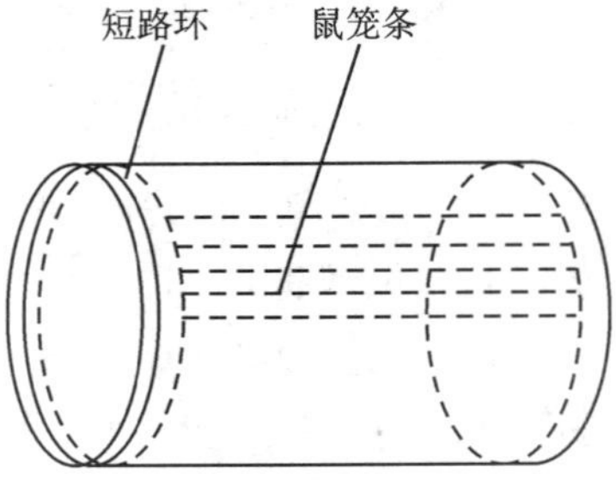

图 7.4　杯形转子与鼠笼转子相似

与笼形转子相比,非磁性杯形转子的壁很薄,因此具有很大的转子电阻和很小的转动惯量,运行更为平滑,轴承摩擦阻转矩小,无抖动现象。由于转子无齿和槽,所以定子、转子之间没有齿槽效应,转矩不会随轴的位置而发生变化。但由于内、外定子之间气隙较大,所以励磁电流就大,约为额定电流的 70%～90%,电动机的功率因数较低,效率也较低。在相同的体积和重量下,杯形转子伺服电动机比鼠笼形转子伺服电动机所产生的启动转矩和输出功率均小。另外,杯形转子交流伺服电动机结构和制作工艺比较复杂,因此多用于要求运行非常平滑的系统中,如积分电路等。

7.1.3　交流伺服电动机的工作原理

为了说明电动机转动的原理,首先来看一个实验。图 7.5 是一个简单的实验装置。一个能够自由转动的鼠笼形转子放在可用手柄转动的两极永久磁铁中,当转动手柄使永久磁铁旋转时,磁铁中间的鼠笼形转子就跟着磁铁转动起来。转子的转速比磁铁的转速慢,当磁铁转向改变时,转子的旋转方向也跟着反向。现在的问题是实际上转子的转轴与手柄并没有连接在一起,转子是怎样转起来的呢？下面我们分析一下。

上述实验可以用图 7.6 所示的示意图来表示。当手柄带动磁场沿顺时针方向以转速 n_s 旋转时,转子导条相对于磁场以逆时针方向切割磁力线,根据电磁感应定律,转子导条中产生感应电动势。由右手定则判断,N 极下的导条感应电动势方向都是垂直地从纸面出来,用⊙表示;S 极下导条的感应电动势方向都是垂直地进入纸面,用⊗表示。由于转子绕组是一个闭合的回路,因此将有电流流动,且电流的方向就是电动势的方向。此时有通电的导体置于磁场中,必然受到电磁力的作用,其方向可由左手定则确定。在 N 极下的导体受力向右,S 极下的导体受力向左,于是在转子上构成一个顺时针方向的电磁转矩 T。因此,鼠笼形转子便在电磁转矩作用下顺着磁铁旋转的方向转动起来,转速为 n。

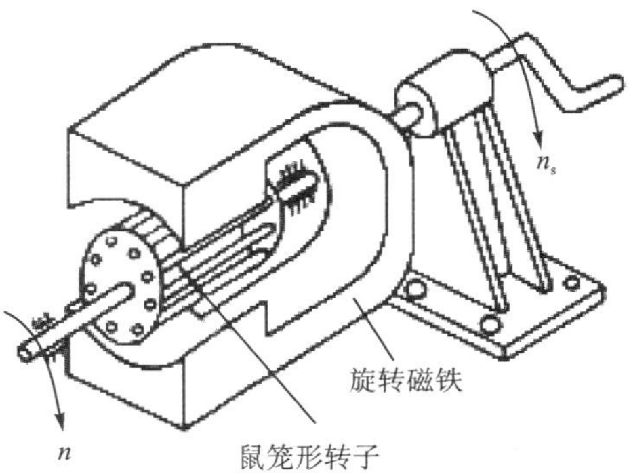

图 7.5　转动原理实验装置

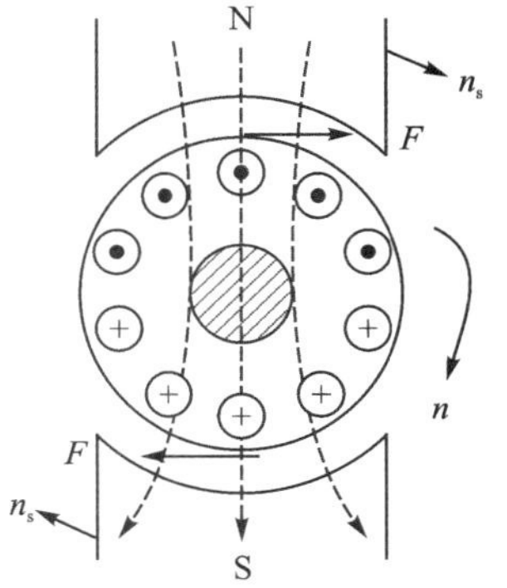

图 7.6　转动原理示意图

显然，转子转速永远小于旋转磁场的转速，只有在理想空载条件下才认为转子转速 n 等于旋转磁场的同步转速 n_s。如果转子转速等于同步转速，则转子与旋转磁铁之间就没有相对运动，转子导条将不切割磁力线，这时转子导条中不产生感应电动势和电流，也就不会产生电磁转矩。实际上，即使在空载下，电机本身也会存在阻转矩，如摩擦、风阻等。为了克服机械负载的阻力矩，转子绕组中必须要有一定大小的电流以产生足够的电磁转矩，而转子绕组中的电流是由旋转磁场切割转子导条产生的，要产生一定数量的电流，则转子转速必须要低于旋转磁场的转速，以维持相对切割的存在。

那么转子转速究竟比旋转磁场速度低多少呢？这主要由机械负载的大小来决定。如果机械负载的阻转矩较大，就需要较大的转子电流，转子导体相对旋转磁场必须有较大的相对切割速度，以产生较大的电动势。也就是说，转子转速必须更多地低于旋转磁场转速，于是转子就转得越慢。

由此可以看出，要使电动机转动起来必须具备三个条件：

① 旋转磁场：转子就是在旋转磁场的带动下才转动起来的；

② 转子绕组是闭合的回路：如果转子绕组开路，那么转子导条中只有感应电动势而没有感应电流流过，那么就不能与磁场作用产生电磁转矩。

③ 转子转速低于旋转磁场转速：要维持转子持续转动，转子导条必须始终切割磁力线，也就是两者之间始终存在相对运动。

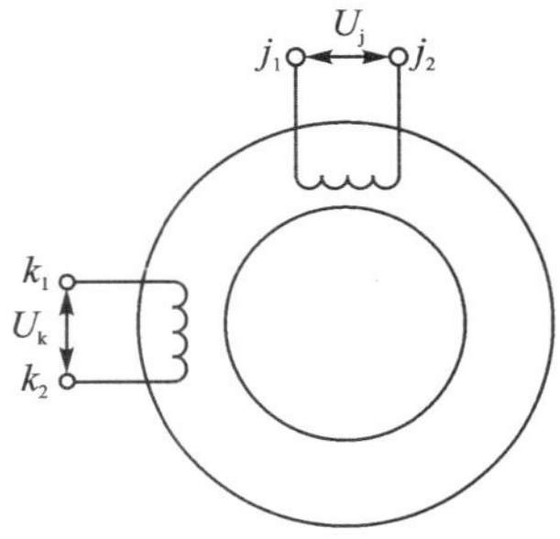

图 7.7　电气原理图

在实际电机中并没有一个旋转磁铁，电动机也不是依靠手柄摇动磁铁来带动电动机旋转的。电动机中的旋转磁场是由定子两相绕组通入两相交流电流产生的。图 7.7 所示为交流伺服电动机的电气原理示意图。其中，j_1-j_2 为励磁绕组，k_1-k_2 为控制绕组。定子励磁绕组接交流励磁电压

U_j,控制绕组接交流控制电压 U_k。无控制信号(控制电压)时,只有励磁绕组产生的磁场为脉振磁场,不能带动转子转动。有控制信号时,励磁绕组和控制绕组共同产生一个合成的磁场,称为旋转磁场,它带动转子旋转。

7.2 两相绕组的旋转磁场

7.2.1 圆形旋转磁场的产生

由交流伺服电动机的工作原理可知,交流伺服电动机的转矩是由定子的旋转磁场与转子绕组感应电流作用而产生的。当电动机一相绕组通入正弦交流电流时,电动机气隙中将产生一个脉振磁场;而两相绕组通入两相正弦交流电时,将产生旋转磁场,下面具体加以分析。为了分析方便,先假设励磁绕组的有效匝数 N_j 与控制绕组的有效匝数 N_k 相等。这种在空间上互差 90°电角度,有效匝数又相等的两个绕组称为两相对称绕组。

同时,又规定通入励磁绕组的电流 $\dot{I}_j$ 与通入控制绕组的电流 $\dot{I}_k$ 在时间相位上相差 90°,波形如图 7.8 所示。这样的电流称为两相对称电流,用数学表达式为

$$\left.\begin{aligned} i_k &= I_{km}\sin\omega t \\ i_j &= I_{jm}\sin(\omega t - 90^\circ) \\ I_{km} &= I_{jm} = I_m \end{aligned}\right\} \tag{7-1}$$

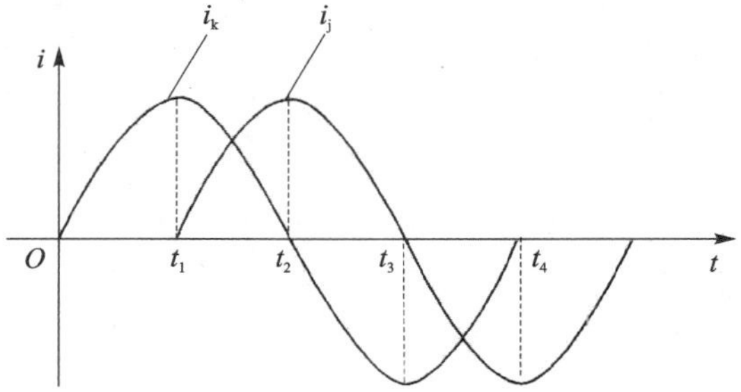

图 7.8 两相对称电流

将两相对称电流通入两相对称绕组中,每相绕组都产生一个脉振磁场,气隙磁场就是这两个脉振磁场的合成磁场。分析时,先规定一个特定的瞬间,求出各相脉动磁动势的大小和方向,通过向量合成求出给定瞬间合成磁动势的大小和方向。然后依次给出若干个特定的时间点,分别合成各个时刻磁动势的大小与方向,这样两相绕组的合成磁动势在电动机气隙中的变化规律就基本显现出来了。为了简便起见,令电流为最大值 I_m 时,磁动势大小为 F_m,因此 $F_m=F_{jm}=F_{km}$。下面通过图 7.8 中 t_1、t_2、t_3、t_4 这 4 个时刻合成磁场的情况来分析合成磁场的变化规律。

① 先取 $t=t_1$ 时刻，即 $\omega t=90°$，由图 7.8 可知此时控制电流 i_k 为正向最大值，i_k 从首端 k_1 流入，尾端 k_2 流出，在图 7.9(a)中，k_1 为⊗，k_2 为⊙。励磁电流 i_j 为零，此时空间中的磁场是由控制电流决定。根据电流方向，利用右手螺旋定则，合成磁动势的大小等于相磁动势的最大幅值，即 $F=F_{km}$，方向在控制绕组的轴线上。

② 当 $t=t_2$ 时，即 $\omega t=180°$，由图 7.8 可知此时励磁电流 i_j 为正向最大值，控制电流 i_k 为零，空间中的磁场由励磁电流决定，同样的方法可以推出此时合成磁动势的大小等于相磁动势的最大幅值，即 $F=F_{jm}$，方向在励磁绕组的轴线上，如图 7.9(b)所示。由以上两个时刻的分析可以看出，时间相位经过90°电角度，磁动势在空间从控制绕组轴线转到励磁绕组轴线上，也转过了 90°。

同理可以推出 t_3、t_4 时刻，合成磁动势大小不变，方向在空间又分别沿顺时针方向转过了 90°和180°，如图 7.9(c)、(d)所示。

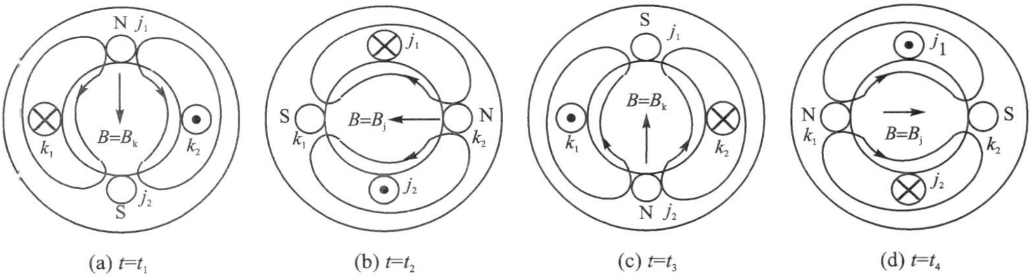

图 7.9　两相绕组产生的圆形旋转磁场

依此类推，电流随时间变化了一个周期，合成磁动势在空间中旋转了一周，其轨迹是一个圆。从以上分析可见，电机的磁场是由两个脉振磁场合成的。两相对称电流通入两相对称绕组时，在电机内就会产生一个圆形旋转磁场。这个旋转磁场的磁动势在定子内圆周气隙空间按正弦规律分布的，其幅值恒定不变（等于 F_m），磁动势幅值在空间的位置以速度 n_s 旋转。

以上是由几个特殊时刻合成磁场的图解分析法推出的结论，而对于任意时刻是否都具有同样的变化规律，合成磁场是不是始终都是圆形旋转磁场。从上面的分析可知，表征这两个脉动磁场的磁动势空间矢量 $\boldsymbol{F}_k$ 和 $\boldsymbol{F}_j$ 分别位于控制绕组及励磁绕组的轴线上。由于这两个绕组在空间彼此相差 90°电角度，因此磁动势空间矢量 $\boldsymbol{F}_k$ 和 $\boldsymbol{F}_j$ 的大小随时间作正弦规律变化，相位相差 90°，如图 7.10 所示。两绕组磁动势矢量的大小随时间的变化的关系可分别表示为

$$\left.\begin{aligned} F_k &= F_{km}\sin\omega t \\ F_j &= F_{jm}\sin(\omega t-90°) \\ F_{km} &= F_{jm} = F_m \end{aligned}\right\} \tag{7-2}$$

所以任意瞬间空间合成磁动势矢量的大小为

$$F=\sqrt{F_{k}^{2}+F_{j}^{2}}=\sqrt{(F_{km}\sin\omega t)^{2}+[F_{jm}\sin(\omega t-90^{\circ})]^{2}}=F_{m} \tag{7-3}$$

因此,可以得出结论:如果有两个轴线在空间上相差 90° 电角度的脉振磁动势,在时间相位上也相差 90°,且幅值又相等,则这样两个脉振磁场的合成必然是一个圆形旋转磁场。

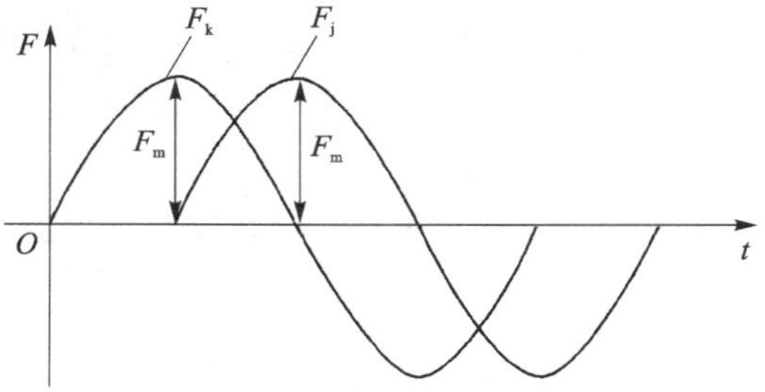

图 7.10　磁动势随时间的变化

若两相绕组匝数不等,设有效匝数比为

$$k=\frac{N_j}{N_k} \tag{7-4}$$

由上述分析可知,只要两个脉振磁场的磁动势幅值相等,合成磁场必然是圆形旋转磁场。由于磁势幅值

$$F_{km}\propto I_{km}N_k,\quad F_{jm}\propto I_{jm}N_j$$

当 $F_{km}=F_{jm}$ 时,有 $I_{jm}N_j=I_{km}N_k$,或

$$\frac{I_{km}}{I_{jm}}=\frac{N_j}{N_k}=k \tag{7-5}$$

用相量表示为

$$\dot{I}_k=\pm jk\dot{I}_j \tag{7-6}$$

式(7-5)说明,当两相绕组的有效匝数不等时,若要产生圆形旋转磁场,两相绕组的电流幅值也应不等,且与绕组匝数成反比。

7.2.2　旋转磁场的转向和转速

交流伺服电动机的转子是跟着旋转磁场旋转的,即旋转磁场的转向决定了电动机的转向。由 7.2.1 节的分析可知,旋转磁场的转向是从流过超前电流的绕组轴线正方向转向流过滞后电流的绕组轴线正方向,如图 7.11 所示。当任意一相绕组上所加电压反相时(电压倒相或绕组两端头互换),则流过该绕组的电流也反相,即由原来超前电流变为滞后电流,或由原来滞后电流变为超前电流,因此旋转磁场的转向将改变,电动机的转向也随之改变。在实际使用时,就是采用这种方法来实现交流伺服电动机的反转。

图 7.9 表示的是一台两极的电动机，即极对数 $p=1$。对两极电动机而言，电流每变化一个周期，磁场旋转一圈。当电源频率为 f(Hz)，磁场每秒应当转 f 圈。故对两极电动机而言，旋转磁场转速为 60 f(r/min)。

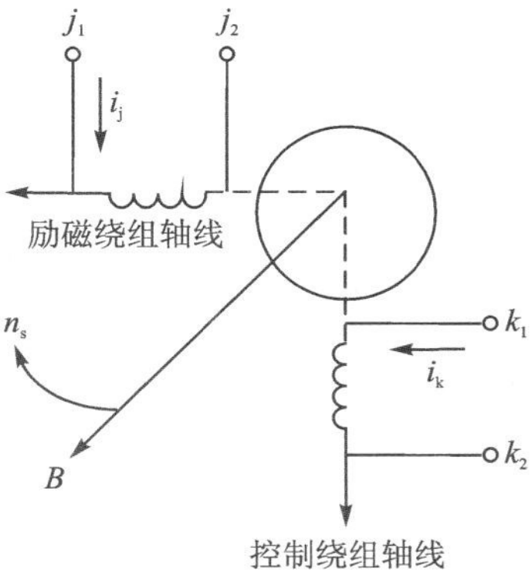

图 7.11　旋转磁场转向

下面进一步研究四极电动机的情况。图 7.12 所示是一台四极电动机定子的示意图。图中在定子的圆周上均布有 4 套相同的绕组，将绕组 k_1-k_2 和 $k_1'-k_2'$ 串联后组成控制绕组，其上施加控制电压 $\dot{U}_k$；将绕组 j_1-j_2 和 $j_1'-j_2'$ 串联后组成励磁绕组，接到励磁电源上。在这种接法中，组成控制绕组的两个绕组 k_1-k_2 和 $k_1'-k_2'$ 所流过的电流大小相等、方向也相同。励磁绕组也是如此。

根据图 7.9 所表示的电流方向，也可标出四极电动机在不同瞬时的电流方向，绕组 $j_1'-j_2'$ 和 $k_1'-k_2'$ 中的电流方向分别与绕组 j_1-j_2 和 k_1-k_2 中的电流方向相同。

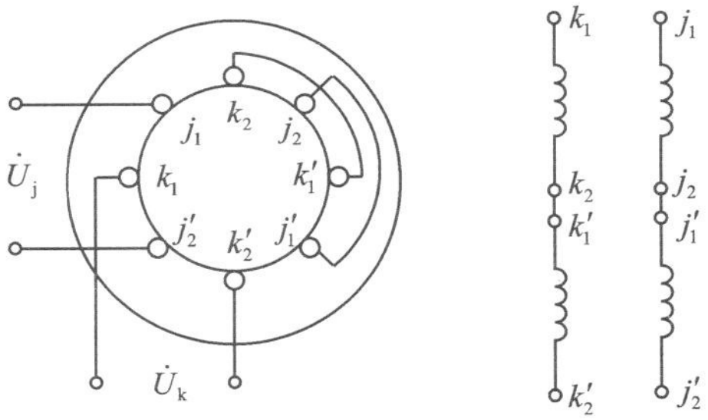

图 7.12　四极电动机的绕组

图 7.13(a)与图 7.9(a)相对应，是 $t=t_1$ 时刻的情况。这时控制绕组的两个绕组有相同方向的电流，且都是正向最大。根据图 7.9(a)所示的电流方向，在图 7.13(a)中也可标出控制绕组电流的方向，得到如图中所示的磁场分布情况。显然，它是一台四极电机的磁场分布图。

用相同的方法可以得到图 7.13(b)～图(d)。每个瞬时磁场的位置都比上一个瞬时按顺时针方向转过 45°。当控制电流经过一个周期又回到正的最大值时，电动机磁场又回到图 7.13(a)所示的情况，与图 7.13(d)相比较，此时磁场又转过 45°。由以上的分析可以看出，当电流变化一个周期时，磁场只转过半圈。也就是说，四极电动机旋转磁场的转速是两极电机的一半，即：$n_s=\dfrac{60f}{2}$。

依此类推，对于极对数为 p 的电动机，旋转磁场转速一般表达式为

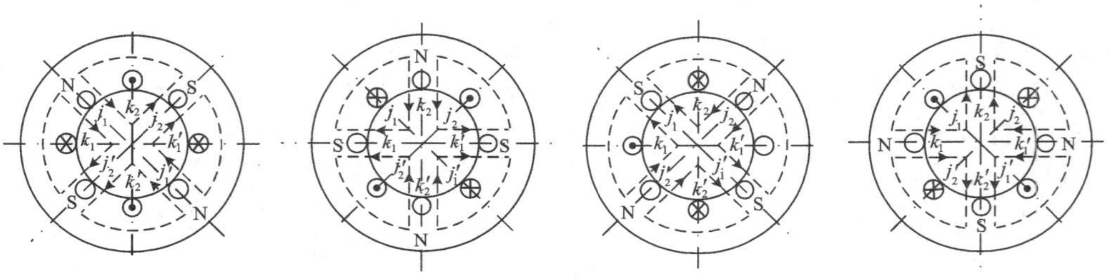

(a) $t=t_1$ (b) $t=t_2$ (c) $t=t_3$ (d) $t=t_4$

图 7.13 四极电机的旋转磁场

$$n_s = \frac{60f}{p}(\text{r/min}) \tag{7-7}$$

由式(7-7)可以看出,旋转磁场的同步转速 n_s 与极对数 p 成反比,极数越多,转速越低。

7.3 圆形旋转磁场作用下的运行分析

本节研究在圆形旋转磁场作用下两相交流伺服电动机的特性。从结构和电磁关系上看,交流伺服电动机的定子绕组相当于变压器的原边,转子绕组相当于变压器的副边。因此,交流伺服电动机也以电压平衡式、磁动势平衡式、电磁感应定律和全电路定律为理论基础。将其电磁物理过程用等效电路来表达,利用等效电路计算定子电流、转子电流、力矩、机械功率等,计算转速、转矩、电流、磁通之间的相互关系及机械特性等。

7.3.1 转速和转差率

前面已指出,转子转动的方向虽与旋转磁场方向相同,但转子的转速 n 不能达到同步转速 n_s,即 $n<n_s$,转子导体切割磁场的相对速率为

$$\Delta n = n_s - n \tag{7-8}$$

式中,Δn 称为转差。通常将转差与旋转磁场转速的比值称为转差率,用 s 表示,即

$$s = \frac{n_s - n}{n_s} \tag{7-9}$$

转差率 s 是异步电动机中经常要用到的一个重要物理量。

由式(7-9)可得转子的转速为

$$n = (1-s)n_s \tag{7-10}$$

转差率 s 越大,转子转速就越低。因此,当负载转矩增大时,转子转速将下降,转差率增大,使转子导体中的感应电动势及电流增加,以产生足够的电磁转矩来平衡负

载转矩。

① 当 $s=0$ 时，$n=n_s$，此时转子转速与同步转速相同，转子导条与旋转磁场间无相对运动，感应电动势与感应电流均为零，也就是不能产生电磁转矩，这相当于理想空载的情况。但由于交流伺服电动机本身存在阻转矩(例如轴承摩擦转矩和空气阻转矩等)，因此，理想空载实际上并不存在。一般在圆形旋转磁场作用下，交流伺服电动机的空载转速约为同步转速的 5/6 左右。

② 当 $s=1$ 时，$n=0$，此时转子不动(又称为堵转)，相当于电机即将启动的瞬间或者被卡住不动的情况。旋转磁场以同步转速 n_s 切割转子，导体中的感应电动势和电流都很大。需要强调的是，长时间的堵转对电机危害是很大的。

7.3.2　磁动势平衡方程

电机气隙中的磁势 F_0 应是定子磁动势 F_1 和转子磁动势 F_2 的合成磁势，即

$$\boldsymbol{F}_0 = \boldsymbol{F}_1 + \boldsymbol{F}_2 \tag{7-11}$$

无论电机负载如何，电机中的气隙磁动势都近似等于电机理想空载时定子绕组的磁动势。理想空载时 $\boldsymbol{F}_0$ 较小，定子磁势 $\boldsymbol{F}_1$ 和转子磁势 $\boldsymbol{F}_2$ 在相位上几乎反相，所以说，转子电流的磁动势对定子电流磁动势有去磁作用。当负载增大时，转子绕组的电流和磁动势随之增大，但气隙磁动势近似不变，定子绕组的电流和磁动势也相应增大，以抵消转子电流的去磁作用。

7.3.3　电压平衡方程

1. 转子不动时的电压平衡方程

当定子两相对称绕组通入两相对称电流后，将在气隙中形成一个圆形旋转磁场，旋转磁场将切割定子、转子绕组导体，根据电磁感应定律，磁场切割导体时，在导体中产生感应电动势。由于转子不动，旋转磁场切割定子、转子导体的速度都是同步转速，因此转子绕组和定子绕组中的感应电动势有相同的频率，即

$$f_1 = f_2 = \frac{pn_s}{60} \tag{7-12}$$

根据前面介绍的交流绕组感应电动的的计算式可以分别得出

$$\left.\begin{aligned} E_j &= 4.44 f_1 N_j N_j \Phi_m \\ E_k &= 4.44 f_1 N_k N_k \Phi_m \\ E_2 &= 4.44 f_1 N_2 N_2 \Phi_m \end{aligned}\right\} \tag{7-13}$$

式中：N_j、N_k、N_2 分别为定子励磁绕组、控制绕组和转子绕组的有效匝数；Φ_m 为每极主磁通量的幅值。

式(7-13)中，旋转磁场主磁通 Φ 既匝链定子绕组，又匝链转子绕组。除主磁通之外，当定子、转子绕组流过电流时，还会产生一些单独匝链本身绕组的磁通 $\Phi_{\sigma1}$ 及 $\Phi_{\sigma2}$，称为定、转子绕组的漏磁通。它们的变化频率分别与定子、转子电流的频率相

同。这些漏磁通同样感应出漏感电动势 $\dot{E}_{j\sigma}$、$\dot{E}_{k\sigma}$和 $\dot{E}_{2\sigma}$。通常漏感电动势用电抗压降表示,即

$$\left.\begin{aligned}\dot{E}_{j\sigma} &= -\mathrm{j}\dot{I}_j X_j \\ \dot{E}_{k\sigma} &= -\mathrm{j}\dot{I}_k X_k \\ \dot{E}_{2\sigma} &= -\mathrm{j}\dot{I}_2 X_2\end{aligned}\right\} \tag{7-14}$$

式中:$\dot{I}_j$、$\dot{I}_k$、$\dot{I}_2$——励磁电流、控制电流和转子电流;

X_j、X_k、X_2——励磁绕组漏电抗、控制绕组漏电抗和转子绕组漏电抗。

再考虑到励磁绕组与控制绕组以及转子绕组的电阻上均有电阻压降,因此可列出转子不动时两相交流伺服电动机的电压平衡方程为

$$\left.\begin{aligned}\dot{U}_j &= -\dot{E}_j + \dot{I}_j R_j + \mathrm{j}\dot{I}_j X_j \\ \dot{U}_k &= -\dot{E}_k + \dot{I}_k R_k + \mathrm{j}\dot{I}_k X_k \\ \dot{E}_2 &= \dot{I}_2 R_2 + \mathrm{j}\dot{I}_2 X_2\end{aligned}\right\} \tag{7-15}$$

式中,R_j、R_k、R_2 分别为励磁绕组电阻、控制绕组电阻和转子绕组电阻。

因此,定子外加电压与定子绕组的感应电动势及电阻、漏电抗压降相平衡;转子绕组感应电动势与转子绕组的电阻、漏电抗压降相平衡。

2. 两相交流伺服电动机运行时的电压平衡方程

如果伺服电动机的转子以转速 n 旋转时,定子绕组中的电动势和电流频率仍然为 f_1,其感应电动势及漏电抗、电阻压降表达式与转子不动时完全相同。但是对于转子来说,由于旋转磁场是以转差 $\Delta n = n_s - n$ 的速度切割转子导体,因而转子导体中感应电动势和电流的频率应为

$$f_2 = \frac{p\Delta n}{60} = \frac{p(n_s - n)}{60} = sf_1 \tag{7-16}$$

此时转子绕组感应电动势为

$$E_{2s} = 4.44 f_2 N_2 \Phi_m = 4.44 s f_1 N_2 \Phi_m$$

即有

$$E_{2s} = sE_2 \tag{7-17}$$

不难看出,转子不动时转子感应电动势为最大,当电动机转动时,由于转差率 s 减小,转子感应电动势也就随之减小。

转子漏感电动势及漏电抗可表示为

$$\left.\begin{aligned}E_{2\sigma s} &= sE_{2\sigma} \\ X_{2s} &= sX_2\end{aligned}\right\} \tag{7-18}$$

因此转子漏电抗是一个变量,漏电抗随着转差率 s 的减小而减小。转子漏感电动势可表示为

$$\dot{E}_{2\sigma s} = -j\dot{I}_{2s}X_{2s} \tag{7-19}$$

于是,转子旋转时的电压平衡方程为

$$\left.\begin{aligned} \dot{U}_j &= -\dot{E}_j + \dot{I}_j R_j + j\dot{I}_j X_j \\ \dot{U}_k &= -\dot{E}_k + \dot{I}_k R_k + j\dot{I}_k X_k \\ \dot{E}_{2s} &= s\dot{E}_2 = \dot{I}_{2s} R_2 + j\dot{I}_{2s} X_{2s} \end{aligned}\right\} \tag{7-20}$$

7.3.4 产生圆形旋转磁场时的定子绕组电压

要得到圆形旋转磁场,加在励磁绕组和控制绕组上的电压应满足一定的条件,具体可分为以下两种情况。

1. 对称绕组

当励磁绕组的有效匝数 N_j 与控制绕组的有效匝数 N_k 相等时,定子绕组为两相对称绕组,产生圆形磁场的定子电流必须是两相对称电流,即两相电流幅值相等,相位相差 90°,用相量表示为

$$\dot{I}_k = \pm j\dot{I}_j \tag{7-21}$$

假设控制电流 $\dot{I}_k$ 相位上超前励磁电流 $\dot{I}_j$ 达 90°,则圆形旋转磁场的转向是从控制绕组轴线转向励磁绕组轴线。这时控制绕组的感应电动势在相位上应超前励磁绕组的感应电动势 90°,其大小相等,用相量表示为

$$\dot{E}_k = j\dot{E}_j \tag{7-22}$$

由于是对称绕组,因此

$$\left.\begin{aligned} R_k &= R_j \\ X_k &= X_j \end{aligned}\right\} \tag{7-23}$$

将式(7-21)~式(7-23)代入式(7-20)得出控制绕组电压平衡方程式为

$$\dot{U}_k = j(-\dot{E}_j + \dot{I}_j R_j + j\dot{I}_j X_j) \tag{7-24}$$

同理,若控制电流 $\dot{I}_k$ 滞后励磁电流 I_j90°时,可得 $\dot{U}_k = -j\dot{U}_j$。这表示两相绕组对称时,为得到圆形旋转磁场,要求两相电压大小相等,相位差为 90°。这样的两个电压称为两相对称电压。

2. 不对称绕组

当两组绕组匝数不等时,设 $k = N_j/N_k$,此时为得到圆形旋转磁场,两相电流幅值不等,相位仍差 90°。两相电流用相量形式可表示为

$$\dot{I}_k = \pm jk\dot{I}_j \tag{7-25}$$

设控制绕组感应电动势仍超前励磁绕组感应电动势 90°,由于定子感应电动势的值与匝数成正比,因此控制绕组感应电动势可表示为

$$\dot{E}_k = j\frac{\dot{E}_j}{k} \tag{7-26}$$

另外,当两相绕组在定子铁芯中对称分布时,每相绕组占有相同的槽数,根据电阻计算公式 $R=\rho\dfrac{l}{s}$,每相绕组导线的总长度正比于匝数,导线截面积反比于匝数,则有

$$\frac{R_{\mathrm{j}}}{R_{\mathrm{k}}}=\left(\frac{N_{\mathrm{j}}}{N_{\mathrm{k}}}\right)^2=k^2$$

或

$$R_{\mathrm{k}}=\frac{R_{\mathrm{j}}}{k^2} \tag{7-27}$$

同时定子漏电抗为

$$X=\omega L=\omega\frac{N\Phi}{I}=\omega\frac{N^2\Phi}{IN}=\omega N^2\Lambda \tag{7-28}$$

式中,Λ 为定子漏磁导,是一个常数。

所以漏电抗 $X\propto N^2$,由此可得

$$\frac{X_{\mathrm{j}}}{X_{\mathrm{k}}}=\left(\frac{N_{\mathrm{j}}}{N_{\mathrm{k}}}\right)^2=k^2$$

或

$$X_{\mathrm{k}}=\frac{X_{\mathrm{j}}}{k^2} \tag{7-29}$$

将式(7-25)~式(7-29)代入式(7-20)后得

$$\dot{U}_{\mathrm{k}}=\mathrm{j}\,\frac{\dot{U}_{\mathrm{j}}}{k} \tag{7-30}$$

两相电压有效值之比

$$\frac{U_{\mathrm{j}}}{U_{\mathrm{k}}}=\frac{N_{\mathrm{j}}}{N_{\mathrm{k}}}=k \tag{7-31}$$

这表示两相绕组匝数不相等时,为了得到圆形旋转磁场,要求两相电压相位差为90°,而大小应与匝数成正比。

一般地说,当两相绕组产生圆形磁场时,加在定子绕组上的电压分别定义为额定励磁电压 $\dot{U}_{\mathrm{jN}}$ 和额定控制电压 $\dot{U}_{\mathrm{kN}}$,并称两相交流伺服电动机处于对称状态。

当 $U_{\mathrm{j}}=U_{\mathrm{k}}$ 时,有

$$U_{\mathrm{jN}}=U_{\mathrm{kN}} \tag{7-32}$$

当 $N_{\mathrm{j}}/N_{\mathrm{k}}=k$ 时,有

$$\frac{U_{\mathrm{jN}}}{U_{\mathrm{kN}}}=\frac{N_{\mathrm{j}}}{N_{\mathrm{k}}}=k \tag{7-33}$$

两相绕组的额定电压有效值值与绕组匝数成正比的关系是非常有用的。在某些场合,例如当采用晶体管伺服放大器时,为了降低放大器的负担,希望控制电压比励磁电压低一些,这时应选择控制绕组的匝数低于励磁绕组匝数的两相交流伺服电

动机。

7.3.5 交流伺服电动机的电磁功率和电磁转矩

根据异步电动机能量传递的基本关系，从定子传递到转子的电磁功率为

$$P_{em} = m_2 E_{2s} I_{2s} \cos\varphi_{2s} \tag{7-34}$$

式中，m_2 为转子绕组相数。

由式(7-13)，得

$$\frac{E_2}{E_k} = \frac{N_2}{N_k} \tag{7-35}$$

当不计控制绕组的漏阻抗压降时，$U_k \approx E_k$，所以

$$E_2 \approx \frac{N_2}{N_k} U_k \tag{7-36}$$

转子绕组的感应电动势为

$$E_{2s} = \frac{N_2}{N_k} s U_k \tag{7-37}$$

根据式(7-20)的第三式，转子绕组的电流和功率因数分别为

$$I_{2s} = \frac{E_{2s}}{\sqrt{R_2^2 + (sX_2)^2}} \tag{7-38}$$

$$\cos\varphi_{2s} = \frac{R_2}{\sqrt{R_2^2 + (sX_2)^2}} \tag{7-39}$$

把式(7-37)～(7-39)代入式(7-34)，可以得到电磁功率为

$$P_{em} = m_2 \left(\frac{N_2}{N_k} s U_k\right)^2 \frac{R_2}{R_2^2 + (sX_2)^2} \tag{7-40}$$

电磁功率除以转子的同步机械角频率 $\Omega_2 = \frac{2\pi f_2}{p} = \frac{2\pi s f_1}{p}$，可以得到电磁转矩为

$$\begin{aligned} T_{em} = \frac{P_{em}}{\Omega_2} &= \frac{m_2 p}{2\pi s f_1} \left(\frac{N_2}{N_k} s U_k\right)^2 \frac{R_2}{R_2^2 + (sX_2)^2} \\ &= \left(\frac{N_2}{N_k}\right)^2 \frac{m_2 p U_k^2 \frac{R_2}{s}}{2\pi f_1 \left[\left(\frac{R_2}{s}\right)^2 + X_2^2\right]} \end{aligned} \tag{7-41}$$

对于笼形转子，$m_2 = Z_2$（Z_2 为转子槽数，即转子导条数），$N_2 = \frac{1}{2}$，所以式(7-41)可以进一步化为

$$T_{em} = \frac{Z_2 p U_k^2 \frac{R_2}{s}}{8\pi f_1 (N_k)^2 \left[\left(\frac{R_2}{s}\right)^2 + X_2^2\right]} \tag{7-42}$$

式(7-42)表明，两相交流伺服电动机电磁转矩与控制电压、转差率和电机参数

之间的关系。对于已制成的电动机,电机参数是一定的,电源频率一般不变,当电动机转速一定时,电磁转矩与控制电压的平方成正比,这是一个重要的结论。

7.3.6 两相交流伺服电动机的机械特性

当励磁电压和控制电压一定时,交流伺服电动机的电磁转矩 T_{em} 与转差率 s(或转速 n)之间的关系曲线,即 $T_{em}=f(s)$ 或 $T_{em}=f(n)$ 称为机械特性曲线。根据式(7-42),可以作出转子电阻阻值不同时的机械特性,如图 7.14 所示。

① 机械特性分析:理想空载时,$n=n_s$($s=0$),$T_{em}=0$。

② 当 $s=1$($n=0$)时的电磁转矩为 T_d,称为堵转转矩。

将 $s=1$ 代入式(7-42),得到堵转转矩的表达式为

$$T_d = C_T \frac{U_k{}^2 R_2}{X_2^2 + R_2{}^2} \qquad (7-43)$$

式中 $C_T=\dfrac{Z_2 p}{8\pi f_1 (N_k k_k)^2}$。式(7—43)表示堵转转矩与控制电压平方成正比,它能够衡量电动机启动能力的大小。

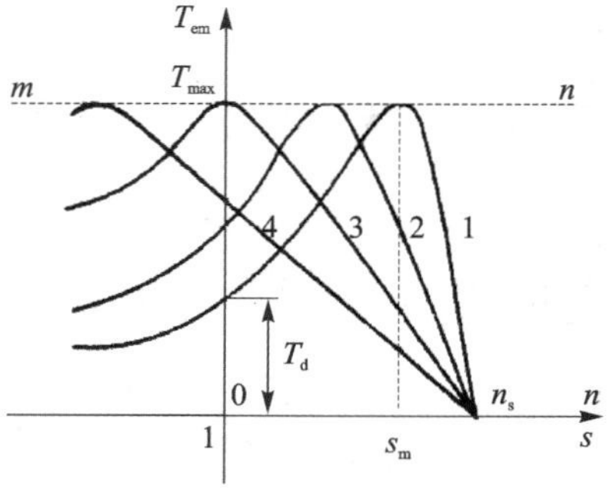

1—R_{21};2—R_{22};3—R_{23};4—R_{24}

图 7.14 不同转子电阻时的机械特性曲线

③ 将式(7-42)对 s 求导,并令其导数等于 0,可求出产生最大转矩时的转差率 s_m 及最大转矩 T_{max},即

$$s_m = \frac{R_2}{X_2} \qquad (7-44)$$

$$T_{max} = C_T \frac{U_k^2}{2X_2} \qquad (7-45)$$

从式(7-44)和式(7-45)可以看出,临界转差率 s_m 与转子电阻 R_2 成正比,但最大转矩 T_{max} 的值却与转子电阻无关。由图 7.14 可见,随着转子电阻增大,临界转差率成比例地增大,特性曲线的最高点沿着平行于横轴的直线向左移动,最大转矩保持不变。

④ 稳定区域与不稳定区域:对于图 7.14 中的曲线 1 和 2,机械特性的峰值发生在第一象限,即 $0<s_m<1$,这类机械特性以峰值为界可分两段,即上升段和下降段,其中稳定区域是下降段。下面以图 7.15 为例进行分析。设电动机带动一个恒定负载,负载的阻转矩为 T_L,这时电动机在下降段 f 点稳定运行。如果由于某种原因,负载的阻转矩突然增加到 T_L',此时电动机的电磁转矩小于负载转矩,电动机就要减速,转差率 s 将增大,电动机的电磁转矩也随着增大,一直增大到等于 T_L',与负载的阻转矩相平衡为止,电动机在 e 点又稳定运行。这时电动机的转速比原来降低了,但转矩却增加了。如果负载阻转矩又减小到 T_L,电动机电磁转矩大于负载转矩,电动机就要加速,转差率 s 将减小,电动机的电磁转矩也随着减小,一直减小到等于 T_L 为止,

又恢复到 f 点稳定运行。由此看来，在机械特性曲线的下降段 cg 也就是由 s_m～0 范围内，负载阻转矩改变时，电动机具有自动调节转速而达到稳定运行的性能。因此，对负载运行来说，s_m～0 范围称为稳定区。

如果电动机运行在特性曲线上升阶段情况就不同了，处于不稳定状态。从图 7.15可以看出，假定电动机在 b 点运行，此时电磁转矩与负载阻转矩相平衡，但这时的平衡是很不稳定的。例如，如果负载阻转矩突然增大，转速下降，则电动机的电磁转矩减小，这样电动机电磁转矩更小于负载阻转矩，结果导致电动机转速一直下降，直到停止转动为止。反之，电动机在 b 点运行，如果负载阻转矩突然减小，那么电动机转速就要增加，电动机的电磁转矩也随之增大，这样电机的电磁转矩更大于负载阻转矩，结果电动机的转速一直上升，直到进入稳定区 cg 运行于 d 点为止。因此电动机在上升段即转差率从 1 到 s_m 的范围内运行时，对负载来说运行是不稳定的，1～s_m的范围称为不稳定区。

对于两相交流伺服电动机，一般要求在转差率 0～1 的范围内都要保持电机稳定工作，因此它的机械特性就必须在转差率从 0～1 的整个范围内都是下倾的。这就要求它必须有足够大的转子电阻，使临界转差率 $s_m \geq 1$，如图 7.16 所示。

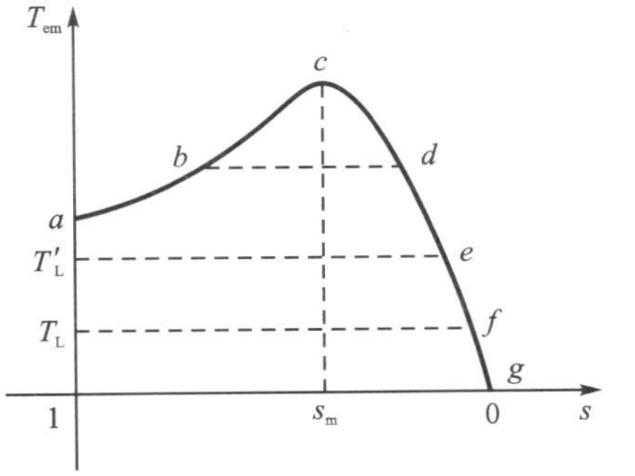

图 7.15　稳定区域和不稳定区域

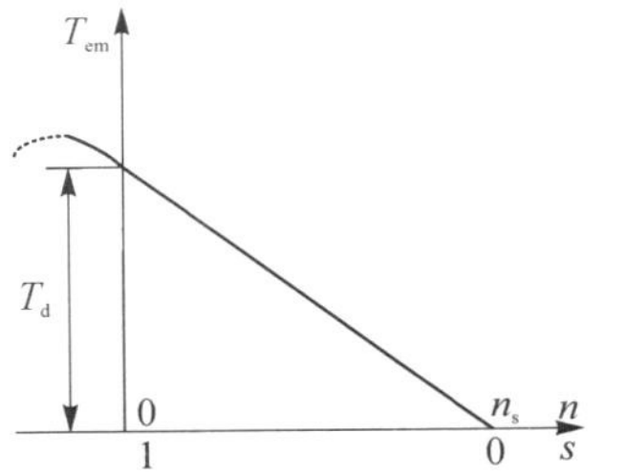

图7.16　两相交流伺服电动机的机械特性

两相交流伺服电动机的机械特性是非线性的，转子电阻越大，机械特性越接近直线(图 7.14 中的特性 3 比特性 2、1 更接近直线)，为了改善机械特性线性度，可以通过增加转子电阻的途径来实现。当然转子电阻过大也是有危害的，当它增大到一定程度时，会减小堵转转矩值，如图 7.14 曲线 3、4 所示。

因此，具有较大的转子电阻和下垂的机械特性是交流伺服电动机的主要特点。

7.4　椭圆形旋转磁场作用下的运行分析

在圆形旋转磁场作用下电机处于对称运行状态，这只是两相交流伺服电动机运行中的一种特殊状态。这时加在定子两相绕组上的电压都是额定值，为了实现对转速的控制,加在控制绕组上的控制电压是变化的,控制绕组上的电压经常不等于额定电压。通常的控制方法是,改变控制电压的幅值,或者改变控制电压和励磁电压之间的相位差,或者同时改变控制电压的幅值和控制电压与励磁电压之间的相位差。所以电机经常处于不对称的运行状态。这时气隙磁场就是椭圆形旋转磁场,下面具体分析椭圆形旋转磁场的运动状态。

7.4.1　椭圆型旋转磁场的形成

电机处于不对称运行的表现为:

① 两相绕组电流相位差 β 等于 90°,但电流幅值不等;

② 两相绕组电流相位差 β 不等于 90°。

下面分别来分析这两种情况。

1. 通入绕组中的两相电流相位差为 90°,而电流幅值不等的情况

其数学表达式为

$$i_k = I_{km}\sin\omega t \tag{7-46}$$

$$i_j = I_{jm}\sin(\omega t - 90°) \tag{7-47}$$

电流随时间变化的波形如图 7.17(a)所示。由于两相电流幅值不等,因此两相绕组产生的磁动势矢量幅值也不相等,仿照图 7.9 的分析方法可得到对应于 $t_1 \sim t_4$ 瞬间的合成磁动势 $\boldsymbol{F}$ 的空间矢量图。将合成磁动势 $\boldsymbol{F}$ 的空间矢量画在一个图形中,磁动势 $\boldsymbol{F}$ 的矢端轨迹就是一个椭圆,如图 7.17(b)所示。该椭圆的长轴位于励磁绕组轴线上,短轴位于控制绕组轴线上。

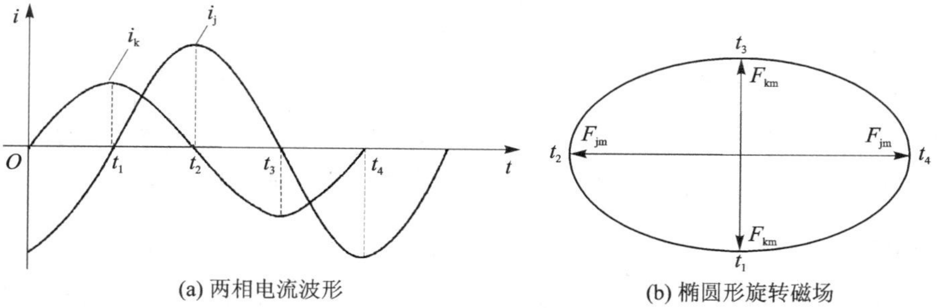

(a) 两相电流波形　　(b) 椭圆形旋转磁场

图 7.17　两相电流波形及产生的椭圆形磁场

在椭圆形磁场中,长轴大小为 F_{jm},短轴大小为 F_{km},令

$$\alpha = \frac{F_{km}}{F_{jm}} \tag{7-48}$$

α 的值决定了磁场椭圆的程度,α 越小,磁场的椭圆度越大。当 $\alpha=1$ 时,这时两个绕组产生的磁动势的幅值相等,为圆形旋转磁场;当 $\alpha=0$ 时,控制绕组中电流为 0,电机为单相运行,只有励磁绕组产生脉振磁场,是椭圆磁场的一种极限情况。

2. 通入绕组中两相电流相位差 β 不等于 90°

先来看两种特殊情况：当 $\beta=90°$时，只要满足产生圆形旋转磁场的幅值条件合成，当控制绕组电流与励磁绕组电流同相位，即 $\beta=0°$时，这时两个同相位的电流如图 7.18(a)所示。取时间 $t_1\sim t_6$ 各瞬间对应合成磁动势的空间矢量如图 7.18(b)所示。合成磁场是一个脉振磁场，其空间位置不变，而大小随时间交变。

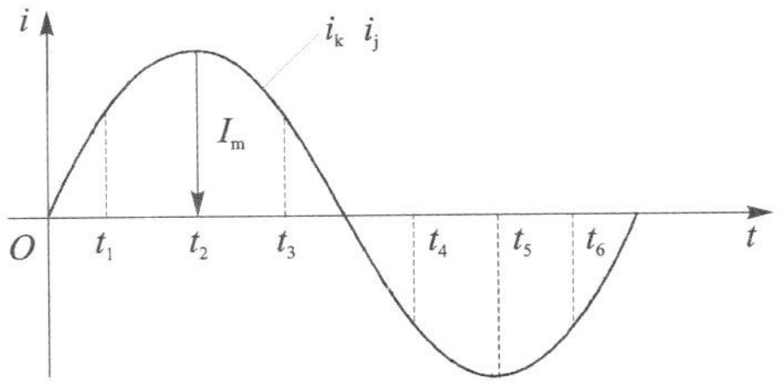

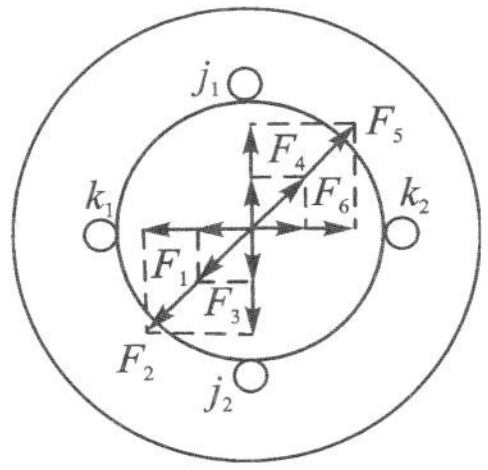

图 7.18　同相电流产生的脉振磁场

推广到一般，当控制电流与励磁电流相位差 $0°<\beta<90°$，这时的 $\dot{I}_k$ 可以分解成两个分量 $\dot{I}_{kd}$ 与 $\dot{I}_{kq}$，其中：$I_{kd}=I_k\cos\beta$，与电流 $\dot{I}_j$ 同相位；而 $I_{kq}=I_k\sin\beta$，与电流 $\dot{I}_j$ 成 90°相位差，如图 7.19 所示。$\dot{I}_{kd}$与 $\dot{I}_j$ 共同作用产生脉振磁场，这个脉振磁场将与 $\dot{I}_{kq}$一起作用产生椭圆形旋转磁场。

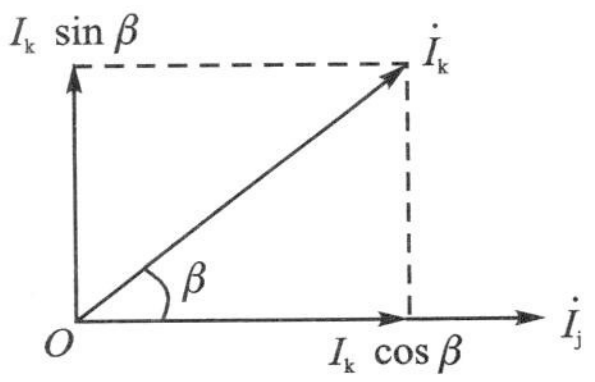

图 7.19　电流相量图

椭圆形旋转磁场具有以下特点：

① 转向　椭圆形旋转磁场的转向与圆形旋转磁场的转向相同，也是从载有超前电流的绕组轴线正方向转向载有滞后电流的绕组轴线正方向。

② 幅值　椭圆形旋转磁场磁动势幅值的变化范围是从 $\alpha F_{jm}\sim F_{jm}$。当 $\alpha=0$ 时为脉振磁场，$\alpha=1$ 时为圆形旋转磁场。脉振磁场和圆形旋转磁场都可以看成是椭圆形旋转磁场的特例。

③ 转速　当电流变化一个周期时，椭圆形旋转磁场在空间旋转了一周，这和圆形旋转磁场时一样的。但椭圆形旋转磁场的瞬时转速是变化的。

这种幅值和转速都随时间变化的磁场对于电动机运行特性的分析是很不方便的。为了将圆形旋转磁场的理论应用到椭圆形旋转磁场作用下的电动机中来，下面运用分解法，将椭圆形旋转磁场看作是两个圆形旋转磁场的合成，然后利用圆形旋转磁场作用下电动机运行的分析方法来研究它。

7.4.2　椭圆形旋转磁场的分解

首先将每相脉振磁动势分解为两个脉振磁动势，即

$$\left.\begin{aligned} f_j &= F_{jm}\sin(\omega t-90^\circ)=\left(\frac{1+\alpha}{2}\right)F_{jm}\sin(\omega t-90^\circ)+\left(\frac{1-\alpha}{2}\right)F_{jm}\sin(\omega t-90^\circ)\\ f_k &= \alpha F_{jm}\sin\omega t=\left(\frac{1+\alpha}{2}\right)F_{jm}\sin\omega t+\left(\frac{1-\alpha}{2}\right)F_{jm}\sin(\omega t-180^\circ)\end{aligned}\right\} \tag{7-49}$$

令

$$\left.\begin{aligned} f_{j1} &= \left(\frac{1+\alpha}{2}\right)F_{jm}\sin(\omega t-90^\circ)\\ f_{k1} &= \left(\frac{1+\alpha}{2}\right)F_{jm}\sin\omega t\\ f_{j2} &= \left(\frac{1-\alpha}{2}\right)F_{jm}\sin(\omega t-90^\circ)\\ f_{k2} &= \left(\frac{1-\alpha}{2}\right)F_{jm}\sin(\omega t-180^\circ)\end{aligned}\right\} \tag{7-50}$$

然后对分解后的脉振磁动势分别进行合成：f_{j1} 和 f_{k1} 幅值相等，相位差90°，且 f_{k1} 超前于 f_{j1}，所以其合成磁动势 $\boldsymbol{F}_+$ 产生一个与原来椭圆形旋转磁场同转向的圆形旋转磁场；f_{j2} 和 f_{k2} 幅值相等，相位差90°，f_{k2} 滞后于 f_{j2}，所以合成磁动势 $\boldsymbol{F}_-$ 产生一个与原来椭圆形旋转磁场转向相反的圆形旋转磁场。

通过以上的分解可以看出，椭圆磁动势可以用两个转速相同、转向相反、大小不等的圆形旋转磁动势来代替。它们对应产生两个圆形旋转磁场：其中一个与原椭圆形磁场同转向，称为正向圆形旋转磁场，幅值为 $\left(\frac{1+\alpha}{2}\right)F_{jm}$；另一个转向与原来相反，称为反向圆形旋转磁场，幅值为 $\left(\frac{1-\alpha}{2}\right)F_{jm}$。如图 7.20 所示。当 $\alpha=0$ 时，椭圆形旋转磁动势可以分解为两个转速相同、转向相反、大小相等的圆形旋转磁动势，如图 7.20所示。

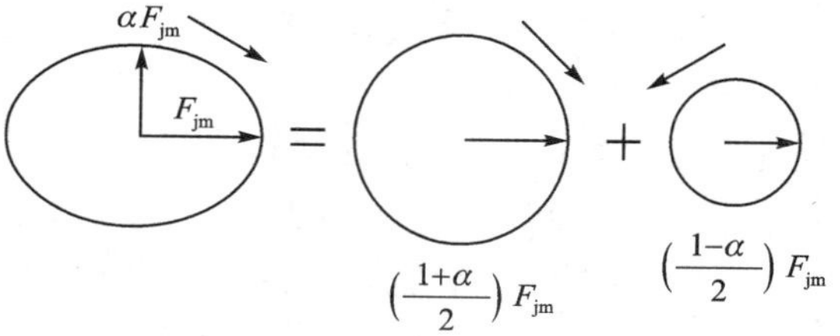

图 7.20 椭圆形磁场分解为两个圆形磁场

7.4.3 椭圆形旋转磁场作用下的机械特性

利用圆形旋转磁场作用下电动机的机械特性和叠加原理分析椭圆形旋转磁场作用下两相交流伺服电动机的机械特性。

1. 椭圆形旋转磁场作用下的电动机机械特性

当伺服电动机定子控制绕组电压或电流与励磁绕组电压或电流不相等时，定子绕组产生的是一个椭圆形旋转磁场，椭圆形旋转磁场可以分解为两个转速相同，转向相反，而幅值不等的圆形旋转磁场。所以，椭圆形旋转磁场作用下的电动机机械特性曲线就可由这两个圆形旋转磁场分别作用下的机械特性曲线叠加而得。

若转子的转速为 n，则转子相对于正向旋转磁场的转差率为

$$s_{+}=\frac{n_s-n}{n_s} \tag{7-51}$$

当 $0<s_{+}<1$ 时，正向旋转磁场产生的电磁转矩 T_{+} 驱动转子旋转。而反向旋转磁场与转子转向相反，对于转子来说起制动作用。转子相对于反向旋转磁场的转差率为

$$s_{-}=\frac{n_s+n}{n_s}=\frac{n_s+n+n_s-n_s}{n_s}=2-\frac{n_s-n}{n_s}=2-s_{+} \tag{7-52}$$

当 $0<s_{+}<1$ 时，$1<s_{-}<2$。

根据前面在圆形旋转磁场的作用下推得机械特性的原理，可以分别作出正向旋转磁场特性曲线如图 7.21 所示的虚线 T_{em+}，反向旋转磁场特性曲线如图 7.21 所示的虚线 T_{em-}。图中反向旋转磁场特性曲线低于正向磁场旋转特性曲线，这是由于在椭圆形磁场分解中反向磁场小于正向磁场的缘故。图 7.21 中曲线 $T_{em}=T_{em+}-T_{em-}$ 就是合成的椭圆形磁场作用下的机械特性曲线。

图 7.21 所示椭圆形旋转磁场作用下的机械特性曲线具有如下特点：

① 在理想空载时，椭圆形旋转磁场作用下的电动机转速不能达到同步转速 n_s，而只能达到小于 n_s 的 n_0。n_0 就是椭圆形旋转磁场作用下的电动机理想空载转速。

② 由于制动转矩 T_{em-} 使电动机的输出转矩减小，启动转矩（堵转转矩）也减小了。α 越小，椭圆度越大，T_{em-} 也越大，输出电磁转矩就越小。不同 α 的电动机机械特性曲线如图 7.22 所示。

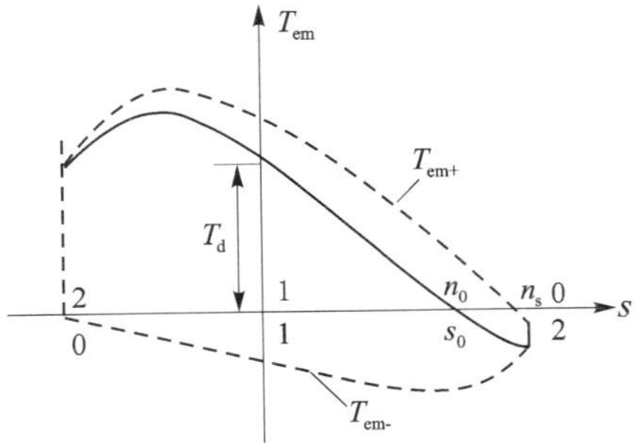

图 7.21　椭圆形磁场的机械特性曲线

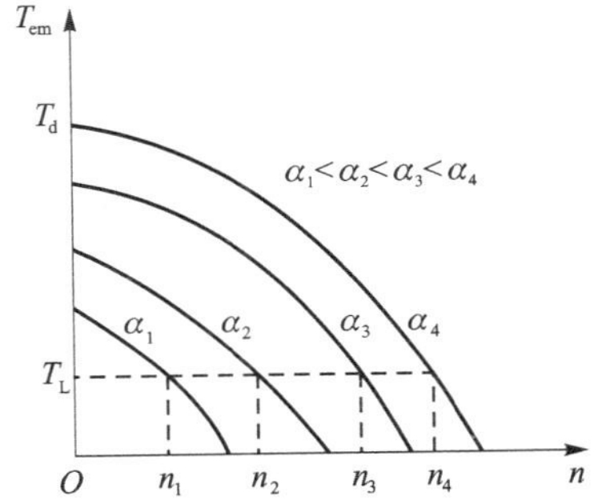

图 7.22　不同 α 时的机械特性曲线

若电动机的负载为 T_L，电动机稳定运行时，电磁转矩 $T_{em}=T_L$，转速 n 由负载线

$T_{em}=T_L$ 与机械特性曲线交点的横坐标决定，如图 7.22 所示。$\alpha=\alpha_1$ 时，转速为 n_1；$\alpha=\alpha_2$ 时，转速为 $n_2\cdots$，且 $n_1<n_2<n_3<n_4$。可见改变 α 可以使机械特性曲线上升或下降，在负载转矩不变时可改变电动机的转速，这就是两相交流伺服电动机控制转速的原理。

2. 单相运行时的机械特性和单相自转

自动控制系统要求两相交流伺服电动机在控制电压 $U_k=0$ 时停转，而不允许单相供电时电动机仍然转动，即"自转"现象出现。

当电动机单相运行时，这时的磁场是一个脉振磁场。根据椭圆形磁场的分解方法，令 $\alpha=0$ 可知，脉振磁场可以分解为大小相等、转速相同、转向相反的两个圆形旋转磁场，分别产生正向磁场转矩和反向磁场转矩。由于机械特性曲线的形状与转子电阻的大小有关，故不同转子电阻条件下的机械特性曲线如图 7.23 所示。

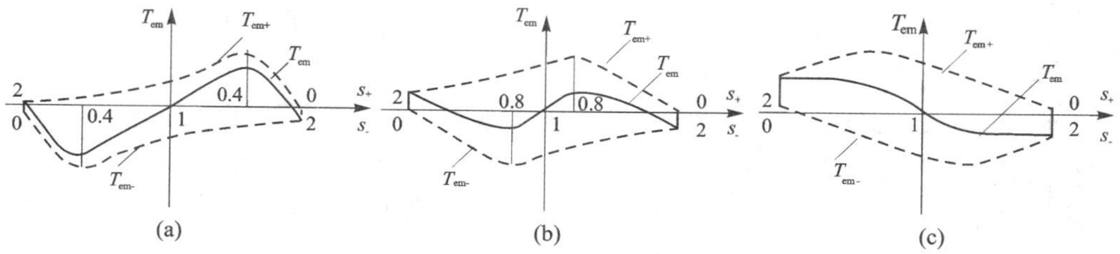

图 7.23　自转现象与转子电阻的关系

从图 7.23(a)中可以看出，当转子电阻 R_2 较小时，临界转差率 s_m 很小。在 $0<s<1$ 范围内，合成转矩 T_{em} 绝大部分都是正的，起驱动作用。只要阻转矩小于最大电磁转矩，电动机就能够一直转动下去，而不因控制信号的消失而停转，由此造成失控，这是绝不允许出现的。

增大转子电阻，合成总电磁转矩减小(见图 7.23(b))，但仍然可能产生"自转"现象。

当转子电阻继续增大使临界转差率 $s_m>1$ 时，出现如图 7.23(c)所示曲线。在电机运行范围 $0<s<1$ 内，合成转矩均为负值，起制动作用，不会产生自转现象。伺服电动机有相当大的转子电阻，最理想的是使转差率 $s_m>1$，在这种条件下可以完全消除自转现象。

7.5　两相电动机的控制方法及特性

一般而言，两相交流伺服电动机的励磁电压保持不变，通过改变控制电压的幅值或者相位来实现改变合成转矩及转速的目的。

7.5.1　幅值控制

交流伺服电动机定子励磁绕组加额定电压，保持励磁绕组和控制绕组上电压的相位差始终为 90°，通过改变控制电压的幅值来调节电动机的转速或转向，这样的控制方法称为幅值控制。

1. 有效信号系数

在实际应用中，为方便起见，常将控制电压有效值用其相对值来表示，同时考虑到控制电压表征伺服电动机的控制电信号，因此把这个相对值称为有效信号系数，并用 α_e 表示，即

$$\alpha_e = \frac{U_k}{U_{kN}} \tag{7-53}$$

当控制电压的有效值在 $0 \sim U_k$ 范围内变化时，有效信号系数在 0～1 范围内变化。

各种不同有效信号系数 α_e 时的机械特性曲线簇，如图 7.24 所示。随着有效信号系数 α_e 的减小，机械特性曲线往下移动，理想空载（$T=0$）转速也减小。只有当 $\alpha_e=1$，产生圆形旋转磁场时，理想空载转速才等于同步转速 n_s。

2. 转速的控制

图 7.25 为转速的控制图。设电动机的负载阻转矩为 T_L，当有效信号系数 $\alpha_e=0.6$ 时，电动机在机械特性上的 a 点运行，转速为 n_a，电动机的电磁转矩与负载转矩相平衡。当控制电压升高，有效信号系数从 0.6 增大到 0.9 时，电动机的电磁转矩随之增大。由于电动机的转子和负载存在惯性，转速不能瞬间改变，因此这一瞬间电动机就要在 $\alpha_e=0.9$ 机械特性曲线上的 c 点运行。显然，电动机的电磁转矩大于负载转矩，电动机开始加速，沿着 $\alpha_e=0.9$ 的特性曲线，转速一直增加到 n_b。到达 b 点时，电磁转矩与负载转矩重新平衡，转速不再变化，电动机就运行于 b 点。因此，随着有效信号系数从 0.6 增加到 0.9，电动机的转速从 n_a 升高到 n_b，实现了转速的控制。

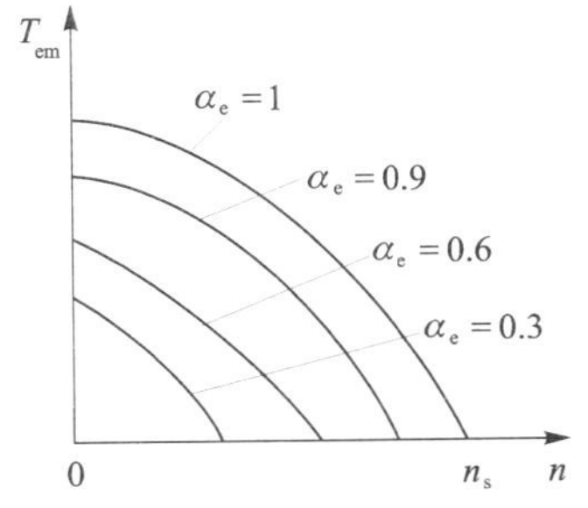

图 7.24　不同有效信号系数时的机械特性曲线

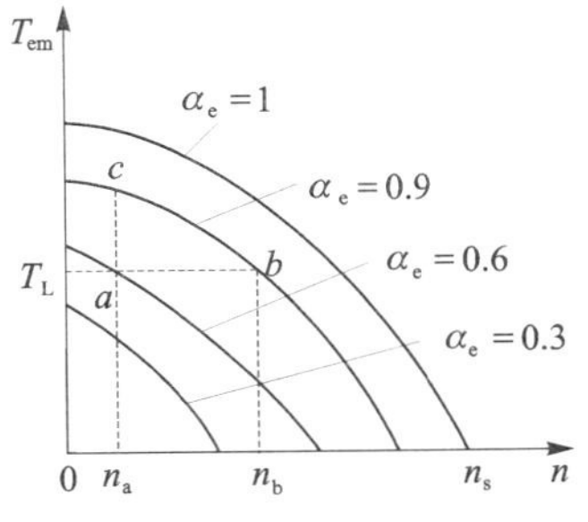

图 7.25　转速的控制

3. 调节特性

调节特性就是表示当负载转矩一定时，转速 n 随有效信号系数 α_e 变化的关系 $n=f(\alpha_e)$，如图 7.26 所示。不同的负载转矩线有不同的输出转矩下的调节特性。

4. 幅值控制时所用电源

幅值控制需要有相位差是 90°的两相电源，但在实际工作中，很少有现成的相位差为 90°的两相电源，常见的是用单相电源和相位互差 120°的三相电源。通常，利用三相电源相电压和线电压之间的关系来制造两相电源。三相电源如果有中点，可取 $\dot{U}_A$ 加在控制绕组上，取另两相的线电压 $\dot{U}_{BC}$ 加在励磁绕组上，从图 7.27 所示的相量图可以看出，$\dot{U}_A \perp \dot{U}_{BC}$，因此 $\dot{U}_A$ 和 $\dot{U}_{BC}$ 两个电压的相位差为 90°。

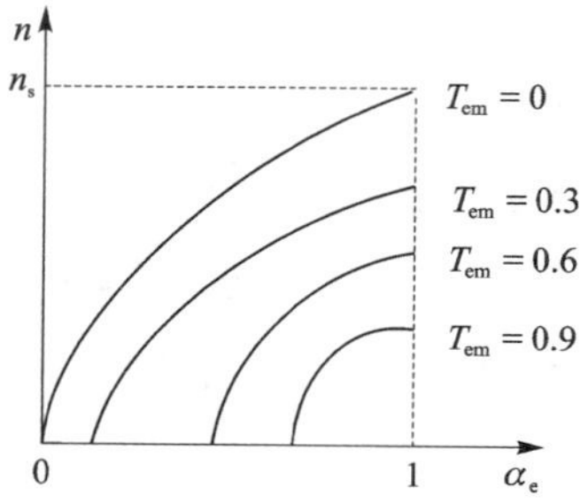

图 7.26 调节特性

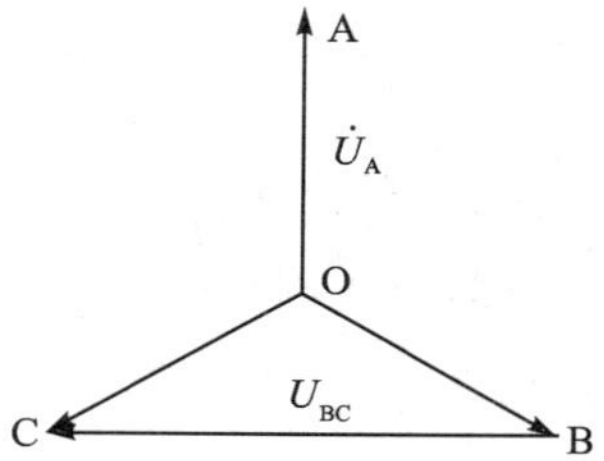

图 7.27 相电压与线电压的相量图

三相电源若没有中点，这时可以接上一个三相变压器，利用变压器副边上的相电压和线电压形成 90°相移的两相电压，如图 7.28(a)所示；或采用一个具有中点抽头的带铁芯的电抗线圈造成人工中点(见图 7.28(b))，把电抗线圈的两端接三相电源的 B、C 端头上，若其中点为 D，则 $\dot{U}_{AD}$ 和 $\dot{U}_{BC}$ 两个电压的相位差也是 90°。

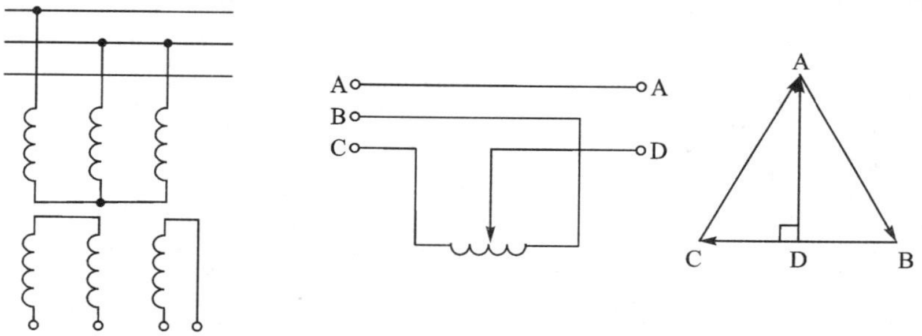

(a) 利用三相变压器

(b) 利用带中间抽头的电抗线圈

图 7.28 三相电源变成两相电源

此外，还可以采用单相电源加上电子移相网络来实现。如图 7.29 所示，把线路上恒定的单相交流电压 $\dot{U}$ 作为基准电压供给系统中的各元件，由敏感元件(如自整角变压器)输出的偏差信号经过电子移相网络输送到交流放大器中，通过移相网络的移相，再加上敏感元件和放大器的移相，在交流放大器的输出端就能得到与系统基准电压成 90°相移的控制电压 $\dot{U}_k$。

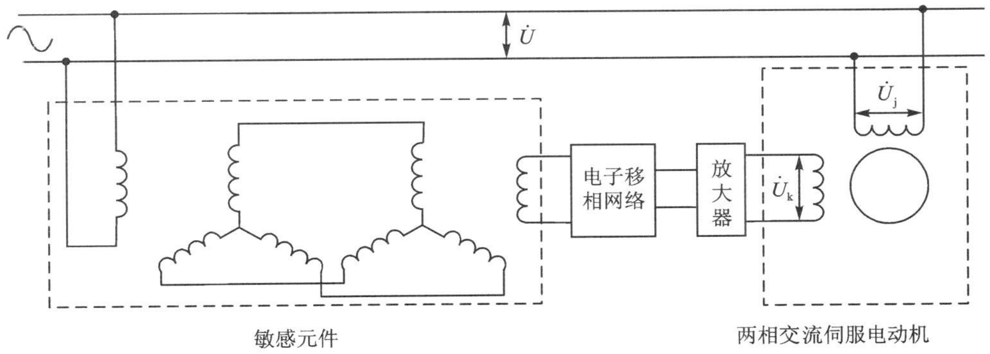

图 7.29　采用电子移相网络

以上几种移相方法是让励磁电压和控制电压有固定的 90°相移，这些移相方法称为电源移相。采用电源移相时，两相交流伺服电动机只能通过改变电压的幅值来控制转速，而定子两相的电压相位恒定地保持 90°，因此这种控制方式称为幅值控制。

7.5.2　相位控制

相位控制是励磁电压和控制电压均为额定值，改变两相电压的相位差 β 来调节电动机转速的控制方式。相位控制时的机械特性比其他控制方式好，但需要一套移相器，存在控制功率大、效率低，线路复杂，电机发热严重等缺陷，实际应用较少。

7.5.3　幅相控制

在励磁绕组中串联电容器，同时调节两相交流伺服电动机控制电压 $\dot{U}_k$ 的幅值和其与励磁电压 $\dot{U}_j$ 之间的相位差 β 来调节电机的转速，这就是幅相控制。

实际上幅相控制是采用电容移相的方法实现的。采用这种方法时，要在两相伺服电动机的励磁绕组电路中串联（或串、并联）上一定的电容 C 后，接在单相电源上。控制绕组两端通过交流放大器和敏感元件与其相连，如图 7.30 所示。忽略交流放大器与敏感元件的相位移，控制电压与电源电压同相位，但控制电压的幅值跟随敏感元件输出信号幅值变化。这种控制方法又称为电容移相或电容控制。由于这种方法非常简单方便，因此在自动控制系统中得到非常广泛的应用。采用励磁绕组串联电容器的两相伺服电动机通常称为电容伺服电动机，所加的电容器称为移相电容。

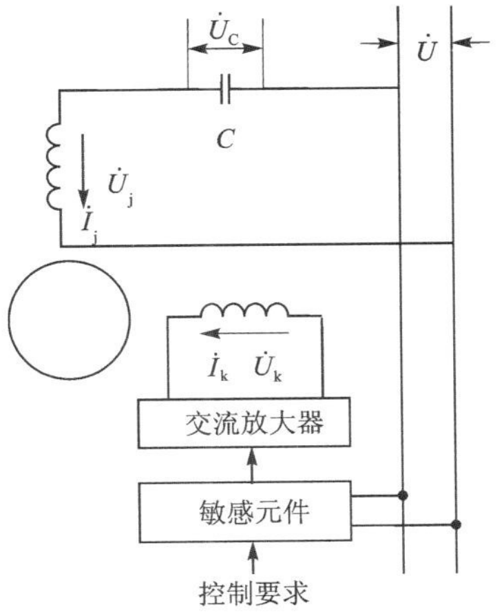

图 7.30　电容伺服电动机控制线路

1. 移相电容

交流伺服电动机的励磁绕组和控制绕组都呈感性。励磁电流 $\dot{I}_j$ 和控制电流 $\dot{I}_k$ 分别滞后励磁电压 $\dot{U}_j$ 和控制电压 $\dot{U}_k$ 一个阻抗角 φ_j 和 φ_k。由于电容器两端电压 $\dot{U}_C$ 滞后励磁电流 $\dot{I}_j 90°$。电源电压 $\dot{U}=\dot{U}_C+\dot{U}_j$，如果选用合适的电容值，励磁回路的阻抗就可以是阻容性的，即励磁电流 $\dot{I}_j$ 可以超前电源电压一个角度 ψ。改变电容值的大小，可以让励磁电压 $\dot{U}_j$ 超前电源电压 $\dot{U} 90°$。图 7.31 为电容伺服电动机的电压相量图。

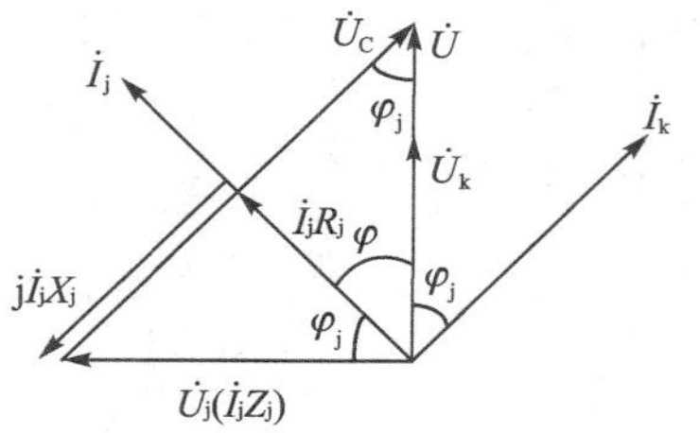

图 7.31 电容伺服电动机的电压相量图

$\dot{U}_j$ 和 $\dot{U}_k$ 之间相位差为 90°时电容 C 的求解如下：若励磁绕组的阻抗为 Z_j，电容 C 的容抗为 X_C，则

$$\left.\begin{aligned}\dot{U}_j &= \dot{I}_j Z_j \\ \dot{U}_C &= -j\dot{I}_j X_C\end{aligned}\right\} \tag{7-54}$$

在 $\dot{U}_j$、$\dot{U}_C$ 和 $\dot{U}$ 的直角三角形中

$$\frac{U_j}{U_C} = \frac{|Z_j|}{\dfrac{1}{\omega C}} = \sin\varphi_j \tag{7-55}$$

$\dot{U}_j$ 和 $\dot{U}_k$ 成 90°时的电容值为

$$C = \frac{\sin\varphi_j}{2\pi f\,|Z_j|} \times 10^6\,(\mu\text{F}) \tag{7-56}$$

U_j 和 U_C 与电源电压 U 的关系为

$$U_j = U\tan\varphi_j \tag{7-57}$$

$$U_C = \frac{U}{\cos\varphi_j} \tag{7-58}$$

由于 $\cos\varphi_j$ 总是小于 1，通常 $\tan\varphi_j$ 大于 1，因此串上电容 C 后，U_j 一般大于 U。

利用式(7-56)可以求出移相电容 C，但式中 Z_j 和 φ_j 需通过实验测出。由于 $|Z_j|$ 和 φ_j 是随着转速改变的，因此根据某一转速下测得的 $|Z_j|$ 和 φ_j 来确定的电容值只能保证这个转速下 $\dot{U}_j$ 和 $\dot{U}_k$ 相位差成 90°，在其他转速下就不合适了。通常要求电动机启动时建立圆形旋转磁场，以便产生最大的启动转矩，因此要求转速等于零时产生相位差 90°。

若用 Z_{j0} 和 φ_{j0} 表示 $n=0$ 时的励磁绕组的阻抗和阻抗角，由式(7-56)可得到这时的电容值 C_0，即

$$C_0 = \frac{\sin\varphi_{j0}}{2\pi f\,|Z_{j0}|} \times 10^6(\mu F) \tag{7-59}$$

式中：φ_{j0}——转速为零时的励磁绕组阻抗角，$|Z_{j0}|$——转速为零时的励磁绕组阻抗的模。$|Z_{j0}|$和 φ_{j0} 可以通过实验方法求出，实验接线图如图 7.32(a)所示。若控制绕组不加电压，转子不动，$n=0$。断开开关 S，在励磁绕组加电压 U_j，此时电压和电流值可测出，则阻抗为

$$|Z_{j0}| = \frac{U_j}{I_j} \tag{7-60}$$

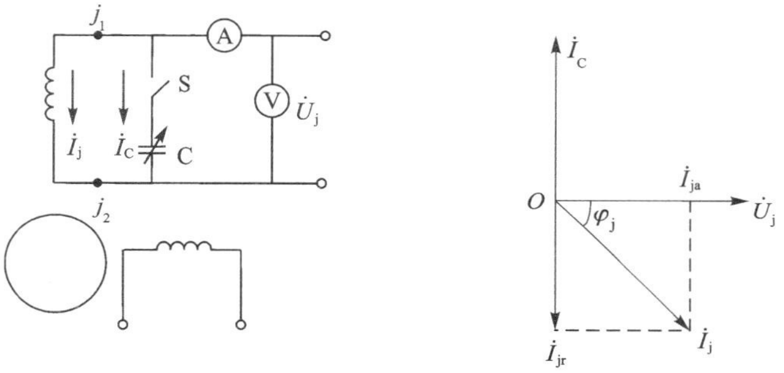

(a) 实验接线圈　　(b) 电压电流相量图

图 7.32　励磁绕组阻抗及阻抗角的确定

再合上开关 S，接上可变电容 C，并调节电容值，使电流表读数最小。这时流经电容 C 的电流 I_C 完全补偿了绕组中的无功电流 I_{jr}，只剩下有功电流 I_{ja}，即电流表的读数为 I_{ja}的有效值。由电流和电压的相量图如图 7.32(b)所示可得

$$\cos\varphi_{j0} = \frac{I_{ja}}{I_j} \quad 或 \quad \varphi_{j0} = \arccos\frac{I_{ja}}{I_j} \tag{7-61}$$

将两次电流表的数值相除即可得到 $\cos\varphi_{j0}$，进而可求出 φ_{j0}。

2. 机械特性和调节特性

图 7.33 和图 7.34 分别表示同一台电动机采用幅值控制和电容控制时的机械特性。比较两者可以看出，电容控制时机械特性的非线性比幅值控制时更为严重。这是由于励磁绕组两端电压随转速增加而升高，磁场的椭圆度也随着增大，其中反相旋转磁场的阻转矩作用在高速段比低速段更为显著，所以机械特性在低速段随着转速的增加，转矩下降得很慢。而在高速段，转矩下降得很快，这种机械特性对控制系统的工作是很不利的。图 7.35 表示同一台电动机采用幅值控制和电容控制时的调节特性。

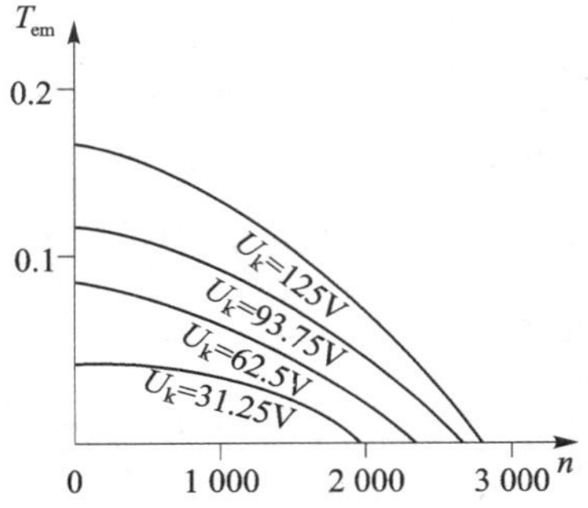

图 7.33 幅值控制时的机械特性

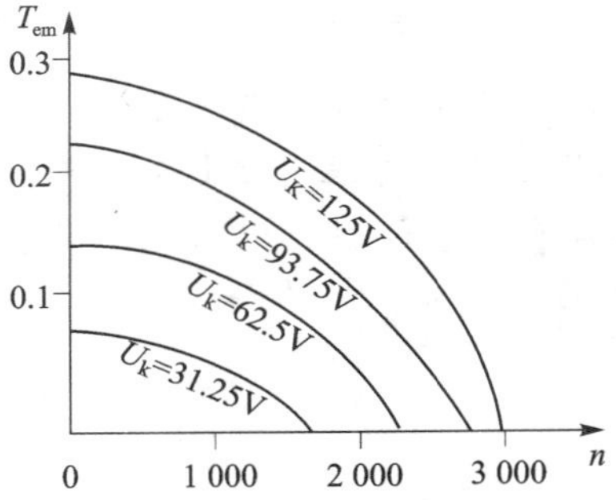

图 7.34 电容控制时的机械特性

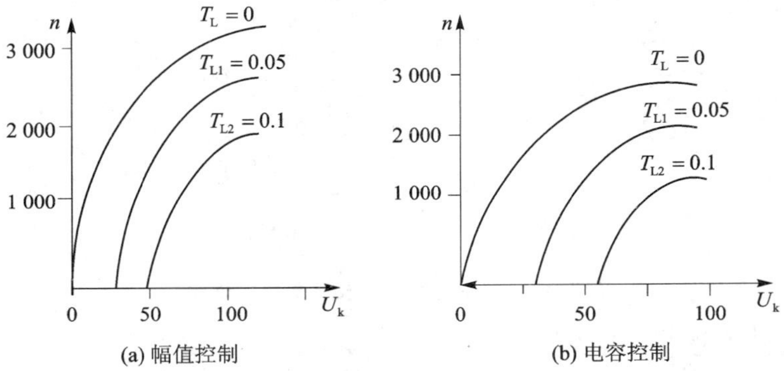

图 7.35 幅值控制与电容控制调节特性比较

7.6 交、直流伺服电动机的性能比较

两相交流伺服电动机和直流伺服电动机在自动控制系统中都被广泛使用。下面对这两类电机进行简单的比较,分别说明其优缺点,以便选用时参考。

1. 机械性能和调节性能

直流伺服电动机的机械特性和调节特性均为线性关系,且在不同的控制电压下,机械特性曲线相互平行,斜率不变。两相交流伺服电动机的机械特性和调节特性均为非线性关系,且在不同的控制电压下,理想线性机械特性也不是相互平行的。机械特性和调节特性的非线性都将直接影响到系统的动态精度。一般来说,特性的非线性度越大,系统的动态精度越低。此外,当控制电压不同时,电动机的理想机械特性斜率的变化也会给系统的稳定和校正带来麻烦。

图 7.36 中,用实线表示了一台空心杯转子两相交流伺服电动机的机械特性,同时用虚线表示了一台直流伺服电动机的机械特性。这两台电动机在体积、重量和额

定转速等方面都很相近。

从图7.36可以看出，直流伺服电动机的机械特性为硬机械特性，而交流伺服电动机的机械特性与之相比为软机械特性，特别是当它经常运行在低速时，机械特性就更软，这会使系统的品质降低。

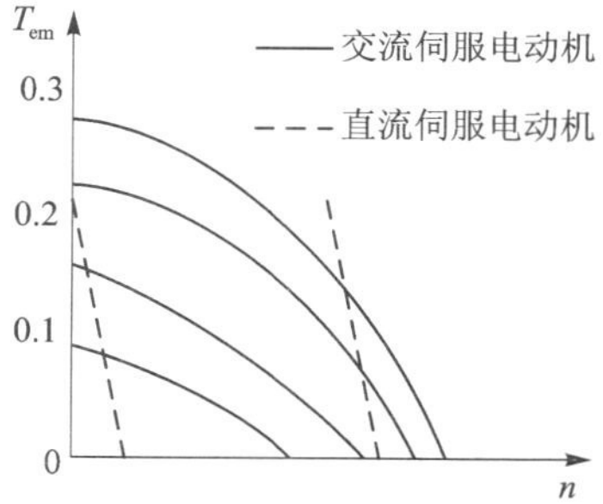

图7.36 交、直流伺服电动机机械特性的比较

2. 体积、重量和效率

为了满足控制系统对电动机性能的要求，两相交流伺服电动机转子电阻相当大。电机经常运行在椭圆形旋转磁场下，由于负序磁场的存在要产生制动转矩，因此电机的损耗增大，电磁转矩减小。当输出功率相同时，两相交流伺服电动机要比直流伺服电动机的体积大、重量重、效率低。所以两相交流伺服电动机只适用于小功率系统，而对于功率较大的控制系统，则普遍采用直流伺服电动机。

3. 动态响应

电动机的动态响应的快速性常常以机电时间常数来衡量。直流伺服电动机的转子上带有电枢绕组和换向器，因此它的转动惯量要比两相交流伺服电动机大些。若两种电机的空载转速相同，则直流伺服电动机的堵转转矩要比两相交流伺服电动机大得多。这样，综合比较来看，它们的机电时间常数就较为接近。带负载时，若电动机所带负载的转动惯量较大，这时两种电动机系统的总转动惯量就相差不太多，可能出现直流电动机系统的机电时间常数反而比交流电动机系统的机电时间常数小的情况。

4. "自转"现象

对于两相交流伺服电动机，若参数选择不适当，或制造工艺上存在缺陷，都会使电机在单相状态下产生"自转"现象，而直流伺服电动机无"自转"现象。

5. 电刷和换向器的滑动接触

直流伺服电动机由于存在电刷和换向器，因而结构复杂、制造麻烦，因电刷与换向器之间存在滑动接触，电刷的接触电阻也不稳定，这些都会影响到电机运行的稳定性。另外，直流伺服电动机还存在因换向器所引起的无线电通信干扰，又容易出现火花，给运行和维护带来困难。

6. 放大器装置

直流伺服电动机的控制绕组通常是由直流放大器供电，而直流放大器有零点漂移现象，这将影响到系统的工作精度和稳定性。另外，直流放大器的体积和重量都要比交流放大器大得多，这些都是直流伺服系统存在的缺点。

7.7 两相伺服电动机的应用

7.7.1 主要性能指标

1. 空载始动电压 U_{s0}

在额定励磁电压和空载情况下,使转子在任意位置开始连续转动所需要的最小控制电压称为空载始动电压 U_{s0}。U_{s0} 越小,表示两相伺服电动机的灵敏度越高。一般要求 U_{s0} 不大于额定控制电压的 3%~4%;用于精密仪表中的两相伺服电动机,有时要求 U_{s0} 不大于额定控制电压的 1%。

2. 机械特性非线性度 k_w

在额定励磁电压下,任意控制电压时的实际机械特性与线性机械特性转矩 $T_{em}=T_d/2$ 时的转速偏差 Δn 与空载转速 n_0 之比的百分数,定义为机械特性非线性度,即

$$k_w = \frac{\Delta n}{n_0} \times 100\% \tag{7-62}$$

机械特性的非线性度 k_w 如图 7.37 所示。

3. 调节特性非线性度 k_v

在额定励磁电压和空载情况下,当 $\alpha_e=0.7$ 时,实际调节特性和线性调节特性的转速偏差 Δn 与 $\alpha_e=1$ 时的空载转速 n_0 之比的百分数定义为调节特性非线性度,即

$$k_v = \frac{\Delta n}{n_0} \times 100\% \tag{7-63}$$

调节特性非线性度 k_v 如图 7.38 所示。

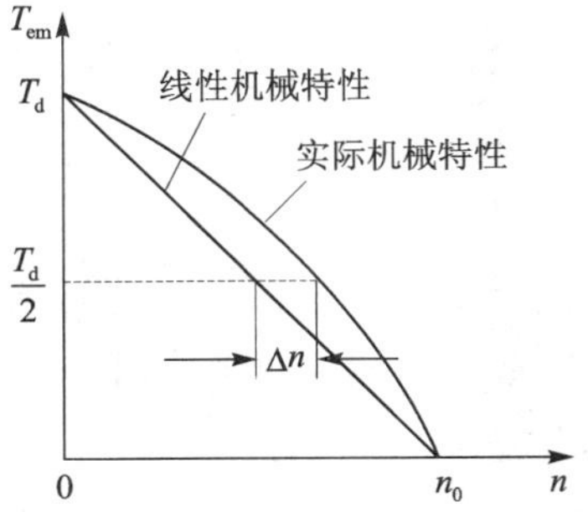

图 7.37 机械特性的非线性度

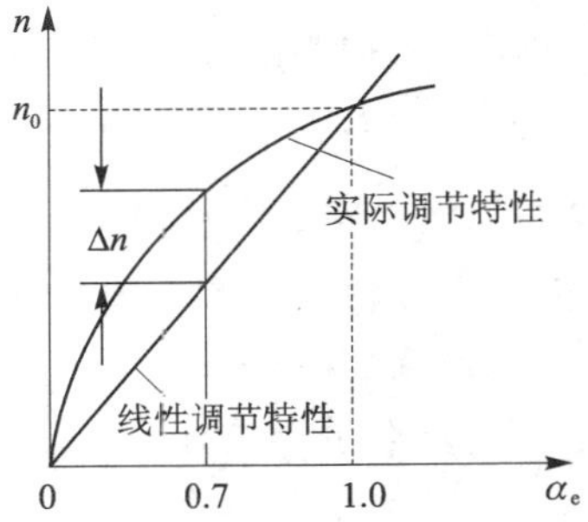

图 7.38 调节特性的非线性度

4. 堵转特性非线性度 k_d

在额定励磁电压下,实际堵转特性与线性堵转特性的最大转矩偏差 $(\Delta T_{dn})_{max}$ 与 $\alpha_e=1$ 时的堵转转矩 T_{d0} 之比的百分数定义为堵转特性非线性度,即

$$k_d = \frac{(\Delta T_{dn})_{max}}{T_{d0}} \times 100\% \tag{7-64}$$

堵转特性的非线性度 k_d 如图7.39所示。

以上几种特性的非线性度非常小，特性曲线越接近直线，系统的动态误差就越小，工作就越准确，一般要求 $k_w \leqslant 10\% \sim 20\%$，$k_v \leqslant 20\% \sim 50\%$，$k_d \leqslant \pm 5\%$。

5. 机电时间常数 τ_j

当转子电阻很大时，交流伺服电动机的机械特性接近直线。如果把 $\alpha_e = 1$ 时的机械特性近似地用一直线来代替(见图7.40中所示的虚线)，则这条机械特性相应的机电时间常数与直流伺服电动机机电时间常数表达式相同，即

$$\tau_j = \frac{J_{\omega 0}}{T_{d0}} \tag{7-65}$$

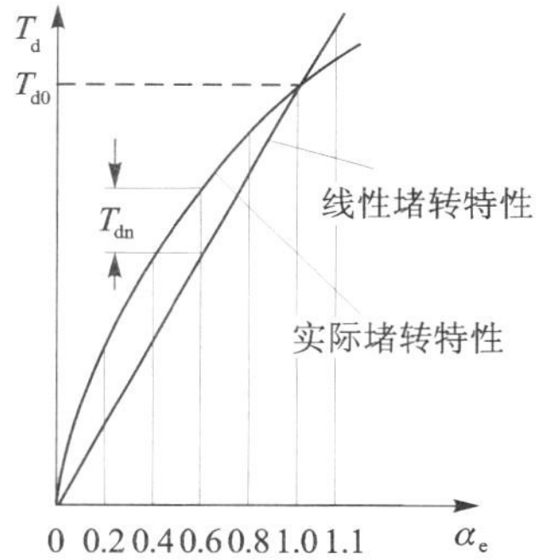

图7.39 堵转特性的非线性度

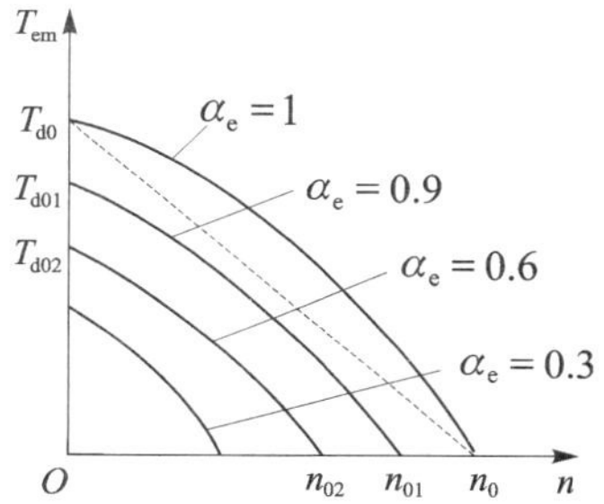

图7.40 不同有效信号系数时的机械特性

式中：J——转子的转动惯量；

ω_0——对称状态下，空载时的角度；

T_{d0}——对称状态下的堵转转矩。

在技术数据中所给出的机电时间常数就是按照式(7-65)计算的。实际运行中交流伺服电动机经常工作于非对称状态，即 $\alpha_e \neq 1$。由图7.40可知，随着 α_e 的减小，机械特性上的空载转速与堵转转矩的比值随着增大，即

$$\frac{n_0}{T_{d0}} < \frac{n_{01}}{T_{d01}} < \frac{n_{02}}{T_{d02}} \tag{7-66}$$

相应的时间常数也随着增大，即

$$\tau_j < \tau_{j1} < \tau_{j2} \tag{7-67}$$

使用中要根据实际情况，考虑 α_e 的大致变化范围来选取机电时间常数值。

由式(7-65)可知，机电时间常数与转子转动惯量成正比，与堵转转矩成反比。为了减小转动惯量，可将两相交流伺服电动机的转子做得细长。为了提高堵转转矩，往往选择移相电容值，使电动机启动时 $\dot{U}_k$ 和 $\dot{U}_j$ 相位差 $90°$，这些都是为了减小时间

常数,提高电动机的快速性。一般两相交流伺服电动机的机电时间常数 $\tau_j < 0.03$ s。

7.7.2 交流伺服电动机的应用

两相交流伺服电动机在自动控制系统、自动检测系统和计算装置中主要作为执行元件。在自动控制系统中,根据被控制的对象不同,有速度控制和位置控制之分,尤其是位置控制系统可以实现远距离角度传递。它的工作原理是将主令轴的转角传递到远距离的执行轴,使之复现主令轴的转角位置。这类应用实例,例如工业上发电厂闸门的开启,轧钢机中轧辊间隙的自动控制,军事上火炮和雷达的定位等。两相交流伺服电动机在检测装置中应用的例子很多,例如电子自动电位差计和电子自动平衡电桥。

在计算装置中,两相交流伺服电动机和其他控制元件一起组成各种计算装置,可以进行加、减、乘、除、乘方、开方、正弦函数、微分和积分等运算。

下面举一个应用在航向陀螺磁罗盘系统中的例子。航向陀螺磁罗盘是飞机上的航向指示仪表。它由磁罗盘、航向陀螺仪和一些修正机构组成。其中磁罗盘的作用是在飞机作水平直线飞行时给出磁航向。当飞机在做转弯、加速等运动时,因受加速度的影响干扰磁罗盘,由此会产生很大的指示误差。航向陀螺仪具有定轴性,不受加速度干扰,但不给出相对正北的航向。将航向陀螺仪与磁罗盘组合起来可以克服上面的缺陷。

当飞机作水平直线飞行时,使航向陀螺仪的方向修正到磁航向上。当飞机作转弯、加速等各种运动时,断开磁航向修正,就用航向陀螺仪所保持的航向作指示。

将航向陀螺仪的方向修正到磁航向要用一套随动系统,其原理图如图 7.41 所示。图中自整角机 B 的转子与磁罗盘相连,转子的转角就表示了磁航向角。自整角机 C 的转子与航向陀螺仪相连,转子的转角就表示了航向陀螺仪角。当两转子的转角不同时,在自整角机 B 的转子中感应出一个电压,经放大后驱动两相伺服电动机,使航向陀螺仪的方向修正到磁航向上。两相伺服电动机在该系统中作为执行元件使用。

7.7.3 数字化交流伺服系统

数字化交流伺服系统即计算机控制的交流伺服系统,是随微处理器技术、电动机控制技术、大功率高性能功率器件(IGBT、MOSFET 或 IPM)、伺服电机设计和制造技术发展而出现的新型机电一体化系统,可实现对位置、转速、加速度和输出转矩的随动控制,具有速度快、精度和可靠性高、灵活性好和有逻辑判断功能等特点。由于数字化交流伺服系统具有明显的优越性,已成为工厂自动化(FA)的基础技术之一。

图 7.42 所示为一基于数字信号处理器(DSP)的数字化交流电机伺服控制系统框图。在该系统中,各个模块的功能如下:

① 给定值产生模块 实现多项式拟合、查表及插值等。

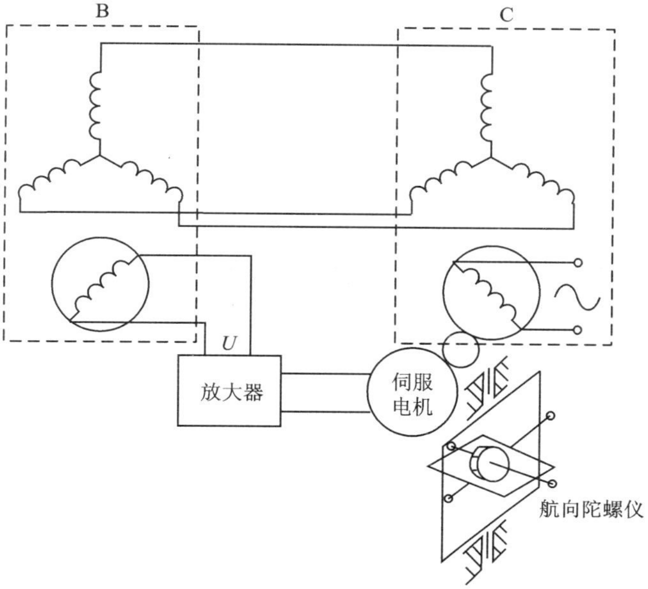

图 7.41　陀螺磁罗盘随动系统原理图

② 数字控制模块　实现 PID 控制算法、参数/状态估计、磁场定向控制变换、无速度传感器算法和自适应算法等。

③ 驱动给定/PWM 发生模块　实现 PWM 波发生、异步电动机的换向控制、功率因数校正(PFC)、高速弱磁控制和直流纹波补偿等。

④ 信号转换及信号调整模块　实现 A/D 转换和数字滤波功能。

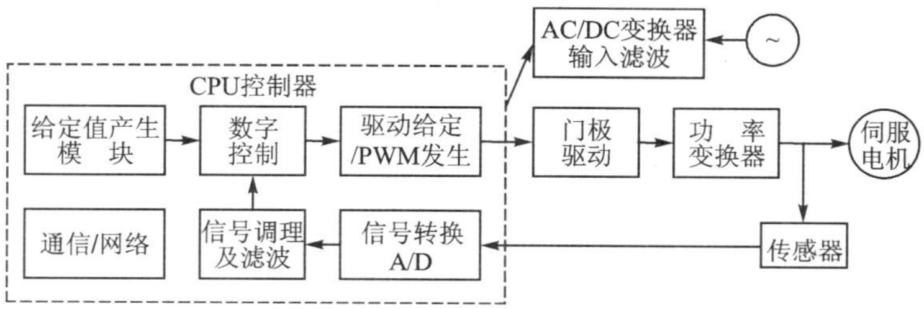

图 7.42　数字化交流伺服控制系统框图

数字化交流伺服系统集自动控制理论、电力电子技术、计算机控制技术和高精度电机于一体，克服了传统直流电机伺服系统的缺点，获得了十分广泛的应用，并且具有以下一些特点。

1. 良好设计可降低控制系统的硬件成本

目前，在数字化交流伺服系统中，使用的微控制器包括高性能 16 位单片机和 32 位 DSP，并向片上系统(system on a chip，简称 SOC)发展，系统集成度高，功能齐全，使用这些芯片大大简化了系统硬件结构,降低了系统成本。

2. 系统性能良好

基于高性能DSP或SOC设计的数字化交流伺服系统,采用数字化控制技术,极大地提高了系统的各项性能指标,以伺服系统的核心指标为例,速度控制比可达1∶30 000以上,并可实现零速力矩控制。

3. 系统可靠性高

数字化交流伺服系统中采用片上系统SOC和智能化功率模块IPM后,使线路连线降到最少,其平均无故障时间大大高于分立元器件电路。IPM自身具有过压、过流、短路、缺相、温升和电磁干扰等检测与保护功能,以及低功耗等,所以单元安全可靠。微机控制系统的可靠性大大优于电机控制系统中的其他元器件。

4. 系统稳定性好

数字化交流伺服系统采用片上系统SOC和智能化功率模块IPM后,使线路连线降到最少,其平均无故障时间大大高于分立元器件电路。IPM自身具有过压、过流、短路、缺相、温升和电磁干扰等检测与保护功能,以及低功耗等,所以单元安全可靠。微机控制系统的可靠性大大优于电机控制系统中的其他元器件。

5. 系统精度高

在数字化交流伺服系统中,选用高精度的交流伺服电机,与数字控制技术相结合,大大减小了系统误差,提高了系统的伺服控制精度。

6. 无传感器控制

随着现代控制理论、微处理技术、电力电子技术的不断发展和应用,高性能微处理器的运算速度越来越快,在交流电机的矢量控制系统中,通过对获得的电信号进行运算和辨识,获得电机的转速和位置信息,实现交流电机的无速度传感器控制,大大提高了系统的控制精度和可靠性。

7.8 交流异步测速发电机

交流测速发电机可分为同步测速发电机和异步测速发电机。同步测速发电机感应电动势的频率随转速的变化而变化,负载阻抗和电机内阻抗也随着转速的变化而变化,因此仅仅用作指示式转速计,很少在控制系统中用以测量转速。

在控制系统中得到广泛应用的是异步测速发电机。其输出电压的频率与励磁电压的频率相同而与转速无关,输出电压的幅值与转速成正比。异步测速发电机按照转子结构的不同可分为空心杯形转子和鼠笼形转子两种。前者具有测量精度高、转动惯量较小等优点,在控制系统中得到广泛地应用;后者输出斜率大,但线性度不好、相位误差大、剩余电压高,一般只用于精度要求不高的场合。下面主要介绍空心杯形转子异步测速发电机。

7.8.1　基本结构与工作原理

空心杯形转子异步测速发电机的结构和杯形转子两相伺服电动机相似，转子是一个薄壁非磁性杯（杯厚为 0.2～0.3 mm），通常用高电阻率的硅锰青铜或铝锌青铜制成，在杯形转子内还装有一个由硅钢片叠成的内定子。定子的两相绕组在空间位置上严格保持 90°电角度，其中一相作为励磁绕组，外施恒压恒频的单相交流电源 $\dot{U}_j$，用于励磁；另一相作为输出绕组，其两端的电压异步即为测速发电机的输出电压 $\dot{U}_2$，如图 7.43 所示。

当电机的励磁绕组外施电压 $\dot{U}_j$ 时，便有电流 $\dot{I}_j$ 流过绕组，在电机气隙中沿励磁绕组轴线（d 轴）产生一频率为 f 的脉动磁通 $\dot{\Phi}_d$。

$\dot{\Phi}_d$ 在励磁绕组中感应电动势 $\dot{E}_1$，不计励磁绕组的电阻和漏抗，则有

$$U_j \approx E_1 \propto \Phi_d \tag{7-68}$$

因此，当外部励磁电压恒定时，Φ_d 也基本不变。

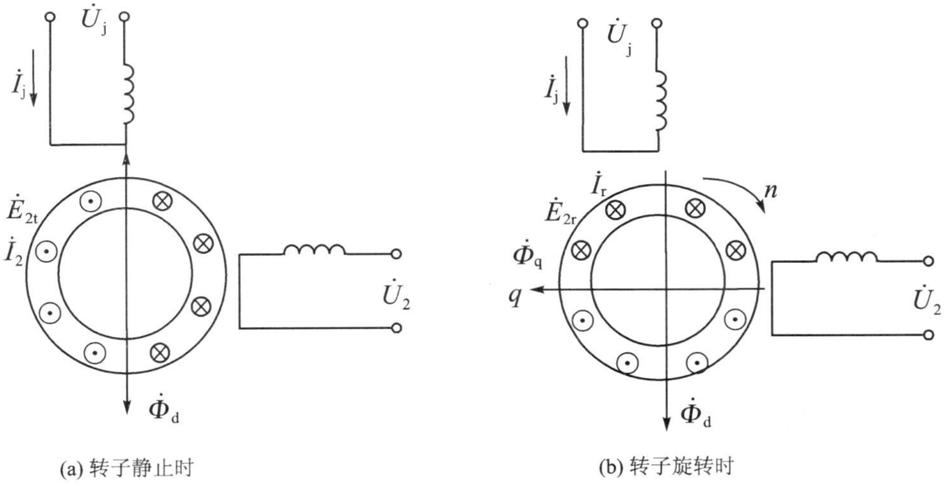

图 7.43　杯形转子异步测速发电机的工作原理

当转子不动时，d 轴的脉振磁通只能在空心杯形转子中感应出变压器电动势 $\dot{E}_2$，由于杯形转子可以看作是一个导条数目很多的鼠笼形转子，因此是闭合的，这一变压器电动势将在杯形转子中产生转子电流 $\dot{I}_2$，此电流所产生的磁通与励磁绕组产生的磁通在同一轴线上，阻碍 $\dot{\Phi}_d$ 的变化，所以合成磁通仍为沿 d 轴的磁通。而输出绕组的轴线和励磁绕组轴线空间位置相差 90°电角度，它与 d 轴磁通没有耦合关系，故不产生感应电动势，输出电压为零，如图 7.43(a)所示。

当转子转动时，转子绕组中除了感应变压器电动势外，因转子导体切割磁通 $\dot{\Phi}_d$

而在转子绕组中感应一旋转电动势 $\dot{E}_{2r}$，其有效值表示为

$$E_{2r} = C_2 \Phi_d n \tag{7-69}$$

式中，C_2 为电动势系数。

如果磁通 Φ_d 恒定，则电动势 E_{2r} 与转子转速 n 成正比，以 Φ_d 的脉振频率 f 交变，如图 7.43(b)所示。

又因空心杯转子相当于短路绕组，故旋转电势 $\dot{E}_{2r}$ 在杯形转子中产生交流短路电流 $\dot{I}_r$，其大小正比于 E_{2r}，其频率为 $\dot{E}_{2r}$ 的交变频率 f，若忽略杯形转子漏抗的影响，那么电流 $\dot{I}_r$ 在时间相位上与 $\dot{E}_{2r}$ 同相，即在任一瞬时，杯形转子的电流方向与电动势方向一致。

转子电流 $\dot{I}_r$ 将产生交轴方向的脉振磁通 $\dot{\Phi}_q$，其交变频率为 f，磁通 $\dot{\Phi}_q$ 的大小正比于 I_r，在空间位置上与输出绕组的轴线(q 轴)一致，有

$$\Phi_q \propto I_r \propto E_{2r} \propto n \tag{7-70}$$

转子脉振磁场 $\dot{\Phi}_q$ 与输出绕组相交链而产生感应电势 $\dot{E}_2$ 和输出电压 $\dot{U}_2$，即

$$U_2 \propto E_2 \propto \Phi_q \propto n \tag{7-71}$$

因此，输出绕组感应产生的电动势 E_2 实际就是交流异步测速发电机输出的空载电压 $\dot{U}_2$，其大小正比于转速 n，其频率为励磁电源的频率 f。

若转子转动方向相反，则杯形转子中的旋转电动势、电流及其所产生的磁通的相位均随之相反，因而输出电压的相位也相反。这样，异步测速发电机就能将转速信号转变成电压信号输出，实现测速的目的。

7.8.2 主要误差分析

自动控制系统对异步测速发电机的要求是：

① 输出电压与转速成严格的线性关系；

② 输出电压与励磁电压(即电源电压)同相；

③ 转速为零时，没有输出电压，即所谓剩余电压为零。实际上，测速发电机的定子绕组和空心杯形转子的参数都会在不同程度上受温度变化、工艺等方面的影响，在输出线性度、相位、剩余电压等方面产生误差。

1. 直轴磁通 Φ_d 变化的影响

只有严格保持直轴磁通 Φ_d 不变的前提下，交流异步测速发电机的输出电压才与转子转速成正比，但在实际中，转子旋转切割直轴磁通 Φ_d，将产生交轴磁势并建立交轴磁通 Φ_q，转子旋转也会切割交轴磁通 Φ_q 从而产生直轴磁势，该直轴磁势的大小与转子转速成正比，与转子电阻值有关。根据磁势平衡原理，转子产生的直轴磁势将导致励磁绕组的电流 $\dot{I}_j$ 发生变化，因而励磁绕组的阻抗压降也会改变，这样直轴磁通 Φ_d 就随之发生变化，这就破坏了输出电压与转子转速应保持的正比关系，如图 7.44

所示。因此，励磁绕组的漏阻抗大小直接影响直轴磁通的变化。

同时，如果考虑转子绕组的漏抗，转子电动势 $\dot{E}_{2r}$ 与电流 $\dot{I}_r$ 也不再是同相位，使转子电流 $\dot{I}_r$ 所产生的磁势不完全位于交轴方向，因此，该磁势将会存在折算到直轴的一个分量，从而也会影响直轴磁通 Φ_d 的大小。

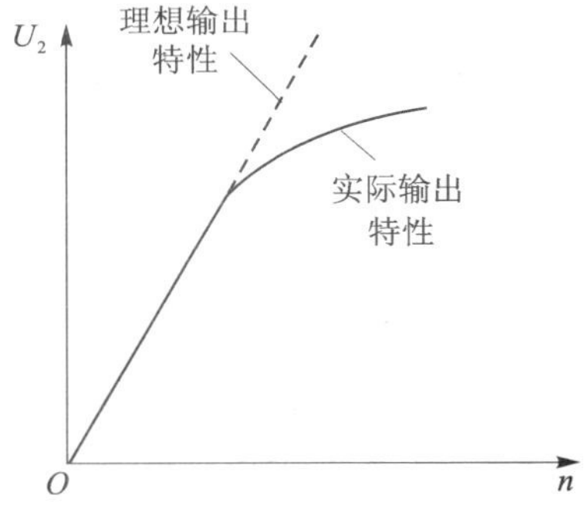

图 7.44　交流异步测速发电机的输出特性

因此，减小励磁绕组的漏阻抗或增大转子电阻，均有利于直轴磁通 Φ_d 的恒定，但是减小励磁绕组的漏阻抗将会导致电机体积的增大，因此一般采用增大转子电阻的办法减小输出电压的误差。

此外，由于转子直轴磁动势的大小与电机的相对转速 n/n_0 有关，因此，减小电机的相对转速也有利于减小直轴磁通的变化，这可以通过提高励磁电源的频率来实现，以增大同步转速 n_0，减小相对转速。所以通常异步测速发电机的频率采用中频 400 Hz励磁电源。

2．负载阻抗的影响

通常异步测速发电机的负载阻抗比较大，可以近似地认为输出绕组是开路的情况。当负载阻抗不大时，负载阻抗对输出特性的影响就不能忽略了。经过分析，可以得出负载阻抗与输出电压的大小及相位关系如图 7.45 所示。

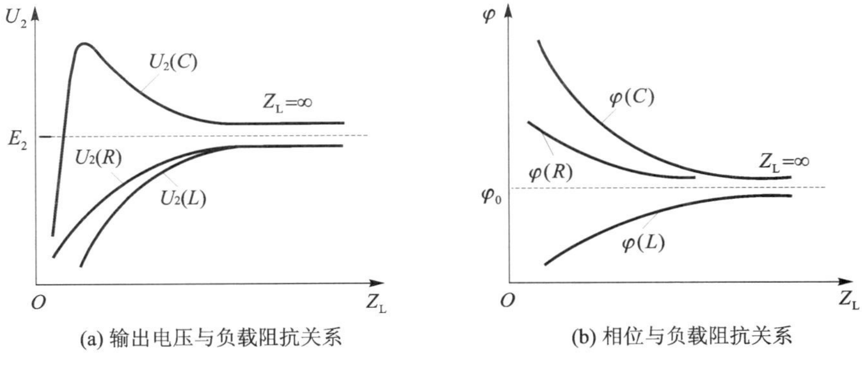

图 7.45　负载阻抗对输出电压的大小和相位的影响

根据图 7.45，可以得出如下结论：

① 当异步测速发电机的转速一定时，如果负载阻抗足够大，则不同性质下的负载阻抗变化对输出电压大小的影响均不大。

② 纯电阻负载和纯电容负载的阻抗值的变化对输出电压的影响趋势相反，因此，如果输出绕组的负载是容阻组合，则负载阻抗的变化对输出电压的影响可以互

补,有可能使输出电压不受负载变化的影响。但它们对输出电压相移的影响趋势是一致的,因此输出电压相移的变化会更加明显。

③ 输出绕组负载采用阻感组合时,它们对输出电压相移的影响互补,但对输出电压大小的影响不能补偿。

因此,采用什么性质的负载组合应由实际系统的要求决定。

3. 剩余电压的影响

当转子静止时,交流测速发电机的输出电压应当为零,但实际上还会有一个很小的电压输出,此电压称为剩余电压 U_s。剩余电压是由两部分组成:与转子位置无关的固定电压 U_{sz} 和随转子位置变化而周期性变化的交变分量 U_{sj},如图 7.46 所示。

剩余电压固定分量 U_{sz} 产生的原因是:励磁绕组与输出绕组的不正交,磁路的不对称,内定子或外定子加工的椭圆形导致的气隙不均匀等。图 7.47 所示的就是内定子加工的椭圆形导致气隙的不均匀,引起磁路的不对称。这样直轴励磁磁通 Φ_d 不再与励磁绕组轴线方向一致了,而是扭转了一个角度,从而与输出绕组耦合,当转速为零时仍然会产生感应电动势,即剩余电压 U_{sz}。

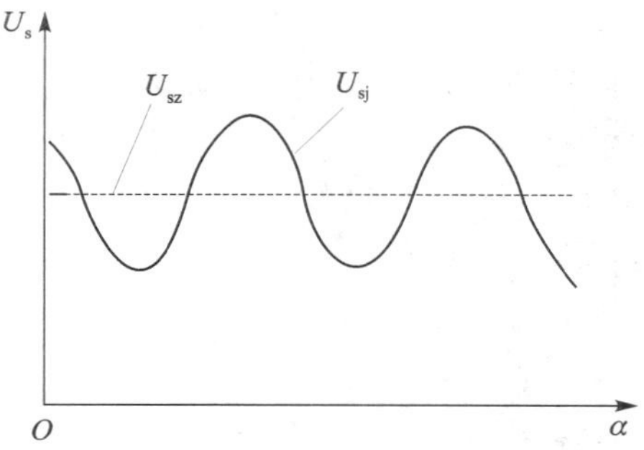

图 7.46 剩余电压的组成

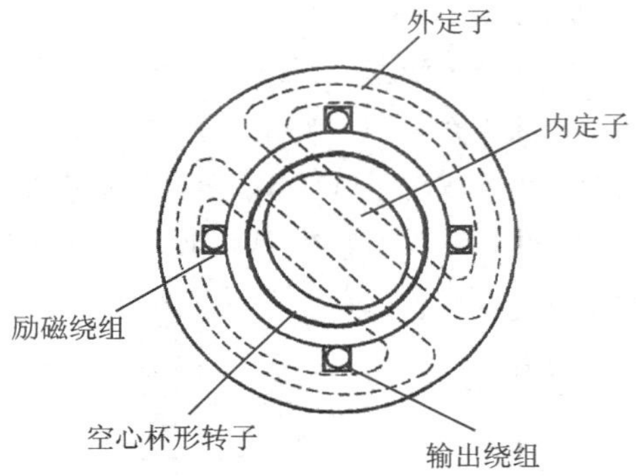

图 7.47 内定子椭圆引起的剩余电压

剩余电压的交变分量 U_{sj} 产生的原因是:转子的不对称,如材料的不均匀,杯壁的厚度不均匀。不对称的转子相当于一个对称的转子加上一个短路环的作用,如图 7.48所示。对称转子不会产生剩余电压,而短路环会引起剩余电压。因为励磁绕组产生的直轴磁通 Φ_d 会在短路环中产生感应电动势 $\dot{E}_{kk}$ 和 $\dot{I}_{kk}$,电流 $\dot{I}_{kk}$ 又会产生沿短路环轴线方向的附加脉振磁通 $\dot{\Phi}_{kk}$,当短路环轴线与输出绕组轴线不正交时,附加磁通 $\dot{\Phi}_{kk}$ 就会在输出绕组中产生附加感应电动势,从而产生剩余电压 U_{sj}。这个剩余电压 U_{sj} 将随着转子的转动而周期性地变化。

剩余电压的交流分量是难以采用一定的措施补偿掉的,只能依靠转子材料的性能和提高转子加工精度来减小。而剩余电压的固定分量则可以采取一定的措施消弱或抵消掉的,具体如下:

① 将励磁绕组和输出绕组分开安置，励磁绕组安放在外定子铁芯，输出绕组安放在内定子铁芯，而且内定子能够相对于外定子转动。当电机制造好后，固定外定子后，将励磁绕组通入交流电，慢慢转动内定子，剩余电压变化到最小时再固定好内定子。

② 采用四极电机结构。当转子不动时，每一瞬间穿过短路环的两路脉振磁通的方向相反，因此，在短路环中感应的电动势和电流以及沿短路环轴线方向的附加脉振磁通 $\dot{\Phi}_{kk}$ 都很小，$\dot{\Phi}_{kk}$ 产生的剩余电压也很小，四极电机结构如图 7.49 所示。

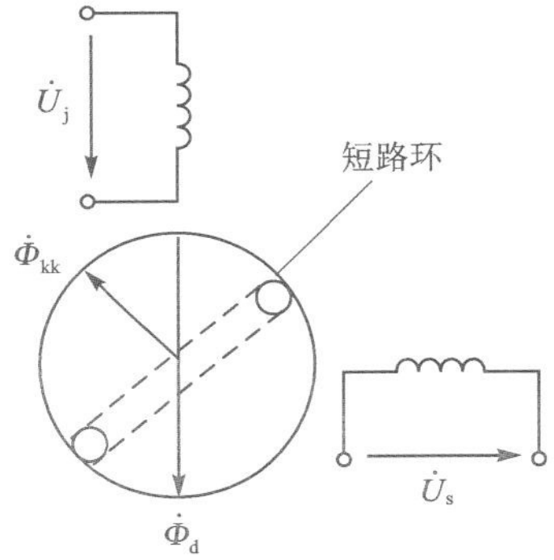

图 7.48　剩余电压交变分量

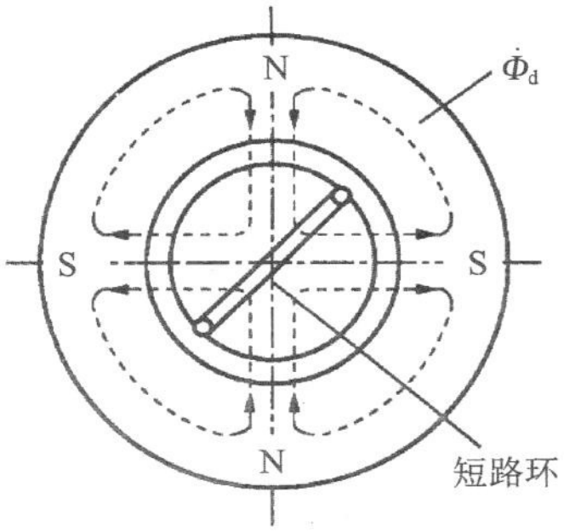

图 7.49　四极电机的剩余电压

③ 采用补偿绕组。补偿绕组与励磁绕组串接，嵌放在输出绕组槽中，转子不动合上电源，流过补偿绕组的电流产生的磁通 $\dot{\Phi}_c$ 与输出绕组完全交链，在输出绕组中感应补偿电压，当补偿绕组选择得适当时，有可能使补偿电压完全抵消掉剩余电压，如图 7.50 所示。

④ 外加补偿电路。如图 7.51 中，采用分压器取出一部分电压经移相器移相后，得到校正电压 $\dot{U}_{jj}$ 与输出绕组串联，当 $\dot{U}_{jj}$ 与剩余电压方向相反、大小相等时，就可以将其抵消掉。

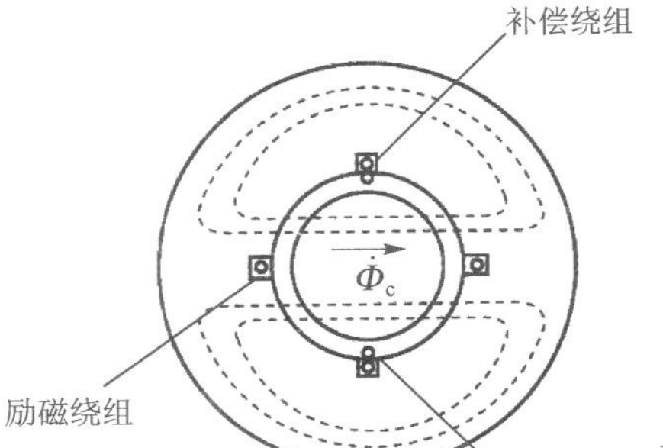

图 7.50　补偿绕组的作用

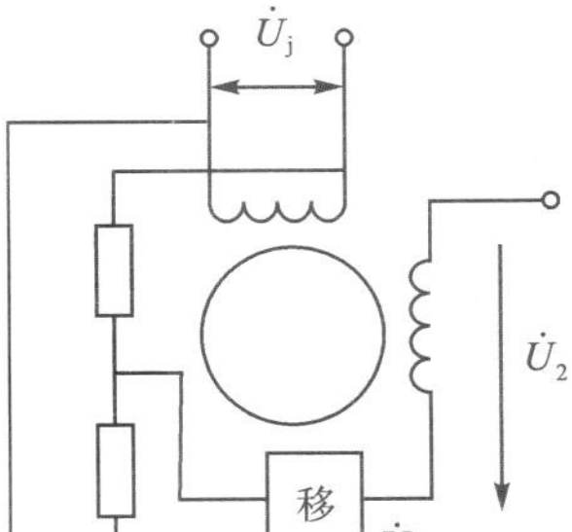

图 7.51　外加补偿电路的方法

4. 励磁电源的影响

异步测速发电机对励磁电源电压的幅值、频率和波形的要求比较高，电源内阻及电源与测速发电机之间的连线阻抗也应该尽量小。电源幅值的变化会直接引起输出电压的变化，频率的变化会引起感抗和容抗的变化，因而会引起相角变化和输出电压的相位误差。当转子电阻较大时，相位滞后的要小一些。

5. 温度的影响

电机温度的变化会引起励磁绕组的杯形转子电阻以及磁性材料的性能发生变化，从而引起输出特性的变化。例如，温度的升高会引起电阻压降的提高和输出电压的降低。在设计电机时可以采用温度变化系数较小的材料，也可以采用温度补偿措施，如在励磁回路、输出回路或同时在两个回路串联负温度系数的热敏电阻来补偿温度变化的影响。

小　结

在自动控制系统中，常常用到两相交流伺服电动机和交流测速发电机。其中两相交流伺服电动机的作用是把输入的电压信号转换成角位移或角速度，做执行元件。测速发电机将输入信号转换成电压信号，作测速、校正、阻尼、角加速度或解算元件。本章中对这两种电机的基本结构、工作原理和运行特性进行了分析。

交流伺服电动机的结构主要分为定子部分和转子部分，其定子上放置了两相空间互差 90°的绕组，一相是励磁绕组，一相是控制绕组。转子结构常见的有鼠笼形转子和杯形转子两种，一般以鼠笼形转子应用较广泛。

当控制绕组和励磁绕组分别加上额定电压时，气隙中产生圆形旋转磁场，并带动转子以一定的转速旋转，这就是两相交流伺服电动机的工作原理。转子旋转的转速总是低于旋转磁场的转速，因此两相交流伺服电动机也称为异步电动机。圆形旋转磁场的幅值是不变的，而磁场的轴线在空间旋转。旋转磁场的转速称为同步转速，由电机的极对数和电源频率所决定。

两相交流伺服电动机的转速随着负载的变化而变化，它与同步转速之间的差值定义为转差。转差与同步转速的比值为转差率，转差率 s 表示电机转速的一个重要的物理量。当转子不动时，转差率为 1；当转子转动时，转子的频率、电动势和电抗都会发生变化，转子频率、电动势和电抗等于转子不动时的数值乘以转差率 s。

两相交流伺服电动机通常运行在不对称状态下，此时气隙磁场为椭圆形旋转磁场。它可以分解成一个正向圆形旋转磁场和一个反向圆形旋转磁场，从而可以用圆形旋转磁场的研究方法来分析椭圆形磁场作用下的运行情况。从椭圆磁场的机械特性可以看出，当电机处于不对称运行时，由于反向旋转磁场的存在，使电机输出转矩减小，空载转速降低。

当控制电压发生变化时，磁场椭圆度发生变化，利用正、反转矩合成的方法，就可作出伺服电动机在各种不同有效信号系数时的机械特性、调节特性等。当控制电压变化时，电机转速也发生相应变化，从而达到转速控制的目的。两相交流伺服电动机的机械特性比较软，而且斜率随控制电压的不同而变化，而放大器的内阻影响电机的机械特性和机电时间常数，这些应该引起注意。

当控制电压为零时，电机应当立即停转，这是控制系统对伺服电机提出的基本要求。当电机在整个运行范围内都具有下垂的机械特性时，可以消除单相供电时的自转现象。因此，具有大的转子电阻是两相交流伺服电动机的一大特点。

异步测速发电机的结构与空心杯形转子交流伺服电动机完全相同。当异步测速发电机的励磁绕组产生的磁通 $\dot{\Phi}_d$ 保持不变，转子不转时输出电压为零，转子旋转时切割励磁磁通产生感应电动势和电流，建立横轴方向的磁通，在输出绕组中产生感应电动势，从而产生输出电压。输出电压的大小与转速成正比，但其频率与转速无关，等于电源的频率。理想的输出特性也是一条直线，但实际上并非如此。引起误差的主要原因是：$\dot{\Phi}_d$ 的大小和相位都随着转速而变化，负载阻抗的大小和性质，励磁电源的性能，温度以及剩余电压，其中剩余电压是误差的主要部分。

表征异步测速发电机性能的主要技术指标有线性误差、相位误差和剩余电压。

在实际中为了提高异步测速发电机的性能通常采用四极电机。为了减小误差，应增大转子电阻和负载阻抗，减小励磁绕组和输出绕组的漏阻抗，提高励磁电源的频率。使用时，电机的工作转速不应超过规定的转速范围。

为了满足控制系统的要求，对测速发电机的性能要求也越来越高。为此人们在普通测速发电机的基础上，研制出了永磁高灵敏度直流测速发电机和无刷直流测速发电机。

思考题与习题

7-1　单相绕组通入直流电流、单相绕组通入交流电流及两相对称绕组通入两相对称交流电流各产生什么样的磁场，气隙磁场在空间中怎样分布，在时间上又怎样变化？

7-2　两相对称绕组通入同相位的交流电流能否形成旋转磁场？当两相绕组的匝数相同和不相同时，加在两相绕组上的电压和电流满足怎样的条件才能产生圆形旋转磁场？

7-3　什么是“同步转速”？假定电源频率为 400 Hz，极数为 4，则电机的同步转速为多少？

7-4　改变两相交流伺服电动机转向的方法有哪些？

7-5　为什么两相交流伺服电动机的转子电阻要选得很大？转子电阻过大有哪

些危害?

7-6 为什么交流伺服电动机又称为两相异步电动机?如果有一台电机,技术数据上标明空载转速为1 450 r/min,电源频率为50 Hz,则这台电机为几极,空载转差率为多少?

7-7 当有效信号系数 α_e 从0～1变化时,电机磁场的椭圆度如何变化?被分解出的正、负向旋转磁场的大小又如何变化?

7-8 一台两极交流伺服电动机,励磁绕组通一50 Hz的交流电,当转速 $n=2\ 800$ r/min时,使控制电压 $U_k=0$。问此瞬间:

① 正、反转旋转磁场切割转子导体的转速为多少?

② 正、反转旋转磁场切割导体所产生的转子电流频率各为多少?

③ 正、反转旋转磁场作用在转子上的转矩方向和大小是否一样?哪个大?为什么?

7-9 什么是两相交流伺服电动机的自转现象?伺服电动机采用什么方法消除自转现象?

7-10 两相交流伺服电动机的控制方式有哪些?分别是调节哪个物理量实现的?

7-11 什么是两相交流伺服电动机的机械特性和调节特性?

7-12 什么是电源移相?什么是电容移相?

7-13 一台两相交流伺服电动机,励磁绕组和控制绕组的匝数分别为 N_j 和 N_k,两绕组轴线在空间相隔 α 电角度,设在两绕组中分别通入电流 $i_j=I_{jm}\cos\omega t$ 和 $i_k=I_{km}\cos(\omega t-\beta)$,试求产生圆形旋转磁场的条件。

7-14 一台两相交流伺服电动机,额定频率 $f=50$ Hz,空载转速1 470 r/min,试求电机的极对数、同步转速、空载转差率、空载时转子频率和堵转时转子频率?

7-15 请简要叙述交流测速发电机的基本工作原理。

7-16 什么是异步测速发电机的剩余电压?各个分量的含义和产生的原因以及对系统的影响是什么?如何减小?

7-17 与直流测速发电机相比,交流测速发电机有什么优点?

7-18 为什么异步测速发电机的转子都用非磁性空心杯形结构,而不是鼠笼形结构?

第 8 章　微型同步电动机

在一些恒转速自动控制系统中，要求电动机运行在恒速状态下，即电动机的转速不随负载或电源电压的变化而改变，微型同步电动机就可以满足这种要求。本章主要介绍了永磁式同步电动机、反应式同步电动机以及磁滞同步电动机的结构和工作原理。

8.1　概　论

同步电动机是交流电动机，在结构上主要是由定子和转子两部分构成。定子与一般异步电动机的定子相同，当三相绕组通入三相电流或两相绕组通入两相电流（包括单相电源经过电容分相或罩极式）时，定子中产生旋转磁场，旋转磁场的转速为同步转速 n_s，即

$$n_s = \frac{60f}{p} \tag{8-1}$$

式中：f 为电源频率，p 为电机的极对数。

微型同步电动机转子上无励磁绕组，也不需要电刷和滑环，因而结构简单、运行可靠、维护方便。功率从零点几瓦到数百瓦，广泛应用于需要恒速运行的自动控制系统中。但是同步电动机的缺点是它本身不能产生启动转矩，一般需要借助于辅助电动机或利用异步启动。

微型同步电动机转子的结构形式和材料不同，运行原理就不同。依据转子的结构，微型同步电动机主要分为永磁式、反应式和磁滞式三种。

8.2　永磁式同步电动机

永磁式微型同步电动机的转子由永久磁钢制成，可以是两极，也可以是多极，N、S 极沿圆周方向交替排列。图 8.1 所示是具有两个永久磁极的转子。

当同步电动机的定子接入交流电源后，产生一个旋转磁场，旋转磁场可以用一对旋转磁极 N、S 表示，转子也是一个两极的永磁体。当定子旋转磁场以转速 n_s 沿逆时针方向旋转时，根据异性磁极相吸的原理，转子 S 极和定子 N 极产生的吸力导致转子也逆时针方向旋转。由于转子的旋转是由定子旋转磁场带动的，因而转子的转速与定子磁场的转速相等，为同步转速 n_s。当转子上负载转矩增大时，定子磁极轴线与转子磁极轴线间的夹角 δ 就会相应增大；当转子上负载转矩减小时，夹角 δ 又会

相应减小,两对磁极间的磁力线就如同弹性的橡皮筋一样。尽管随着负载的变化,定子和转子磁极轴线之间的夹角会变大或变小,但只要负载不超过一定的限度,转子就会始终跟着定子旋转磁场以同步转速旋转,即转子速度为

$$n = n_s = \frac{60f}{p} \qquad (8-2)$$

可见,转子的转速也取决于电源的频率和电机的极对数。如果轴上的负载阻转矩超出一定限度,转子不再以同步转速运行,转速降低甚至停转,这就是同步电动机的"失步"现象。这个最大限度的转矩称为最大同步转矩。因此电动机的负载不能大于最大同步转矩,否则电动机将不能再同步转动。

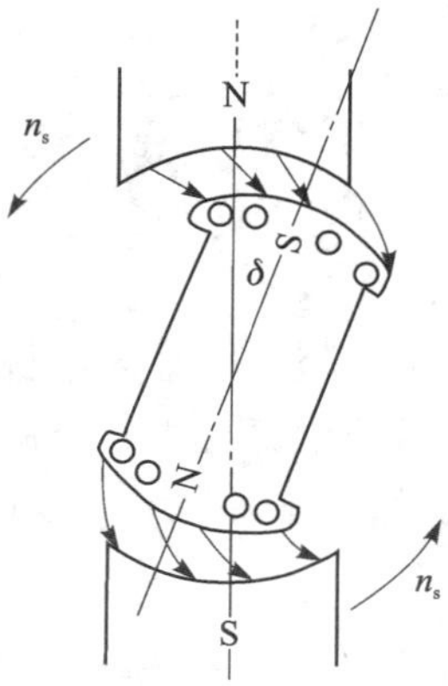

图 8.1 永磁同步电动机工作原理图

应当注意,永磁式电动机启动比较困难。主要原因是在合上电源的瞬间,电机内产生了以同步转速旋转的磁场,而转子由于惯性的作用跟不上定子旋转磁场的转速。因此定子和转子磁场之间存在着相对运动,转子受到的平均转矩为零——转子不能自行启动,如图 8.2 所示。在图 8.2(a)所示的瞬间,定转子磁极的相互作用倾向于使转子沿逆时针方向旋转,但由于惯性的影响,转子受到作用力不能马上启动;当转子还未启动时,定子磁场已转过 180°,到达图 8.2(b)所示的位置,这时定转子磁极之间的相互作用又趋向于使转子沿顺时针方向旋转。转子受到的转矩时正时负,其平均转矩为零,因此永磁式微型同步电动机不能自行启动。从图 8.2 中还可以看出,在同步电动机中,如果转子的转速与旋转磁场的转速不相等,转子所受到的平均转矩总是零。

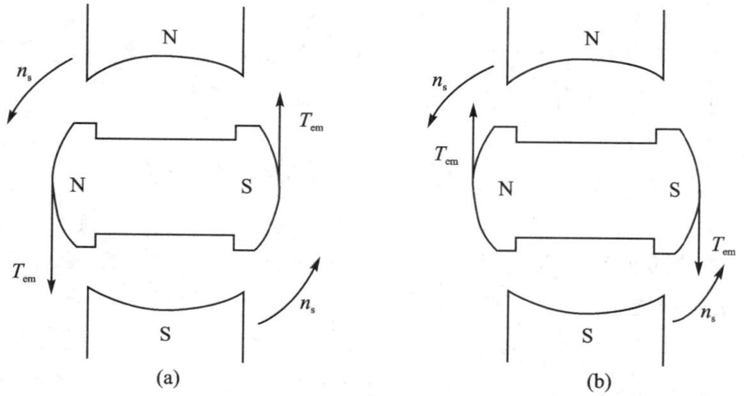

图 8.2 永磁式同步电动机的启动转矩

综上所述,影响永磁式同步电动机启动的主要因素有两方面:

① 转子本身存在惯性;

② 定子、转子磁场之间转速相差过大。

为了使永磁式同步电动机能够自行启动，一般的永磁式电动机都需要附加启动绕组，但那些转子本身惯性很小、极数较多的低速永磁式同步电动机除外。

通常需在转子上安装鼠笼式启动绕组（见图8.3）。该绕组主要由两部分组成：一部分是两块圆形的永久磁铁，做成一对或多对磁极，装在转子的两端；另一部分是鼠笼形启动绕组，位于转子中部，其结构形式与普通鼠笼形异步电动机的转子相同，由于同步电动机不允许在异步状态下长时间工作，因此，笼形启动绕组的设计是按照短时工作设计的。启动时，依靠鼠笼形启动绕组，像异步电动机一样产生启动转矩，使转子旋转起来。当转速上升到接近同步转速时，定子旋转磁场与永久磁铁相互吸引，把转子拉入同步，一起以同步转速旋转。这时，由于转子与旋转磁场已无相对运动，启动绕组便不起作用了。如果永磁式同步电动机的转动惯量小或是转速低，则转子上可以不另装启动绕组，电动机能够自行启动。

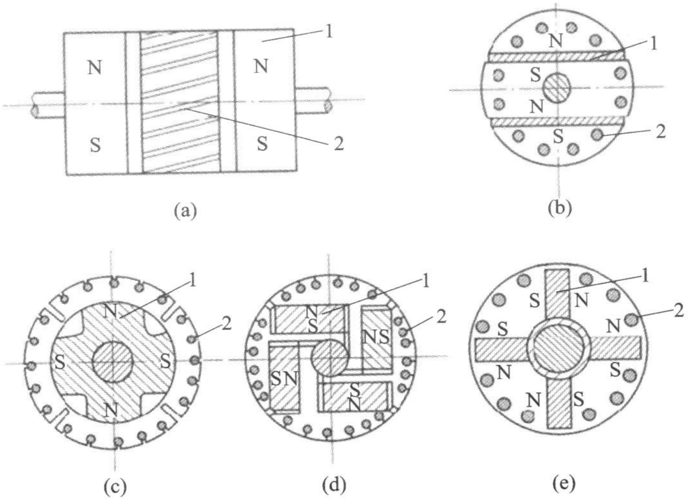

1—永久磁钢； 2—鼠笼形启动绕组

图8.3 永磁式同步电动机的转子结构

永磁式同步电动机结构简单，制造方便，转子又能做成多对磁极，使电动机的转速较低，因而，在自动化仪表中应用广泛，其额定功率一般非常小。

8.3 反应式同步电动机

8.3.1 反应式同步电动机结构特点

反应式同步电动机的转子是用本身无磁性的铁磁材料制成的，其极性是由定子旋转磁场磁化而来,因此称为反应式电动机。又由于它是依靠转子纵向和横向磁阻的不同来产生转矩的,故又称磁阻电动机。

反应式同步电动机的定子与一般同步电动机或异步电动机相同,在定子槽内嵌放两相或三相对称绕组,也可能是单相罩极式绕组。转子的结构有不同的形式,图8.4所示是几种常见的形式,其中图8.4(a)和图8.4(b)称为凸极鼠笼转子,这种转子与一般鼠笼异步电动机的差别仅在于具有与定子极数相等的凸极,以形成纵向与横向磁阻的不等。图8.4(c)转子结构图除了具有凸极以外,在转子铁芯中还设置了隔离槽,并相应地增大凸极极弧,这样可以加大转子直轴和交轴磁阻差,以提高电机的电磁力。

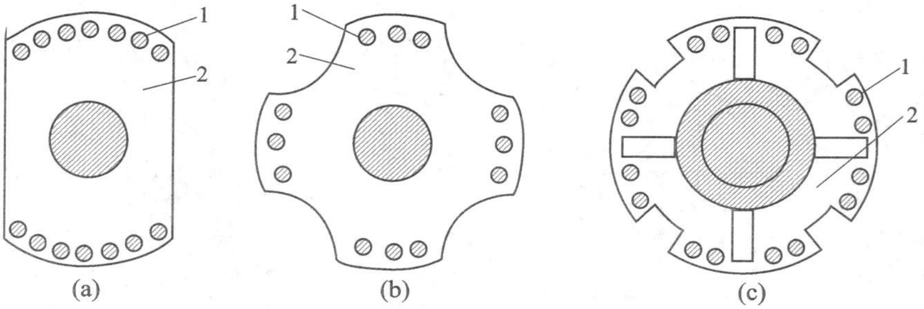

1—鼠笼条;2—铁芯

(a)、(b) 凸极鼠笼转子结构;(c) 设置隔离槽的鼠笼转子结构

图 8.4 反应式同步电动机转子

8.3.2 反应式同步电动机的工作原理

利用图8.5所示的两极电机来说明反应式同步电动机的工作原理,图中的N、S磁极表示定子绕组产生的两极旋转磁场,中间是一个由导磁材料制作的两极凸极转子,凸极转子可以看成具有两个方向,顺着凸极轴线的方向为直轴方向,与凸极轴线正交的方向为交轴方向。转子转动的位置不同,转子和定子之间的气隙也不同。显然,当旋转磁场轴线与转子直轴方向一致时,磁通通过路径的磁阻最小;当旋转磁场轴线与转子交轴方向一致时,磁阻最大;其他位置的磁阻介于二者之间。

在图8.5(a)中,定子旋转磁场的轴线与转子直轴轴线重合,磁力线不发生扭曲,不产生切线方向的电磁力,电磁转矩为零。如果旋转磁场的轴线与转子直轴方向的夹角为θ,此时磁力线被扭曲。由于磁力线力求沿磁阻最小的路径,因此,磁力线收缩力图使转子直轴方向与定子磁极方向一致,由此产生与定子磁场转向相同方向的电磁力,形成电磁转矩,即反应式转矩。若此转矩与负载转矩相平衡,电机的转子直轴和旋转磁场轴线就会保持这一角度,以同步转速同向旋转,即转子转速为

$$n = n_s = \frac{60f}{p} \tag{8-3}$$

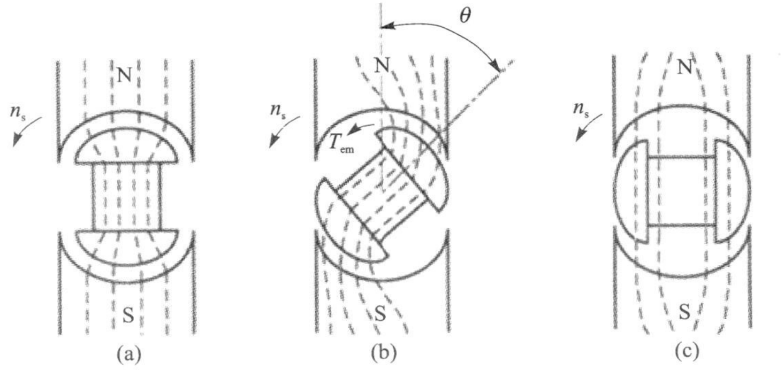

图 8.5　反应式同步电动机

负载转矩越大，θ 角也就越大，磁通就会有更大的扭曲，磁力线的收缩力就更大，可以产生更大的转矩与转轴的负载阻转矩平衡。当转子转角 $\theta=90°$ 时，全部磁力线都沿转子交轴方向通过转子，磁力线未被扭曲，如图 8.5(c)所示，此时没有切向的电磁力，电磁转矩为零；当 $\theta>90°$ 时，电磁转矩改变方向，当 $\theta=180°$ 时，电磁转矩又变为零，此时转矩变化了一个周期。

反应式同步电动机的最大同步电磁转矩发生在 $\theta=45°$ 时，与永磁式同步电动机一样，只要负载阻转矩不超过最大同步电磁转矩，则反应式同步电动机的转子始终跟着旋转磁场以同步转速旋转。如果负载转矩大于最大同步转矩，则电动机就会“失步”，进入异步运行状态，甚至停转。

从以上分析可知，产生反应转矩必须具备的条件是：转子上正交的两个方向应具有不同的磁阻。如果转子是一个光滑的圆柱形转子，各个方向的磁阻一样，当旋转磁场旋转时，磁力线不发生扭曲，就不会产生反应转矩，电动机就不能转动。

反应式微型同步电动机也不能自行启动，必须装启动绕组以产生启动转矩，如图 8.4 所示。启动转矩是由转子上的笼形启动绕组产生的，在转子加速到接近同步转速时，依靠磁阻转矩将转子牵入同步并在同步下运行，这时启动绕组就失去了作用。转子上没有励磁绕组和集电环，也不使用永磁材料，其磁场由定子磁通产生。由于没有滑动接触，且笼形绕组在正常运行时存在启动阻尼绕组的作用，因此运行稳定可靠。

这种电动机可以通过改变定、转子磁极对数来改变转子转速，也可以通过改变交流电的频率来改变转速。反应式微型同步电动机结构简单，成本低廉，可以用于记录仪表、摄像机、录音机及复印机等设备中。

8.4　磁滞式同步电动机

磁滞式同步电动机的结构主要分定子和转子两部分，定子与一般的交流电动机定子相同，定子绕组产生一个旋转磁场。磁滞式同步电动机的转子是由硬磁材料制成,这种硬磁材料具有较宽的磁滞回线,它的剩磁 B_r 和矫顽力 H_c 要比软磁材料大,如图 8.6 所示。这种电动机在接通电源时,将产生涡流转矩和磁滞转矩,从而使电动机不需另装鼠笼形启动绕组便可自行启动。

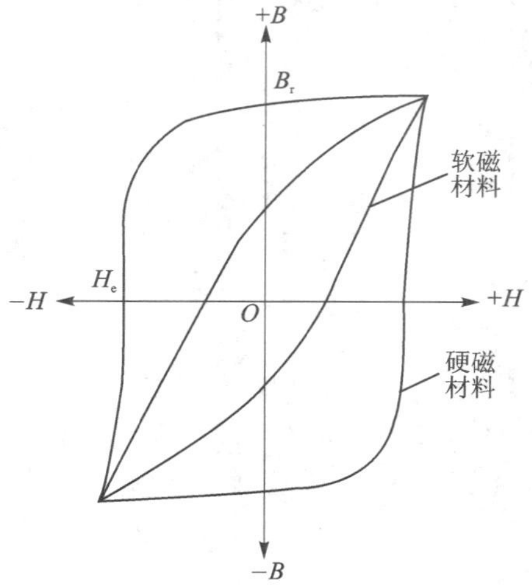

图 8.6 磁性材料的磁滞回线

另外,由于转子材料是导电材料,当它与定子旋转磁场存在相对运动时,便会切割磁力线而在其外表层产生涡流,涡流与旋转磁场相互作用而产生的转矩称为涡流转矩,它与交流伺服电动机中的电磁转矩性质相同。

图 8.7 表示一个用硬磁材料制成的圆柱形转子,定子所产生的旋转磁场用一对 N、S 磁极表示。当旋转磁场以同步转速相对转子旋转时,转子的每一部分都要被交变地磁化,转子的所有磁分子将随着旋转磁场的方向进行排列。如果在开始瞬间,转子磁分子的排列方向与旋转磁场的轴线方向一致,如图 8.7(a)所示,为了清楚起见,图中只画了两个磁分子。这时定子、转子之间的相互作用是径向的,定子磁场与转子之间只有径向力 F,不产生电磁转矩。

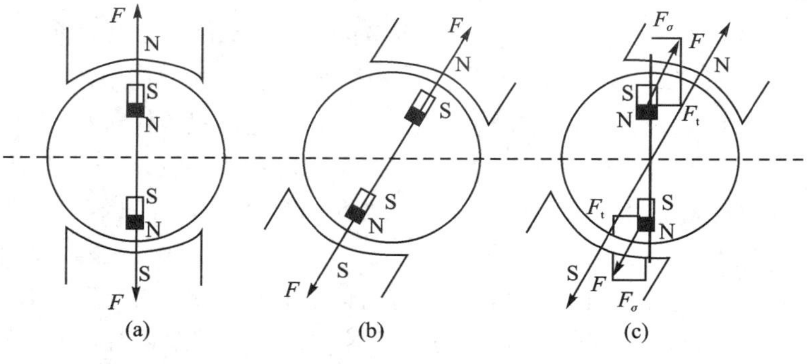

图 8.7 磁滞同步电动机的工作原理

当旋转磁场相对转子转动后,转子磁分子也要跟随旋转磁场方向转动。假如转子是由磁滞现象可忽略的软磁材料制成的,该转子便如同一个隐极反应式转子,转子上因磁化而产生的磁极将随定子旋转磁场以相同的转向和转速在转子外圆上旋转,而且定、转子磁场的轴线始终重合(见图 8.7(b)),转子只受到径向力的作用,也不会产生电磁转矩的作用。由于转子是由硬磁材料制成的,它的剩磁 B_r 和矫顽力 H_c 比较大,磁分子之间具有很大的摩擦力,因此,磁分子不能立即随着定子旋转磁场转过同样的角度,而要落后定子旋转磁场一个角度,磁分子产生的合成磁通势即转子磁通势也就落后定子磁场一个角度，如图 8.7(c)所示。根据 N 极和 S 极相互吸引的原理，在转子上受到一个电磁力 F 的作用，这个力可以分解为径向力 F_σ 和切向力 F_t，其中切向力 F_t 产生磁滞转矩，在它的作用下，转子就跟随着定子旋转磁场转动起来。由此可见，磁分子轴线滞后于旋转磁场轴线一个角度是产生磁滞转矩的根本原因，这个角度称为磁滞角。

显然，磁滞角的大小完全是由硬磁材料的磁滞特性决定的。一定的硬磁材料在一定的定子旋转磁场作用下，其磁滞角和磁滞转矩也是一定的，与转子的转速无关。也就是说，在转子由静止增速到稳定转速的整个启动过程中，转子因磁化而形成的磁极轴线与定子旋转磁场的磁极轴线之间的电角度始终等于磁滞角，只不过转子磁极在转子外圆上相对于转子本身的转速在逐渐减小。随着转子转速的增加，磁滞转矩不变，如图 8.8 所示。

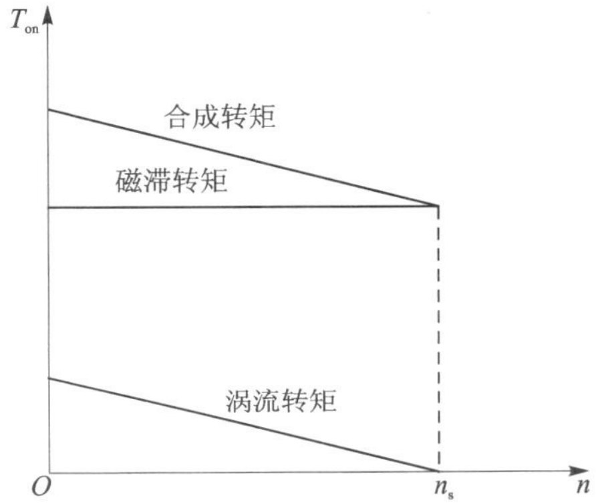

图 8.8　磁滞同步电动机的机械特性

因此，当转子以低于同步转速运行时，无论转子转速如何，在定子磁场的反复磁化下，转子的磁滞角都是相同的，所产生的磁滞转矩也与转速无关。

磁滞同步电动机如果在磁滞转矩作用下启动并达到同步转速运行(通常称为同步运行状态)，转子相对旋转磁场静止，也不再被交变磁化，而是被恒定地磁化。这时，转子类似一个永磁转子，转子磁通的轴线与定子磁场的轴线之间的夹角是可以变化的。当电动机转动轴上的负载阻转矩为零时，转子磁场的轴线与定子磁场的轴线重合，电动机不产生转矩。当负载转矩增大时，电动机就要瞬间减速，定转子两个磁场间的夹角增大，电动机产生的转矩也增大，直到与负载转矩相平衡以同步转速运转。这种转矩平衡的情况与永磁式同步电动机运行时完全相同。

除了磁滞转矩以外，当转子的转速低于同步转速时，转子与旋转磁场之间有相对运动，磁滞转子也要切割旋转磁场产生涡流。转子涡流与旋转磁场相互作用产生涡流转矩。这种涡流转矩的性质与异步电动机产生的转矩相同。涡流转矩随转子转速增加而减小，如图 8.8 所示。当转子以同步速旋转时，涡流转矩为零。涡流转矩能增大启动转矩，但在磁滞同步电动机中，由于转子材料为硬磁材料，涡流转矩一般比磁滞转矩小得多。

考虑了磁滞转矩和涡流转矩后，磁滞同步电动机的总转矩应为二者之和，相应的机械特性曲线如图 8.8 所示。

与其他两种同步电动机相比，磁滞同步电动机最突出的优点是具有天然的启动转矩，不必另装启动绕组，其结构更为简单，而且启动电流与额定电流较其他同步电动机小,带转动惯量较大的负载加速到同步转速时,尽管启动时间可能较长,但不会烧坏电机绕组。转子上因磁化而形成的磁极对数总是与定子旋转磁场的极对数相同,所以定子上可装两个或多个不同极对数的绕组,做成多速磁滞同步电动机。磁滞同步电动机的缺点是效率和功率因数较低。由于磁滞材料的利用率不高,所以磁滞同步电动机的重量和尺寸比其他类型的电动机要大,价格也较高。

8.5 微型同步电动机的特点与应用

微型同步电动机转子的速度不随负载和电压的变化而变化,因此被广泛地应用在恒速运转的自动控制装置中,如自动和遥控装置、无线电通信装置、录像机、录音机、自动记录仪和计时机构等装置中。微型同步电动机可接到恒定频率或可变频率的交流电源上。各种微型同步电动机的特点各异,因而其应用范围也不同。

1. 反应式(磁阻式)微型同步电动机

反应式微型同步电动机的主要特点是结构简单,成本较低,运行可靠,转子的最大特点是没有永磁体和励磁绕组,必须采用凸极结构,使直轴与交轴磁阻不同。但由于磁路磁阻大,仅由定子绕组提供无功励磁,因此励磁电流大,功率因数和效率要比永磁式得低,但要高于磁滞式同步电动机,适用于大容量转速恒定的系统中,在控制系统、自动记录装置、电钟等需要保持恒速的场合获得了广泛地应用。

2. 永磁式微型同步电动机

永磁式微型同步电动机的主要优点是无需电流励磁,无励磁损耗,功率因数高,定子铜耗减小;没有电刷和集电环;转子上无基波铁耗,效率较高;功率密度高,运行可靠;转子结构灵活多样,体积和重量比电励磁的要小。但缺点是启动性能不好,需要在转子上装设笼形启动绕组。适用于要求同步驱动的系统或装置中,例如,在自动装置、自动记录仪、化纤、纺织中作为驱动元件。

3. 磁滞式微型同步电动机

磁滞式微型同步电动机的主要特点是不需有启动绕组就能自行启动,在整个启动过程中磁滞转矩恒定不变,能将负载平稳地拉入同步,启动性能较好,即使负载有较大的转动惯量也能自动进入同步运行状态;电机的结构简单,转子无绕组,不需滑环电刷装置,运行可靠,运行噪音低。磁滞式同步电动机可以在不同的定子磁极对数下运行,当定子磁极对数改变时,由于磁化作用,转子的磁极对数会自动跟着变化,定子磁场与转子磁场的极对数总保持相等。缺点是转子硬磁材料的磁导率较小,磁化电流大,因此功率因数和效率都很低。一般磁滞式同步电动机应用于功率较大而要求同步运行的场合,例如,在记录仪、磁带录音机、传真机和精确的自动计时装置中作为驱动元件,还可用于检测航空转速表的驱动装置。

小　结

微型同步电动机的转速是恒定不变的，总是和旋转磁场的转速相同，应用在要求转速恒定的场合。在结构上，主要是由定子和转子两部分构成。定子与一般异步电动机的定子相同，定子绕组通入交流电流产生旋转磁场。微型同步电动机的转子结构形式和材料有很大差别，运行原理也不同。根据转子的结构形式不同，微型同步电动机主要分为永磁式、反应式和磁滞式三种。

永磁式微型同步电动机无需电流励磁，没有电刷和集电环，功率因数和效率较高。但启动性能不好，需要在转子上装设笼形启动绕组才能启动。

反应式微型同步电动机转子的最大特点是没有永磁体和励磁绕组，必须采用凸极结构，使直轴与交轴磁阻不同产生电磁转矩。需要在转子上装设启动绕组；另外由于磁路磁阻大，功率因数和效率要比永磁式得低。

磁滞式同步电动机的转子是由硬磁材料制成的，利用磁滞作用产生磁滞转矩，驱动电机转动，其主要特点是不需启动绕组，在整个启动过程中磁滞转矩恒定不变，能将负载平稳地拉入同步。

思考题与习题

8-1　永磁式、反应式和磁滞式同步电动机各有何特点？

8-2　为什么永磁式同步电动机的启动比较困难？影响启动的因素有哪些？要正常地启动通常需要采取什么措施？

8-3　反应式微型同步电动机产生反应转矩的结构特点是什么？

8-4　磁滞式同步电动机的主要优点是什么？

8-5　磁滞同步电动机有几种转矩？在启动和正常运行过程中各自的作用是什么？

8-6　比较永磁式、反应式和磁滞式同步电动机在功率因数和效率上的差异以及原因。

第 9 章　无刷直流电动机

与交流电动机相比，直流电动机具有启动和调速性能好、堵转转矩大等优点，但传统的直流电动机具有的电刷与换向器装置会降低电机的精度、可靠性以及寿命等，而且复杂的结构给维护带来困难；同时，它们所产生的火花还会引起无线电干扰，这些弱点大大地限制了它的应用范围。电子技术、电机控制技术以及永磁材料的迅速发展，为直流电动机的无刷化提供了良好的条件。

无刷直流电动机是采用功率电子开关和位置传感器代替电刷和换向器，既具有直流电动机优良的运行特性，又具有交流电动机结构简单、维护方便和运行可靠等优点，在数控机床、医疗化工、航空航天、机器人以及家用电器等领域得到越来越广泛的应用。

本章首先讲述无刷直流电动机的基本组成及工作原理，然后分析无刷直流电动机的运行特性、电枢反应以及正反转控制，最后介绍无刷直流电动机的 DSP 控制技术。

9.1　无刷直流电动机的基本组成及工作原理

9.1.1　基本组成

无刷直流电动机是一种典型的机电一体化电动机，它是由永磁电动机、转子位置传感器、电子开关线路三部分组成，原理框图如图 9.1 所示。直流电源通过电子开关向电动机定子绕组供电，位置传感器检测电动机的转子位置并提供控制信号使功率开关有规律地导通或关断，从而使电动机转动。

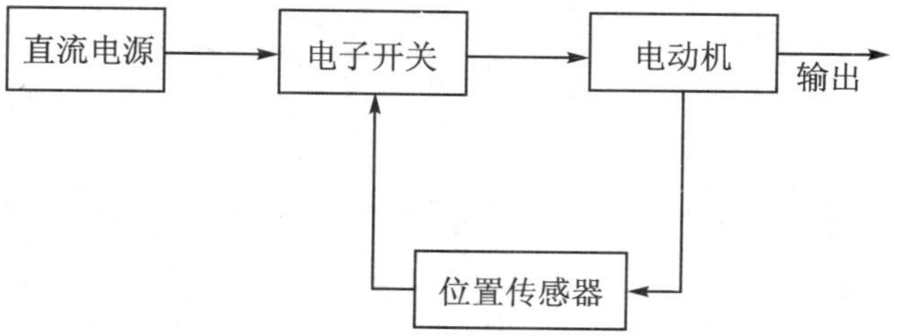

图 9.1　无刷直流电动机的原理框图

无刷直流电动机的基本结构如图 9.2 所示。

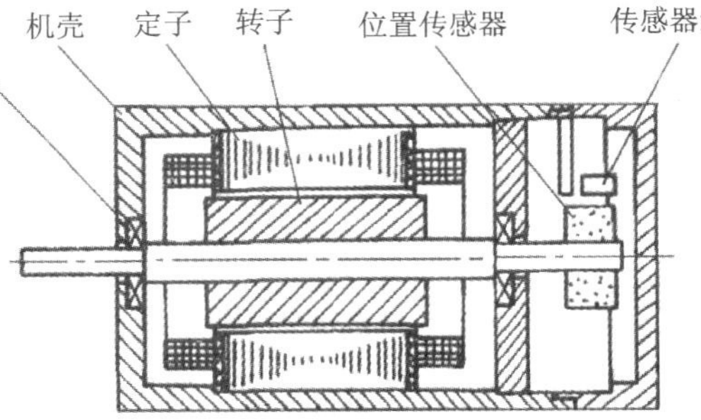

图 9.2　无刷直流电动机的基本结构

1. 电动机本体

电动机本体在结构上与永磁同步电动机相似，仍由定子和转子两大部分组成。定子是电动机的电枢，定子铁芯安放对称的多相绕组（三相、四相、五相不等），各相绕组结成星形或封闭形，分别与电子开关中相应的功率管连接。转子由永磁体按一定极对数（$2p=2,4,\cdots$）组成，主要产生电动机运行所需要的磁场，分为表面贴装式和内嵌式两种结构，如图 9.3 所示，转子上无需笼形绕组或其他启动装置。

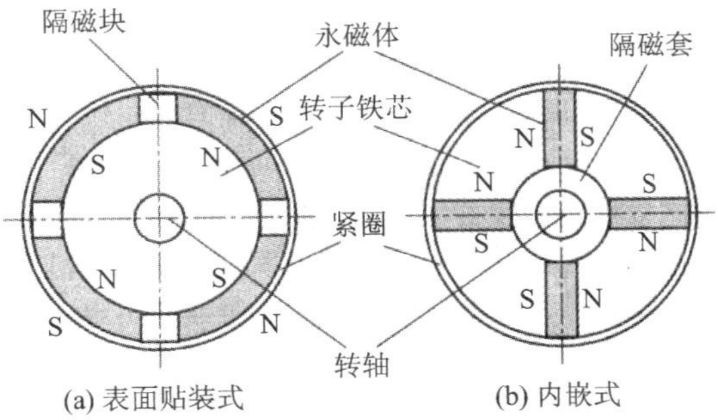

图 9.3　永磁转子结构形式

2. 电子开关线路

电子开关线路是根据转子位置信号去控制电动机定子上各相绕组通电顺序和时间的一种逆变器装置，这种逆变器的输出频率受控于转子位置信号，可分为半桥式或桥式两种，如图 9.4 所示，其中图（a）是半桥式，其余为桥式。按定子绕组相数可分为三相、四相和五相，其中以三相星形桥式的应用最为广泛。

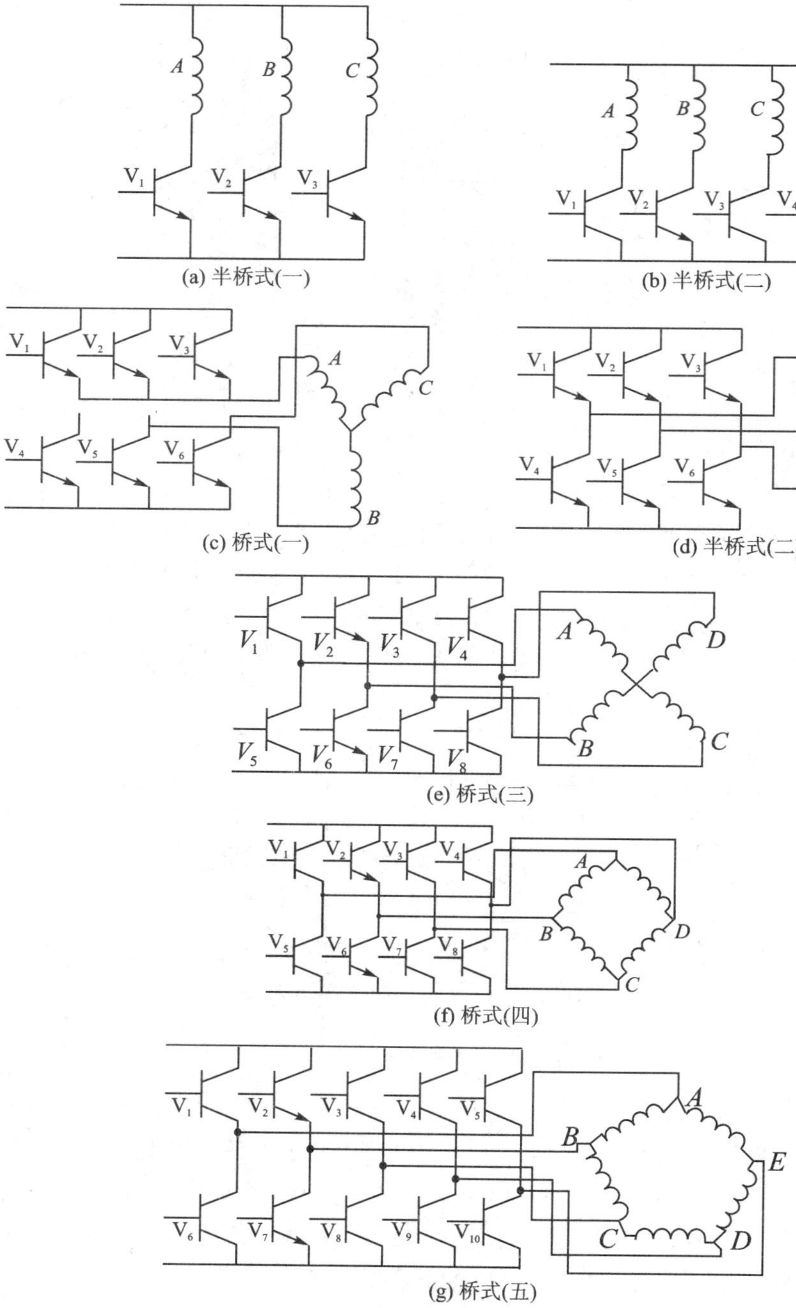

(a) 半桥式(一)

(b) 半桥式(二)

(c) 桥式(一)

(d) 半桥式(二)

(e) 桥式(三)

(f) 桥式(四)

(g) 桥式(五)

图 9.4 无刷直流电动机的绕组连接

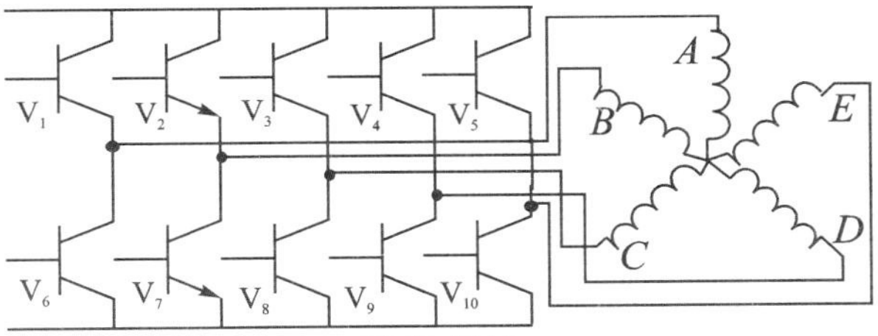

(h) 桥式(六)

图 9.4　无刷直流电动机的绕组连接(续)

3. 转子位置传感器

位置传感器是无刷直流电动机的重要组成部分，其功能是用来检测转子磁场相对于定子各相绕组的位置，以确定定子各相绕组导通和关断的顺序。常用的有电磁式、光电式和磁敏式三种。

(1) 电磁式位置传感器

电磁式位置传感器是利用电磁效应来实现其位置测量作用的，有开口变压器、铁磁谐振电路和接近开关等多种类型。其中电机的开口变压器位置传感器由定子和跟踪转子两部分组成，如图 9.5 所示。

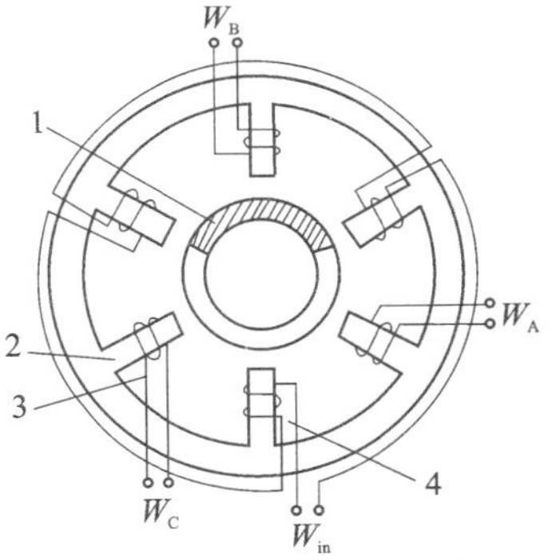

1—转子磁心；2—定子磁心；
3—输出绕组；4—高频输入绕组

图 9.5　电磁式位置传感器结构图

定子一般由硅钢片的冲片叠成，或用高频铁氧体材料压铸而成，一般有六个极，它们之间的间隔为 60°。其中三个极绕上励磁绕组，并相互串联后接高频电源(一般的频率为几千赫到几十千赫)；另外三个极分别绕上二次输出绕组，它们之间分别相隔 120°。跟踪转子是一个用非导磁材料做成的圆柱体，并在它上面镶上一块 120°的扇形导磁材料。在安装时将它同电动机转轴相连，与电动机同步运转。

当转子处于如图 9.5 所示的位置时，励磁极产生的高频磁通通过转子上的导磁材料耦合到输出绕组的 W_B 上，在输出绕组中产生感应电压 U_B，经过滤波整形处理后，用于控制逆变器 B 相开关管。而在其他两个绕组上，因为非导磁材料的阻隔而不能形成磁路，因此没有感应电压产生。随着电动机的旋转，会依次产生其他两相的感应电压信号，从而控制相应相的开关管。

电磁式位置传感器具有输出信号大，工作可靠，寿命长，适应性强等优点。这种传感器信噪比较低，体积笨重，同时其输出波形为交流，一般需经整流、滤波后方可应用。

(2) 光电式位置传感器

光电式位置传感器是利用光电效应制成的，由跟随电机转子一起旋转的遮光板和固定不动的光源及光敏晶体管等部件组成,如图 9.6 所示。

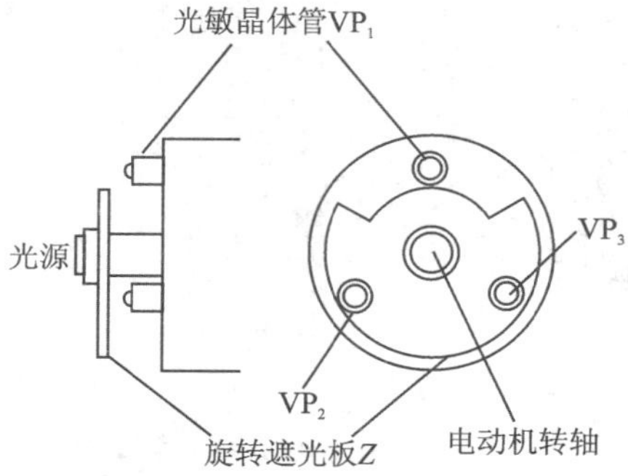

图 9.6 光电式位置传感器工作原理图

遮光板 Z 开有 120°电角度左右的缝隙,且缝隙的数目等于直流无刷电机转子磁极的极对数。当缝隙对着光敏晶体管 VP_1 时,光源发出的光射到光敏晶体管 VP_1 上,产生光电流输出。光敏晶体管 VP_2 和 VP_3 因遮光板挡住光线,而没有光电流输出。光电流经过放大整形后驱动逆变器开关管,三相绕组中的一相绕组将有电流导通,其余两相绕组不工作。遮光板随转子旋转,光敏晶体管随转子的转动而轮流输出不同的信号,以此来检测转子磁极位置,控制电动机定子三相绕组轮流导通,使三相绕组按一定顺序通电,保证无刷直流电机正常运行。这种传感器具有轻便可靠,安装精度高,抗干扰能力强等优点。

(3) 磁敏式位置传感器

磁敏式位置传感器是由某些电参数按一定规律随周围磁场变化的半导体敏感元件构成,其基本原理为霍耳效应和磁阻效应。常见的磁敏式位置传感器有霍耳元件或霍耳集成电路、磁敏电阻以及磁敏二极管等。其中以霍耳效应原理构成的霍耳元件、霍耳集成电路、霍耳组件统称为霍耳效应磁敏传感器,简称霍耳传感器。霍耳元件在电动机的每一个电周期内,产生所需要的开关状态。也就是说,电动机传感器的永磁转子每转过一对磁极(N、S)的转角,产生出与电动机逻辑分配状态相对应的开关状态数,以完成电动机一个换向全过程。如果转子充磁的极对数越多,则在 360°机械角度内完成该换向过程的次数也就越多。

图 9.7 为四相霍耳无刷直流电动机原理图,图中两个霍耳元件 H_1 和 H_2 以间隔

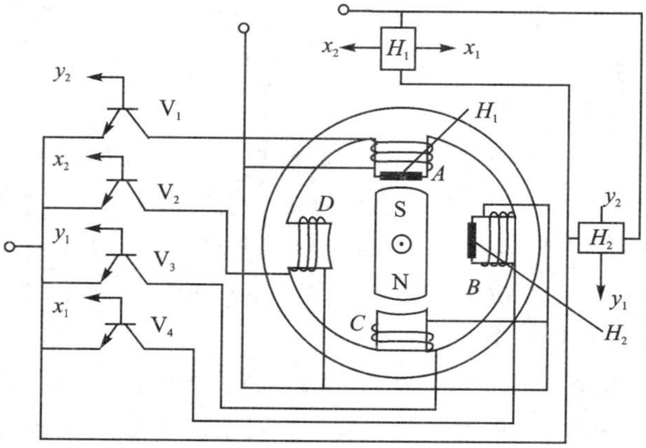

图 9.7 基于霍耳传感器的无刷直流电动机原理图

90°电角度安放在定子绕组 A 和 B 的轴线上，并通以控制电流。当转子旋转时，N 和 S 极轮流通过霍耳元件 H_1 和 H_2，因而产生对应于转子位置的两个正和两个负的霍耳电势，经放大后控制开关管导通，使四个定子绕组轮流切换电流。

霍耳传感器结构简单，体积小，但对环境和工作温度有一定限制。

9.1.2　工作原理

下面分别以三相星形半桥式连接和三相星形桥式连接为例，来说明无刷直流电动机的工作原理。

1. 三相星形半桥式连接

图 9.8 为三相直流无刷电动机半桥电路原理图。此处采用光电器件作为位置传感器，光电位置传感器有三个光敏元件 V_1、V_2、V_3，它们的安装位置各相差 120°，均匀分布在电动机一端，分别与电动机的定子绕组 A 相、B 相、C 相对应，借助安装在电动机轴上的旋转遮光板（亦称截光器）作用，使得从光源射来的光线依次照射在各个光敏元件上，并依照某一光电器件是否被照射到光线来判断转子磁极的位置。这三个光敏元件分别控制三只功率晶体管 V_A、V_B 和 V_C，以此控制三相定子绕组的通断。

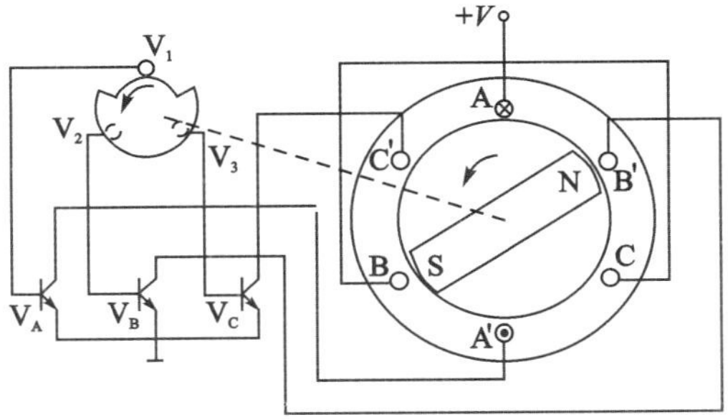

图 9.8　无刷直流电动机工作原理图

当图 9.8 所示的转子位置和图 9.9(a)所示的位置相对应时，由于此时光敏元件 V_1 被光照射，遮光板遮住光敏元件 V_2 和 V_3，V_1 输出高电平从而使功率晶体管 V_A 呈导通状态，电流流入 A 相绕组，而其他两相绕组处于断电状态，A 相绕组电流同转子磁极作用后所产生的转矩使转子的磁极逆时针方向转动。当转子磁极转到图 9.9(b)所示的位置时，直接装在转子轴上的旋转遮光板亦跟着同步转动，并遮住 V_1 而使 V_2 受光照射，从而使晶体管 V_A 截止、晶体管 V_B 导通，A 相绕组断开，电流流入 B 相绕组。定子通电相变化后，定子磁场方向也发生了变化，与转子磁场相互作用后，使得转子磁极继续朝逆时针方向转动，并带动遮光板同时朝逆时针方向旋转。当转子磁极转到图 9.9(c)所示位置时，此时旋转遮光板已经遮住 V_2，使 V_3 被光照射，导致晶体管 V_B 截止、晶体管 V_C 导通，因而电流流入 C 相绕组，于是驱动转子磁极继续朝逆时针方向转动到图 9.9(d)的位置。

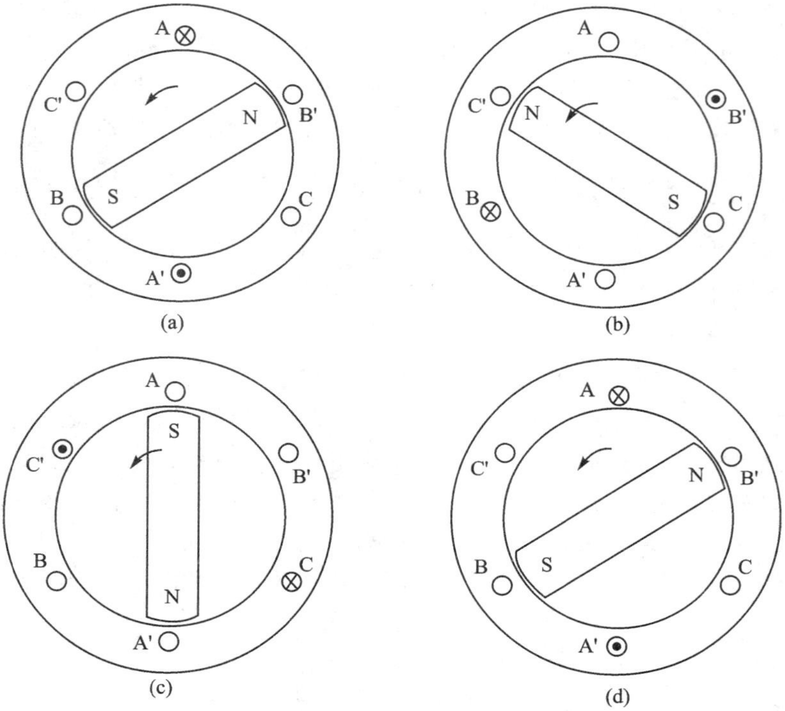

图 9.9 定子通电绕组与转子位置的关系示意图

这样,随着位置传感器转子扇形片的转动,定子绕组在位置传感器 V_1、V_2、V_3 的控制下,一相一相地依次馈电,实现了各相绕组电流的换相。不难看出,在换相过程中,定子各相绕组在工作气隙内所形成的旋转磁场是跳跃式的。这种旋转磁场在 360°电角度范围内有三种磁状态,每种磁状态持续 120°电角度,它们跟踪转子,并与转子磁场相互作用,产生推动转子继续转动的电磁转矩。各相绕组电流与电动机转子磁场的相互关系如图 9.10 所示,输出转矩如图 9.11 所示,这种方式的转矩脉动较大。

2. 三相星形桥式连接

图 9.12 是三相星形连接全桥驱动电路。图中,开关管 V_1、V_3、V_5 是 P 沟道 MOSFET 功率管,低电平时导通;开关管 V_2、V_4、V_6 是 N 沟道 MOSFET 功率管,高电平时导通。位置传感器的 3 个输出通过逻辑电路控制这些开关管的导通和截止,下面以二相导通方式为例,说明其工作原理。

二相导通方式是每次使 2 个开关管同时导通。根据图 9.12 的开关管命名关系,开关管的导通顺序:$V_1V_2 \rightarrow V_2V_3 \rightarrow V_3V_4 \rightarrow V_4V_5 \rightarrow V_5V_6 \rightarrow V_6V_1$。可见,共有 6 种导通状态,因此,每隔 60°改变一次导通状态,每改变一次状态更换一个开关管,每个开关管导通 120°。

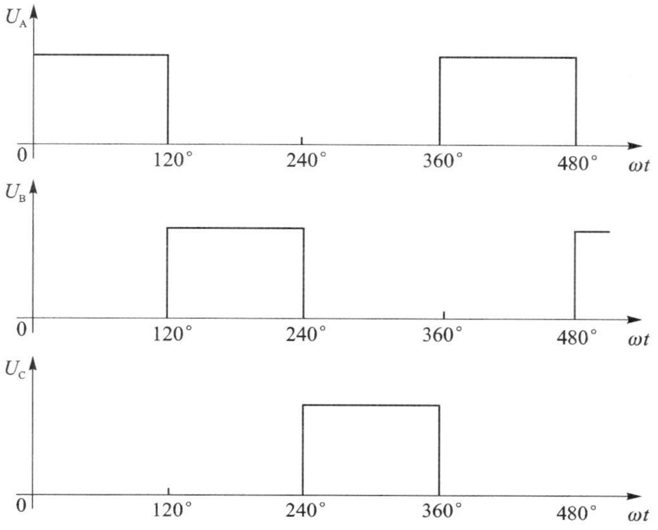

图 9.10　各相绕组的导通顺序的示意图

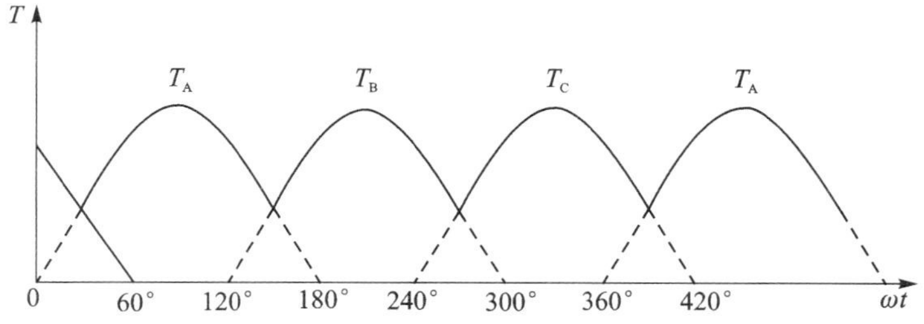

图 9.11　三相非桥式驱动的转矩波形图

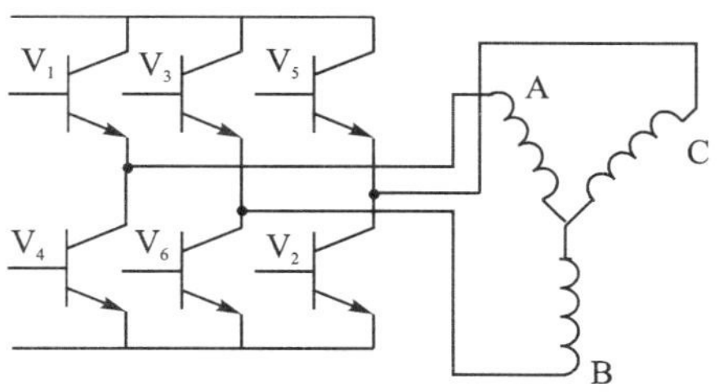

图 9.12　三相星形桥式连接驱动电路

当 V_1、V_2 导通时，电流的路线为：电源→V_1→A 相绕组→C 相绕组→V_2→地。假如电流流入绕组所产生的电磁转矩为正，流出绕组所产生的电磁转矩为负，那么它们的合力矩 T_{12} 如图 9.13(a)所示，其大小为 $T_{12}=\sqrt{3}T_A$（假如 $T_A=T_B=T_C$）。方向在 T_A 与 $-T_C$ 的角平分线上。

当转子转过 60°角后，位置传感器过来的控制信号使 V_1 截止，V_2、V_3 开始导通，电流的路线为:电源→V_3→B相绕组→C相绕组→V_2→地。因此,合成的电磁转矩T_{23}如图9.13(b)所示,其大小仍然为$T_{23}=\sqrt{3}T_A$,但方向却逆时针转过60°。按照这一规律,每换一次导通状态,合成电磁转矩的矢量方向就转过60°角。对应6个导通状态,6个合成电磁转矩的矢量方向如图9.13(c)所示,它们的大小均是$\sqrt{3}T_A$。

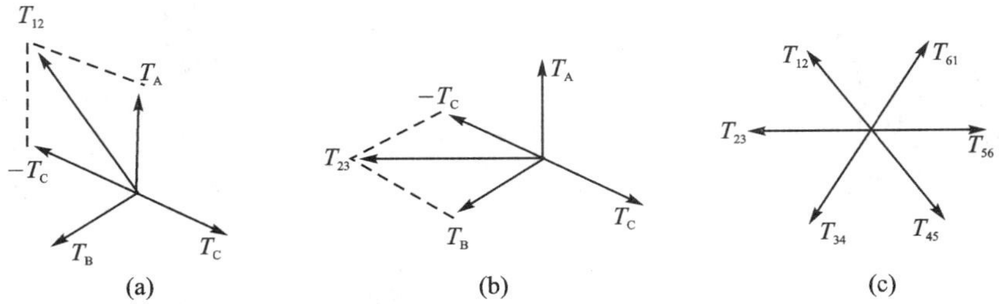

图9.13 三相星形连接二相导通转矩矢量图

与三相半桥式驱动方式相比较,三相全桥星形连接二相导通方式的合成转矩大小增加了$\sqrt{3}$倍,每隔60°的空间分布,每个开关管导通120°,每相绕组通电240°,绕组的利用率增加了。输出转矩的波形如图9.14所示,由图可见,转矩的脉动大大减小。

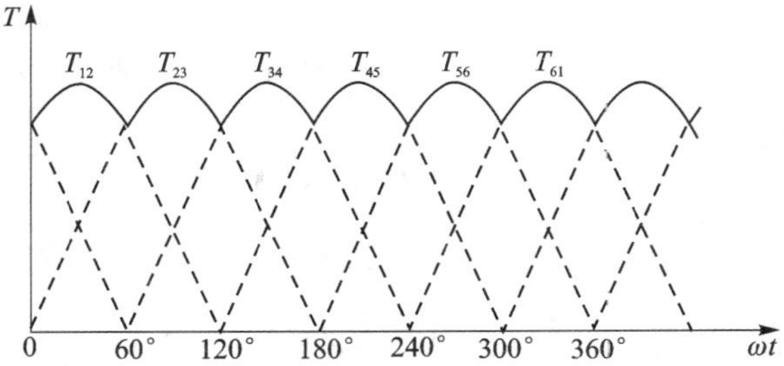

图9.14 三相全桥式驱动的转矩波形

9.2 无刷直流电动机的运行特性

9.2.1 基本方程

讨论无刷直流电动机的运行特性时,可从转速公式、电压平衡方程、转矩公式和转矩平衡方程出发。

以两相导通三相星形六状态无刷直流电动机为例,分析方波电动机的运行关系式,并假定:

① 忽略电枢齿槽效应、电枢反应和换向过渡过程的影响;

② 忽略电枢绕组的电感,电枢电流可以突变。

1. 感应电动势

对于两相导通三相星形六状态无刷直流电动机，方波气隙磁感应强度的宽度应大于 120°电角度，在定子绕组中感应的反电动势的平顶宽度也应大于 120°电角度，方波电流的宽度也为 120°电角度，方波电流与梯形波反电动势同相位，如图 9.15 所示。

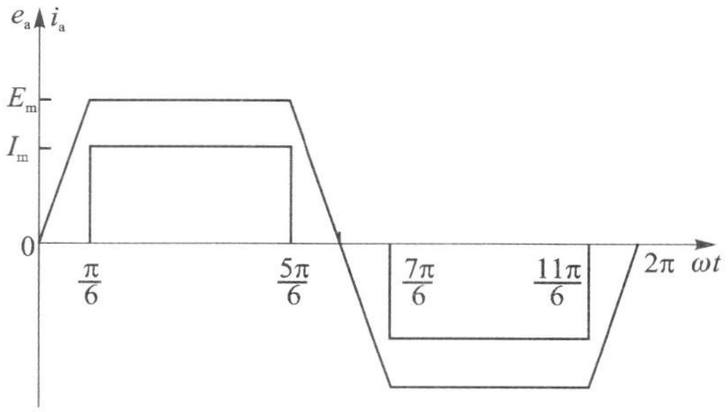

图 9.15 梯形波反电动势与方波电流

单根导体的感应电动势为

$$e = B_\delta l v \tag{9-1}$$

式中：B_δ 为气隙磁密，l 为导体的有效长度，v 为导体切割磁场的线速度，$v=\frac{\pi D}{60}n=\frac{2p\tau}{60}n$，$p$ 为极对数，τ 为极距，n 为转子转速。

设电枢绕组每相串联匝数为 $N_{\Phi1}$，每相绕组的感应电动势为

$$E_{\Phi1} = 2N_{\Phi1}e \tag{9-2}$$

每极磁通为

$$\Phi_\delta = B_\delta \tau l \alpha_i \tag{9-3}$$

式中，α_i 为计算极弧系数。

由式(9-1)～式(9-3)，可得

$$E_{\Phi1} = \frac{p}{15\alpha_i}N_{\Phi1}\Phi_\delta n \tag{9-4}$$

从直流端看，任何时刻两相导通、三相六状态无刷直流电动机的感应电动势都是两相绕组电动势的串联，因此有

$$E = \frac{2p}{15\alpha_i}N_{\Phi1}\Phi_\delta n = C_e\Phi_\delta n \tag{9-5}$$

式中，$C_e = \frac{2p}{15\alpha_i}N_{\Phi1}$ 为电动势系数。

2. 电枢电流

每个导通时间内电压平衡方程式为

$$U_{\mathrm{d}} - 2\Delta U = E + 2I_{\mathrm{a}}R_{\mathrm{a}} \tag{9-6}$$

式中,U_{d}、ΔU、I_{a}、R_{a} 分别为直流电源电压、开关管压降、每相电枢电流以及每相电枢电阻。所以,由式(9-6)可得

$$I_{\mathrm{a}} = \frac{U_{\mathrm{d}} - 2\Delta U - E}{2R_{\mathrm{a}}} \tag{9-7}$$

3. 电磁转矩

无刷直流电动机的电磁转矩为

$$T_{\mathrm{em}} = \frac{P_{\mathrm{em}}}{\Omega} = \frac{2E_{\Phi1}I_{\mathrm{a}}}{\Omega} = \frac{4pN_{\Phi1}}{\pi\alpha_{\mathrm{i}}}\Phi_{\delta}I_{\mathrm{a}} = C_{\mathrm{T}}\Phi_{\delta}I_{\mathrm{a}} \tag{9-8}$$

式中:$\Omega=\dfrac{2\pi n}{60}$为机械角速度,$C_{\mathrm{T}}=\dfrac{4pN_{\Phi1}}{\pi\alpha_{\mathrm{i}}}$为转矩系数。

4. 转　速

根据式(9-5)和式(9-6),可得

$$n = \frac{U_{\mathrm{d}} - 2\Delta U - 2I_{\mathrm{a}}R_{\mathrm{a}}}{C_{\mathrm{e}}\Phi_{\delta}} \tag{9-9}$$

理想空载转速为

$$n_0 = \frac{U_{\mathrm{d}} - 2\Delta U}{C_{\mathrm{e}}\Phi_{\delta}} = \frac{7.5\alpha_{\mathrm{i}}(U_{\mathrm{d}} - 2\Delta U)}{pN_{\Phi1}\Phi_{\delta}} \tag{9-10}$$

9.2.2 工作特性

1. 机械特性和调速特性

机械特性是指外加恒定电源电压时,电机转速和电磁转矩之间的关系 $n=f(T_{\mathrm{em}})$。由式(9-7)~式(9-8)可知无刷直流电动机的机械特性为

$$n = \frac{U_{\mathrm{d}} - 2\Delta U}{C_{\mathrm{e}}\Phi_{\delta}} - \frac{2R_{\mathrm{a}}}{C_{\mathrm{e}}C_{\mathrm{T}}\Phi_{\delta}^{2}}T_{\mathrm{em}} \tag{9-11}$$

相应的机械特性曲线如图 9.16 所示。

无刷直流电动机参与换相的绕组是相绕组,而不是单个元件,因此电感较大,必须考虑电感的影响。它的机械特性为一下垂的直线,但当转矩较大时,开关管压降随着电流增大而较快增大,因此,实际加在电枢绕组的电压有所减小,致转速进一步下降,使机械特性曲线偏离直线而向下弯曲。

2. 调节特性

调节特性是指电动机负载一定的情况下,稳态转速与电源电压之间的关系 $n=f(U_{\mathrm{d}})$。根据式(9-11),将所带负载 $T_{\mathrm{L}}=T_{\mathrm{em}}$ 代入后可得调节特性方程为

$$n = \frac{U_{\mathrm{d}} - 2\Delta U}{C_{\mathrm{e}}\Phi_{\delta}} - \frac{2R_{\mathrm{a}}}{C_{\mathrm{e}}C_{\mathrm{T}}}T_{\mathrm{L}} \tag{9-12}$$

调节特性曲线如图 9.17 所示。可见,调节特性为一直线,随着负载 T_{L} 的增加,调节特性向右平移,直线斜率保持不变。

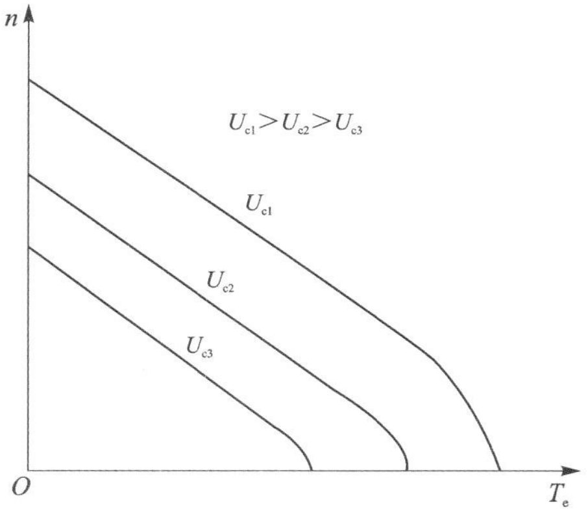

图 9.16　机械特性曲线

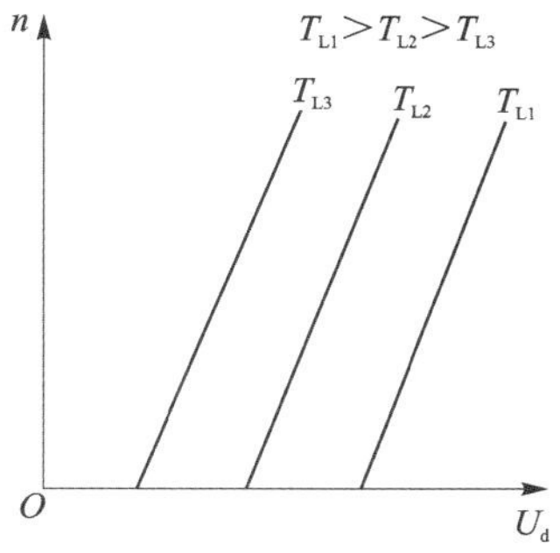

图 9.17　调节特性

由以上分析可知，在同一转速下改变电源电压，可以容易地改变输出转矩或在同一负载下改变转速。所以，无刷直流电动机的调速性能很好，可以通过改变电源电压平滑调速。总之，无刷直流电动机的运行特性与有刷直流电动机极为相似，有着良好的伺服控制性能。

9.3　无刷直流电动机的电枢反应

电动机带负载时电枢磁场对主磁场的影响称为电枢反应。无刷直流电动机的电枢反应与电枢绕组的连接方式、通电方式等有关。下面就以三相半桥式驱动的两极三相无刷直流电动机为例分析其电枢反应的特点。

图 9.18 为定子 A 相绕组通电的状态，电枢磁势 $\boldsymbol{F}_a$ 的空间位置为 A 相绕组的轴线方向，并保持不变。电枢磁场在空间保持某一状态不变时转子所需转过的空间电角度，即磁状态角 α_m 为 120°。图中 1 和 2 为磁状态角所对应的边界。电枢磁势 $\boldsymbol{F}_a$ 分解为直轴磁势 $\boldsymbol{F}_{ad}$ 和交轴磁势 $\boldsymbol{F}_{aq}$，当转子磁极轴线处于位置 1 时，直轴分量 $\boldsymbol{F}_{ad}$ 对转子磁势具有最大的去磁作用；当转子磁极轴线处于位置 2 时，直轴分量 $\boldsymbol{F}_{ad}$ 对转子磁势具有最大的增磁作用。因此，电枢磁势的直轴分量开始起去磁作用，接着又起增磁作用，数值大小等于电枢磁势 $\boldsymbol{F}_a$ 在转子磁极轴线上的投影，其最大值为

$$F_{adm}=F_a\sin\frac{\alpha_m}{2} \tag{9-13}$$

无刷直流电动机的磁状态角通常比较大，直轴电枢反应磁势数值可能较大，为了避免永磁转子失磁，在电机设计时必须予以注意。

在表面贴装式无刷直流电动机中，交轴电枢反应的磁路要经过气隙和永磁体，由于转子永磁体的磁阻很大，因而电枢磁势的交轴分量 $\boldsymbol{F}_{aq}$ 所引起的主磁场波形的畸变较小，一般可以不计。

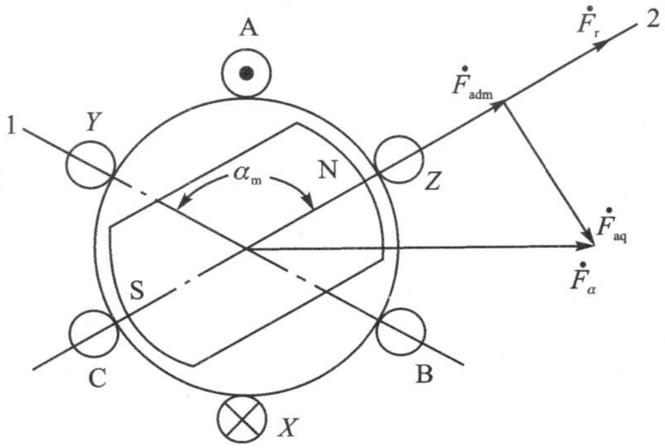

图 9.18 无刷直流电动机的电枢反应

9.4 无刷直流电动机的正反转

有刷直流电动机的正反转可以通过改变电源电压的极性来实现,而无刷直流电动机则不能通过改变电源电压的极性来实现,但无刷直流电动机正反转的原理与有刷直流电动机是相同的。

通常采用改变逆变器开关管的逻辑关系,使电枢绕组各相导通顺序改变来实现电动机的正反转。为了使电动机正反转均能产生最大平均电磁转矩以保证对称运行,必须精确设计转子位置传感器与转子主磁极和定子各相绕组的相互位置关系,以及正确的逻辑关系。下面以二相导通星形三相六状态稀土永磁无刷直流电动机为例,来分析其正反转的实现方法。

采用霍耳传感器来实现永磁无刷直流电动机的正反转调速,三个霍耳元件沿圆周均匀分布粘贴于电机端盖上,故霍耳元件彼此相差 120°电角度,如图 9.19 所示。

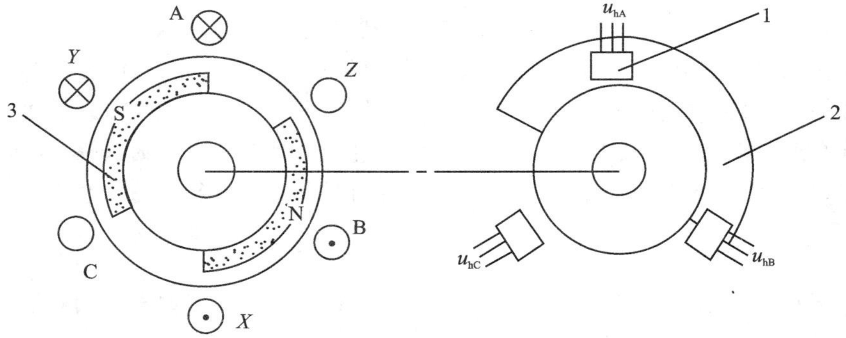

1—霍耳元件; 2—定子; 3—转子永磁体

图 9.19 位置传感器与定子绕组、磁极的相互位置

1. 正　转

设电机处于 A、B 相绕组导通的磁状态初始位置，如图 9.20(a)所示。若霍耳元件 A、B 在传感器磁场作用下，有高电平输出，$u_{hA}=u_{hB}=1$；若霍耳元件 C 不受磁场作用，$u_{hC}=0$，此时定、转子磁场互相作用使电机顺时针旋转。故 A、B 相绕组导通的磁状态对应的霍耳元件信号逻辑为 $u_{hA}=1$，$u_{hB}=1$，$u_{hC}=0$。

当转子转过 60°电角度，达到 A、C 相绕组导通的磁状态初始位置，如图 9.20(b)所示。若霍耳元件 B 在传感器磁场作用下，有高电平输出，$u_{hB}=1$；若霍耳元件 A、C 不受磁场作用，$u_{hA}=0$、$u_{hC}=0$，定、转子磁场相互作用仍使电机顺时针继续旋转，从而产生最大的电磁转矩。A、C 相绕组导通的磁状态对应的霍耳元件信号逻辑为 $u_{hA}=0$，$u_{hB}=1$，$u_{hC}=0$。依此类推，可得一周内电动机正转时对应的各相绕组导通顺序与三个霍耳元件输出信号的逻辑关系。

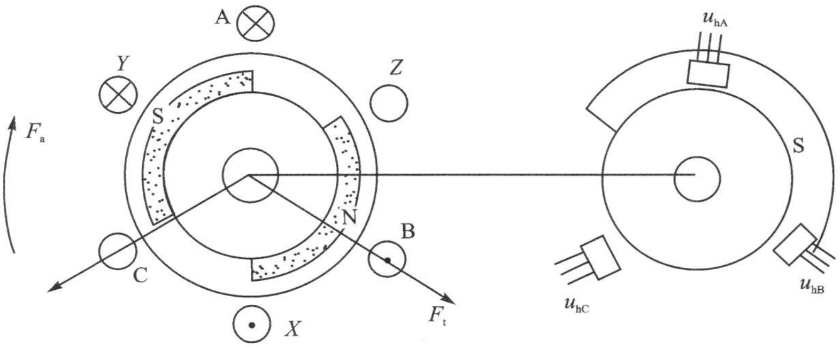

(a)

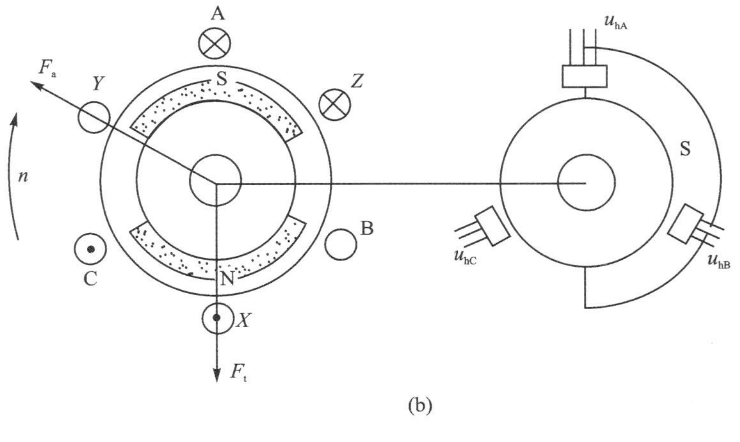

(b)

图 9.20　正转时相互位置关系

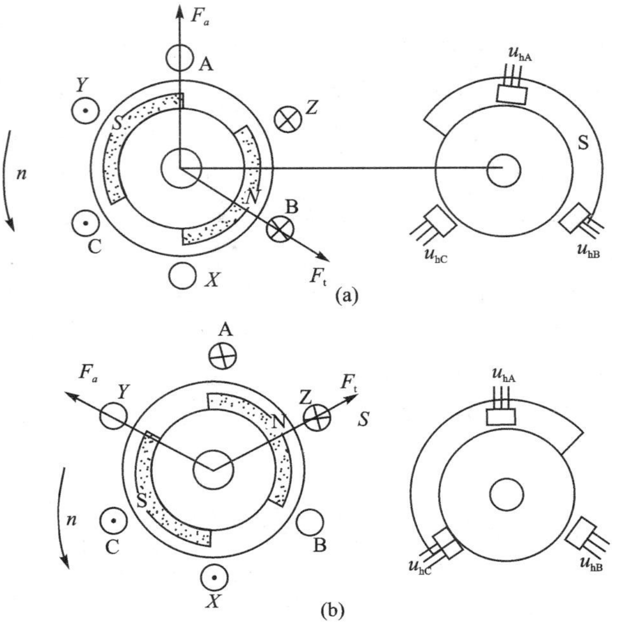

图 9.21　反转时的相互位置关系

2. 反　转

设电机定、转子及位置传感器的相互位置仍如图 9.21(a)所示，但绕组 B、C 相通电，对应的定转子磁动势关系如图 9.21(a)所示。可见电动机反向逆时针旋转，此时霍耳元件输出逻辑为 $u_{hA}=1, u_{hB}=0, u_{hC}=0$ 。在 B、C 相绕组通电状态，定转子磁动势轴线平均以正交相互位置关系逆时针方向旋转，同样可以产生最大电磁转矩。当转子转过 60°电角度后，到达图 9.21(b)所示状态，此时 A、C 相绕组通电，该两相绕组的合成定子磁动势仍驱动转子逆时针方向继续旋转，该磁状态对应的霍耳元件输出逻辑为 $u_{hA}=1, u_{hB}=0, u_{hC}=1$ 。根据霍耳传感器的输出信号，各开关管控制电机正、反转的导通逻辑关系如表 9.1 所列。由表 9.1 可知，正反转时各开关管对应于霍耳传感器输出信号的逻辑关系正好相反。

表 9.1　正反转的逻辑关系

传感器信号			正　转			反　转		
			导通绕组	导通管子		导通绕组	导通管子	
u_{hA}	u_{hB}	$\bar{u}_{hC}$	$A\overline{B}$	V_1	V_6	$B\overline{A}$	V_3	V_4
$\bar{u}_{hA}$	u_{hB}	$\bar{u}_{hC}$	$A\overline{C}$	V_1	V_2	$C\overline{A}$	V_5	V_4

续表 9.1

传感器信号			正转			反转		
			导通绕组	导通管子		导通绕组	导通管子	
$\bar{u}_{hA}$	u_{hB}	u_{hC}	$B\bar{C}$	V_3	V_2	$C\bar{B}$	V_5	V_6
$\bar{u}_{hA}$	$\bar{u}_{hB}$	$\bar{u}_{hC}$	$B\bar{A}$	V_3	V_4	$A\bar{B}$	V_1	V_6
u_{hA}	$\bar{u}_{hB}$	u_{hC}	$C\bar{A}$	V_5	V_4	$A\bar{C}$	V_1	V_2
u_{hA}	$\bar{u}_{hB}$	$\bar{u}_{hC}$	$C\bar{B}$	V_5	V_6	$B\bar{C}$	V_3	V_2

9.5　基于 DSP 的无刷直流电动机控制系统

无刷直流电动机数字化控制原理框图如图 9.22 所示。数字化控制原理是：由控制器负责处理采集到的数据和发送控制命令，通过捕获单元捕捉电动机转子位置传感器上的脉冲信号，判断转子位置，输出合适的驱动逻辑电平给逆变器驱动器，再由逆变器功率驱动电路驱动电机旋转；根据捕获的位置传感器脉冲信号，计算出电动机的当前转速，与电动机的设定转速比较后，利用不同模式下的转速控制程序控制电动机的转速跟随转速的设定值；控制器经 A/D 及电流检测电路采集电机绕组中的电流，与电流设定值比较后，经 PID 算法产生适合调制信号控制绕组中的电流；驱动保护电路可完成电机的过载、低电压、驱动时序异常等故障保护。

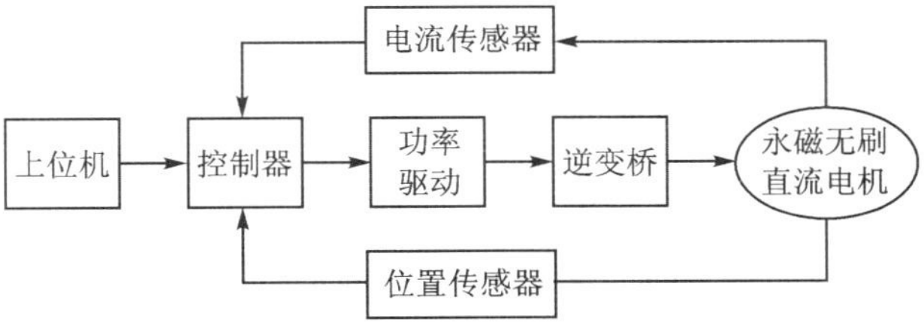

图 9.22　硬件系统结构图

一个控制系统可以说是由两个主要的模块构成：控制器和被控对象。控制器由多个子系统组成，其核心为控制处理器，控制处理器的主要功能是完成控制算法。由于采用的控制算法不同，控制器也有不同的形式。随着控制理论的发展和高性能控制的需求，一般的单片或多片微处理器不能满足复杂而先进的控制算法时，更使得 DSP 成为这种应用场合的首选器件。

为了提高控制器的运算速度和运算精度，本控制系统控制器可选择 TI 公司的数字信号处理器——TMS320F2812。该系列处理器是基于 TMS320C2xx 内核的定点数字信号处理器，器件上集成了多种先进的外设，为电动机及其他运动控制领域应用的实现提供了良好的工作平台；同时代码和指令与 TMS320C24xx 系列数字信号处理器完全兼容,从而保证了项目或产品设计的可延续性。与 TMS320C24xx 系列数字信号处理器相比,TMS320C28xx 系列数字信号处理器提高了运算的精度(32 位)和系统的处理能力(150 MIPS)。该系列数字信号处理器还集成了 128 KB 的 Flash 存储器,4 KB 的引导 ROM,数学运算表及 2 KB 的 OTP ROM,从而大大改善了应用的灵活性。两个事件管理器模块为电机及功率变换控制提供了良好的控制功能。16 通道高性能 12 位 ADC 单元提供了两个采样保持电路,可以实现双通道信号同步采样。

本控制系统采用速度、电流双闭环的控制结构。由于采用了面向电机控制的高速 DSP,无论是速度环的设计,还是电流环的实现,以及各种反馈信号的处理和 PWM 控制信号的产生,均采用了数字信号处理技术,用软件实现硬件电路的功能,完成直流无刷电动机的实时控制。

控制系统的软件设计主要包括 DSP 初始化程序和电动机控制程序两部分。DSP 初始化程序主要完成系统时钟的设定,中断向量的定义,I/O 端口的初始化,控制寄存器的设置以及各功能模块的初始化等。电动机控制程序主要负责电动机启动控制、速度电流双闭环控制、系统监控和故障处理等;因此电动机控制程序包括启动子程序、电流和位置检测中断服务子程序、速度控制子程序、电流控制子程序、PWM 调制子程序以及系统监控和故障处理子程序等。

进行各种反馈信号的检测是构成双闭环控制的前提。位置信号、电流信号的检测分别由位置检测中断服务子程序和电流检测中断服务子程序来实现,转速的检测通过软件计算间接获得。为了提高系统的动态性能和稳态精度,本系统电流环采用 PID 调节器,速度环采用遇限削弱积分分离 PI 控制算法,其控制环路如图 9.23 所示。

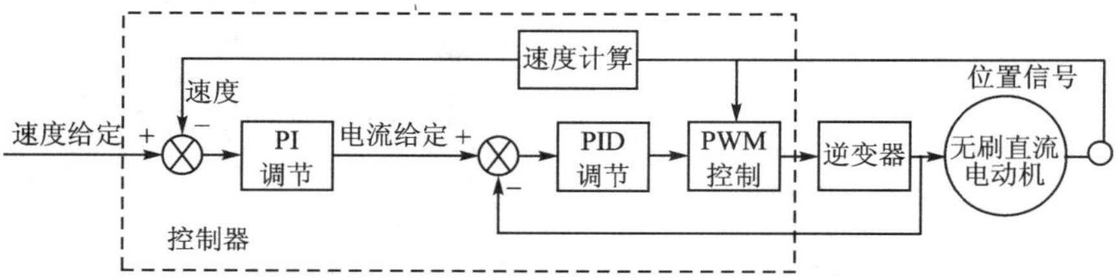

图 9.23 电流和速度控制环路

PWM 调制子程序根据检测到的转子位置信号和电流信号通过事件管理器(EV)产生 PWM 调制信号。通过定时器控制寄存器 TxCON 中的位模式将通用定时器的计数模式设置为连续增/减计数模式以产生对称的 PWM 波形。另外,DSP 的事件管理器具有可编程的死区单元,通过死区定时器控制寄存器设置死区时间,从而避免逆变器同一桥臂上的两个功率器件发生直通故障。

9.6　无刷直流电动机的应用

无刷直流电动机的特点为：

① 转子永磁体采用高性能的永磁材料，因而转子体积小，具有较小的惯性、快的响应速度和高的转矩/惯量比。

② 转子无需励磁电流，因此转子损耗小，无刷直流电动机具有较高的效率和功率密度。转子也无须考虑冷却问题。

③ 采用方波电流供电，可以提供更高的转矩/体积比。

另外，无刷直流电动机还具有调速性能好、控制方便、无换向火花、可靠性高等优点，在家用电器、医疗器械、汽车、航空航天以及机器人等领域得到越来越广泛地应用。下面以国内外的航空应用为例加以说明。

1. 飞控系统

飞控系统用的电力作动系统又叫功率电传作动器。主要用于翼面和方向舵的操作。主要分为电动液压作动器和机电作动器。美国通用电气公司、维克斯公司和HR得克斯特朗公司为下一代飞行控制舵面研制的电动液压作动器采用了钕铁硼永磁无刷直流电机技术。研制的机电作动器采用了高压直流稀土永磁无刷直流电机技术和脉宽调制式功率变换器技术。

目前国外多种高性能的作战飞机如直升机、歼击机、无人机的飞控舵机电驱动控制系统正在采用稀土永磁无刷直流电动机取代原来的有刷直流电动机，如美国的“捕食者”、“全球鹰”无人机以及法国的“美洲豹”等。

2. 电动环境控制系统

电动环境控制系统采用机电作动技术，其特点是采用大功率、高转速的变速驱动电动机。美国从1982年开始发展电动蒸气循环式环境控制系统，并在P-3反潜飞机上进行试验。该系统采用30 000～70 000 r/min的变速高压直流由稀土永磁无刷直流电机来驱动压气机，该钐钴永磁电动机在45 000 r/min时输出34.3 kW的功率。

3. 电刹车系统

全电刹车系统是采用数字式防滑刹车控制器，以高性能的微处理器作为系统的控制核心，电路简单、可靠而且容易完成复杂的控制律，极大地提高刹车系统的整体性能。美国于1982年研制成功电刹车系统，并在A-10攻击机上进行了试验。20世纪90年完成的第三代电刹车系统，采用了大力矩钐钴永磁无刷直流电动机和滑轮蜗杆作动器。1998年美国又在F-16战斗机试飞新的电刹车系统，该系统的电作动器采用四台稀土永磁无刷直流电动机。由于采用无刷电机和低惯性元件，机电作动器的响应频率达20～30 Hz，而液压作动器的响应频率仅为10 Hz。采用该电刹车系统可使战斗机减轻 22.5～45 kg,F－16 上的作动器功率为 500 W。

4. 燃油系统

系统的液压泵、液压阀过去大多采用有刷直流电动机驱动,其固有的机械电刷和换向器会带来电火花、电磁噪声、电磁干扰以及机械磨损等问题,具有寿命短、可靠性差等缺陷,如采用无刷直流电动机可以解决这些问题。电动机随泵浸在燃油中工作,控制器与电动机本体同壳体安装,完全密封,电动机采用耐高温钕铁硼永磁或钐钴永磁,以及 1J22 高导磁定子铁芯材料,具有数字控制的速度闭环和软启动功能。国外许多高性能的战斗机等就采用了基于无刷直流电动机的智能电动燃油泵系统。

小　结

无刷直流电动机采用功率电子开关和位置传感器代替电刷和换向器,既具有直流电动机的优良的运行特性,又具有交流电动机结构简单、维护方便和运行可靠等优点,是一种集永磁电机、电力电子技术以及控制技术于一体的高性能机电一体化产品。

无刷直流电动机的电机本体在结构上与永磁同步电动机相似,定子铁芯安放对称且分别与电子开关中相应功率管相连接的多相绕组,各相绕组结成星形或封闭形。转子由永磁体按一定极对数组成,主要产生电动机运行所需要的磁场,分为表面贴装式和内嵌式两种结构形式。电子开关线路是根据转子位置信号去控制电动机定子上各相绕组通电顺序和时间的一种逆变器装置,分为半桥式和桥式两种。位置传感器是无刷直流电动机的重要组成部分,其功能是用来检测转子磁场相对于定子各相绕组的位置,对电动机的运行具有重要的影响。

无刷直流电动机的工作特性与一般直流电动机相类似,但它的工作特性、感应电动势和转矩计算与电枢绕组的连接方式有关。它可以通过改变电源电压实现无级调速,其反转方法具有自身的特殊性。

思考题与习题

9－1 无刷直流电动机与普通直流电动机有何相同和相似的地方?

9－2 位置传感器在无刷直流电动机中有何作用?

9－3 转矩较大时,无刷直流电动机的机械特性为什么向下弯曲?

9－4 无刷直流电动机能否由交流电供电?

9－5 如何实现无刷直流电动机的反转?

9－6 为什么无刷直流电动机的转子多采用表面贴装式永磁体的结构?

9－7 无刷直流电动机电枢反应有何特点?

第 10 章　步进电动机

步进电动机是将输入的电脉冲信号转换成输出轴的角位移或直线位移的一种执行元件。每输入一个脉冲信号，输出轴便转动一定的角度或前进一步，因此被称为步进电动机或脉冲电动机。

本章重点讲述反应式步进电动机的结构、工作原理，然后分析其静态特性和动态特性，接着介绍电源及分配方式对步进电动机性能的影响、单片机控制以及步进电动机的性能指标与应用，最后介绍开关磁阻电动机。

10.1　概　述

步进电动机在自动控制装置中常作为执行元件，具有结构简单、精度高、转动惯量小、在不失步时无步距误差累积等优点。具体表述如下：

1. 步进电动机的特点

① 角位移或线位移与输入脉冲数严格成正比，不因电源电压、负载大小、环境条件的波动而变化。没有累积的定位误差，控制输入的脉冲数就能准确地控制输出的角位移量，因而能够精准地用数字定位。

② 转速或线速度与脉冲频率成正比，在负载能力范围内，通过改变脉冲频率的高低，可以在很大范围内实现步进电动机的调速，并能快速启动、制动和反转。

③ 适合于开环控制，控制系统的结构大大简化，又非常可靠、易于维护。同时，它也可以与角度反馈环节组成高性能的闭环数字控制系统。

④ 不需要变换就能直接将数字脉冲信号转换为角位移或线位移，非常适合于数字控制系统。

由于具有以上这些特点，步进电动机在数控机床、轧钢机、数模变换、军事工业以及自动化仪表等自动控制系统中得到了广泛的应用。

2. 自动控制系统对步进电动机的基本要求

① 在电脉冲的控制下步进电动机能迅速启动、正反转、停转及在很宽的范围内进行转速调节，不会出现所谓的“失步”现象。

② 为了提高精度，一个脉冲对应的位移量要小，要准确、均匀。这就要求步进电动机步距小、步距精度高，不得丢步或越步。

③ 动态响应好，即不仅启动、停步、反转快，而且能连续高速运转。

④ 输出转矩大，可直接带动负载。

通常使用的旋转型步进电动机可分为反应式（磁阻式）、永磁式和混合式（永磁感应式)。由于反应式步进电动机具有步距角小、结构简单等特点,应用比较普遍,因此,本章着重讨论反应式步进电动机。

10.2 反应式步进电动机的结构及工作原理

10.2.1 反应式步进电动机的结构

以三相反应式步进电动机的典型结构(见图 10.1)为例来说明反应式步进电动机的结构特点。

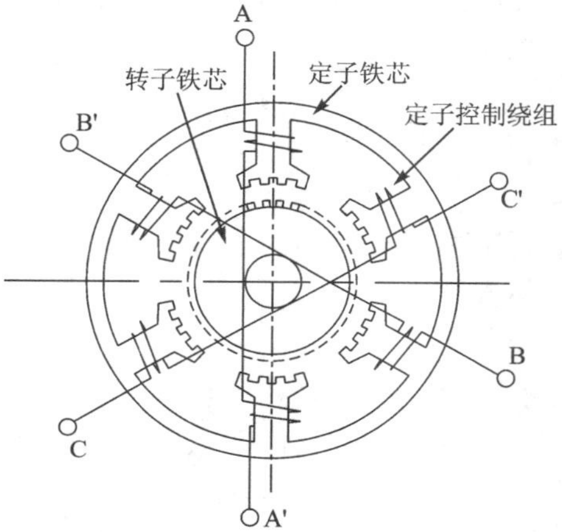

图 10.1 三相反应式步进电机剖面结构图

定子铁芯由硅钢冲片叠压而成。定子上装有突出的磁极大齿,每个磁极的极弧上都开有许多小齿,磁极大齿成对出现,有几对磁极,就是几相电动机。图 10.1所示为三对磁极,即三相电机。以径向相对的两个磁极为一相,定子的磁极数通常为相数的两倍,即 $2p=2m$(p 为极对数,m 为相数)。

在定子上,每个磁极上都装有绕组,称为步进电动机的控制绕组。每一相有一套集中控制绕组,每一套有两个串联的控制绕组分别放在径向相对的两个磁极上。

转子也是由铁芯冲片叠压构成,沿圆周均匀冲有许多小齿,转子小齿的齿距和定子磁极上小齿的齿距必须相等,而且齿数有一定的限制,转子上没有绕组。

10.2.2 反应式步进电动机的工作原理

反应式步进电动机的工作原理与反应式同步电动机一样,它是利用凸极转子交轴磁阻与直轴磁阻之差产生反应转矩,在该转矩的带动下转动的。因此,也称为磁阻式步进电动机。下面就以一台三相反应式步进电动机为例,说明反应式步进电动机的工作原理。

如图 10.2 为一台三相反应式步进电动机的工作原理示意图。它的定子上有 6 个极,不带小齿,每个极上都装有控制绕组,相对的两极为同一相。转子是 4 个均匀分布的齿,用软磁材料制成,没有绕组,齿宽等于定子的极靴宽。下面通过几种控制方式来说明其工作原理。

1. 三相单三拍通电方式

当 A 相绕组通电而其他两相绕组不通电时,电机内建立以 A 极为轴线的磁场,由于磁通具有力图走磁阻最小路径的特点，因而转子齿 1、3 的轴线与定子 A 极轴线对齐（负载转矩为零时），如图 10.2(a)所示。当 A 相断电且 B 相通电时，在反应转矩的作用下，转子便逆时针方向转过 30°，使转子齿 2 和齿 4 的轴线与定子 B 极轴线对齐，如图 10.2(b)所示。当 B 相断电且 C 相通电时，转子再逆时针转过 30°，使转子齿 1 和齿 3 的轴线与定子 C 极轴线对齐，如图 10.2(c)所示。如此循环往复，按 A—B—C—A 的顺序，不断接通和断开控制绕组，气隙中将产生脉冲式的旋转磁场，转子就一步一步地按逆时针方向转动。

电动机的转速取决于控制绕组接通或断开的频率。若按 A—C—B—A 的顺序通电，则电机就会顺时针转动，即反向转动。定子绕组与电源的接通或断开通常是由数字逻辑电路或计算机软件来控制的。

(a) A相通电　(b) B相通电　(c) C相通电

图 10.2　三相反应式步进电动机的工作原理

定子控制绕组每改变一次通电方式，步进电动机就走一步，称为一拍。上述的通电方式称为三相单三拍。“单”是指每次只有一相控制绕组通电；“三拍”是指改变三次控制绕组的通电状态为一个循环。

步进电动机每输入一个脉冲信号，转子走一步所转过的角度称为步距角。在三相单三拍的运行时，步距角为 30°。

因为单三拍在切换时出现的一相定子绕组断电而另一相定子绕组开始通电的状态容易造成失步，而且单一定子绕组通电吸引转子，也易使转子在平衡位置附近产生振荡，因此可以采用三相六拍或三相双三拍来克服这些缺点。

2. 三相六拍通电方式

三相步进电动机除了单三拍运行外，还可工作在三相六拍通电方式。三相六拍时电动机运行情况如图 10.3 所示，这是一种将一相通电和两相通电结合起来的运行方式，即一相通电和两相通电交替进行。其通电顺序为 A—AB—B—BC—C—CA—A，或为 A—AC—C—CB—B—BA—A。按前一种顺序通电，即先接通 A 相定子绕组，接着使 A、B 两相定子绕组同时通电；然后断开 A 相，使 B 相绕组单独通电；再同时接通 B、C 两相定子绕组；接着 C 相单独通电，然后 C、A 两相定子绕组同时通电，并依次循环进行。在这种工作方式下，定子三相绕组需经过六次换接才能完成一个循环，故称为“六拍”。

三相六拍通电方式的步距角与单三拍的不同。当 A 相定子绕组通电时，转子齿

1、3 的轴线与定子 A 极轴线对齐，如图 10.3(a)所示。然后当 A、B 两相定子绕组同时通电时，转子的位置应兼顾到 A、B 两对极所形成的两路磁通，在气隙中所遇到的磁阻同样程度地达到最小，这时相邻两个 A、B 磁极与转子齿相作用的磁拉力大小相等且方向相反，使转子处于平衡状态。这样，当 A 相通电转到 A、B 两相同时通电时，转子只能逆时针转过 15°，如图 10.3(b)所示。当断开 A 相定子绕组而使 B 相定子绕组单独通电时，转子将继续沿逆时针方向转过一个角度，直至使转子齿 2 和齿 4 的轴线与定子 B 极轴线对齐为止，这时转子又转过 15°，如图 10.3(c)所示。依此类推，步进电动机就按逆时针方向连续转动。可见，此时电机每走一步，将转过 15°，恰好为三相单拍通电方式的一半。

如果通电顺序改为 A—AC—C—CB—B—BA—A 时，电动机将按顺时针方向转动。

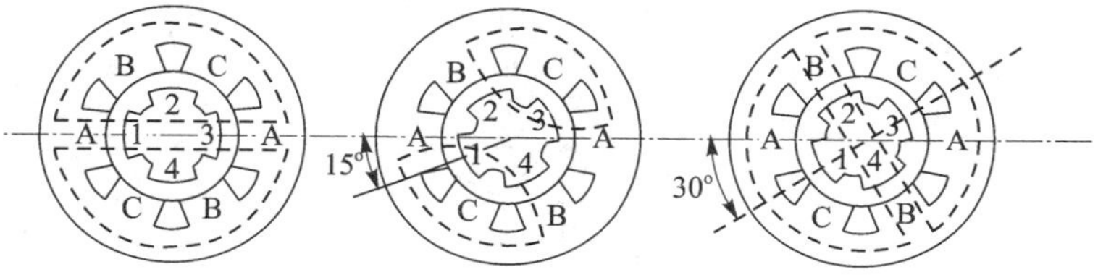

(a) a相通电　(b) A、B相通电　(c) B相通电

图 10.3　步进电动机三相六拍运行方式

3. 三相双三拍通电方式

如果将三相步进电动机控制绕组的通电方式改为 AB－BC－CA－AB 或 AC－CB－BA－AC，称为三相双三拍通电方式。每拍同时有两相绕组通电，三拍为一个循环，这时，转子齿的位置应同时考虑到两对定子极的作用。如图 10.3(b)所示位置，当 AB 同时通电时，A 相极和 B 相极对转子齿所产生的磁拉力平衡。然后转到 BC 相同时通电，则转子逆时针转动 30°，才能达到新的平衡。因此转子每步转过的角度与单三拍运行方式相同，也为 30°。

三相六拍运行和三相双三拍运行都比单三拍运行要稳定。因为与单三拍运行方式相比，这两种运行方式下，电机从一个状态转变为另一个状态时，总有一相绕组持续通电。例如，三相六拍运行时由 B 相通电变为 BC 相通电，或者三相双三拍运行时由 AB 相通电变为 BC 相通电时，B 相都保持持续通电状态。这时 C 相磁极力图使转子逆时针转动，而 B 相磁极却起阻止转子继续转动的作用，即电磁阻尼作用，因此电机工作比较平稳、可靠。

10.2.3　反应式步进电动机的步距角

上面讨论的是一台简单的三相反应式步进电动机的工作原理。这种步进电动机的步距角是比较大的(15°或 30°)，它常常不能满足系统精度较高的要求，如果采用如

图 10.4 所示的转子齿数很多、定子磁极上带有小齿的反应式结构，其步距角则可以做得很小。

定子有六个磁极，每个磁极上又有 5 个小齿；转子沿圆周均匀分布 40 个齿，定子、转子上小齿的齿宽相等。电机的运行方式为三相单三拍运行，即通电方式为 A—B—C—A。当 A 相控制绕组通电时，产生一个沿 A 相一对极轴线方向的磁通，由于磁力线力图通过磁阻最小的路径，因而转子会受到反应转矩的作用而转动，直到转子齿轴线与定子 A 相磁极上的齿轴线对齐为止。由于转子上有 40 个齿，相邻两齿间的夹角——齿距角 $\theta_t=\frac{360^\circ}{40}=9^\circ$，定子一个极距所占有转子的齿数为 $\frac{40}{2\times 3}=6\frac{2}{3}$，这不是整数。因此当 A 相一对极下的定、转子齿轴线对齐时，B 相磁极下定子齿和转子齿必然错开一齿距 θ_t 的 $1/m$（m 为相数），即 θ_t/m，此时为 3°；C 相的一对极下定、转子齿错开 $2\theta_t/m$，即 6°。此时，各相磁极的定子齿与转子齿相对位置如图 10.5 所示。

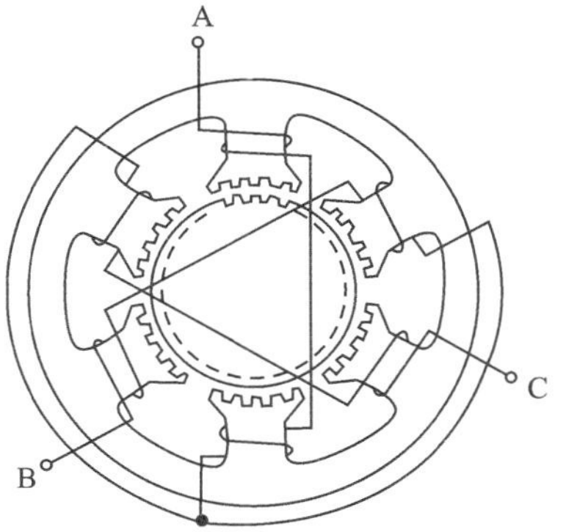

图 10.4　小步距角的三相反应式步进电动机

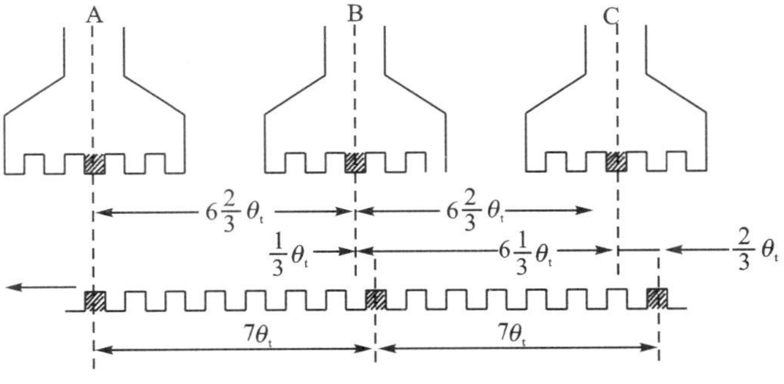

图 10.5　转子为 40 齿时定子、转子的相对位置

若 A 相定子绕组断开而 B 相定子绕组接通，则步进电动机中产生沿 B 相一对极轴线方向的磁场。因磁通力图走磁阻最小的路径，转子受到反应转矩的作用而转动，所以转子按逆时针方向转过 1/3 齿距（3°），并使 B 极下的定子齿与转子齿对齐。这时相应的 A 极和 C 极下的定子齿又分别和转子齿相错 1/3 齿距。按此顺序连续不断地通电，转子便连续不断地转动。

依此类推，控制绕组按 A—B—C—A 顺序循环通电时，转子就按同一方向一步一步转动起来，每换接一次绕组，转子就转过 $\frac{1}{3}\theta_t$。显然，若想改变步进电动机转向,只要改变通电顺序,按 A—C—B—A 顺序循环通电即可,步距角同样是 $\frac{1}{3}\theta_t$,即 3°。

如果运行方式改变为三相六拍,即通电方式为 A—AB—B—BC—C—CA—A,每换接一次绕组,步距角为单三拍的一半,即 $\theta=1.5°$。

从上面分析可见,当电机为三相单三拍运行,即按 A—B—C—A 顺序通电时,若开始是 A 相通电,转子齿轴线与 A 相磁极的齿轴线对齐。换接一次绕组,转子转过的角度是$\frac{1}{3}$齿距角,即每步转的地角度是 3°。转子走 3 步,转过一个齿距角,此时转子齿轴线又重新与 A 相磁极齿轴线对齐。当电机在三相六拍运行,即按 A—AB—B—BC—C—CA—A 顺序通电时,换一次绕组,转子转过的角度为$\frac{1}{6}$齿距角,转子需要 6 步才能转过一个齿距角。

用 Z 表示转子齿数,亦即转子级数,则齿距角为

$$\theta_t = \frac{360°}{Z} \tag{10-1}$$

转子每一步转过的空间角度(机械角度),即步距角为

$$\theta_{se} = \frac{\theta_t}{N} = \frac{360°}{ZN} \tag{10-2}$$

式中:N——转子转过一个齿距所需要的拍数,$N=Km$;

m——电机的相数;

K——与通电方式有关的状态系数。通电方式为单拍制时,$K=1$;双拍时,$K=2$。

步进电动机的相数和转子齿数越多,则步距角 θ_s 就越小。因此,增加转子齿数和拍数,就可以减小步距角,有利于提高控制精度。增加相数也可以减小步矩角的大小,但相数增加会使电源及电动机的结构更复杂,造价提高。

如果控制绕组输入的是连续脉冲,各相绕组不断地轮流通电,步进电动机就连续不断地运转,它的转速与脉冲频率成正比。由式(10-2)可知,每输入一个脉冲,转子转过的角度是整个圆周角的 $1/(ZN)$,也就是转过 $1/(ZN)$转。若控制脉冲的频率为 f,则每分钟转子所转过的圆周角,即步进电动机的转速为

$$n = \frac{60f}{ZN} = \frac{60f}{ZKm} \tag{10-3}$$

可见,反应式步进电动机的转速取决于脉冲频率、转子齿数和拍数,而与电压、负载、温度等因素无关。当转子齿数一定时,转子旋转速度与输入脉冲频率成正比,或者说其转速和脉冲频率同步,改变脉冲频率可以改变转速。

10.3 反应式步进电动机的静态特性

当控制脉冲不断输入，各相绕组按一定方式轮流通电时，步进电动机转子就一步一步地转动。当控制脉冲停止，并保持最后一拍的控制绕组继续通入恒定不变的直流电，这时转子将固定于某一位置上保持不动。静止状态时，即便有一个小扰动使转子偏离此位置，磁拉力也会将转子拉回来，电机能够可靠地锁在静止位置。步进电动机所具有这种功能称为自锁。

在不改变通电状态，即控制绕组电流不变时，步进电动机的静转矩与转子失调角的关系 $T_{em}=f(\theta)$ 称为矩角特性。步进电动机的转矩就是电磁转矩，转子失调角就是通电相的定、转子齿轴线间用电角度表示的夹角 θ，如图 10.6 所示。

对于多相步进电动机，定子控制绕组可以是一相通电，也可以是几相同时通电，下面首先讨论单相通电的情况。

1. 单相通电时

单相通电时，通电相极下的定子齿产生转矩。这些定子齿与转子齿产生的相对位置及所产生的转矩都是相同的，故可以用一对定、转子齿的相对位置来表示转子位置，电机总的转矩等于各个定子齿所产生的转矩之和。

定子齿轴线与转子齿轴线之间的夹角 θ 表示转子失调角，齿距角 θ_t 为一个齿距对应的电角度。如果将转子齿数看作转子的极对数，电角度就等于空间机械角度乘以转子齿数，即一个齿距对应 2π 弧度。若用电弧度表示，则齿距角 $\theta_t=2\pi$。

当失调角 $\theta=0$ 时，转子齿轴线和定子齿轴线重合，此时定、转子齿之间虽有较大的吸力，但是吸力是垂直于转轴的，不是圆周切线方向，电动机产生的电磁转矩为零，该位置称为协调位置，如图 10.6(a)所示。如果在转子轴上作用外转矩，失调角 θ 将增大。以顺时针方向为正方向，即转子向右转过某一角度，电动机产生的电磁转矩也增大。

当 $\theta=\pi/2$，即 $\theta_t/4$ 时，电磁转矩达到最大。由于转矩的方向是逆时针的(见图 10.6(b))，故转矩为负值。

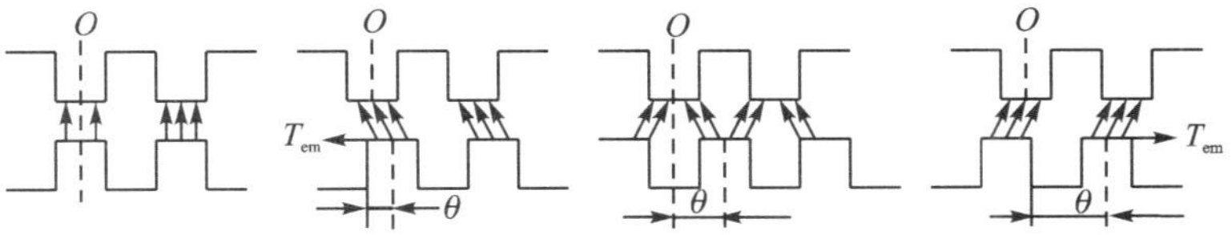

(a) θ=0时　(b) $\theta\approx\pi/2$时　(c) $\theta=\pi$　(d) $\theta>\pi$

图 10.6　电磁转矩与转子位置的关系

当 $\theta=\pi$，即 $\theta_t/2$ 时，转子的位置正好使转子的齿轴线对准定子槽的轴线，转子槽轴线对准定子齿轴线(见图 10.6(c))，两个定子齿对转子齿的磁拉力互相抵消，电磁转矩为零。如果 θ 继续增大,当 $\theta>\pi$ 时,转子齿将受到另一个定子齿磁拉力的作用,出现与 $\theta<\pi$ 相反的转矩,即为正值,如图 10.6(d)所示。

当 $\theta=2\pi$ 时,转子齿与下一个定子齿对齐,转矩为零。如果失调角 θ 继续增加,转矩又重复上述情况作周期性的变化。由此可见,转矩 T 随转角 θ 作周期变化,变化周期是一个齿距,即 2π 电弧度。

$T_{em}=f(\theta)$ 的形状比较复杂,它与定、转子冲片齿的形状以及饱和程度有关。反应式步进电动机的矩角特性接近正弦曲线,如图 10.7 所示(图中只画出 θ 从 $-\pi\sim\pi$ 的范围)。

矩角特性的表达式为

$$T_{em}=T_M\sin\theta \tag{10-4}$$

式中,T_M 为 $\theta=\pi/2$ 时产生的最大静态电磁转矩,它表示步进电动机承受负载的能力。它与磁路结构、控制绕组匝数和通入的电流大小有关。

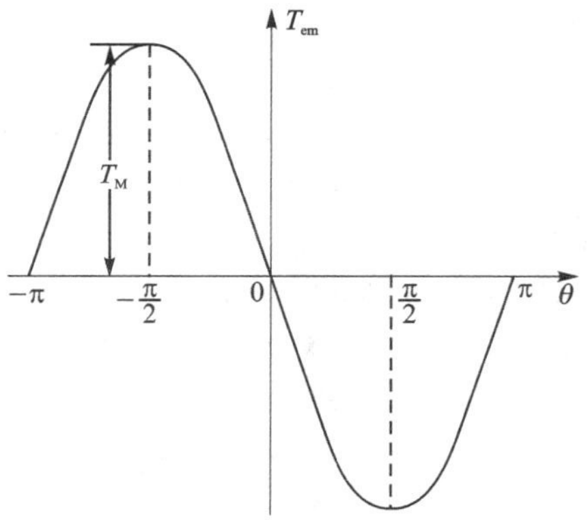

图 10.7 步进电动机的矩角特性曲线

由图 10.7 可知,$\theta=0$ 是理想的稳定平衡点,因为如有外力干扰使转子偏离初始稳定的平衡位置,只要偏离的角度在 $-\pi\sim\pi$ 之间,一旦干扰消失,转子在电磁转矩作用下将恢复到 $\theta=0$ 这一位置。当 $\theta=\pm\pi$ 时,虽然此时的电磁转矩也等于零,但是如果有外力干扰使转子偏离平衡位置,当干扰消失时,转子将不能回到 $\theta=\pm\pi$ 这一位置,在电磁转矩的作用下,转子将稳定到 $\theta=0$ 或 $\theta=2\pi$ 的位置上去,因此 $\theta=\pm\pi$ 为不稳定工作点。

总之,$-\pi<\theta<\pi$ 之间的区域为静态稳定区,在这个区域中,如果为理想空载,转子总会在电磁转矩的作用下,占据 $\theta=0$ 这个稳定平衡位置。如果转子轴上有一定的负载转矩,则转子将稳定在某一 θ 的位置,该失调角所对应的电磁转矩正好与负载转矩相平衡。

2. 多相通电时

如果磁路为线性,根据叠加原理,多相通电时的矩角特性可以近似地由每相各自通电时的矩角特性叠加而成。

设 A、B 两相通电,以 A 相定子齿的中心轴线为基准,转子失调角为 θ,那么 A 相通电时的电磁转矩为

$$T_{eA}=-T_M\sin\theta \tag{10-5}$$

当 B 相也通电时,由于 $\theta=0$ 时的 B 相定子齿轴线与转子齿轴线错开一个单拍制的步矩角,即 $2\pi/3$ 电角度,因此 B 相的电磁转矩为

$$T_{eB} = -T_M \sin\left(\theta - \frac{2\pi}{3}\right) \tag{10-6}$$

因此，当 A、B 两相同时通电时，合成的电磁转矩为

$$T_{eAB} = T_{eA} + T_{eB} = -T_M \sin\left(\theta - \frac{\pi}{3}\right) \tag{10-7}$$

相应的矩角特性如图 10.8 所示。

可见，对于三相反应式步进电动机，两相同时通电的最大电磁转矩与单相通电时的最大电磁转矩相等。因此，三相反应式步进电动机是不能依靠增加通电相数来提高负载能力的。

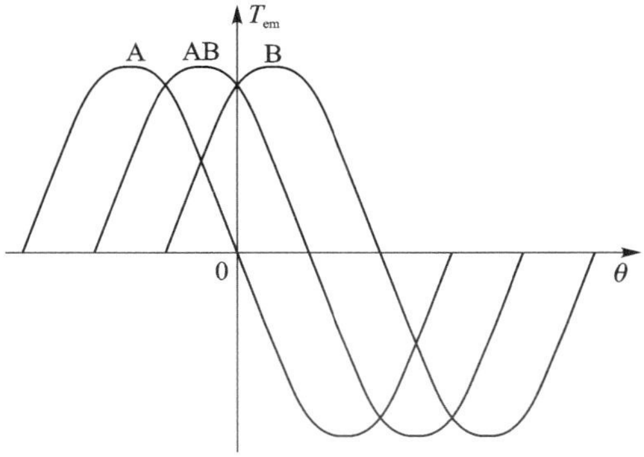

图 10.8　三相反应式步进电动机两相同时通电时的矩角特性

对于更多相步进电动机通常可以通过多相同时通电来提高最大电磁转矩。m 相电机的 n 相同时通电时最大转矩值 $T_{jmax(1-n)}$ 与单相通电时的最大转矩值 T_{jmax} 之比为

$$\frac{T_{jmax(1-n)}}{T_{jmax}} = \frac{\sin\frac{n\pi}{m}}{\sin\frac{\pi}{m}} \tag{10-8}$$

根据式(10－8)计算不难得出，对于高于三相的多相步进电动机采用多相同时通电可以提高最大静态转矩，增大最大输出转矩，这对于功率较大的场合是十分有用的。

10.4　反应式步进电动机的动态特性

在实际工作中，步进电动机通常总是在动态情况下运行，其动态特性将直接影响系统工作的可靠性和快速性能。下面主要讨论步进电动机的动态特性。

10.4.1　单步运行状态

单步运行状态是指步进电动机在一相或多相控制绕组通电状态下的运行方式。

1. 动稳定区

当 A 相控制绕组通电时，矩角特性如图 10.9 所示。在理想空载下，转子处于稳定平衡点 a_0 点处，此时将 A 相通电转变为 B 相通电，则矩角特性向前移动一个步矩角 θ_{se}，由此变为曲线 B，b_0 点成为新的稳定平衡点。在切换通电状态的瞬间，转子由于惯性还处于 a_0 点，对应该点的电磁转矩已由 0 突变为 T_{emb}（对应曲线 B 与纵坐标的交点），电机在该电磁转矩的作用下将向新的稳定平衡点移动，直到达到 b_0 为止。此时静稳定区变为$(-\pi+\theta_{se})<\theta<(\pi+\theta_{se})$，即改变通电状态的瞬间，只要转子在这

个区域之内,就能趋于新的稳定平衡位置,因此,可把后一个通电相的静稳定区称为前一个通电相的动稳定区。把初始稳定平衡点 a_0 与动稳定区的边界点 a 之间的距离称为稳定裕度。显然,拍数越多,步矩角越小,稳定裕度就越大,动稳定区就越接近静稳定区,运行的稳定性就越好,转子从原来的稳定平衡点达到新的平衡点的过渡时间就越短,响应的频率也就越高。

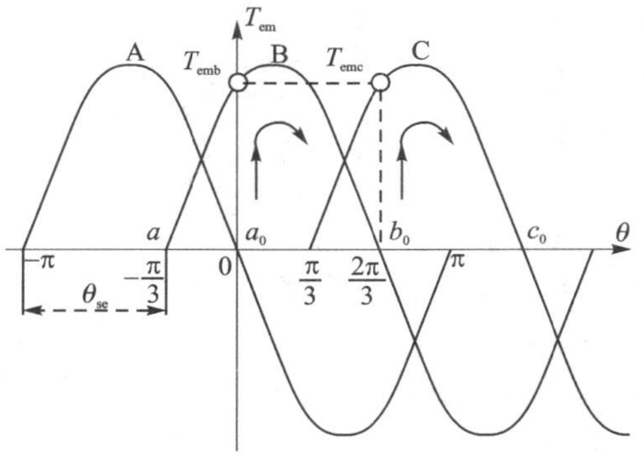

图 10.9 动稳定区

2. 最大负载转矩

步进电动机所能带动的最大负载可以通过矩角特性曲线中相邻的两个矩角特性曲线的交点来确定。如图 10.10 可见,相邻 A、B 矩角特性曲线交点为 q 点,对应的坐标为失调角 θ_{eq} ,静态转矩为 T_{emq} 。

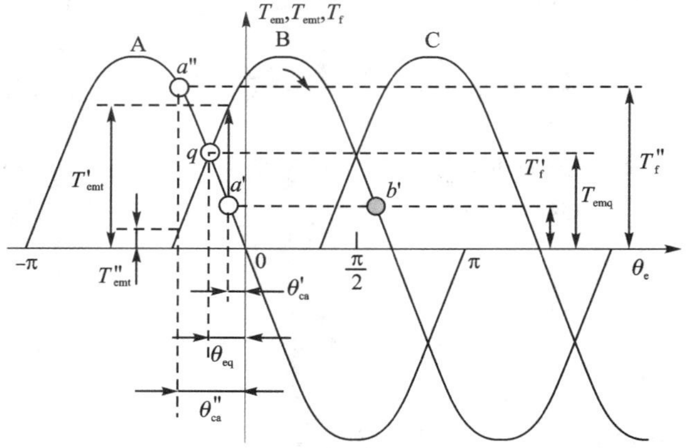

图 10.10 最大负载能力的确定

如果加脉冲前电动动机所带负载的阻转矩 $T'_f < T_{emq}$,转子处在失调角为 θ'_{ca} 的平衡点 a' ,当控制脉冲切换通电绕组使 B 相通电时,矩角特性跃变为曲线 B。这时,对应角 θ'_{ca} 的电磁转矩 T'_{emt} 大于负载转矩 T'_f,电机能在电磁转矩作用下转过一个步距角达到一个新的平衡位置 b' 。

如果加脉冲前负载阻转矩 $T_f'' > T_{emq}$，转子处于失调角为 θ_{ca}'' 的 a'' 点，当绕组通电切换后，对应角 θ_{ca}'' 的电磁转矩 T_{emt}'' 小于负载转矩 T_f''，电动机就不能做步进运动。

因此，电动机以一定通电方式运行时，相邻矩角特性的交点所对应的转矩 T_{emq} 是电机做单步运行所能带动的极限负载，也称为极限启动转矩。实际步进电动机能够正常运行所必须满足的条件是：所带的负载转矩 T_f 小于极限启动转矩 T_{emq}，即

$$T_f < T_{emq} \tag{10-9}$$

根据图 10.10，可以计算 A、B 相矩角特性的交点处所对应的极限启动转矩为

$$T_{emq} = T_{max}\sin\left(\frac{\pi - \theta_{se}}{2}\right) = T_{max}\cos\left(\frac{\theta_{se}}{2}\right) \tag{10-10}$$

考虑到 $\theta_{se} = Z\theta_s = \dfrac{2\pi}{N}$，所以

$$T_{emq} = T_{max}\cos\left(\frac{\pi}{N}\right) \tag{10-11}$$

当最大转矩值 T_{max} 一定时，增加运行拍数可以增大极限启动转矩。例如，三相反应式步进电动机采用六拍运行时，其启动转矩为

$$T_{qs} = \frac{\sqrt{3}}{2}T_{max} \tag{10-12}$$

采用单三拍运行时，启动转矩为

$$T_{qd}' = T_{qsh} = \frac{1}{2}T_{max} \tag{10-13}$$

具体情况如图 10.11 所示。

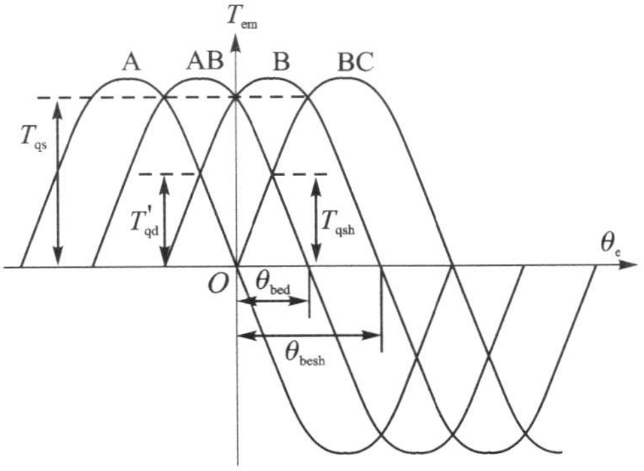

图 10.11　三相反应式步进电动机启动转矩的提高

3. 转子振荡现象

步进电动机的单步运行状态为一振荡过程，参看图 10.2。当步进电动机空载，A 相通电时，转子齿 1 和齿 3 的轴线与定子 A 极轴线对齐。A 相断电，B 相通电时，转子将按逆时针方向转动。在转子齿 2 和齿 4 转到对准定子 B 极轴线的瞬间，电动机的磁阻转矩为零。

但此时由于转子惯性的影响，它将继续向逆时针方向转动。当转子齿 2 和齿 4 的轴线越过 B 极轴线位置后，便受到反向转矩的作用而减速直到停转，但此时转子仍受到反向转矩的作用，于是开始沿顺时针方向转动。当转子齿 2 和齿 4 的轴线再次对齐 B 极轴线时，又会因转子惯性的影响同样继续沿顺时针方向转动，如此来回振荡。

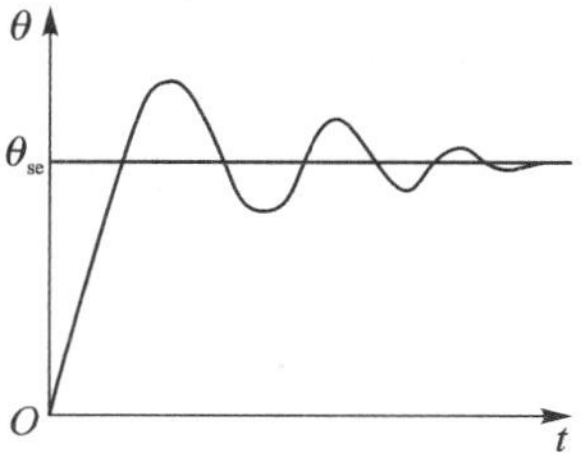

图 10.12 步进电动机的转子振荡过程

由于摩擦等阻尼力矩的影响，最终将使齿 2 和齿 4 的轴线停止在 B 极轴线位置。可见，当电脉冲由 A 相绕组切换到 B 相绕组时，转子将转过一个步距角 θ_{se}，但整个过程是一个振荡过程。一般来说，这一振荡是不断衰减的，如图 10.12 所示。阻尼作用越大，衰减得越快。

必须指出，单步运行时所产生的振荡现象对步进电动机的运行很不利的，它影响了系统的精度，带来振动和噪声，严重的甚至使转子丢步。因此，需要设置一定的阻尼装置加快振荡的衰减速度。

10.4.2 步进电动机的连续运行状态

1. 矩频特性

当控制脉冲频率逐步增加，电动机转速逐步升高时，步进电动机所能带动的最大负载转矩值将逐步下降。也就是说，电机连续转动时所产生的最大输出转矩是随着脉冲频率 f 的升高而减小的。电磁转矩与频率之间的关系曲线称为步进电动机运行矩频特性，它是一条如图 10.13 所示的下降曲线。

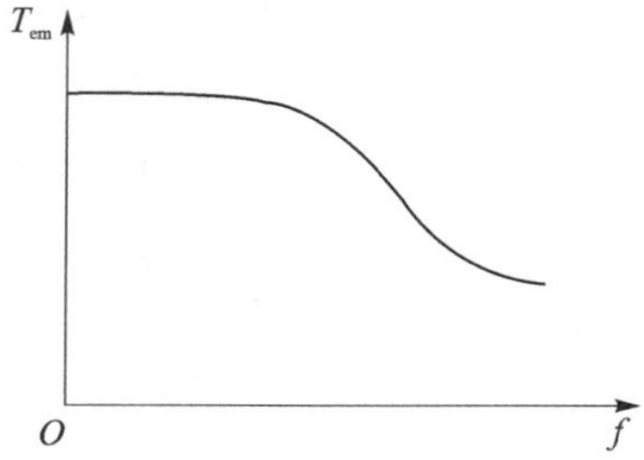

图 10.13 运行矩频特性

为什么频率增高以后步进电机的负载能力要下降呢，这是由许多因素造成的。这些因素包括步进电机的转子直径、转子铁芯有效长度、齿数、齿形、齿槽比、步进电机内部的磁路、绕组的绕线方式、定转子之间的气隙、控制线路的电压等。很明显，其中有的因素是步进电机在制造时已确定的，使用者不能改变。但有些因素使用者是可以改变的，如控制方式、绕组工作电压、线路时间常数等。

可以改变的一个主要因素就是定子绕组电感。步进电动机每相绕组是一个电感线圈，它具有一定的电感 L，而电感有延缓电流变化的特性。通常外加控制脉冲电压都是矩形波，当控制脉冲频率较低时，每相绕组通电和断电的时间较长，绕组中电流的上升和下降均能达到稳定值，其波形接近于矩形波，如图 10.14(a)所示。这时，通电时间内电流的平均值较大；当脉冲频率升高后，周期 T 缩短，电流 i 的波形就和理想矩形波有较大的差别，如图 10.14(b)所示；当频率进一步升高，周期 T 进一步缩短时，电流 i 的波形将接近于三角波，幅值也降低了，因而电流的平均值大大减小，如图 10.14(c)所示。由于转矩近似地与电流平方成正比，这样，频率越高，绕组中的平均电流越小，电机产生的平均转矩减小。

此外，随着频率上升，转子转速升高，在定子绕组中产生附加旋转电动势并形成附加电流使电动机受到更大的阻尼转矩，电动机铁芯中的涡流损耗也将很快增加。这些都是使步进电动机输出功率和输出转矩下降的因素。因此，输入脉冲频率增高后，步进电机的负载能力逐渐下降，到某一频率以后步进电机已带不动任何负载，只要受到很小的扰动，就会失步以致停转。

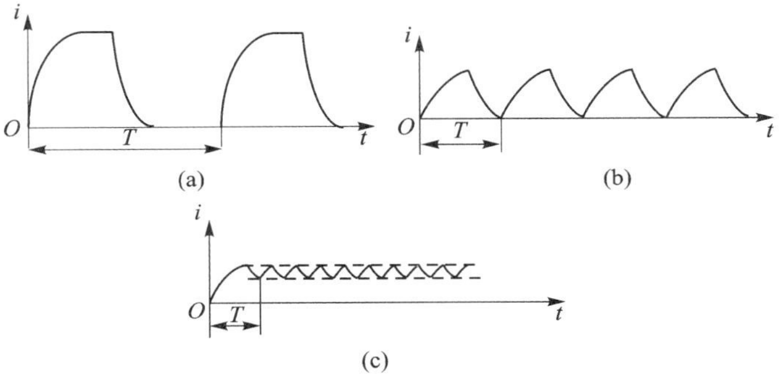

图 10.14　电流与频率的关系

2. 频率对工作特性的影响

步进电动机在极低频率下运行时，运行情况为连续的单步运动。此时控制脉冲的频率较低，因而周期较长，在控制脉冲作用下，转子将从 $\theta_e = 0$ 处一步一步连续地向新的平衡位置转动。在有阻尼的情况下，此过程是一个衰减的振荡过程，最后趋于新的平衡位置。由于控制脉冲频率低，在一个周期内转子来得及把振荡衰减得差不多，并趋于新的平衡位置。而当下一个控制脉冲到来时，电机好像从不动的状态开始，其每一步都和单步运行一样，此时具有的步进特征如图 10.15 所示。随着脉冲频率的增加，脉冲周期缩短，因而会出现一个周期内转子振荡还未衰减完时下一个脉冲就到来的情况。

值得注意的是，当控制脉冲频率等于或接近于步进电动机振荡频率的 $1/k$ 倍时(k 为正整数)，电机会出现强烈振荡甚至失步和无法工作，这就是低频共振和低频丢步现象。

当控制脉冲频率继续增加，电机处于高频脉冲下运行时，这时前一步振荡尚未到达第一次回摆最大值，下一个脉冲就到来。当频率更高时，甚至前一步振荡尚未到达第一次振荡的幅值就开始下一步，此时电机的运行如同同步电机一样连续、平滑转动，转速比较平稳，如图 10.16 所示。

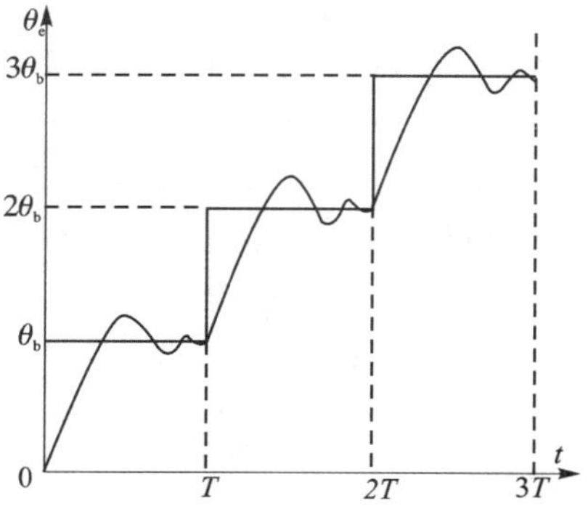

图 10.15 具有步进特征的运行

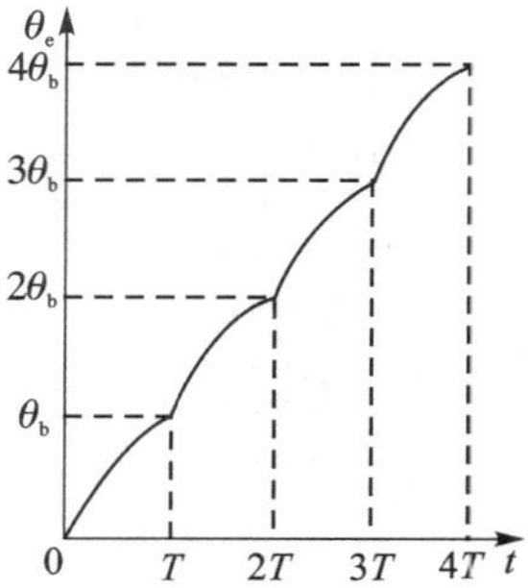

图 10.16 具有较稳定转速的运行

3. 启动和启动频率

若步进电动机静止于某一相的平衡位置上，当一定频率的控制脉冲送入时电机就开始转动。但是电动机的转速不是立刻就能达到稳定数值，有一暂态过程，这就是启动过程。

在一定负载转矩下，电动机正常启动时(不丢步、不失步)所能加的最高控制频率称为启动频率或突跳频率，它也是衡量步进电动机快速性能的重要技术指标。

启动频率要比连续运行频率低得多，这是因为电动机刚启动时转速等于 0，在启动过程中，电磁转矩除了克服负载阻转矩外，还要克服转动部分的惯性转矩 $J\dfrac{\mathrm{d}^2\theta}{\mathrm{d}t^2}$ (J 为电机和负载的总惯量)，因此启动时电动机的负担比连续运转时重。如果启动时脉冲频率过高，则转子的速度就跟不上定子磁场旋转的速度，以致第一步结束的位置落后于平衡位置较远，以后各步中转子速度增加不多，而定子磁场仍然以正比于脉冲频率的速度向前转动。因此转子位置与平衡位置之间的距离越来越大，最后因转子位置落到稳定区以外而出现丢步或振荡现象，使电机不能启动。

为了能正常启动，启动频率不能过高。电动机启动以后，如果再逐渐升高脉冲频率，由于这时转子角加速度 $\dfrac{\mathrm{d}^2\theta}{\mathrm{d}t^2}$ 较小，惯性转矩不大，因此电动机仍能升速。显然连续运行频率要比启动频率高。

当电动机带着一定的负载转矩启动时，作用在电动机转子上的加速转矩为电磁转矩与负载转矩之差。负载转矩越大，加速转矩就越小，电动机就不易转起来。只有每步有较长的加速时间(即降低的脉冲频率)时，电动机才可能启动。因此，随着负载的增加，其启动频率是下降的。启动频率随负载转矩下降的关系称为启动矩频特性，如图 10.17 所示。

另外，随着电机转动部分惯量的增大，在一定的脉冲范围内，转子速度增加不大，难于趋向平衡位置。若要电动机启动，也需要较长的脉冲周期使电动机加速，即要求降低脉冲频率。因此，随着电动机轴上转动惯量的增加，启动频率也是下降的。启动频率随转动惯量下降的关系称为启动惯频特性，如图 10.18 所示。

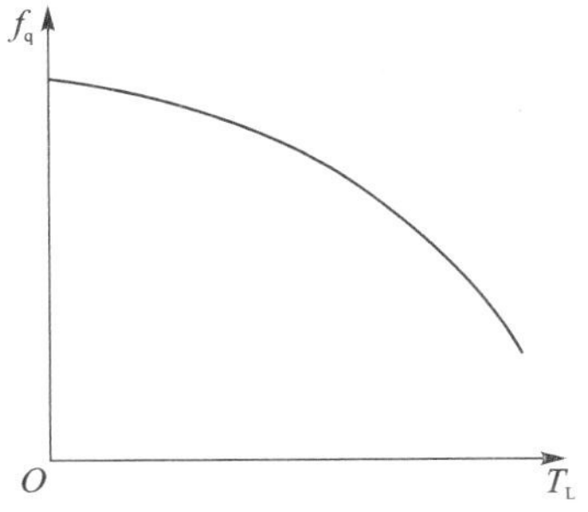

图 10.17　启动时的矩频特性

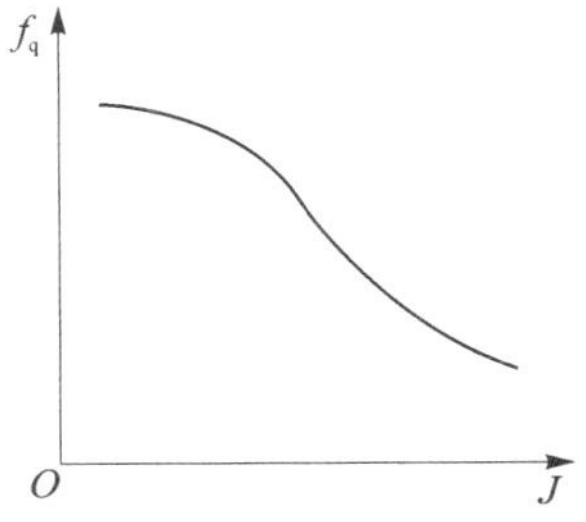

图 10.18　启动时的惯频特性

若要提高启动频率，主要可以从下面三方面考虑：

① 提高电机的转矩；

② 减小电机和负载的惯量；

③ 增加电动机运行的相数、拍数和转子齿数。

10.5　步进电动机的驱动电源

步进电动机控制绕组所加电源为脉冲电压型的，它必须由特定的脉冲电源供电。驱动电源的基本部分包括脉冲发生器、脉冲分配器和功率放大器，如图 10.19 所示。

脉冲发生器产生频率从几赫兹到几十千赫兹连续变化的脉冲信号。脉冲分配器根据指令把脉冲按一定的逻辑关系加到各相控制绕组的功率放大器上，使步进电动机按照一定的通电方式运行。功率放大器将脉冲分配器输出的几毫安的小电流放大后驱动步进电动机。

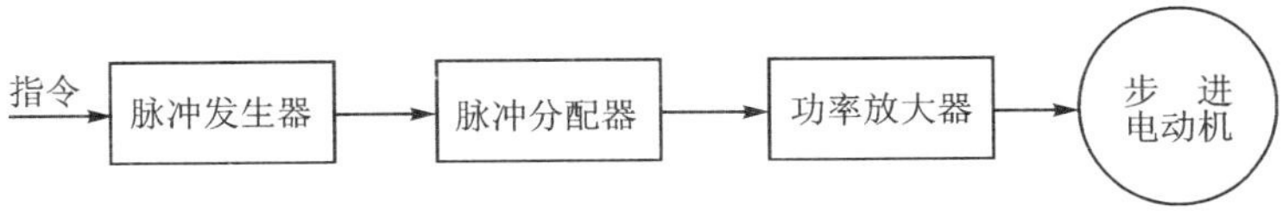

图 10.19　驱动电源框图

步进电动机的典型驱动方式如下：

1. 单电压驱动电路

单电压驱动是指电动机绕组在工作时，只用一个电压电源对绕组供电，如图 10.20 所示。

它只有一个电源 V，来自环形分配器的信号电压经过电流放大后加到功率管 T 的基极，控制 T 的导通和关断，即控制步进电动机定子绕组的通电与断电；二极管

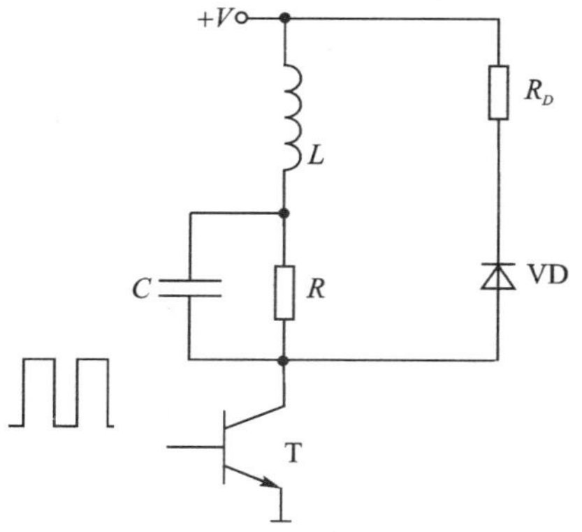

图 10.20 单电压驱动电路

VD 在关断期间起到续流作用。

由于绕组电感的影响,绕组的通电与断电需要一个过渡过程,电流上升的缓慢会导致电动机动态电磁转矩的下降,必须减小电磁时间常数。电路中串联电阻 R 可以使时间常数减小,但 R 太大又会使绕组供电电流减小。为了达到同样的稳态电流值,直流电源 V 的电压需要相应地增加。

可通过在 R 两端并联一个电容使电流的上升波形变陡来改善高频特性,但这样做会使低频性能变差。R 在工作中也要消耗一定的能量,所以这个电路损耗大,效率低,一般只用于小功率步进电动机的驱动。

2. 双电压驱动电路

用提高电压的方法可以使绕组中的电流上升波形变陡,这样就产生了双电压驱动。双电压驱动有两种方式:双电压法和高低压法。

(1)双电压法

双电压法的基本思路是:在低频段使用较低的电压驱动,在高频段使用较高的电压驱动,其电路原理如图 10.21 所示。

当电动机工作在低频时,给 T_1 低电平,使 T_1 关断,这时电动机的绕组由低压电源 V_L 供电,控制脉冲通过 T_2 使绕组得到低压脉冲。当电动机工作在高频时,给 T_1 高电平,使 T_1 开通。这时二极管 VD_2 反向截止,切断低电压电源 V_L,电动机绕组由高压电源 V_H 供电,控制脉冲通过 T_2 使绕组得到高压脉冲。

这种驱动方法保证了低频段仍具备单电压驱动的特点,而在高频段具有良好的高频性能。但该方法仍没摆脱单电压驱动的弱点,在限流电阻 R 上依然会产生损耗和发热。

(2) 高低压法

高低压的基本思路是:不论电动机工作的频率如何,在绕组通电的开始用高压供电,使绕组中电流迅速上升,而后用低压来维持绕组中的电流,高低压驱动电路的原理图如图 10.22 所示,尽管看起来与双电压法电路非常相似,但它们的原理有很大差别。

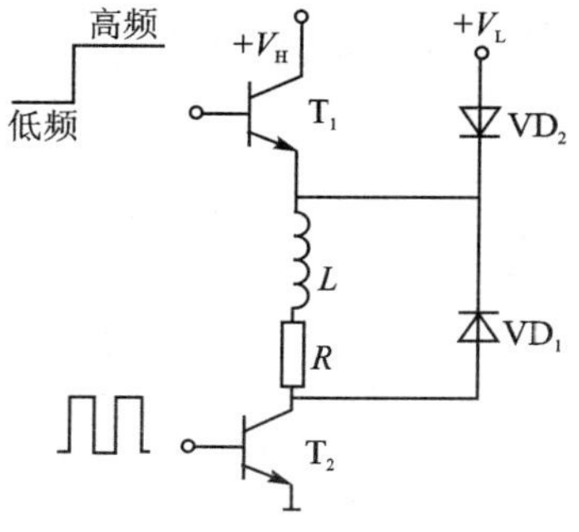

图 10.21 双电压驱动的原理图

高压开关管 T_1 的输入脉冲 u_H 与低压开关管 T_2 的输入脉冲 u_L 同时起步,但脉宽要窄得多。两个脉冲使开关管 T_1、T_2 同时导通,高电压 V_H 为电动机绕组供电。这时绕组中电流快速上升,电流波形的前沿很陡,如图 11.22(b)所示。当脉冲 u_H 降为低电平时，高压开关管 T_1 截止，高电压被切断，低电压 V_L 通过二极管 VD_2 为绕组提供较大的电流。

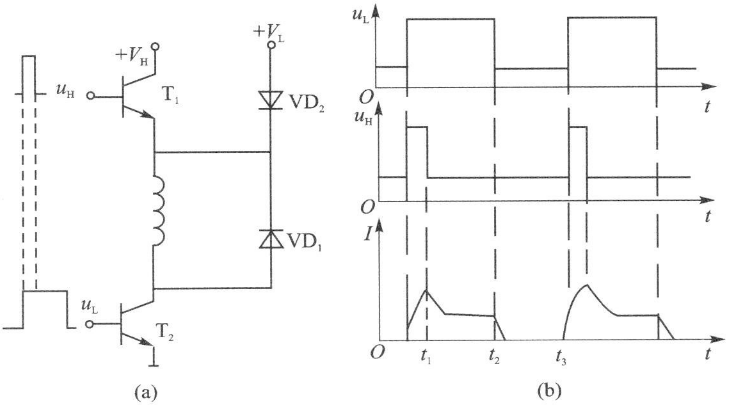

图 10.22 高低压驱动电路

在低频工作时，由于绕组通电周期长，容易产生能量过剩。因此，在设计中可通过计算平均电流的方法来选择低电压 V_L 值。

在高频工作时，由于绕组通电周期短，可能出现 u_H 与 u_L 脉宽相同的情况。因此，在设计中，要保证在最高工作频率工作时，u_H 的脉宽不要大于 u_L 的脉宽。

步进电动机与其他电动机不同，它所标称的额定电压和额定电流只是参考值；又因为步进电动机以脉冲方式供电，电源电压是其最高工作电压，一般高压选择范围是 80～150 V，低压选择范围是 5～20 V。选择时注意不要偏离步进电动机的额定值太远。

高低压驱动法是目前普遍应用的一种方法，这种驱动在低频时电流有较大的上冲，电动机低频噪声较大，存在低频共振现象，使用时要注意。

(3) 其他形式的驱动电源

除了上述两种常用的驱动电源外，目前还有其他形式的驱动电源，如带有多次电流检测的高低压驱动电源、单电压斩波恒流型驱动电源、恒频脉宽调制功放型驱动电源、细分控制功率放大器等，可以参阅相关书籍，在此不再赘述。

10.6 步进电动机的单片机控制

在步进电动机的单片机控制系统中，由单片机产生控制信号，控制功率驱动电路按照一定的顺序开通或关断。单片机完成控制脉冲分配、控制步进电动机的转向和控制步进电动机的转速等功能。下面介绍利用 MCS－51 系列单片机控制步进电动机的方法。

1. 通过软件实现脉冲分配

脉冲分配器的功能可以完全由软件来实现。在这种方法中，单片机的输出口直接与功率驱动电路的接口连接，单片机的 I/O 口按照给定的通电方式向驱动电路发出控制脉冲。图 10.23 是通过软件控制五相反应式步进电动机的脉冲分配的硬件接口示意图,利用 MCS-51 单片机的 PI.0～PI.4 五条输出口线向步进电动机传送控制信号。

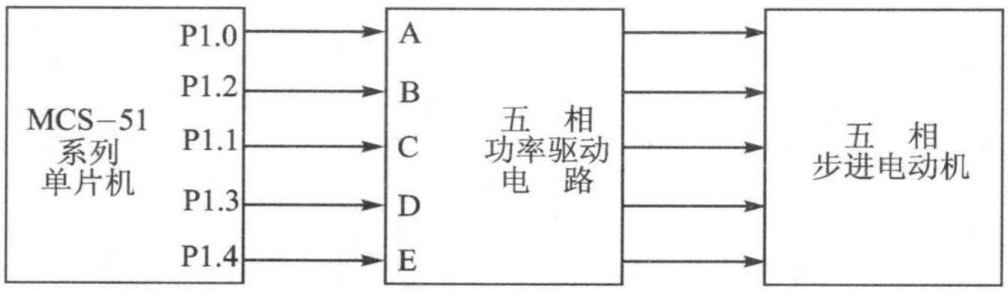

图 10.23　通过软件实现五相反应式步进电动机的脉冲分配的硬件接口示意图

以二-三通电、五相十拍运行方式(AB→ABC→BC→BCD→CD→CDE→DE→DEA→EA→EAB→AB…)为例,电动机共有 10 个通电状态。设 P1 原始输出为高电平,P1 口输出低电平使功率电路导通,输出高电平使功率电路截止,则在 P1 口输出的控制信号中,0 代表使绕组通电,1 代表使绕组断电,可以用 10 个控制字来对应这 10 个通电状态,如表 10.1 所列。

表 10.1　二-三通电、五相十拍工作方式的控制字

通电状态	P1.4(E)	P1.3(D)	P1.2(C)	P1.1(B)	P1.0(A)	控制字	正向	反向
AB	1	1	1	0	0	0FCH	↓	↑
ABC	1	1	0	0	0	0F8H		
BC	1	1	0	0	1	0F9H		
BCD	1	0	0	0	1	0F1H		
CD	1	0	0	1	1	0F3H		
CDE	0	0	0	1	1	0E3H		
DE	0	0	1	1	1	0E7H		
DEA	0	0	1	1	0	0E6H		
EA	0	1	1	1	0	0EEH		
EAB	0	1	1	0	0	0ECH		

软件的实现过程如下:在内存 ROM 区开辟一个存储空间来存放不同通电方式下的 10 种输出状态(控制字),系统软件按照电动机正、反转的要求,按正、反顺序依次将 10 个控制字的内容取出来并送至单片机的输出口 P1,每送一个控制字,就完成一拍,步进电动机转过一个步距角。

这种方法适用于控制任意类型的步进电动机。对不同类型的电动机及不同的运行方式,只要输出口线数够用,则只需改变存储的状态表(控制字)和修正计数长度值,而硬件线路无须作任何变化。

但是,采用软件法是先分配脉冲,单片机要不停地产生控制脉冲,占用了大量的 CPU 时间,使单片机无法同时进行其他工作。所以,人们常采用硬件来完成脉冲分配功能，而让单片机实现监测、显示和保护等功能。

2. 通过硬件实现脉冲分配

在硬件控制法中，脉冲分配通过脉冲分配器实现，单片机只需向脉冲分配器发送步进脉冲和控制旋转方向的电平信号，如图 10.24 所示。

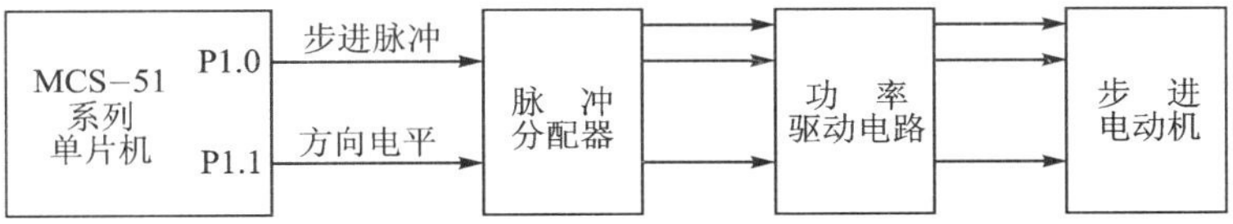

图 10.24　单片机与脉冲分配器接口

为了说明控制电路的原理，以四相步进电动机的控制为例进行分析。目前，市场上有的一些脉冲分配器专用集成电路芯片供应。例如，国产的 5G8713 脉冲分配器适用于三相和四相步进电动机，它可以选择以下 6 种不同的工作方式：三相单三拍、三相双三拍、三相单双六拍、四相单四拍、四相双四拍和四相单双八拍。

单片机通过 8713 脉冲分配器控制四相步进电动机的接口如图 10.25 所示。本例选用单时钟输入方式，8713 的 3 脚为步进脉冲输入端，4 脚为转向控制端，这两个引脚的输入均由单片机提供和控制。8713 的 5、6 脚为工作方式选择端，7 脚为相数选择端。如 5、6、7 脚均接高电平，则电动机为四相单双八拍运行方式。

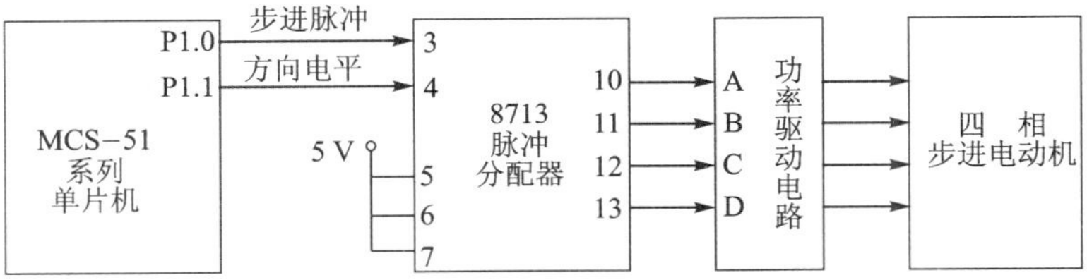

图 10.25　单片机通过 8713 脉冲分配器控制四相步进电动机的接口

3. 软硬件相结合的方法实现脉冲分配

图 10.26 为一种软硬件相结合实现脉冲分配的电路原理图。单片机的四条数据线 P1.0～P1.3 直接接到 EPROM(2764)的低 4 位地址线上，EPROM 的其他地址线均接地，这样 P1 口可以选通 EPROM 的 16 个状态。

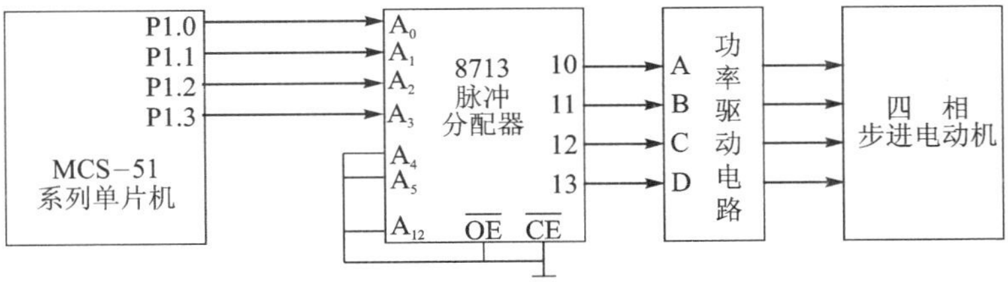

图 10.26　步进电动机软硬件相结合实现脉冲分配的电路原理图

在 EPROM 中存储各种通电状态如表 10.2 所列。在单片机的数据存储器中选一个地址作为输出状态的计数器,程序只需把计数器加 1 送到 P1 口,即可完成一拍。输出的数据实际相当于脉冲分配器输出的代码,而代码的含义则由 EPROM 内存解码完成,每一个数据对应脉冲分配器的一个输出状态。脉冲分配器的功能不用主机负担,同时不需要如串行脉冲的延时,软件的消耗也很少,所以主机可以有更多的时间去从事其他工作。

表 10.2 输入输出关系

输入	00	01	02	03	04	05	06	07	08	09	0A	0B	0C	0D	0E	0F
输出	A	AB	B	BC	C	CD	D	DA	D	CD	C	BC	B	AB	A	禁止
正转	——————→															
反转								——————→								

10.7 步进电动机的应用

10.7.1 步进电动机的主要技术数据

1. 步距角 θ_s

每输入一个电脉冲信号,转子转过的角度称为步距角。步距角大小会直接影响步进电动机的运行速度。外形尺寸相同的电动机,步距角小的步进电动机启动及运行频率比较高,但转速和输出功率不一定高。使用时,可根据需要的脉冲当量(每一脉动步进电动机带动负载所转过的转角或移动的直线位移)和可能选择的传动比来选择步进电动机的步距角。

2. 静态步距角误差 $\Delta\theta$

静态步距角误差即实际的步距角与理论的步距角之间的差值,通常用理论步距角的百分数或绝对值大小来衡量。静态步距角误差小,表示电动机精度高。静态步距角通常是在空载情况下测量的。

3. 最大静转矩 T_M

最大静转矩是指步进电动机在规定的通电相数下矩角特性上的转矩最大值。绕组电流越大,最大静转矩也越大。通常技术数据中所规定的最大静转矩是指每相绕组通上额定电流时所得到的值。

一般来说,最大静转矩较大的电动机可以带动较大的负载。负载转矩和最大静转矩比值通常取为 0.3~0.5 左右,即:$T_L=(0.3\sim0.5)T_M$ 。

按最大静转矩的值可以把步进电动机分为伺服步进电动机和功率步进电动机。前者输出转矩较小,有时需要经过液压力矩放大器或伺服功率放大系统放大后再去带动负载。而功率步进电动机的最大静转矩一般大于 5 N·m，它不需要力矩放大装置就能直接带动负载运动。这不仅大大简化了系统，而且提高了传动的精度。因此提高输出转矩，制造功率步进电动机是当前步进电动机发展方向之一。

4. 启动频率和启动矩频特性

启动频率又称突跳频率，是指步进电动机能够不失步启动的最高脉冲频率，是步进电动机的一项重要指标，产品目录上一般都有空载启动频率的数据。但在实际使用时，步进电动机大都要在带负载的情况下启动，这时，负载启动频率是一个重要指标。负载启动频率与负载转矩及惯量的大小有关。负载惯量一定，负载转矩增加，或负载转矩一定，负载惯量增加，都会使启动频率下降。在一定的负载惯量下，启动频率随负载转矩变化的特性称为启动矩频特性，通常以表格或曲线形式给出。

5. 运行频率和运行矩频特性

步进电动机启动后，控制脉冲频率连续上升而维持不失步的最高频率，称为运行频率。通常给出的也是空载情况下的运行频率。当电动机带着一定负载运行时，运行频率与负载转矩大小有关，两者的关系称为运行距频特性，在技术数据中通常也是以表格或曲线形式表示。提高运行频率对于提高产生率和系统的快速性具有很大的实际意义。由于运行频率比启动频率要高得多，因此使用时常通过自动升、降频控制线路，先在低频(不大于启动频率)下使电机启动，然后逐渐升频到工作频率使电动机处于连续运行。升频时间一般不大于 1 s。

另外必须注意，步进电动机的启动频率、运行频率及其矩频特性都与电源形式有密切关系。使用时首先必须了解给出的性能指标是在怎样形式的电源测定的。一般使用高低压切换型电源，其性能指标较高；如使用时改为单一电压电源，则性能指标要作相应降低。

6. 额定电流

步进电动机不动时第一相绕组容许通过的电流为额定电流。当电机运转时，每柞绕组通入的是脉冲电流，电流表指示的读数为脉冲电流平均值，为非额定电流。

7. 额定电压

步进电动机额定电压指的是驱动电源供给的电压，一般不等于加在绕组两端的电压。国家标准规定步进电动机的额定电压为：

单一电压电源：6 V、12 V、27 V、48 V、69 V、80 V。

高低压切换型电源：60/12 V、80/12 V。

10.7.2　使用步进电动机应注意的几个问题

① 驱动电源的优劣对步进电动机控制系统的运行影响极大，使用时要特别注意，需根据运行要求，尽量采用先进的驱动电源，以满足步进电动机的运行性能。

② 若所带负载转动惯量较大，则应在低频下启动，然后再上升到工作频率，停车

时也应从工作频率下降到适当频率再停车。

③ 在工作过程中,应尽量避免由于负载突变而引起的误差。

④ 若在工作中发生失步现象,首先,应检查负载是否过大,电源电压是否正常,再检查驱动电源输出波形是否正常,在处理时不应随意变换元件。

10.7.3 步进电动机的应用

1. 步进电动机在电子计算机外围设备中的应用

主要应用在光电阅读器、软盘驱动系统。例如,软盘存储器是一种十分简便的外部信息存储装置,当软盘插入驱动器后,驱动电机带动主轴旋转,使盘片在盘套内转动,磁头安装在磁头小车上,步进电动机通过传动机构驱动磁头小车,步矩角变换为磁头的位移,步进电动机每走一步,磁头移动一个磁道。

2. 在数字程序控制机床的控制系统中的应用

数控机床的工作程序为:首先按照零件加工的要求和工序编制程序,将该程序送入计算机中,计算机根据程序中的数据和指令进行计算和控制,然后将所得结果向各个方向的步进电动机发出相应的脉冲控制信号,使步进电动机带动工作机构按加工要求依次完成各种动作,从而加工出需要的产品。

3. 应用于针式打印机

一般针式打印机的字车步进电动机和走纸步进电动机都采用步进电动机,在逻辑控制电路的控制下,走纸步进电动机通过传动机构带动纸滚转动,每转一步使纸移动一定的距离。字车步进电动机可以加速或减速,使其停在任一指定位置,和返回打印起始位置。字车步进电动机的步进速度由一个单元时间内的 驱动脉冲数来决定,改变步进速度即可改变打印字距。

10.8 开关磁阻电动机

10.8.1 开关磁阻电动机的工作原理

开关磁阻电动机驱动系统的基本结构如图 10.27 所示。

开关磁阻电动机驱动系统主要由开关磁阻电动机、功率变换器、控制器和传感器等部分组成。功率变换器向电动机提供运转所需要的能量,其本身由直流电供电,变换器主电路的结构形式与供电电压、电动机相数及主开关器件种类有关。

位置传感器是转子位置及速度等信号的提供者,控制器必须借助位置传感器获得的转子位置信号,以保证在恰当的时刻接通或断开相应的相绕组,以产生不同的电磁转矩,获得不同的转速、转向及运行状态。

控制器综合处理速度指令、速度反馈信号、电流反馈信号以及位置反馈信号,从而控制变换器主开关器件的工作状态,实现对电动机运行状态的控制。

开关磁阻电动机是整个系统的执行元件,它是一种定子单边激励,定、转子两边均为凸极结构的磁阻电动机。由于定子电流由变频电源供电,电动机必须在特定的连续开关模式下工作。以定子八个极、转子六个极(简称 8/6 极)的开关磁阻电动机及一相驱动电路为例说明其工作原理(见图 10.28)。开关磁阻电动机的定子和转子均由硅钢片叠压而成,但它们的极数不等。定子装有集中式绕组,两个径向相对极上的绕组串联或并联构成一相绕组;转子没有绕组。

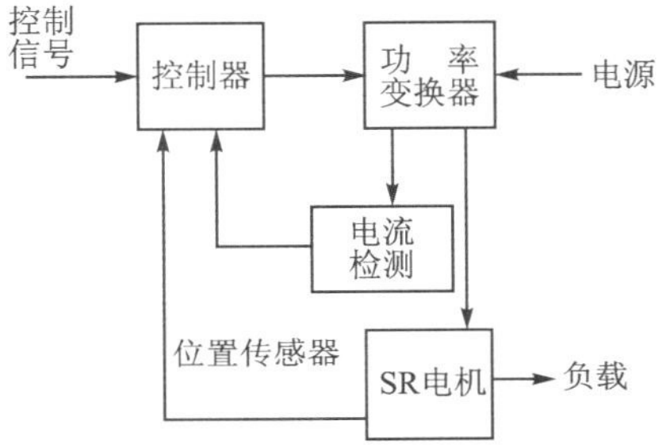

图 10.27　开关磁阻电动机驱动系统

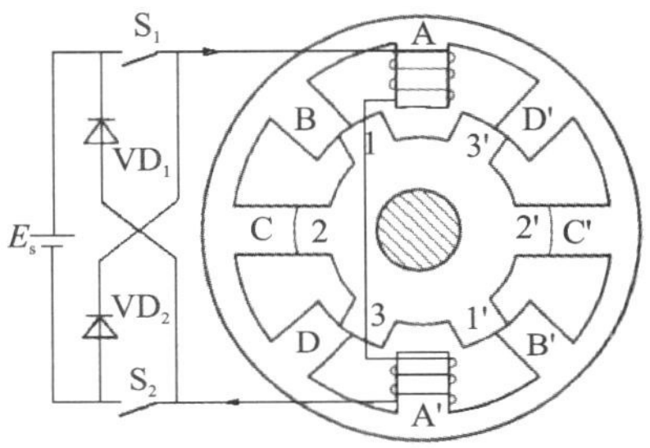

图10.28　8/6 极开关磁阻电动机及驱动电路

当 A 相绕组电流控制开关 S_1、S_2 闭合时,A 相绕组通电励磁,产生的磁通将由励磁相定子极通过气隙进入转子极,而后通过转子轭和定子轭形成闭合磁路。当转子极接近定子极时,如转子极 1—1′与定子极 A—A′接近时,在磁阻转矩作用下,转子将转动并趋向使转子极中心线 1—1′与励磁相定子极中心线 A—A′相重合。当这一过程接近完成时,适时切断原励磁相电流,并以相同方式给下一个定子相励磁,则将开始第二个完全相似的作用过程。若通电顺序为 D—A—B—C 相,则转子以顺时针方向连续转动;反之,若按 B—A—D—C 顺序通电,则转子逆时针方向转动。

可见,开关磁阻电动机的转向与相绕组的电流方向无关,而仅取决于相绕组通电的顺序。另外,开关 S_1、S_2 闭合时,A 相绕组从直流电源 E_s 吸收电能;当开关 S_1、S_2 关断时,绕组电流经续流二极管 VD_1、VD_2 继续流通,并回馈给电源 E_s,因此开关磁阻电动机传动的共性特点是具有再生作用,系统效率高。在实际运行中,也可以采用两相或两相以上绕组同时导通的方式。不管以哪种相数同时通电,当 m 相绕组轮流通电一次,转子转过一个转子极距。设每相绕组开关频率为 f_{ph},转子极数为 Z_r,则转速与开关频率的关系为

$$n = \frac{60 f_{ph}}{Z_r} \tag{10-14}$$

10.8.2　开关磁阻电动机的电感特性和基本方程式

1. 开关磁阻电动机的电感特性

为简化分析,忽略磁饱和,认为磁路为线性,定子电感与转子位置有关,而与各相

电流的大小无关,只考虑气隙磁阻而忽略铁芯磁阻,不考虑磁场的边缘扩散效应,相绕组的电感随转子位置角 θ 周期性变化规律如图 10.29 所示。

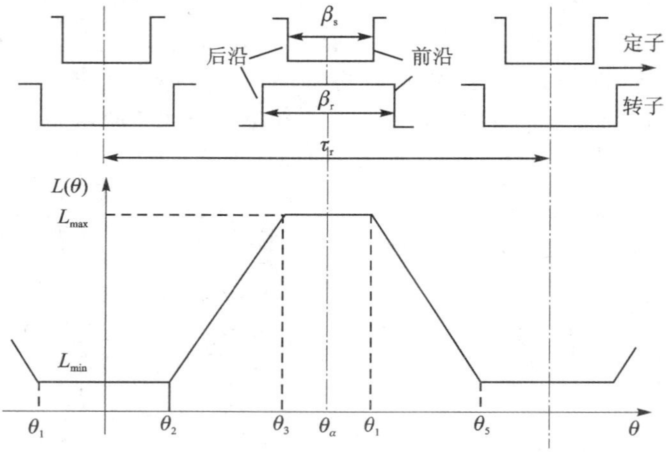

图 10.29 定转子相对位置及线性电感特性

图 10.29 中,横坐标为转子位置的机械角,它的基准点即坐标原点为 $\theta=0$ 的位置,对应于定子凸极中心与转子凹槽中心重合的位置,此时气隙磁导最小,电感有最小值 L_{min}。当转子位置角 θ 增大时,转子极弧开始与定子极弧重合,绕组电感随之线性增大;当转子转过半个极距($\tau_r/2=\pi/N_r$),该相定、转子凸极中心完全对齐,电感达到最大值 L_{max}。当 θ 继续增大时,定、转子极弧的重叠部分将线性减小,故电感随之线性减小。随着定、转子磁极重叠的增加和减小,相电感则在 L_{min} 和 L_{max} 之间线性地上升和下降,$L(\theta)$变化的频率正比于转子极对数,变化的周期为极距 τ_r 。

图 10.29 中,θ_2 为转子磁极的前沿与定子磁极的后沿相遇的位置。在 $\theta_1\sim\theta_2$ 区间内,定、转子磁极不相重叠,电感保持在最小值 L_{min}不变,这是由于开关磁阻电动机的转子槽宽通常大于定子极弧,所以当定子凸极对着转子槽时,便有一段定子极和转子槽之间的磁阻恒为最大,并不随着转子位置变化的最小电感常数区。当转子转过 θ_2 后,相电感便线性地上升直到 θ_3 为止,θ_3 为转子磁极的前沿与定子磁极的前沿重叠处,此时定转子磁极全部重叠,相电感变为最大值 L_{max} 。在 $\beta_r\sim\beta_s$ 区间(即 $\theta_3-\theta_4$)内,定转子磁极保持全部重叠,相应地定转子凸极间磁阻恒为最小值,相电感保持最大值 L_{max},θ_4 为转子磁极的后沿与定子磁极的后沿相遇的位置,至此,相电感开始线性下降,直到 θ_5 降到 L_{min} 。然后周而复始,往复循环。

理想化的线性绕组电感分段解析式为

$$L=\begin{cases}L_{min} & \theta_1\leqslant\theta<\theta_2\\ k(\theta-\theta_2)+L_{min} & \theta_2\leqslant\theta<\theta_3\\ L_{max} & \theta_3\leqslant\theta<\theta_4\\ L_{max}-k(\theta-\theta_4) & \theta_4\leqslant\theta<\theta_5\end{cases} \tag{10-15}$$

式中，$k=(L_{\max}-L_{\min})/(\theta_3-\theta_2)$为系数。

2. 基本方程式

设开关磁阻电动机的相电压为 u，相电流为 i，相感应电阻为 R，相电动势为 e，则相电压平衡方程为

$$u = Ri + e \tag{10-16}$$

$$e = \frac{\mathrm{d}\psi}{\mathrm{d}t} = L\frac{\mathrm{d}i}{\mathrm{d}t} + i\frac{\mathrm{d}L}{\mathrm{d}t} \tag{10-17}$$

每相绕组的电磁功率为

$$P_e = ei = \frac{\mathrm{d}}{\mathrm{d}t}\left(\frac{1}{2}Li^2\right) + \frac{1}{2}i^2\frac{\mathrm{d}L}{\mathrm{d}\theta}\frac{\mathrm{d}\theta}{\mathrm{d}t} = \frac{\mathrm{d}W_f}{\mathrm{d}t} + T_e\omega_r \tag{10-18}$$

式中：$W_f=-\frac{1}{2}Li^2$ 为每相绕组的磁场储能，$\omega_r=\frac{\mathrm{d}\theta}{\mathrm{d}t}$ 为转子角速度。

电磁转矩 T_{em} 为

$$T_{em} = \frac{1}{2}i^2\frac{\mathrm{d}L}{\mathrm{d}\theta} \tag{10-19}$$

由以上分析可知：

① 电磁转矩是由转子转动时的气隙磁导（电感）变化产生的，当电流一定时，磁导变化率大，转矩也大；当变化率为零，转矩也为零。

② 电磁转矩大小与电流的平方成正比，因此，可以通过增大绕组电流来提高电动机的电磁转矩。

③ 转矩方向与电流无关，取决于电感随转角的变化情况，因此可以采用单极性电源供电。如在电感上升区给绕组供电，则产生正转矩，处于电动机状态；如在电感下降区给绕组供电，则产生负转矩，处于发电机状态。因此，可以通过控制绕组电流导通时刻、电流脉冲幅值与宽度，就可以控制电动机的转矩大小与方向，实现调速控制。

④ 转子无绕组，成本低，电动机可高速旋转而不致变形，转子转动惯量小，易于加、减速，热耗大部分在定子上，易于冷却。

⑤ 启动转矩大，具有再生作用，在宽广的转速和功率范围内均具有高输出和高效率。

当然，开关磁阻电动机也存在转矩脉动大、噪声大等缺点。

小　结

步进电动机是数字控制系统中的一种执行元件，其功用是将电脉冲信号变换为相应的角位移或直线位移。它的角位移或直线位移量与脉冲数成正比，它的转速或线速度取决于脉冲电源的频率、转子齿数和拍数，当转子齿数一定时，电机转速与脉冲电源的频率成正比，按照控制脉冲的要求，迅速启动、反转、制动，工作时不失步，停止时能自锁，从而使步进电动机工作在开环控制系统中，并且能够在较宽的范围内实现无级调速。

步进电动机是采用电脉冲式供电方式,每输入一个脉冲信号,转子就转过一定的角度,称为步距角。步距角由转子齿数和运行拍数决定,每台步进电动机可以采用单拍制或双拍制运行,因此步进电动机一般有两个步矩角。

步进电动机静止时电磁转矩与转子失调角之间的关系称为矩角特性。矩角特性的最大静转矩表示步进电动机所承受的最大负载,这是步进电动机的最主要性能指标之一。

动态性能直接影响系统工作的可靠性和快速性。动态特性和性能指标有:启动矩频特性和运行矩频特性,启动频率和运行频率。尽可能地提高转矩值,减小电动机和负载的惯量,有助于改善动态性能。

驱动电源对于步进电动机的运行性能的影响很大,要改善运行性能,必须从电动机和电源两方面着手。

步进电动机是一种采用定、转子双边凸极结构的变磁阻电动机。开关磁阻电动机则是一种增加了转子位置检测的变磁阻电动机,它是根据转子位置决定定子各相绕组的通电时刻,属于闭环控制系统,可以实现大功率的驱动。

思考题与习题

10-1 如何控制步进电动机的角位移和线位移?

10-2 反应式步进电动机的步矩角与哪些因素有关系?

10-3 什么是反应式步进电动机的静稳定区和初始稳定平衡位置?影响最大静转矩的因素有哪些?

10-4 一台三相反应式步进电动机,采用三相六拍分配方式,转子有30个齿,脉冲源频率为600 Hz,求:

① 写出一个循环的通电程序。

② 求步进电动机步距角。

③ 求步进电动机转速。

10-5 若一台BF系列四相反应式步进电动机,其步矩角为1.80/0.90。试问:

① 1.80/0.90表示什么意思?

② 转子齿数为多少?

③ 写出四相八拍运行方式的一个通电顺序。

④ 在A相测得频率为300 Hz时,其每分钟的转速为多少?

10-6 一台五相十拍的反应式步进电动机,电机转速为100 r/min,已知转子齿数为24,求:

① 步矩角。

② 脉冲电源的频率。

10-7 步进电动机的连续运行频率与负载转矩有什么关系?

10-8 为什么步进电动机的启动频率比连续运行频率要低很多?

第 11 章　直线电动机

直线电动机是一种将电能直接转换成直线运动机械能的电力传动装置。它可以省去大量中间传动机构，加快系统反应速度，提高系统精确度，所以得到广泛地应用。

本章重点分析直线感应电动机的基本结构和工作原理，接着讲述两种不同励磁方式的直线直流电动机结构特点和工作原理，最后介绍直线同步电动机和直线步进电动机。

11.1　概　述

直线电动机按其工作原理可分为直线感应电动机、直线直流电动机、直线同步电动机、直线步进电动机等；按结构形式可分为单边(双边)扁平型、圆盘型、圆弧型、圆筒型(或称为管型)等。

直线电动机的应用非常广泛。在军事方面，直线电动机可以做成各种电磁发射炮，用于火箭、导弹、飞机的发射；在交通运输方面，直线电动机可以做成磁悬浮列车、磁浮船等；在工业方面，直线电动机可以用于物流运输方面的各种流水生产线以及各种横向或垂直运动的机械设备；在信息与自动化方面，直线电动机可以用做计算机磁头驱动装置、医疗器械、绘图仪、打印机等；在民用方面，直线电动机可以做成民用自动门、电子缝纫机等。

直线电动机传动与旋转电动机传动相比，主要具有以下优点：

① 采用直线电动机驱动的传动装置，不需要任何中间转换机构直接驱动直线运动的生产机械，因而简化了系统的结构，提高了运行的可靠性、效率以及精度，降低了成本、振动和噪声等。

② 系统的零部件和传动装置不像旋转电机那样会受到离心力的作用，因而它的直线速度可以不受限制，特别适合于高速运行的场合。

③ 用直线电动机驱动时，由于不存在中间传动机构的惯性和阻转矩影响，加速和减速的时间短，可快速启动和正反向运动。

④ 运动部分与固定部分没有任何的机械摩擦和噪声，传动零部件无磨损，大大减小了机械损耗。

⑤ 旋转电动机的定子和转子安装在同一个机壳内，热量不容易散发。直线电动机由于散热面积大，容易冷却，允许较高的热负荷，提高了电机的容量定额。

⑥ 直线电动机的结构简单，装配灵活性大，它的初级铁芯在嵌线后可以用环氧树脂等密封成一个整体，易于在一些特殊的场合中应用。

当然,直线电动机也存在着一些不足之外,具体表现在:

① 直线感应电动机的功率因数和效率比同容量的旋转电动机要低,尤其在低速时更明显,因为它的气隙一般要大于旋转电动机以及存在边缘效应引起的波形畸变。但是从整个系统的角度出发,由于省去了中间传动环节,系统的效率不一定低于旋转电动机系统。

② 启动推力受电源电压影响较大,需要采取措施保证电源的稳定或改变电动机的有关特性来改善这种缺陷。

11.2 直线感应电动机

11.2.1 直线感应电动机的基本结构

直线感应电动机主要有扁平型、圆筒型、圆盘型三种形式。其中扁平型应用最为广泛。

1. 扁平型

把旋转式感应电动机沿着半径方向剖开,并将圆周展开成直线,即可得到扁平形直线感应电动机,如图 11.1 所示。其中初级对应于定子,次级对应于转子。

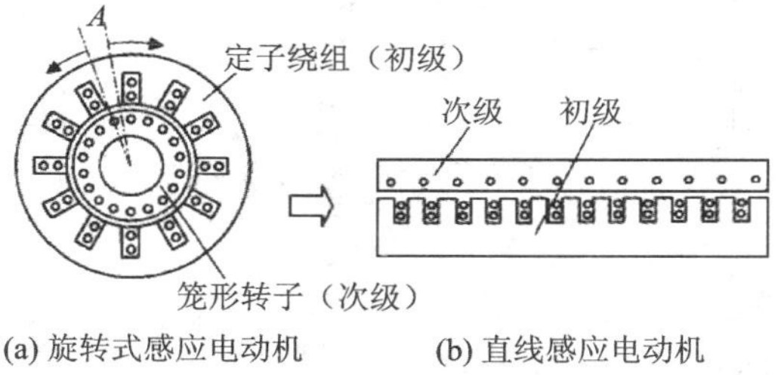

图 11.1 直线感应电动机的演变过程

图 11.1 所示的直线感应电动机,初级和次级的长度恰好相等,直线运动时,初、次级之间需要做相对运动,如果在运动开始时,初、次级正好对齐,则在运动过程中初、次级相互耦合的部分会不断减小。为了保证在所需的行程范围内,初、次级之间的电磁耦合始终不变,实际应用时,必须把初级侧和次级侧制造成不同长度。既可以是初级短、次级长,也可以是初级长、次级短。前者称为短初级,后者称为长初级,如图 11.2 所示。由于短初级结构比较简单,制造成本和运行费用均较低,所以除特殊场合外,一般采用短初级。

图 11.2 所示的结构仅在次级的一边安放初级,这种结构形式称为单边型。它的最大特点是初级和次级之间存在着较大的法向吸力,这在大多数场合下是不希望的。若在次级的两边都装上初级,那么这个法向吸力就可以相互抵消,这种结构形式称为

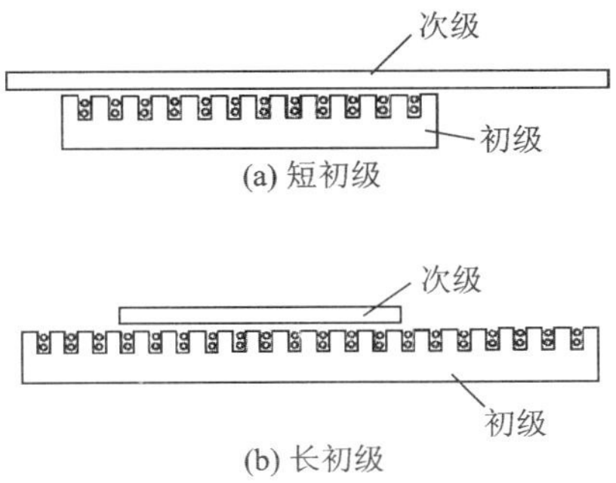

图 11.2　扁平型直线感应电动机

双边型,如图 11.3 所示。

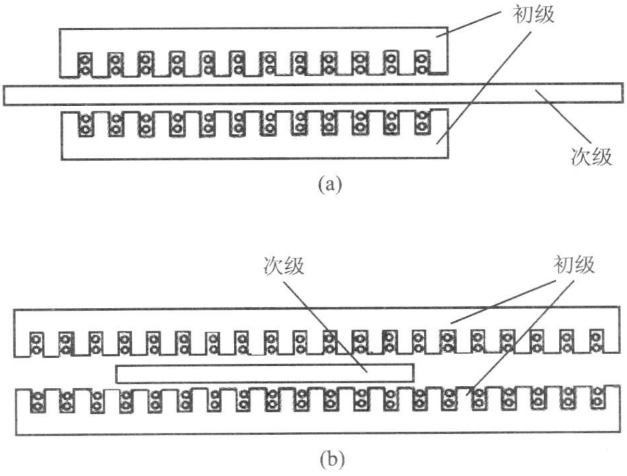

图 11.3　双边型直线感应电动机

2. 圆筒型(管型)

图 11.4(a)所示为旋转电机及定子绕组产生的磁场极性分布情况,图 11.4(b)为扁平型直线感应电动机,将它沿着和直线运动相垂直的方向卷成筒形,就形成圆筒型直线感应电动机,如图 11.4 (c)所示。在某些特殊的场合,这种电机还可以做成既有旋转运动又有直线运动的旋转直线电动机,旋转直线的运动体既可以是初级,也可以是次级。

3. 圆盘型

圆盘型直线感应电动机,如图 11.5 所示。它的次级做成扁平的圆盘形状,并能够绕过圆心的轴自由转动,将初级放在次级圆盘靠近外缘的平面上,使圆盘受切向力作旋转运动。初级可以是单面的,也可以是双面的。虽然它也作旋转运动,但运行原理和设计方法与扁平型直线感应电动机相同,故仍属于直线电动机的范畴。

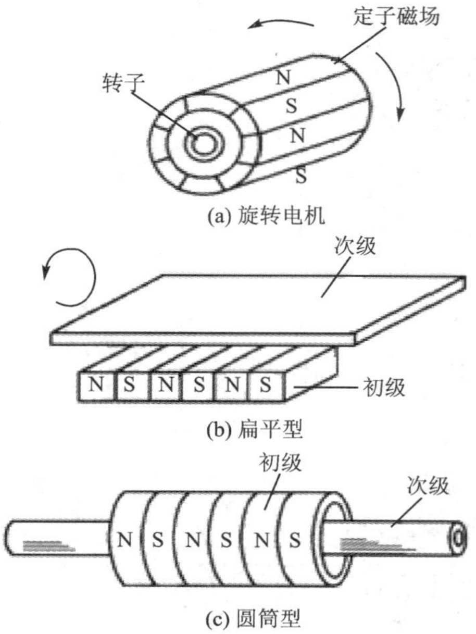

图 11.4 圆筒型直线感应电动机

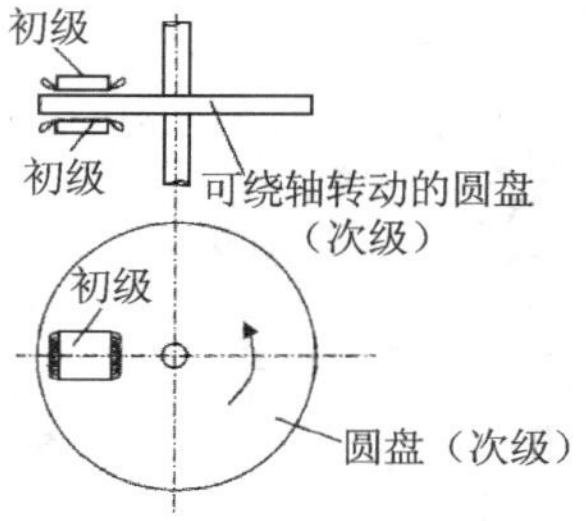

图 11.5 圆盘型直线感应电动机

11.2.2 直线感应电动机的基本工作原理

直线感应电动机不仅在结构上相当于从旋转感应电动机演变而来，而且其工作原理也与旋转感应电动机相似。当初级的三相(或多相)绕组通过对称正弦交流电时，会产生气隙磁场。当不考虑由于铁芯两端开断而引起的纵向边缘效应时，这个气隙磁场的分布情况与旋转电动机相似，沿着直线方向按正弦规律分布，但它不是旋转而是沿着横向直线平移，因此称为行波磁场，如图 11－6 所示。显然，行波磁场的移动速度是一样的。行波磁场移动的速度称为同步速度，即

$$v_s = \frac{n_s}{60} 2p\tau = \frac{60f}{60p} 2p\tau = 2f\tau \tag{11-1}$$

式中：$\tau = \pi D/(2p)$ 为极距，D 为旋转电动机定子内圆周的直径，p 为极对数；f 为电源频率。

行波磁场切割次级二次导条，将在导条中产生感应电动势和电流，所有导条的电流(图 11.6 中只画出其中一根导条)和气隙磁场相互作用，产生切向电磁力。如果初级是固定不动的，那么次级在这个电磁力的作用下，顺着行波磁场的一定方向作直线运动。若次级移动速度用 v 表示，则转差率为

$$s = \frac{v_s - v}{v_s} \tag{11-2}$$

在电动动运行状态时，转差率 s 在 0～1 之间。

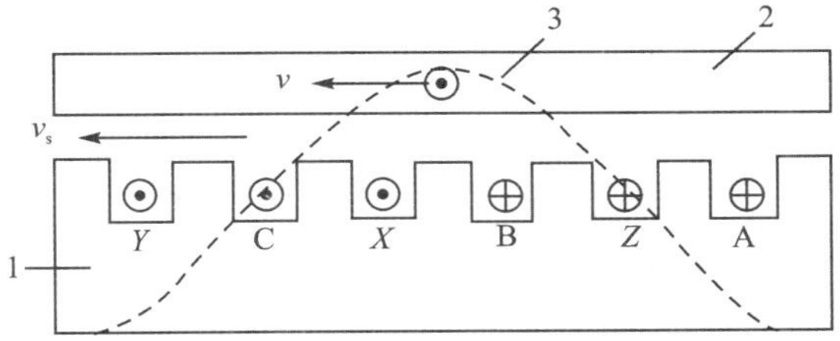

1—初级； 2—次级； 3—行波磁场

图 11.6 直线感应电动机的工作原理

次级移动速度

$$v = (1-s)v_s = 2\tau f(1-s) \tag{11-3}$$

由式(11－3)可见，改变极距或电源频率，均可改变次级移动的速度。和旋转电机类似，改变初级绕组中的通电相序，即可改变次级移动的方向，因而直线感应电动机可做往复直线运动。

直线感应电动机主要用于功率较大场合的直线运动机构，如电磁发射器、门自动开闭装置、起吊、传递和升降的机械设备、驱动车辆等，尤其是用于高速和超速运输等。

11.3 直线直流电动机

直线直流电动机与直线感应电动机相比，不存在功率因数低的问题，运行效率高，控制比较方便、灵活，尤其和闭环控制系统结合在一起，可精密地控制位移，其速度和加速度控制范围广，调速的平滑性好；缺点是存在着带绕组的电枢和电刷（或动子拖着“辫子”），而且长行程的直线直流电动机，很难实现无刷无接触运行。直线直流电动机广泛地应用在工业检测、自动控制、信息系统以及其他领域。

按励磁方式的不同，直线直流电动机可分为永磁式和电磁式两大类。前者容易实现无刷无接触运行，多用于驱动功率较小的场合；后者则用于驱动功率较大的场合。

11.3.1 永磁式直线直流电动机

永磁式直线直流电动机的磁极由永久磁铁做成，根据移动部件的不同，可分为动圈型和动铁型两种，其中动圈型的应用居多，如图 11.7 所示。在软铁架两端装有极性同向的两块永久磁铁，通直流电流 I_a 的移动线圈，受到电磁力 F 的作用，当电磁力大于滑轨上的静摩擦阻力时，线圈将沿着滑道上做直线运动，运动的方向根据左手定则确定。改变线圈中直流电流的大小和方向，即可改变电磁力的大小和方向。电磁力的大小为

$$F = B_{\delta} l N I_a \tag{11-4}$$

式中：B_{δ} 为线圈所在空间的平均磁密大小；l 为磁场中的线圈导体平均每匝的有效长度；N 为线圈匝数；I_a 为线圈导体中的电流。

动铁型直线永磁式直流电动机如图 11.8 所示。在一个软铁框架上套有线圈，当线圈通入直流电流时，磁铁将在电磁力的作用下产生运动。但该线圈的长度要包括整个行程，当这种结构形式的线圈流过电流时，不工作的部分要白白消耗能量。为了降低电能的消耗，可将线圈的外表面进行加工使导体裸露出来，通过安装在磁极上的电刷把电流引入线圈中。但电刷随着磁极的移动而跟着滑动会造成电刷的磨损，因此降低了可靠性和寿命。另外，它的电枢较长，电枢绕组用铜量较大。

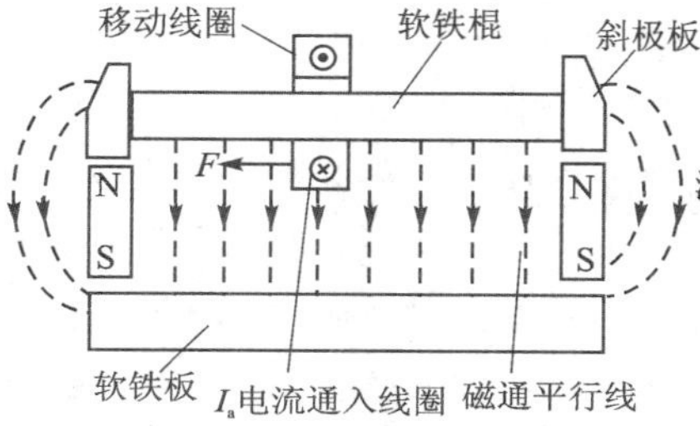

图 11.7 动圈式永磁直线直流电动机结构示意图

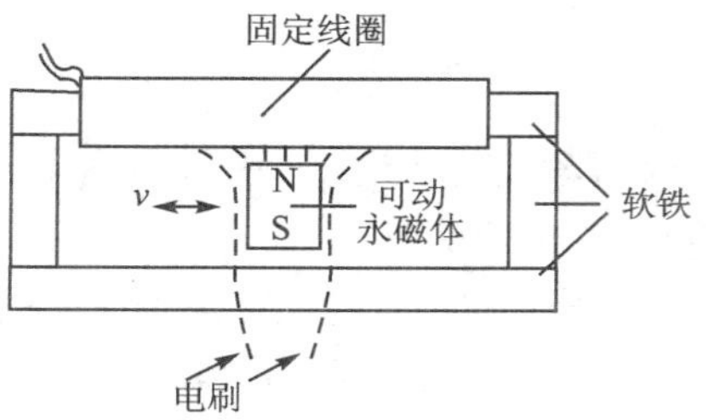

图 11.8 动铁型永磁式直线直流电动机

11.3.2 电磁式直线直流电动机

图 11.9 所示为电磁式直线直流电动机的结构示意图。当励磁线圈通电后将产生磁通，该磁通与移动线圈的通电导体相互作用产生电磁力使移动线圈进行直线运动。图 11.9(a)为单极式，图 11.9(b)是两极式，也可做成多极式。对于两极式，电枢绕组绕成绕向相反的两半，串联后接到低压电源上。当电枢绕组通入电流后，载流导体与气隙磁通的径向分量相互作用，产生轴向推力，若电枢固定不动，则磁极就沿轴线作往复直线运动。对于短行程和低速运行的场合，可不用电刷装置，但对于行程较长时，为了提高效率，必须在磁极端面装上电刷，使电流只在电枢绕组的工作段流过。

电磁式的成本要比永磁式的低，因为永磁式所用的永磁材料在整个行程上都存在，而电磁式可通过串、并联励磁线圈和附加补偿线圈等方式改善电动机的性能，灵活性更强。但在损耗方面，电磁式要比永磁式多一项励磁损耗。

11.4 直线同步电动机

直线同步电动机也是由相应的旋转电动机演化而成，其工作原理类同于普通的旋转电动机。直线同步电动机的磁极可由直流励磁绕组励磁或者由永磁体励磁，其中永磁式的可靠性和效率更高一些。永磁式直线同步电动机的工作原理如图 11.10

所示。

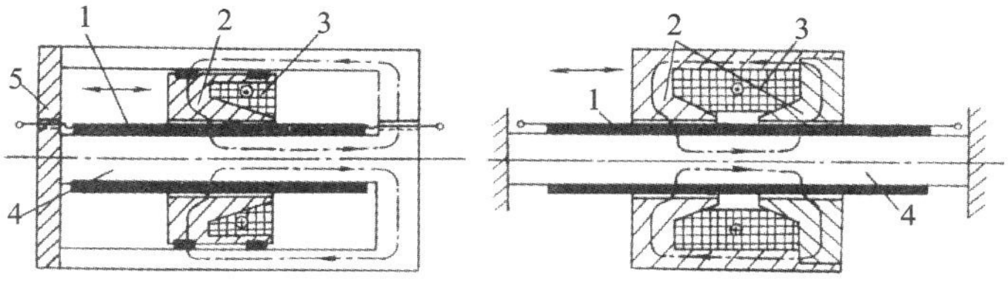

(a) 单极式结构　　(b) 两极式结构

1—电枢绕组；2—极靴；3—励磁绕组；4—电枢铁芯；5—非磁性端板

图 11.9　电磁式直线直流电动机结构示意图

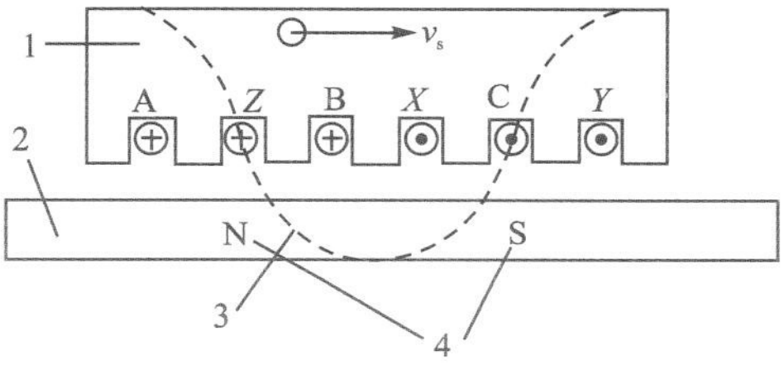

图 11.10　永磁直线同步电动机原理示意图

在三相定子绕组通入对称的三相正弦交流电流，在产生的气隙行波磁场和永磁磁极磁场的共同作用下，气隙磁场对永磁磁极动子产生电磁推力，如果初级固定不动，则在该电磁推力的作用下磁极就沿着行波磁场运动的方向做直线运动，而且磁极运动的速度与行波磁场的速度相同。

直线同步电动机相对于直线感应电动机而言，具有更大的驱动力，控制性能和位置精度更好。因此，直线同步电动机在高速地面运输和直线提升装置的驱动系统中的应用更受重视，各种类型的直线同步电动机是直线驱动的主要选择。

11.5　直线步进电动机

直线步进电动机是一种将输入的电脉冲信号转换为微步直线运动的驱动装置。这种电动机既能够快速地做直线运动，又能够实现精确地定位。可以克服旋转式步进电动机为实现直线运动而存在的结构复杂、惯量大、振动和噪声大以及系统的快速性和定位精度低等缺点。

直线步进电动机按其电磁推力产生的原理可分为反应式和混合式两种。其中混合式直线电动机的磁场推力，不仅和各相控制绕组通入的控制脉动电流大小有关，而且还和永久磁铁所产生磁场的大小有关。当各相控制绕组中的电流按某一规律变化时，使各极下磁场位置发生变化，从而产生磁场推力，使直线步进电动机的动子在某个方向上产生直线运动。

图 11.11 所示为混合式直线步进电动机的结构原理图，动子有永磁体、两个“п”形电磁铁以及 A 相和 B 相控制绕组组成，电磁铁的铁芯有硅钢片叠成。定子由带有齿槽的叠片铁芯组成，每个磁极的两个齿如 a 与 c 之间距离为定子齿距 τ 的($k_1\pm0.5$)倍，其中 k_1 取正整数。图 11.11 中 $k_1=1$，即每个磁极的两个齿之间的距离为定子齿距的 1.5 倍。这样，磁极 a 和定子的齿对齐时，磁极 c 正好对着定子槽。同一永磁体的两个极片之间的距离为 $k_2\tau$，k_2 为正整数，这样就刚好使齿 a 和 a' 能同时对准定子齿。永磁 B 和 A 的极性相反，它们的间距为($k_3\pm0.25$)τ，k_3 取正整数，这样，当其中一个永磁的齿完全与槽对齐时，另一个永磁的齿处于定子的齿和槽中间位置。

当电磁铁绕组中没有通电时永久磁铁向所有的磁极提供大致相等的磁通，即 $\Phi_m/2$(Φ_m 是永久磁通的总磁通)，此时动子上没有水平推力，动子可以稳定在任何随机位置上。

当 A 相绕组中通入正向电流时，电流方向和磁通的路径如图 11.11(a)所示。这时在磁通与永久磁铁的磁通方向，使磁极 a、a'的磁通 $\Phi_1\approx\Phi_m/2+\Phi_A$ 为最大(其中 Φ_A 为 A 相绕组产生的磁通)。而磁极 c、c'中的磁通方向与永久磁铁的磁通方向相反，两者相互抵消，接近于零。显然，此时磁极 a、a'所受电磁力最大，磁极 c、c'所受的电磁力几乎为零。由于 B 相绕组没有通过电流，磁极 b 和磁极 d 在水平方向的分力大致为大小相等、反向相反，相互抵消，因此，动子的运动由磁极 a、a'所受的电磁力决定。最后，磁极 a、a'必然要运动到和定子齿对齐的位置，如图 11.11(a)所示。此时磁路的磁阻最小，动子处在稳定平衡的位置上。

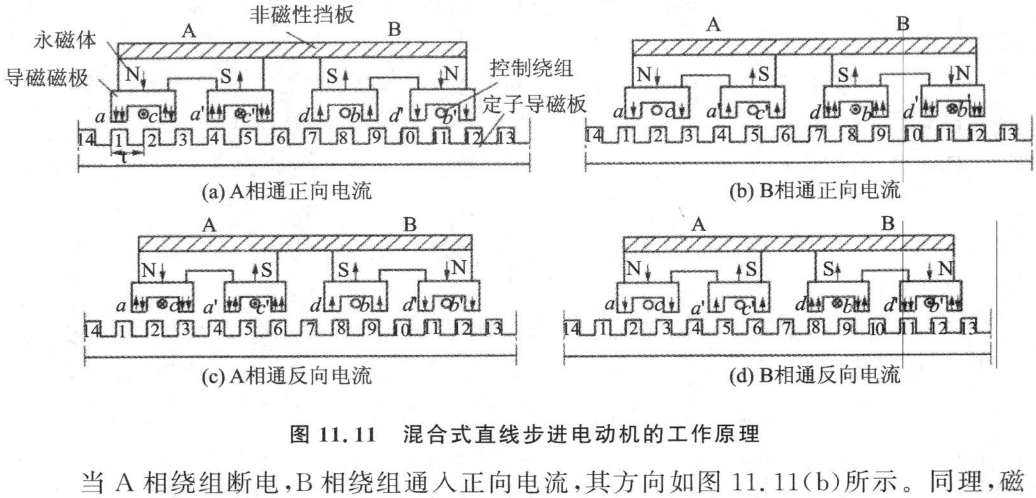

(a) A相通正向电流　(b) B相通正向电流

(c) A相通反向电流　(d) B相通反向电流

图 11.11　混合式直线步进电动机的工作原理

当 A 相绕组断电，B 相绕组通入正向电流，其方向如图 11.11(b)所示。同理，磁极 b、b'的磁通为最大，磁极 d、d'中的磁通接近零，磁极 b、b'所受到的电磁力最大，使磁极 b、b'对准定子齿，动子由图 11.11(a)所示的位置移动到 11.11(b)所示的位置，即动子在水平电磁力的作用下向右移动 1/4 的齿距。

当 B 相绕组断电，给 A 相绕组通入反向电流(见图 11.11(c))，这时磁极 c、c'磁通为最大，磁极 a、a'中的磁通接近于零，磁极 c、c'所受的电磁力最大，使磁极 c、c'对准定子齿，沿着水平方向向右又移动 1/4 齿距。

同理，A 相绕组断电，B 相绕组通入反方向电流，动子沿水平方向再向右移动1/4齿距，使磁极 d、d'和定子齿对齐，如图 11.11(d)所示。依次类推，这种情况犹如四相单四拍的运行方式，即经过四拍，动子沿水平方向向右移动了一个定子齿距 τ。若要使动子沿水平反向向左移动，只要将以上四个阶段的通电顺序倒过来即可。

在实际使用中，为了减少步距，削弱振动和噪声，可以将导磁磁极的小极齿做成均匀多齿槽结构，也可以采用类似细分电路的电源供电，使电动机实现微步距移动。

11.6　直线电动机应用举例

由于直线电动机能够将电能直接转换成连续或往复直线运动的机械能而不需要任何中间环节，因此直线电动机可以实现非接触式机械传动，且具有加减速快、维护简单和环境兼容性好的特点，尤其在一些特殊场合的应用，是旋转电动机所不能代替的。因此，直线电机以独特的优势在机械制造、能源、军事等领域得到应用，而在交通运输系统中的应用则更为引人注目。

1. 高速列车

把直线电动机作为牵引电动机使用时，既可以采用长初级短次级结构，也可以采用长次级短初级结构。

所谓长初级短次级实质上就是把直线电动机的初级沿线路铺设，且与线路同长，次级实装在车上，这种结构的优点是牵引功率不需要送到车上，只需送到沿线路铺设的初级绕组上即可，因此可以取消接触网和受流器，能够实现列车的完全非接触运行。高速磁浮列车就是采用这种驱动方式，高速磁浮列车需要克服较大的空气阻力，因此需要较大的牵引功率。为了提高牵引电机的效率和功率因数并节约能源，通常在长初级结构中采用直线同步电动机，这种驱动方式的缺点是造价较高。

短初级长次级实质上是把直线电动机的初级安装在车上，次级铺设在线路上，显然这种结构需要把牵引功率送到车上的初级绕组上，这就需要接触网和受流器，因此列车的速度受到限制，所以通常把这种方式用在中低速度磁浮交通系统或轮轨交通系统中。中低速系统的牵引功率不大，而且为了简化线路结构并节约投资，常采用直线感应电动机。由于直线感应牵引电动机初级和次级之间的工作气隙比旋转感应电动机大得多，因此其品质因数较低，这是它的不足之处。

2. 电磁炮

直线电机在军事上的一个重要运用是电磁炮。电磁炮是利用电磁场加速弹丸的原理实现军事用途的动能武器系统。

从工作原理上讲，电磁炮就像一台直线运动的电机，它是在二条平行的导轨之间放置一个与导轨保持良好的电接触，又能沿导轨滑动的质量较小的物体作弹丸。当接通电源时，电流沿一条导轨流向弹丸，并经弹丸底部的导流板流向另一条导轨。流过这一回路的电流产生的强磁场对流过弹丸的电流产生很大的电磁力，驱动弹丸沿导轨运动。只要磁场存在，导轨充分长，弹丸就会在较长的时间内持续受到力的作用，最后以很高的速度发射出去。导轨炮中弹丸可能达到的理想加速度和速度分别为 $10^5 g(m/s^2)$ 和 20 km/s。

电磁炮弹丸具有很高的初始速度，只要弹丸的质量充分大，弹丸所具有的动能就足以摧毁任何目标。但目前系统庞大而笨重，需要超级电源设备，美、英、法等国电磁炮的最高水平是弹丸质量为 20 g、出口初速度为 5 km/s ，离反导、防空、反坦克等的需要还存在较大的差距。由于其在战区导弹防御系统与国家导弹防御系统中的重要地位，众多技术发达国家竞相研制电磁炮。电磁炮在电源系统、炮体结构、控制系统、弹丸摩擦等方面存在众多的课题值得研究。

3. 航母电磁弹射

利用电磁力实现飞机推进与制动的新型弹射装置具有小体积、高效率、高可靠性、低维护成本、宽使用范围等诸多优势，能高精度、全程可控地弹射从小型无人机到战斗机的大部分机种。直线电机作为电磁弹射器的执行机构，其主要应用范围是大载荷的短程加速，在军事上比较典型的应用是在航空母舰上舰载飞机的起飞弹射。

航母舰载电磁弹射系统的概念图如图 11.12 所示。整个电磁弹射系统(EMALS)由能量存储系统、电力电子系统、直线发射电机以及控制系统四个子系统集成而成，功能分别为：

① 能量存储系统：用于给弹射执行机构提供电能；

② 电力调节系统：从电源获得电能对直线电机馈电；

③ 直线驱动电机：电磁弹射器驱动装置；

④ 控制系统：用于整机的协调控制和回路控制。

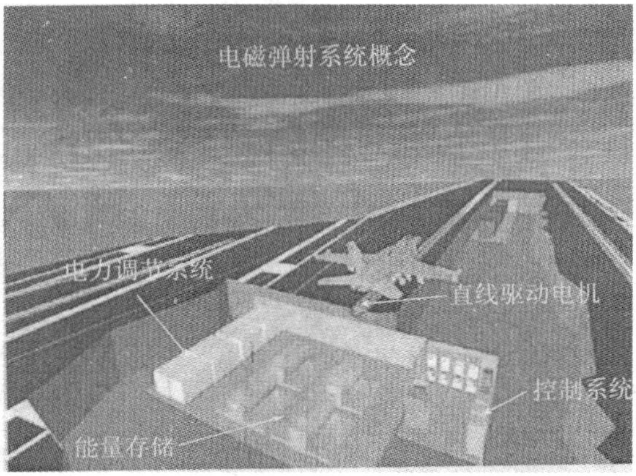

图 11.12 航母弹射系统概念图

在整个电磁弹射驱动系统中，直线电机是驱动的动力源，直线电机本身就是系统的主要组成部分之一。

电磁弹射器的直线电机选型主要有永磁直线电机（Permanent Magnet Linear Motor，PMLM）、直线感应电机（Linear Induction Motor，LIM）和直线磁阻电机（Linear Reluctance Motor，LRM）3 类。对于 LIM，由于其采用注入电流励磁，使得绕组能够加载大电流，故 LIM 的推理输出往往大于永磁类直线电机，通常适用于大载荷舰载机电磁弹射器设计中；与感应类电机相比，PMLM 的能量转换效率相对较高，更适用于质量较小的无人机电磁弹射器方案设计；根据 PMLM 的初级、次级结构类型的不同，其又分为动磁型和动圈型 2 种结构，通常动圈型直线电机易受拖线结构的限制，动磁型直线电机往往更适于大推力、高速度的电磁弹射应用。

对于基于 LRM 的电磁弹射器设计方案，其控制方法较为简单，但是消除较大的齿槽定位力和磁饱和问题是限制其动子末速度输出的主要因素。

4. 高速切削与精密加工

以高切削速度、高进给速度和高加工精度为主要特征的高速切削技术，近十几年发展迅猛，在航空航天、模具制造及精密微细加工等领域等到了广泛应用，成为国内外制造领域重要的研究项目之一。实现高速切削需要进给部件速度高，而且要求加减速度也大。现在高速机床上实现高加速度直线运动有两种途径，一是采用滚珠丝杠传动，其加减速度为 0.1～0.3 g(m/s^2)；一是采用直线电机传动。由于采用直线电机传动是“零传动”，结构简单，无反向工作死区，电枢惯量小，所以由其构成的直线伺服系统可以达到较高的频率响应特性(如 100 Hz)。减少了插补时因传动系统滞后带来的跟踪误差，同时速度快、加减速度大，其加速度可达 2～10g(m/s^2)。所以在某些领域，由直线电机直接驱动代替由滚珠丝杠将旋转运动转化为直线运动已是大势所趋。直线电机直接驱动，不仅可以提高速度、加速度及精度，还可以改善系统的工作状态，提高生产率。

总之，直线电机在城市轨道、军事领域(电磁炮、电磁船、无人机发射、火箭发射、舰载机发射、航天飞机发射)、制造业、装备业、民用装置及精密仪器等方面都有着很好的发展前景。

小　结

直线电动机是一种将电能直接转换成直线运动机械能的电力传动装置。它可以省去大量中间传动机构，加快系统反应速度，提高系统精确度，所以得到广泛应用。

直线电动机按其工作原理可分为直线感应电动机、直线直流电动机、直线同步电动机、直线步进电动机等。本章分别介绍了它们的结构特点、工作原理。

直线感应电动机气隙磁场是行波磁场，它与次级导体相互作用产生切向电磁力，使动子顺着磁场方向作直线运动。改变初级绕组中通电电流的相序，可以改变运动方向;改变级距和电源的频率可以改变运动速度。

直线直流电动机按励磁方式分为永磁式和电磁式两类;按结构特征又分为动圈型和动铁型两种。动圈型是移动线圈通电时产生电磁力,使线圈作直线运动;动铁型是在电磁力的作用下,推动磁极作直线运动。

直线同步式电动机也是由相应的旋转电动机演化而成,其工作原理类同于普通的旋转电动机。直线同步电动机的磁极可由直流励磁绕组励磁或者由永磁体励磁。其中永磁式的可靠性和效率更高一些。

直线步进电动机作直线步进运动,它有反应式和混合式两种。混合式的电磁推力是控制绕组中的脉冲电流产生的磁场和永久磁铁产生的固定磁场相互产生步进运动。改变绕组中的通电顺序可改变移动方向。

思考题与习题

11-1 直线电动机与旋转电动机相比,有哪些优缺点?

11-2 直线感应电动机的主要结构有哪些?如何改变运动的速度和方向?

11-3 永磁式直线直流电动机按结构特征可分为哪几种?各有什么特点?

11-4 混合式直线步进电动机的结构有什么特点?其磁场推力与哪些因素有关?

第 12 章　传感器

传感器处于测控系统的最前端，起着获取检测信息与转换信息的作用。传感器已成为自动化系统和机器人技术中的关键部件，作为系统中的一个结构组成，其重要性变得越来越明显。

本章主要选取航空控制系统中常用的几种典型传感器，详细地介绍霍耳传感器、加速度计、陀螺仪、数字式传感器的基本结构、工作原理、技术参数和应用实例，最后结合传感器的发展给出智能传感器的发展和特点。

12.1　传感器概论

12.1.1　传感器定义

广义来说，传感器是一种能把物理量或化学量转变成便于利用的电信号的器件。传感器是“能感受规定的被测量并按一定规律转换成可用输出信号的器件或装置”。这个定义所表述的传感器的主要内涵和特征是：

① 从传感器输入端来看，一个指定的传感器只能感受或响应规定的物理量，即传感器对规定的被测量具有最大的灵敏度和最好的选择性。如：温度传感器只能用于测温，电流传感器只能用于测电流。前者对温度、后者对电流有最大的灵敏度，不希望一只单功能的电流传感器同时还受环境温度变化的影响。传感器能够感受或响应规定的物理量既可以是非电量也可以是电量。

② 从输出端来看，传感器的输出信号为“可用信号”。这意指传感器的输出信号中不但运载着待测的原始信息，而且能够被远距离传送，后续测量环节便于接收和进一步处理的信号形式，如最常见是电信号、光信号，以及在气动系统中采用的气动信号。

③ 从输入与输出关系来看，这种关系应具有“一定规律”。其意指传感器的输入与输出应是相关的，不但可以用解析的方法或用实验方法确定的数学模型来描述，即具有确定规律的静态特性和动态特性，而且这种规律是可复现的。

12.1.2　传感器的分类

可以用不同的观点对传感器进行分类：工作原理（传感器工作的基本物理或化学效应）、用途、输出信号类型以及制作材料和工艺等。

1. 根据工作原理分类

传感器可分为物理传感器和化学传感器二大类。

物理传感器应用的是物理效应,诸如压电效应,磁致伸缩现象,离化、极化、热电、光电、磁电等效应。被测信号量的微小变化都将转换成电信号。

化学传感器包括那些以化学吸附、电化学反应等现象为因果关系的传感器,被测信号量的微小变化也将转换成电信号。

有些传感器既不能划分到物理类,也不能划分为化学类。大多数传感器是以物理原理为基础运作的。

2. 按照用途分类

传感器可分为压敏传感器、位置传感器、液面传感器、能耗传感器、速度传感器、热敏传感器、加速度传感器、射线辐射传感器、振动传感器、湿敏传感器、磁敏传感器、气敏传感器、真空度传感器、生物传感器等。

3. 按照输出信号分类

传感器分为:模拟传感器、数字传感器、开关传感器等。

4. 按照应用材料分类

① 按照其所用材料的类别分:金属、聚合物、陶瓷、混合物。

② 按材料的物理性质分:导体、绝缘体、半导体、磁性材料。

③ 按材料的晶体结构分:单晶、多晶、非晶材料。

5. 按照制造工艺分类

将传感器区分为:集成传感器、薄膜传感器、厚膜传感器、陶瓷传感器等。

常见传感器的应用领域和工作原理列于表 12.1。

表 12.1 常见传感器的应用领域和工作原理

传感器种类	工作原理	被测量
敏力电阻,热敏电阻传感器	阻值变化	力,重量,压力,加速度,温度,湿度,气体
电容传感器	电容量变化	力,重量,压力,加速度,温度,湿度,液面
感应传感器	电感量变化	力,重量,压力,加速度,旋进数,转矩,磁场
霍耳传感器	霍耳效应	角度,旋进度,力,磁场
压电传感器,超声波传感器	压电效应	压力,加速度,距离
热电传感器	热电效应	烟雾,明火,热分布
光电传感器	光电效应	辐射,角度,旋转数,位移,转矩

12.1.3 传感器技术的现状与发展

微型计算机的迅速普及与发展以及强大的社会需求成为传感器技术发展的两股巨大推动力,促进传感器技术飞速地发展,出现了“多样化、集成化、新型化、智能化”

的发展趋势。

1. 多样化

使用领域的不断扩大，各个领域的不同需要，出现多种多样用途的传感器。

2. 集成化

分为传感器本身的集成化和传感器与后续电路的集成化。前者如 CCD 器件，在一个平面上集成许多光敏器件；后者如频率输出型单块集成压力传感器，它将弹性元件、四个电阻变换器、放大器与振荡器集成在硅膜片上，实现了一体化；还可将温度、湿度敏感器件集成在一起实现多功能。

3. 新型化

由于科学技术的发展，许多物理效应的新发现，理论上的新突破，新工艺的提出和新材料的产生，发展了大量新型传感器。

4. 智能化

人们已经认识到，依靠传统传感器技术不能再有效地提高传感器的精度与稳定性。然而将传感器与微处理器或微型计算机相结合，通过软件实现智能化，却能使传感器精度与稳定性大大提高；采用半导体微机械加工工艺制作的传感器能获得更好的工作性能。一般认为：传感器与微处理器相结合所形成的不仅具有信号检测功能，而且具有信息处理功能的传感器系统就是智能传感器，关于智能传感器。仍然没有公认的正式的定义。

限于篇幅，本书仅选取航空控制系统中常用的几种传感器进行介绍，最后简单介绍智能传感器。

12.2　霍耳传感器

霍耳传感器是利用半导体材料的磁电效应（又称霍耳效应）将被测量如电流、磁场、位移、压力、压差、转速和加速度等转换成电动势输出的一种传感器。

12.2.1　霍耳元件

1. 结　构

基于霍耳效应制作的霍耳变换器一般称为霍耳元件。它由霍耳片、四根引线和壳体组成，结构如图 12.1(a)所示。霍耳片是一长方形单晶（N 型或 P 型）半导体薄片，其四个侧面分别焊上输入引线 a、b（一般为绿色）和输出引线 c、d（一般为红色）。输入引线与霍耳片节点称为控制电流极，用于导入激励电流，输出引线与霍耳片节点称为霍耳电势极，用于引出霍耳电势。外面用陶瓷、非磁性金属或环氧树脂封装即成霍耳元件。霍耳元件符号图如图 12.1(b)所示，霍耳元件的外形如图 12.1(c)所示。

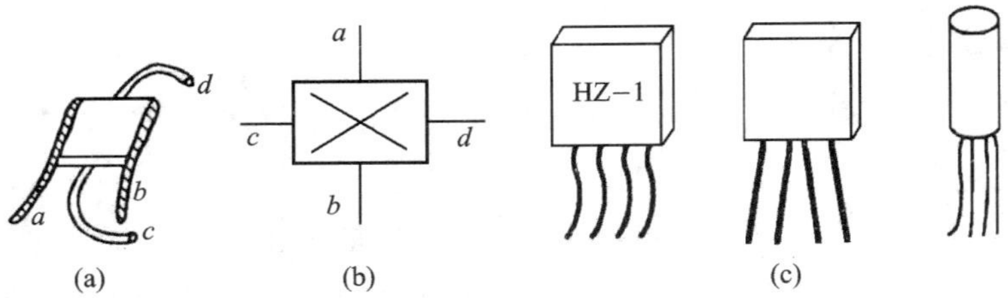

图 12.1 霍耳元件结构、符号和外形

2. 工作原理

由霍耳效应可知,在横端面之间建立的霍耳电场电势大小正比于磁场磁感应强度与控制电流的乘积,即

$$U_{H}=K_{H}iB/b \qquad (12-1)$$

式中:U_H 表示霍耳电压(V),K_H 表示霍耳常数(灵敏度)[V·cm/(A·T)],b 表示霍耳片的厚度(cm),i 表示控制电流(A),B 表示磁感应强度(T)。

输出电势的极性与控制电流方向、磁感应强度方向以及半导体材料类型(N 型或 P 型)有关。对某一类型半导体片而言,当控制电流大小、方向不变时,改变磁感应强度的大小和方向,霍耳电势大小与极性也随之改变;同样,当磁感应强度的大小和方向不变时,改变控制电流的大小和方向,霍耳电势大小与极性也随之改变。

3. 基本电路

霍耳元件的基本电路如图 12.2 所示。激励电流由电源 E 供给,R_p 为调节电阻,用来调节激励电流的大小。霍耳元件电势输出端接负载电阻 R_L,它可以是一般电阻,也可以是放大器的输入电阻或测量仪表的内阻。在实际使用中,可以把激励电流 I 或外磁场感应强度 B 作为输入信号,或同时将两者作为输入信号,而输出信号则正比于 I 或 B,或两者的乘积。

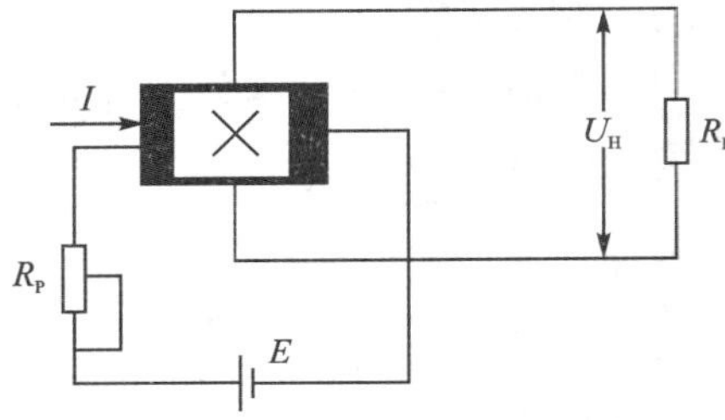

图 12.2 霍耳元件的基本电路

4. 主要特性参数

在使用霍耳元件时,除了灵敏度 K_H 之外还应了解霍耳元件的几个主要特性参数。

(1) 输入阻抗 R_i

输入阻抗是指控制电流进端之间的阻抗,其数值从几欧到几百欧。一般来说,温度变化会导致输入阻抗发生变化,从而使输入电流改变,最终引起霍耳电势的变化,故在选用激励源时多选用恒流源。

(2) 输出阻抗 R_0

输出阻抗是指霍耳电势输出的正负端子间的内阻，其数值与输入阻抗为同一数量级，也随温度变化而变化。外接的负载阻抗最好和它相等，以达到最佳匹配。

(3) 霍耳电势温度系数 α

在一定磁场强度和控制电流的作用下，温度每变化 1℃时霍耳电势变化的百分数称为霍耳电势温度系数，它与霍耳元件的材料有关，一般约为 0.1%℃$^{-1}$左右。

(4) 最大控制电流 I_M

由于霍耳控制元件的输出电势随控制电流的增大而增大，故在应用中希望选择的控制电流要更大一些。但随着控制电流的增大，元件的功耗和元件的温度也升高，从而电势的温源增大，因此霍耳元件均规定了最大控制电流，数值从几毫安到几十毫安。

(5) 最大磁感应强度 B_M

磁感应强度超过 B_M 时，输出的霍耳电势的非线性误差会明显增大，所以一般的 B_M 的数值小于零点几特斯拉。

12.2.2　集成霍耳器件

随着微电子技术的发展，目前的霍耳器件多已集成化。霍耳集成电路有很多优点，如体积小，灵敏度高，温漂小，输出电势大，对电源稳定性要求低等。根据功能的不同，集成的霍耳器件可分为线性型和开关型两大类。前者用来检测模拟量，后者用于检测开关量。

1. 线性型集成霍耳器件

线性型集成霍耳器件是将电流、磁场等连续变化的模拟量转换为模拟量的霍耳电势输出的器件，在工程实际中有着十分广泛的应用。线性霍耳传感器主要由稳压电路、放大器和霍耳元件三部分组成，其内部结构如图 12.3 所示。

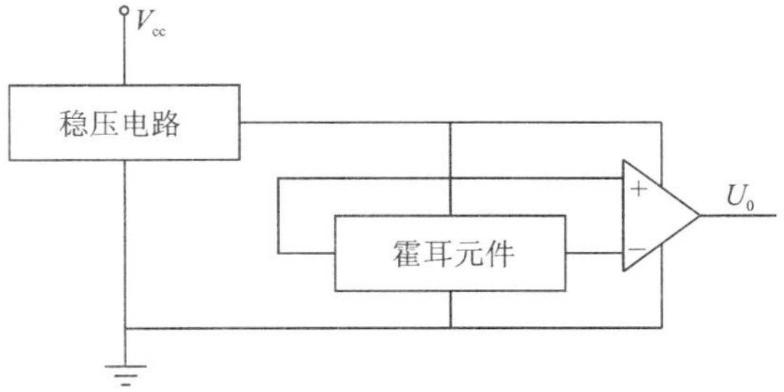

图 12.3　霍耳元件的基本电路

稳压电路除了给系统稳定的供电外，同时还可扩展系统电源的工作范围；放大器应具有高的失调电压稳定性和高的共模抑制比。线性型集成霍耳器件是将霍耳元件于直接耦合多级放大电路集成在一起，构成对磁感应强度敏感的双端输出器件，其输出电压在一定范围内与磁感应强度成正比关系，且输出电压较高，使用非常方便，可广泛用于无触点电位器、无刷直流电动机、位移传感器等场合。

较典型的线性型霍耳器件有 UGN3501、DN835、CS825 等。

2. 开关型集成霍耳器件

开关型集成霍耳器件是将霍耳元件、稳压电路放大器、施密特触发器、OC 门等电路做在同一芯片上。开关型集成霍耳器件的内部电路框图如图 12.4 所示。

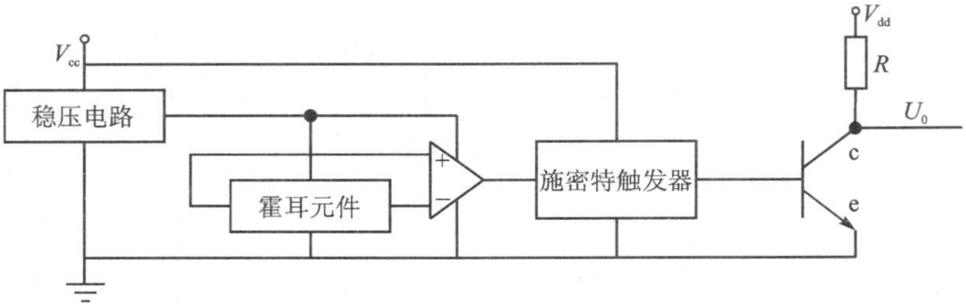

图 12.4 霍耳元件的基本电路

其工作原理是，霍耳元件感知外部环境磁场变化的输入信号，产生霍耳电势的变化 Δ‰，经过放大器放大后驱动施密特触发器动作，产生矩形波输出。当外加磁场强度达到或超过规定的工作点时，OC 门由高阻态变为导通状态，输出 U_0 为低电平；当外加磁场强度低于释放点时，OC 门重新变为高阻态，输出变为高电平。作为集电极开路输出时，输出端 U_0 与 $+V_{dd}$ 之间的上拉电阻 R 应由用户外加。

较典型的开关型霍耳器件如 UGN3032 等。

12.2.3 霍耳传感器的应用实例

由霍耳元件输出的霍耳电势为 $U_H = K_H iB/b$。利用这一关系可将霍耳传感器的应用分为三种类型：

① 激励电流不变而使传感器感受的磁场强度变化，从而引起霍耳电势的改变。这方面的应用有：磁场强度的测量(高斯计)，微位移(包括角位移)的测量，转速、加速度、压力的测量等。

② 磁场强度不变而使激励电流 i 随被测量变化，可以用于电流、电压的测量或控制。

③ 当磁场强度和激励电流都发生变化时，传感器的输出与两者的乘积成正比，这方面的应用有乘法器、功率测量等。

下面介绍几种典型霍耳传感器。

1. 转速测量霍耳传感器

图 12.5 所示为利用霍耳元件测量转速的应用实例，它是霍耳式发动机曲轴转速测量传感器，通常安装在曲轴前端或后端。图 12.5 (a)为传感器的结构外形示意图。

传感器由信号轮的触发叶片、霍耳元件、永久磁铁、底板和导磁板等部件构成。霍耳元件上通有恒定电流 I，固定在底板上，信号轮触发叶片由内外两个带触发叶片的信号轮组成，并随旋转轴一起旋转。外信号轮外缘上均匀排列着 18 个触发叶片和触发窗口，每个触发叶片和窗口的宽度为 100 弧长。内信号轮外缘上，设有三个触发叶片和三个窗口，触发叶片和窗口的宽度均不相同。

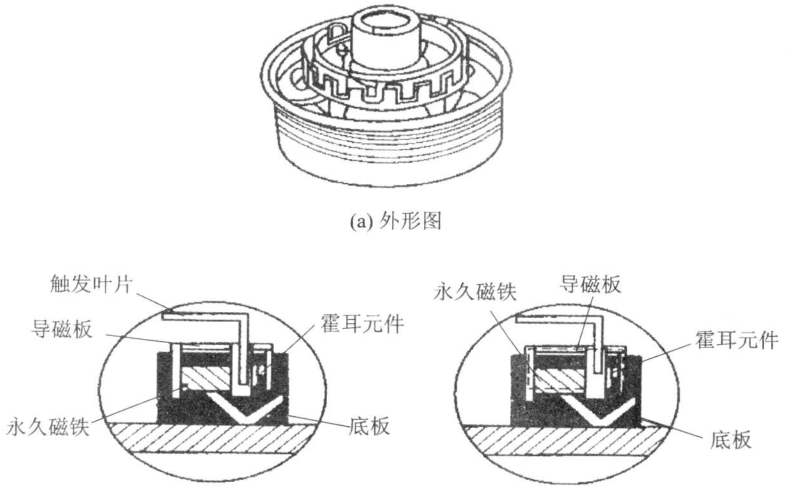

(a) 外形图

(b) 触发叶片进入空气隙　　(c) 触发叶片离开空气隙

图 12.5　转速测量霍耳传感器

信号轮随旋转曲轴转动，当触发叶片进入永久磁铁和霍耳元件之间的空气隙时（见图 12.5(b)），霍耳元件上的磁场被触发叶片旁路（或称隔磁），这时由于霍耳元件上磁感应强度 B 减小，故不产生霍耳电压 U_H，当触发叶片离开空气隙时，如图 12.5(c)所示永久磁铁的磁通便通过导磁板间隙穿过霍耳元件，此时由于霍耳元件上同时通过电流 I 和磁感应强度 B，所以产生霍耳电压 U_H。因此，每当信号轮的触发叶片转至图 12.5(c)位置时，霍耳元件便输出一个脉冲，根据单位时间的脉冲数便可以计算出被测旋转曲轴的转速。

2. 霍耳电流传感器

霍耳电流传感器是 20 世纪 90 年代出现的一种高速电量检测器，可用于电路中各种正弦和非正弦电量的测量。其特点是：结构简单，体积小；动态性能好。适合测量高频大电流。其不足是不适合检测小量程范围电量，需要外加大功率采样电阻或限流电阻；易受电磁干扰和温度影响。

霍耳电流传感器有两种形式：直测式和磁补偿式。后者比前者精度高，适用于测量精度要求高的场合。

(1) 直测式霍耳电流传感器

直测式霍耳电流传感器结构示意图如图12.6所示。被测电流 I_C 通过一根长直导线时，在导线周围产生磁场，磁场应强度 B 大小与电流 I_C 成正比，这一磁场通过软磁材料的磁环聚集为磁通 Φ，并穿过气隙在气隙中建立了磁感应强度为 B 的磁场并垂直作用于气隙中的霍耳器件，电源电压 V_+ 提供了霍耳器件的控制电 I，使霍耳器件输出电压 $U_H=U_{H+}-U_{H-}$，这将反映直导线中电流 I_C 的大小。表12.2所列为电流传感器主要技术指标，可用于测量电力系统中任意波形的交、直流电流和脉冲电流。

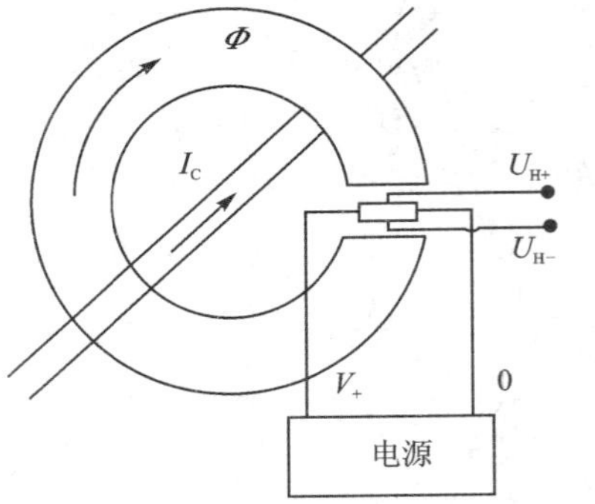

图 12.6 直测式霍耳电流传感器

表 12.2 直测式霍耳电流传感器主要技术参数

型 号	额定电流/A	测量范围	频率范围/kHz	线性度	穿孔尺寸(mm)	额定输出	输出范围/V	电源电压/V	绝缘性能/kV
BLKl00-FF	100	0～200A	0～20	1%	10×20	4V	0±10	±15	2.5
BLK500-FY	500	0～700A	0～20	1%	φ42	4V	0±10	±15	2
BLK1000-FY	1 000	0～1400A	0～20	1%	φ42	4V	0±10	±15	2
BLF-S2	500～2 000	0～1000A 0～3000A	0～20	1%	104×22	4V 或 20 mA	0～4V 或 0～20 mA	12～15 或 24,48	6
LKF-40	4000	0～80000	0～20	0.2%	509×509	1	0～1	15～24	6
LKF-100	100000	0～200000	0～20	0.2%	1156×774	1	0～1	15～24	6

(2) 磁补偿式霍耳电流传感器

磁补偿式霍耳电流传感器是由原边电路、聚磁环、位于空隙中的霍耳器件、次级线圈和放大电路等组成，其结构如图12.7所示。

当原边导线经过电流传感器时，原边大电流 I_p 会产生一个磁场强度 H_P。该磁场强度 H_P 的磁力线被聚磁环聚集并穿过磁环气隙，使内置在磁环气隙中的霍耳器件产生和原边磁力线成正比的、大小仅为几毫伏的感应电压 U_H，通过后续电子电路可把这个微小的信号转变成副边补偿电流 I_S。该 I_S 经过 N_S 匝绕组产生与主磁场 H_p 方向相反的磁场 H_S，从而使得霍耳器件的输出 U_H 减小，直至 $H_p=H_S$，此时霍耳器件的输出 $U_H=0$。并存在关系式为

$$I_S \cdot N_S = I_p \cdot N_p \tag{12-2}$$

式中：I_S——副边电流；

I_p——原边电流；

N_p——原边线圈匝数，一般取 $N_p=1$；

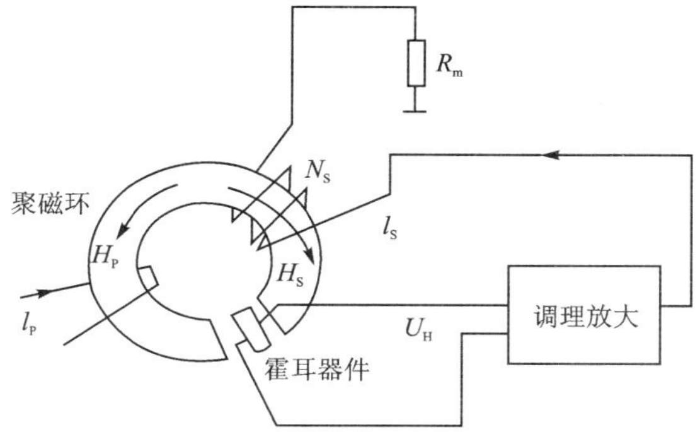

图 12.7　磁补偿式霍耳电流传感器

N_S——副边线圈匝数，匝数可高达上万匝：

N_p/N_S——匝数比，在 1∶500 到 1∶10 000 之间。

上述关系可在 1μs 内建立，一旦被测电流 I_p 有变化，原平衡式将被破坏，霍耳器件又有输出，直至达到新的平衡。电流传感器的输出信号是副边电流 I_S，它与输入信号(原边电流 I_p)成正比，I_S 一般很小，只有 10～400 mA。如果输出电流经过测量电阻 R_m，则可以得到一个与原边电流成正比的大小为几伏的电压输出信号。于是可通过测量电阻 R_m 上的电压来求取副边电流 I_S，从而通过式(12－2)求取被测电流 I_p。

3. 霍耳模拟乘法器

图 12.8 表示根据电流与电压相乘得到的功率的原理。负载 Z_L 所取电流 i 经过铁芯线圈以产生高变磁感应强度 B，电源电压 u 经过降压电阻 R，得到的交流电流 i_c 则流过霍耳元件，元件的输出 u_H 便与功率 P 成正比。即

$$\begin{aligned} u_H &= S_H i_c B = \sin(\omega t+\varphi)\cdot u_m \sin\omega t \\ &= \frac{1}{2}K i_m u_m[\cos\varphi-\cos(2\omega t+\varphi)] \end{aligned} \tag{12-3}$$

若求 u_H 的平均值，则式(12－3)中 $-\cos(2\omega t+\varphi)$ 一项为零(正负半周互相抵消)，可得

$$\bar{u}_H = \frac{1}{2}K i_m u_m \cos\varphi = \frac{1}{2}KP \tag{12-4}$$

式中：K 代表与线圈匝数有关的系数和 S_H 相乘后的总系数；φ 是与负载 Z_L 有关的功率因数角；P 为有功功率。

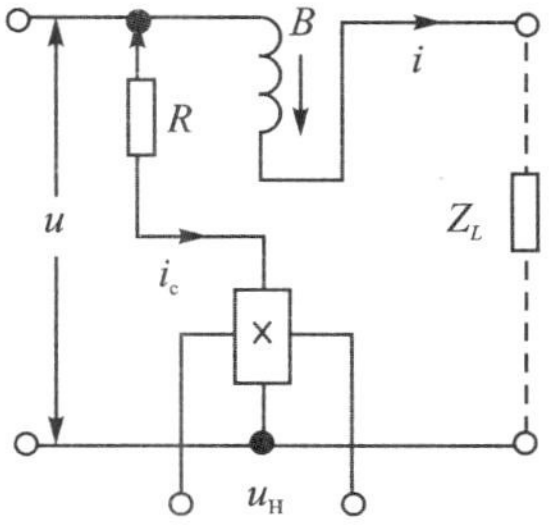

图 12.8　霍耳模拟乘法器用于电功率测量

霍耳传感器具有结构简单，体积小，频率范围宽(从直流到微波)，动态范围大(输出电

势变化范围可以达到1 000:1),寿命长和无触点等优点,因此应用广泛,是一种很有发展前途的自动控制元件。

12.3 加速度计

12.3.1 概 述

加速度计主要用来测量航行体(舰船、飞机、导弹和宇宙飞船等)的加速度,并输出一个比例于加速度的电信号。测量飞机过载的加速度计是最早获得应用的飞机仪表之一。飞机上还常用加速度计来监控发动机故障和飞机结构的疲劳损伤情况。在各类飞行器的飞行试验中,加速度计是研究飞行器颤振和疲劳寿命的重要工具。在飞行控制系统中,加速度计是重要的动态特性校正元件。在惯性导航系统中,高精度的加速度计是最基本的敏感元件之一。不同使用场合的加速度计在性能上差异很大,高精度的惯性导航系统要求加速度计的分辨率高,但量程不大;测量飞行器过载的加速度计则可能要求量程大,而精度要求不高。加速度计为惯性导航系统中的一个基本惯性元件,并且也属于由一系列元件组成的精密测量仪表。它的结构及组成和陀螺仪有许多共同之处,但也有不少特殊之处。

常见加速度计的构件如下:外壳(与被测物体固连)、参考质量(也称检测质量或敏感质量)、敏感元件、信号输出器等。加速度计要求有一定量程和精确度、敏感性等,这些要求在某种程度上往往是矛盾的。以不同原理为依据的加速度计,其量程不同,它们对交变加速度频率的敏感性也各不相同。常见的加速度计所依据的原理有:

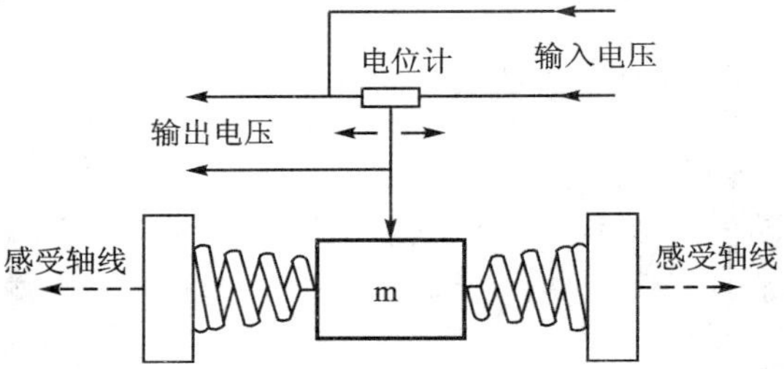

图 12.9 加速度计的基本模型

① 参考质量由弹簧与壳体相连(见图12.9),它和壳体的相对位移反映出加速度分量的大小,这个信号通过电位器以电压量输出。

② 参考质量由弹性细杆与壳体固连,加速度引起的动载荷使杆变形,用应变电阻丝感应变形的大小,其输出量是正比于加速度分量大小的电信号。

③ 参考质量通过压电元件与壳体固连,质量的动载荷对压电元件产生压力,压电元件输出与压力即加速度分量成比例的电信号。

④ 参考质量由弹簧与壳体连接,放在线圈内部,反映加速度分量大小的位移改变线圈的电感,从而输出与加速度成正比的电信号。

此外,尚有伺服类型的加速度计,其中引入一个反馈回路,以提高测量的精度。

为了测出在平面或空间的加速度矢量，需要两个或三个加速度计，各测量一个加速度分量。

12.3.2　加速度计的基本模型

参考质量受支承的约束只能沿一条轴线移动，这个轴常称为输入轴或敏感轴。当仪表壳体随着运载体沿敏感轴方向作加速运动时，根据牛顿定律，具有一定惯性的参考质量力图保持其原来的运动状态不变。它与壳体之间将产生相对运动，使弹簧变形，于是参考质量在弹簧力的作用下随之加速运动。当弹簧力与参考质量加速运动时产生的惯性力相平衡时，参考质量与壳体之间便不再有相对运动，这时弹簧的变形反映被测加速度的大小。电位器作为位移传感元件把加速度信号转换为电信号，以供输出。加速度计本质上是一个一自由度的振荡系统，须采用阻尼器来改善系统的动态品质。

12.3.3　主要类型

加速度计的类型较多：按检测质量的位移方式分类有线性加速度计（检测质量作线位移）和摆式加速度计（检测质量绕支承轴转动）；按支承方式分类有宝石支承、挠性支承、气浮、液浮、磁悬浮和静电悬浮等；按测量系统的组成形式分类有开环式和闭环式；按工作原理分类有振弦式、振梁式和摆式积分陀螺加速度计等；按输入轴数目分类，有单轴、双轴和三轴加速度计；按传感元件分类，有压电式、压阻式和电位器式等。通常综合几种不同分类法的特点来命名一种加速度计。

12.3.4　典型加速度计

下面介绍几种典型的加速度计。

1. 摆式加速度计

摆式加速度计有摆锤、弹簧管电位计组成（见图 12.10）。

当有加速度 a 作用于摆锤时，摆杆即将相对于平衡位置偏转一个 θ 角，电位计将输出一正比于加速度 a 的信号电压 u。此时，摆的运动方程式可写为

$$T\ddot{\theta}+C\dot{\theta}+K\theta=mal\cos\theta-mgl\sin\theta-Mu \tag{12-5}$$

式中：T——摆锤绕支撑轴的转动惯量，M——摆锤的质量，K——弹簧的弹性系数，Mu——干扰力矩，C——阻尼系数，L——摆长。

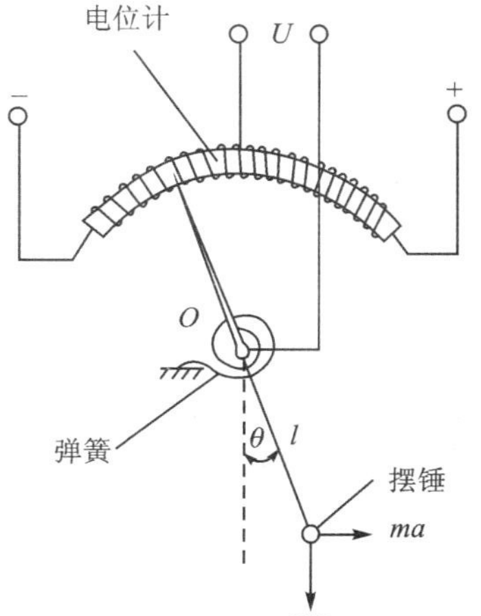

图 12.10　摆式加速度计的工作原理

当 θ 角很小时，$\cos\theta \approx 1, \sin\theta \approx \theta$，则式(12-5)可改写为

$$T\ddot{\theta} + C\dot{\theta} + (k + mgl)\theta = mal - Mu \tag{12-6}$$

当系统达到稳定时 $\ddot{\theta} = \dot{\theta} = \theta$，则可得

$$\theta = \frac{mal - Mu}{K + mgl} \tag{12-7}$$

2. 力矩平衡摆式加速度计

原理如图 12.11 所示。当加速度计受到加速度 a 的作用时，其中的检测质量 m 便受到力 $F = ma$ 的作用。设质量 m 离支撑点的距离为 l，则由 F 力所产生的绕支撑点的力矩为

$$M_i = lma \tag{12-8}$$

在此力矩作用下，摆将偏离垂线一定的角度 θ，从而使信号器输出一个与摆角成比例的电压信号。该信号经伺服放大器转换成直流电流 I 后输出给力矩器，使力矩器产生一比例与电流 I 的力矩，即

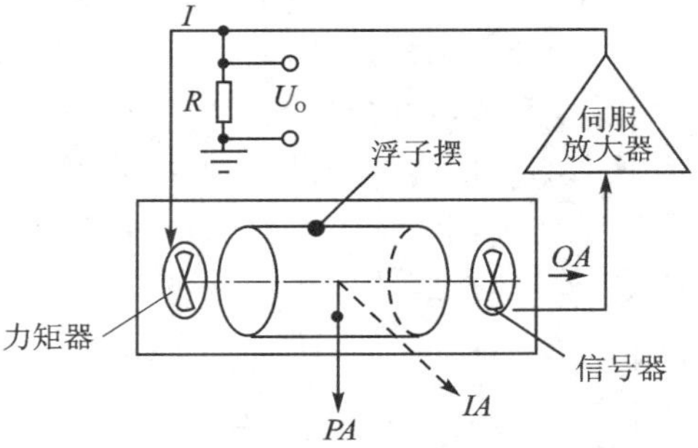

图 12.11 力矩平衡摆式加速度计的工作原理

$$M_0 = K_T I \tag{12-9}$$

式中 K_T 为力矩器的力矩系数。

如果 θ 角越大，则信号器的输出电压越大，力矩 M_0 也越大。当力矩 $M_0 = M_i$ 时，系统达到平衡，摆不再进一步偏离垂线。于是，由式(12-8)和(12-9)可得

$$lma = K_T I，即$$

$$I = \frac{lma}{K_T} \tag{12-10}$$

由此可见，影响此种加速度计精度的主要因素为力矩器的力矩系数 K_T、摆长 l 及质量的稳定度。

3. 振弦式加速度计

原理如图 12.12 所示由两根相同的弦丝组成，并作为支承的线性加速度计。两根弦丝在永久磁铁的气隙磁场中作等幅正弦振动。弦丝的振动频率与弦丝张力的平方根成比例。不存在加速度作用时，两根弦丝的张力相等，振动频率也相等，频率差等于零。当沿输入轴有加速度作用时，作用在检测质量上的惯性力使一根弦丝的张力增大，振动频率升高；而另一根弦丝的张力则减小，振动频率降低。

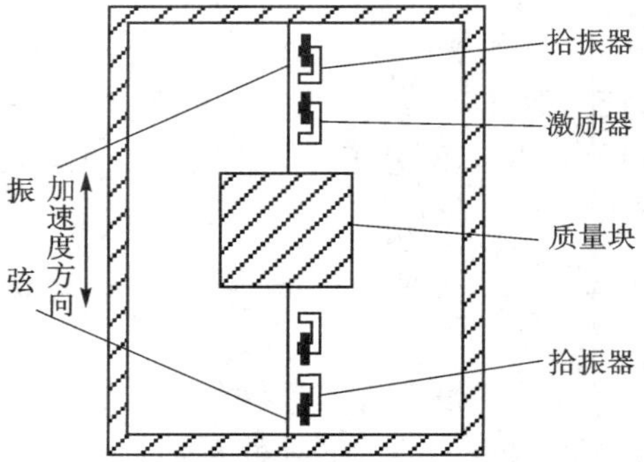

图 12.12 振弦式加速度计的工作原理

仪表中设有和频控制装置，保持两根弦丝的振动频率之和不变。这样两根弦丝的振动频率之差就与输入加速度成正比。这一差频经检测电路转换为脉冲信号，脉冲频率与加速度成正比，而脉冲总数与速度成正比，因此这种仪表也是一种积分加速度计。弦丝张力受材料特性和温度影响较大，因此需要有精密温控装置和弦丝张力调节机构。

12.4 陀螺仪

12.4.1 概 述

陀螺仪是一种用来感测与维持方向的装置，基于角动量不灭的理论设计出来的。一般来说，质量对称分布的刚体，当它绕其轴高速旋转时，就可称它为陀螺。陀螺仪主要是由一个位于轴心可以旋转的轮子构成。陀螺仪一旦开始旋转，由于轮子的角动量，陀螺仪有抗拒方向改变的趋向。陀螺的自转轴称为主轴或转子轴，以陀螺为核心及其附加装置构成的总体叫陀螺仪或陀螺传感器。陀螺仪可以用来测量航行体的角速度、角位移和角加速度的传感器，以及在航行体上建立一个姿态参考系，因此陀螺仪是各种陀螺仪器、陀螺稳定装置以及惯性导航系统中必不可少的部件。陀螺传感器被广泛应用于航空、航天、导弹等领域。

传统的惯性陀螺仪主要是指机械式的陀螺仪，机械式的陀螺仪对工艺结构的要求很高，结构复杂，它的精度受到了很多方面的制约。自从 20 世纪 70 年代以来，现代陀螺仪的发展已经进入了一个全新的阶段。现代陀螺仪在结构上已不具备“陀螺”，只是在功能上与传统的机械陀螺仪同样罢了。光纤陀螺仪具有结构紧凑，灵敏度高，工作可靠等优点，在很多的领域已经完全取代了传统的机械陀螺仪，成为现代导航仪器中的关键部件。和光纤陀螺仪同时发展的除了环式激光陀螺仪外，还有现代集成式的振动陀螺仪，而集成式的振动陀螺仪具有更高的集成度，体积更小，也是现代陀螺仪的一个重要的发展方向。下面以传统陀螺仪为例介绍。

12.4.2 陀螺仪基本结构、原理和特性

1. 基本结构

陀螺仪的装置一直是航空和航海上航行姿态及速率等最方便实用的参考仪表。基本上陀螺仪是一种机械装置，其主要部分是一个对旋转轴以极高角速度旋转的转子，一个三自由度陀螺仪的结构示意图如图 12.13 所示。高速旋转的转子装在一组环架内，如图 12.13(a)所示。环架分内环和外环。主轴与内环，内环与外环，外环与壳体之间均用轴承支撑(有机械轴承、宝石轴承、动压或静压气浮轴承等)，使陀螺转子能自由地绕 Ox、Oy、Oz 三个互相垂直的旋转轴，因此称它为三自由度陀螺，若将其外环固定，使其失去一个自由度，就成了二自由度陀螺。

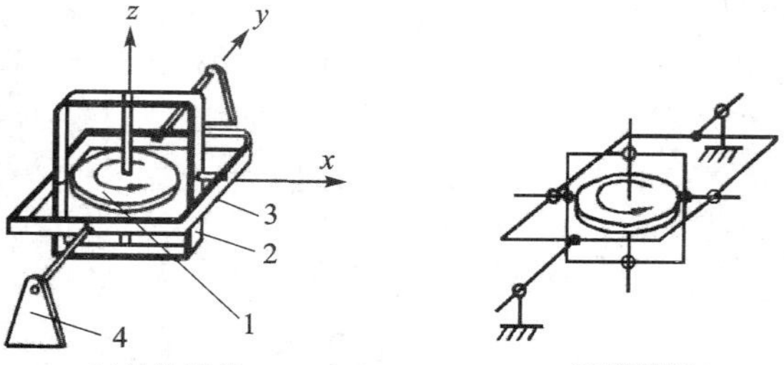

1—高速旋转的转子；2—内环；3—外环；4—基座（外壳）

图 12.13 三自由度陀螺仪

2. 基本工作原理

陀螺仪的原理是当一个旋转物体的旋转轴所指的方向在不受外力影响时,位置是不会改变的。人们根据这个道理,用它来保持方向,制造出来的东西就叫陀螺仪。陀螺仪在工作时要给它一个力,使它快速旋转起来,一般能达到每分钟几十万转,可以工作很长时间。然后用多种方法读取轴所指示的方向,并自动将数据信号传给控制系统。

按照刚体动力学原理,高速旋转的转子,具有动量矩 H,即

$$H = J\Omega$$

式中:J 为刚体转动惯量,Ω 为刚体旋转的角速度。

当不受任何外力矩的作用时,陀螺主轴将相对惯性空间保持其方向不变,这种特性称为陀螺的定轴性,这是陀螺仪的第一个基本特征。如图 12.13(a)中,当陀螺转子以 Ω 速度高速旋转时,只要不使陀螺受外力矩作用,无论底座如何转动,转子主轴在惯性空间的方向不变。这里内环、外环所起的作用是将基座的转动与转子的转动隔离开来。陀螺在不受外力矩作用时,其动量矩 H 在惯性空间的大小、方向均保持不变。但在实际陀螺仪中由于结构和工艺的不尽完善,存在的轴承摩擦、非对称及重心不重合等因素导致的一系列的外界干扰力矩,使转子轴的方向在惯性空间很难保持不变。

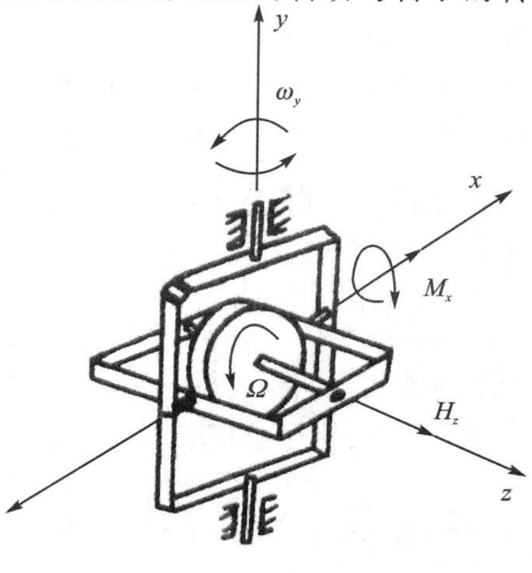

图 12.14 外力矩作用下陀螺仪的进动

当陀螺转子绕其主轴 z 以 Ω 速度旋转时,其动量矩 $H_z = J\Omega$,方向如图 12.14 所示。此时若受到与主轴垂直方向上的外力矩作用,在内环轴(x 轴)上有一外力矩 M_x 的作用,这时转子 z 轴并不沿外力矩作用的方向转动,而连同内、外环一起绕垂直于上

述两轴的外环轴（y 轴）转动。当外力矩恒定时，则以匀角速度 ω_y 旋转，外力矩越大，转动角速度亦越大。陀螺仪具有的这种动量矩在外力矩作用下对惯性转动空间转动的特性称为陀螺仪的进动性，转动的角速度称为进动角速度。假如外力矩作用在外环轴 y 上，同样，陀螺仪将沿内环轴 x 进动。

图 12.15(a)为作用在陀螺仪转矩 M_x 与动量矩 H_x 和进动角速度之间关系的矢量图。

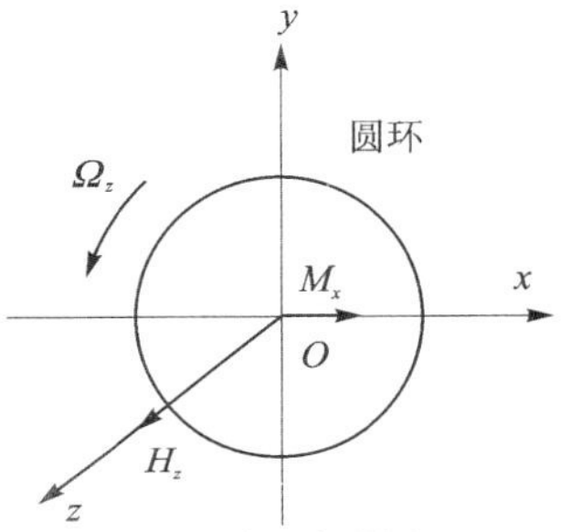

(a) 空间矢量图

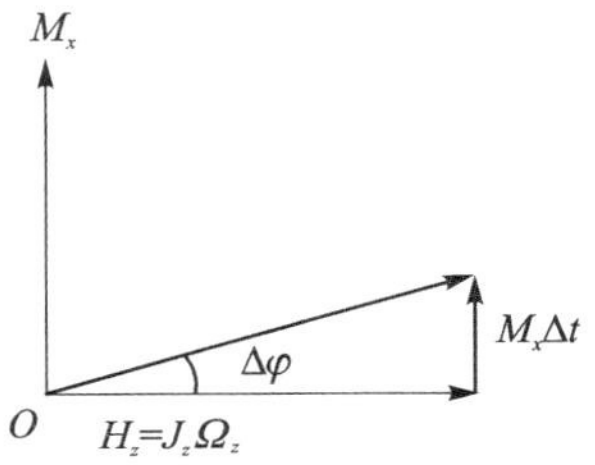

(b) 动量矩定理

图 12.15　高速旋转圆环的进动

根据动量矩定理，作用在刚体上的冲量矩等于刚体动量矩增量。动量矩为 H_z 的陀螺受到外力矩 M_x 的作用，则在 Δt 时间内作用在刚体上的冲量矩为 $M_x\Delta t$，如图 12.15(b)所示。动量矩的增量则为 $\Delta H_z = H_z \cdot \tan\Delta\varphi$。这里 $\Delta\varphi$ 为陀螺进动角。当 $\Delta\varphi$ 很小时，$\tan\Delta\varphi \approx \Delta\varphi$，则有 $H_z\Delta\varphi = M_x\Delta t$，取极限可得到进动角速度 ω_y 为

$$\omega_y = \frac{d\varphi}{dt} = \frac{M_x}{H_x} = \frac{M_x}{J_z\Omega_z} \qquad (12-11)$$

由式(12－11)可知：当动量矩 H_z 一定时，进动角速度 ω_y 的大小与外力矩 M_x 的大小成正比。而当外力矩一定时，进动角速度的大小与动量矩的大小成反比；若动量矩和外力矩均为定值时，则进动角速度也为定值。

陀螺进动角速度的方向取决于动量矩 H_z 和外力矩 M_x 作用方向。在进动过程中，进动方向是动量矩以最短路径趋向外力矩的方向。三者的关系可以右手定则确定：即右手四指指向动量矩方向，然后以最短路径握向外力矩方向，则大拇指所指方向就是进动角速度矢量方向，如图 12.16 所示。

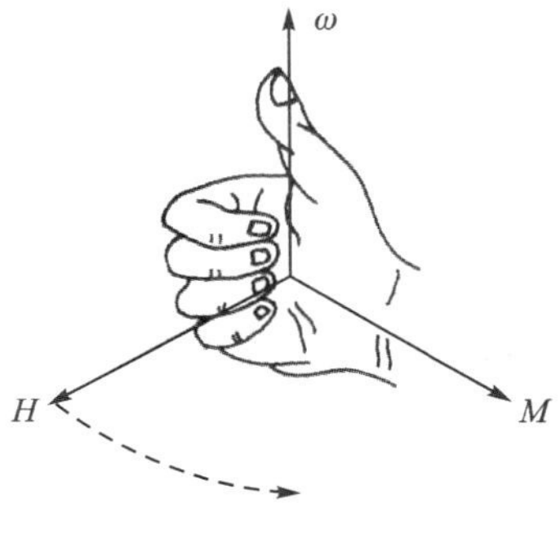

图 12.16　判别陀螺进动方向的右手定则

3. 基本特性

陀螺仪被用在飞机飞行仪表的心脏地位，是由于它的两个基本特性：一为定轴性(inertia or rigidity)，另一是进动性(precession),这两种特性都是建立在角动量守恒的原则下。

(1)定轴性

当陀螺转子以极高速度旋转时,就产生了惯性。该惯性使得陀螺转子的旋转轴保持在空间指向一个固定的方向,同时反抗任何改变转子轴向的力量,这种物理现象称为陀螺仪的定轴性或惯性。其惯性随以下的物理量而改变:转子质量愈大,惯性愈大;转子旋转半径愈大,惯性愈大;转子旋转速度愈大,惯性愈大。

(2)进动性

在运转中的陀螺仪,如果外界施一作用或力矩在转子旋转轴上,则旋转轴并不沿施力方向运动,而是顺着转子旋转向前 90°垂直施力方向运动,此现象即是进动性。进动性的大小也有三个影响的因素:外界作用力愈大,其进动性也愈大;转子的转动惯量(moment of inertia)愈大,进动性愈小;转子的角速度愈大,进动性愈小。而进动方向可根据进动性原理取决于施力方向及转子旋转方向。

12.4.3 分 类

陀螺仪具有定轴性和进动性是构成陀螺传感器的理论基础。在实际应用中为了达到测量角度、角速度和角加速度的目的,还必须配有机电转换装置等,才能将所测的物理量转换成电量输出,从而构成一个真正完善的实用的陀螺仪。

陀螺仪可以有许多种分类方法,例如按照转子轴的转动自由度来分,可以分为单自由度和二自由度两种;按照框架的支承方式来分,可以分为滚珠轴承、液浮、气浮、磁浮和静电等五种;按照产生陀螺效应的作用原理来分,可以分为转子式和非转子式两种等。

利用陀螺仪的动力学特性制成的各种仪表或装置,主要有以下几种:

1. 陀螺方向仪

能给出飞行物体转弯角度和航向指示的陀螺装置。它是三自由度均衡陀螺仪,其底座固连在飞机上,转子轴提供惯性空间的给定方向。若开始时转子轴水平放置并指向仪表的零方位,则当飞机绕铅直轴转弯时,仪表就相对转子轴转动,从而能给出转弯的角度和航向的指示。由于摩擦及其他干扰,转子轴会逐渐偏离原始方向,因此每隔一段时间(如 15 min)须对照精密罗盘作一次人工调整。

2. 陀螺罗盘

供航行和飞行物体作方向基准用的寻找并跟踪地理子午面的三自由度陀螺仪。其外环轴铅直,转子轴水平置于子午面内,正端指北;其重心沿铅垂轴向下或向上偏离支承中心。转子轴偏离子午面时同时偏离水平面而产生重力矩使陀螺旋进到子午面,这种利用重力矩的陀螺罗盘称摆式罗盘。近年来发展为利用自动控制系统代替重力摆的电控陀螺罗盘,并创造出能同时指示水平面和子午面的平台罗盘。

3. 陀螺垂直仪

利用摆式敏感元件对三自由度陀螺仪施加修正力矩以指示地垂线的仪表,又称陀螺水平仪。陀螺仪的壳体利用随动系统跟踪转子轴位置，当转子轴偏离地垂线时，固定在壳体上的摆式敏感元件输出信号使力矩器产生修正力矩，转子轴在力矩作用下旋进回到地垂线位置。陀螺垂直仪是除陀螺摆以外应用于航空和航海导航系统的又一种地垂线指示或量测仪表。

4. 陀螺稳定器

稳定船体的陀螺装置。20 世纪初使用的施利克被动式稳定器实质上是一个装在船上的大型二自由度重力陀螺仪，其转子轴铅直放置，框架轴平行于船的横轴。当船体侧摇时，陀螺力矩迫使框架携带转子一起相对于船体旋进。这种摇摆式旋进引起另一个陀螺力矩，对船体产生稳定作用。斯佩里主动式稳定器是在上述装置的基础上增加一个小型操纵陀螺仪，其转子沿船横轴放置。一旦船体侧倾，小陀螺沿其铅直轴旋进，从而使主陀螺仪框架轴上的控制电机及时开动，在该轴上施加与原陀螺力矩方向相同的主动力矩，借以加强框架的旋进和由此旋进产生的对船体的稳定作用。

5. 速率陀螺仪

用以直接测定运载器角速率的二自由度陀螺装置。把均衡陀螺仪的外环固定在运载器上并令内环轴垂直于要测量角速率的轴。当运载器连同外环以角速度绕测量轴旋进时，陀螺力矩将迫使内环连同转子一起相对运载器旋进。陀螺仪中有弹簧限制这个相对旋进，而内环的旋进角正比于弹簧的变形量。由平衡时的内环旋进角即可求得陀螺力矩和运载器的角速率。积分陀螺仪与速率陀螺仪的不同处只在于用线性阻尼器代替弹簧约束。当运载器作任意变速转动时，积分陀螺仪的输出量是绕测量轴的转角（即角速度的积分）。以上两种陀螺仪在远距离测量系统或自动控制、惯性导航平台中使用较多。

6. 陀螺稳定平台

以陀螺仪为核心元件，使被稳定对象相对惯性空间的给定姿态保持稳定的装置。稳定平台通常利用由外环和内环构成制平台框架轴上的力矩器以产生力矩与干扰力矩平衡使陀螺仪停止旋进的稳定平台称为动力陀螺稳定器。陀螺稳定平台根据对象能保持稳定的转轴数目分为单轴、双轴和三轴陀螺稳定平台。陀螺稳定平台可用来稳定那些需要精确定向的仪表和设备，如测量仪器、天线等，并已广泛用于航空和航海的导航系统及火控、雷达的万向支架支承。根据不同原理方案使用各种类型陀螺仪为元件。其中利用陀螺旋进产生的陀螺力矩抵抗干扰力矩，然后输出信号控制照相系统。

12.4.4 典型陀螺仪的结构和工作原理

1. 垂直陀螺仪

垂直陀螺仪的结构原理如图 12.17 所示。它的主轴是垂直向上安装在运动物体上，并与运动体前进方向相垂直。用它来测量运动体的俯仰（或侧倾）角。除了陀螺转子和内、外环架外,还有角度输出电位器和锁紧机构。电位器绕阻固定在陀螺仪壳体上,与陀螺仪壳体、被测运动体一起运动。而电刷与陀螺仪外环(或内环)固定连接(图中只画出了固定在外环上的电位器组件)。当运动体作俯仰(或侧倾)运动时,只要没有外力矩作用,转子轴绕内、外环架转角均为零,而由于陀螺的定轴性,其主轴在惯性空间方向不变,运动体的俯仰(或侧倾)运动带动电位器绕阻相对电刷转动,使电位器输出与俯仰(或侧倾)角成正比的电压。锁紧机构的作用是锁住内、外环架,保证 x、y、z 三轴互相垂直,同时保证在储存或运输过程中,陀螺仪的内、外环与壳体不相碰撞,从而不损坏陀螺仪的精度。锁紧机构的工作原理是:当开锁电磁铁通电时,产生的电磁吸力,使电磁铁的衔铁克服弹簧的拉力,拉着锁紧机构的杠杆和与它相连的活动滑架左移,使锁杆退出外环凸轮的凹槽,外环轴开锁。同时随着滑架左移,滑架上带斜面的座子也左移,外环上的锁杆在弹簧的作用下,自动跳出装在内环轴上的凸轮的凹槽,内环也开锁。内、外环开锁同时并输出开锁信号。

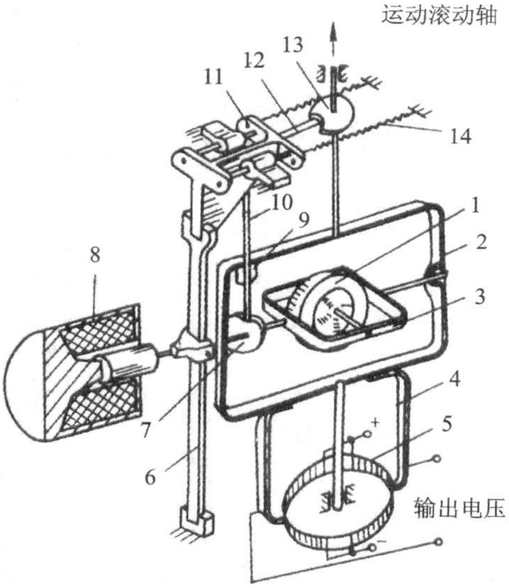

1—转子; 2—外环; 3—内环; 4—电刷臂; 5—电位器绕组;
6—杠杆; 7—内环凸轮; 8—开锁电磁铁; 9—小弹簧;
10—锁杆; 11—滑架; 12—锁杆; 13—外环凸轮; 14—弹簧

图 12.17 典型的垂直陀螺

陀螺的闭锁过程在转子低转速情况下,是靠开锁电磁铁断电后,杠杆被释放,在弹簧拉力和凸轮机构共同作用下完成的。而当转子高速旋转时,闭锁主要由弹簧拉力使滑架上的锁杆和外环上的锁杆压在凸轮曲面上后,同时产生作用于陀螺仪内、外环上的外力矩,使陀螺产生进动,而使锁杆锁定在各自凸轮的凹槽中,实现闭锁,同时闭锁信号开启,开锁信号断开。

2. 方向陀螺仪

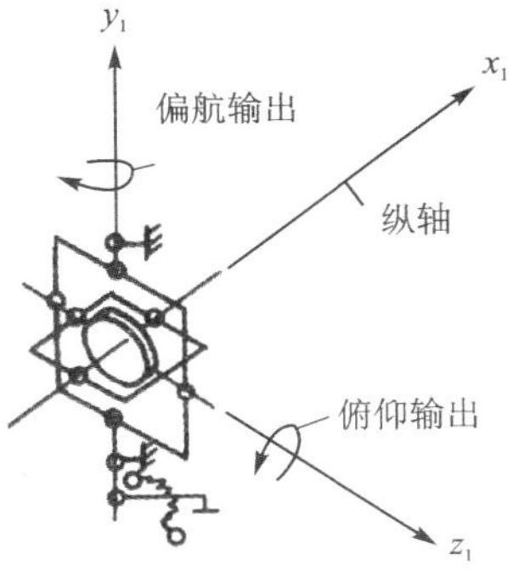

图 12.18　方向(偏航、俯仰)陀螺仪原理图

将上述陀螺仪的主轴与运动体的主轴 x 重合安装，内环轴与运动体的横轴 z_1 一致，外环轴垂直运动体向上，如图 12.18 所示。此时内、外环上的电位器绕阻与陀螺仪壳体，也即与运动体固联，电刷臂则分别装在内、外环上，随内、外环一起转动。此时，该陀螺仪即可用来测量运动体的俯仰和偏航角。这种用来测量运动体运动方向的陀螺仪称为方向陀螺仪。

3. 二自由度陀螺仪

二自由度陀螺仪，其工作原理如图 12.19 所示。它在构造上和工作原理上与前述的三自由度陀螺仪相比有其自身的一些特点。从结构上看，带有陀螺转子的内环直接安装在带底座的支架上，而没有外环。当陀螺转子绕 z 轴高速旋转时，它的动量矩为 H_z，方向如图 12.19 所示。当基座绕陀螺的主轴(z 轴)或内环轴(x 轴)转动时，内环仍起隔离角运动的作用，陀螺主轴仍稳定在原来方向不变。而当基座以角速度 ω 绕 y 轴旋转时，由于陀螺仪绕该轴没有转动自由度，而是强迫陀螺转子绕 y 轴以角速度 ω_y 作进动，因而这时陀螺将产生沿 y 方向的陀螺力矩 $M_G = H_z \cdot \omega_y$。陀螺力矩的方向仍可由右手定则判别。右手四指仍指向主轴动量矩 H 方向，然后以最短路径握向 ω_y 方向，则大拇指所指方向即为陀螺力矩方向。在陀螺力矩作用下，陀螺仪框架将绕 x 轴进动，进动角速度与基座的转动角速度成比例。若基座转动的方向(ω_y 的方向)改变，则陀螺力矩的方向也改变，陀螺仪框架轴进动的角速度方向也改变。这是二自由度陀螺仪的特性，即具有敏感绕没有自由轴作旋转运动的特性。

12.4.5　陀螺仪主要技术要求

由于陀螺仪在整个仪器和系统中是用来提供惯性基准的，而且其中的角度传感器、力矩受感器和摆等元件又是仪器中某一组成系统(如随动系统和修正系统等)中的一个元件，因此陀螺仪的主要技术性能直接关系到整机或系统的工作性能。

陀螺仪用于不同精度、不同用途的仪器中时，对它的要求将有所不同，但是任何一种陀螺仪必须满足下列基本要求：

① 精度高。陀螺仪的精度常以其中 y 轴在单位时间内偏离给定方位的角度——漂移率来标志。要求陀螺仪的精度高，即要求由各种干扰力矩所引起的漂移率低。

② 多次启动下转子轴的稳定点位置应稳定不变，因而要求陀螺仪的结构稳定，

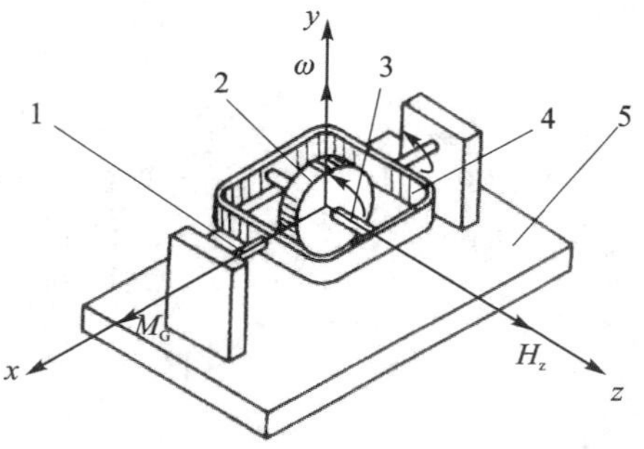

1—内环轴；2—陀螺转子；3—主轴；4—内环；5—基座

图 12.19 二自由度度陀螺仪工作原理图

性能的重复性好。

③ 陀螺仪的结构应具有较大的刚度。

④ 尽可能设计成等弹性(或等刚度)结构,以保证重心位移的方向和外力作用的方向一致。

⑤ 力矩的精度高,线性度好。通常,可用力矩器的标度系数一单位(控制)电流的进动角速度来标志力矩性能。

⑥ 能具有最大力矩速率和相应的进动角速度。

⑦ 对变力矩的动态响应快,时滞最小。

⑧ 寿命长。

⑨ 功率消耗低(包括陀螺电动机及其他元件)。

⑩ 可靠性好。

⑪ 尺寸小。

⑫ 启动快。如有温控装置,则要求加温时间短。

⑬ 对温控要求低。

⑭ 制造成本低。

上述要求中,可靠性、寿命和精度既是三项独立的技术指标,又是相互之间关系十分密切的技术性能。因此,有时可用"可靠的性能寿命"这个术语来表征陀螺仪的实际使用寿命。

陀螺仪在不同的场合,应具备不同的精度,而不同结构类型又可提供不同的精度。通常,陀螺仪用于各种指示仪器中时,精度要求较低;而用于惯性导航系统中时,精度要求较高。连续使用的时间愈长,则对陀螺仪精度的要求愈高。

陀螺仪的可靠性同零件的材料、加工、检验、装配调试以及操作者的技能等因素有关。

12.5 数字式传感器

根据传感器输出量是取任意连续的值,还是取二元值("0"或"1")表示的数字量,可将传感器分为模拟式与数字式两种。其中,数字式传感器是将被测量转换为输出二元值数字量的传感器。

数字式传感器与模拟式传感器相比有以下特点:

测量精度与分辨力高,抗干扰能力强,不需 A/D 或 V/F 变换器就可以与微机接口组成现代数字式测控系统,这是传感器的发展方向。

数字式传感器又可分为绝对编码型与计数型两大类,即

- 数字式传感器
  - 绝对编码式(绝对编码器)
  - 计数式
    - 计数(增量)式
      - 增量码盘式
      - 栅式(光栅、容栅等)
    - 频率式
      - 谐振式频率输出型
      - 电路转换式频率输出型

12.5.1 绝对编码式数字传感器

该数字传感器又称直接编码式数字传感器,是最早发展起来至今仍被广泛应用于角、直线位移测量的数字传感器。主要特点是:

① 其本身结构就是一种机械式 A/D 编码器,不需电子电路 A/D 转换器就直接将输入的被测角或线位移转换成某种制式的数字编码(如:二进制码、格雷码)信号输出。一般而言,它的输出信号可直接输入 PLC 控制器的或上位机的 I/O 接口,输出及时,连接方便。

② 某一角度或位置都有与之对应的数码,故测得输出的数码就可知与其相对应的角度或位置。停电后仍能保存,上电后仍能恢复该角度/位置对应的数码值。

③ 分辨力决定于数码位数。由机械码道数来确定,不受环境变化影响,无累积误差。

④ 多位并行输出。这将带来以下问题:

第一,所有各位接口必须确保连接可靠,若接触不良,该点电位始终为"0",或"闪动",将造成错码或无法判断;

第二,传输距离不能远;

第三,为了抗干扰而采用双绞线长线驱动输出方式的场合,对于位数较多的并行输出,由于输出电缆芯线是数码位数的二倍,且要保证每根芯线连接优良,所以工程难度大,损坏率高,可靠性不易保证。故对位数 $n \geqslant 10$ 的高位绝对编码器要考虑将输出的并行码转换为串行 SS1 输出,并通过通信规约规定,在时间上有先后依序数据输出,其物理连接形式有 RS232,RS422(TTL)及 RS485 等。

12.5.2 计数式数字传感器

计数式数字传感器的输出信号是二元("0"或"1")脉冲序列。它有两种类型:

1. 计数式码盘的特点

计数(增量)式有增量码盘与栅式两种,其主要特点是:

① 当角位移或线位移有一改变量($\Delta\alpha$ 或 Δx)时,则对应产生一定数目的脉冲,当由计数器累计了脉冲数的增量或减量则可知角位移或线位移的改变量,但不可知角度或位置的实际数值。

② 静止时(对应有一确定的角度或线位置)无脉冲输出,停电后不能保存或恢复计数值。

③ 必须有辨向部分,用于控制加计数还是减计数以判断角/线位移是增加还是减少。

④ 可以用电路细分技术提高分辨力。

2. 频率式数字传感器的特点

频率式数字传感器又有谐振式及电路转换式频率输出两种类型。这种传感器是将被测量转换成频率量作为输出信号的传感器,其主要特点是:

① 传感器各组成部分构成一闭环系统,正反馈满足幅值与相位条件使放大器起振而成为一振荡器,振荡器输出的电信号频率,即谐振频率,是被测量的函数。

② 振荡器输出的电信号是一均匀的脉冲序列,根据一定时间 t 内的脉冲数 N 可计算出输出电信号的频率 $f=N/t$,从而可获知被测量的大小。

③ 被测输入量为零时,有脉冲输出,称为基频零点输出脉冲;在测量范围内任一输出脉冲频率值都与被测输入量的数值大小相对应。

12.5.3 绝对编码器式角位移数字传感器

编码器式角位移数字传感器广泛用于角度、线位移测量的数字式传感器。如工业机器人、电机控制、伺服传动、雷达以及军事目标测定等多种需要测定角度的设备与场合。

绝对编码器式角位移数字传感器,是将被测机械旋转角位移转换为某种制式数码的电信号,直接输出数字量的传感器。它又称为直接编码式数字传感器,简称绝对旋转编码器或码盘式编码器。

码盘式编码器实现编码输出的方式有三种:

第一,接触式,电刷接触导电区或不导电区;

第二,非接触的电磁式,磁头对向(但不接触)磁化区或非磁化区;

第三,非接触的光电式,光电头对向透光区或不透光区。目前使用最多、价格性能比最好的编码器是光电式。本节主要介绍光电式编码器。

1. 光电式绝对编码器的结构

光电式绝对编码器由码盘与光电读出装置两部分组成。圆形码盘上沿径向有若干同心码道，每条码道上排列着透光和不透光相间的扇形区。而在径向方向，透光与不透光的扇形区则是某种制式的数码，数码的位数就是码道的数目。一个四位二进制数码的码盘如图 12.20(a)所示。码盘材料有金属、光学玻璃、塑料，透光与不透光多种，均采用刻腐工艺制成。

光电读出装置由分置于码盘两侧的光发射部分与光接收部分构成。光发射部分由发光元件放置在光学元件的焦点处被扩束为细束平行光，光接收部分由多元光电元件线阵及其相应电路组成，一个四位光电读出头示意图如图 12.20(b)所示。图中采用的光电器件是光电三极管，四个光电三极管沿码道径向排列各对应一个码道。

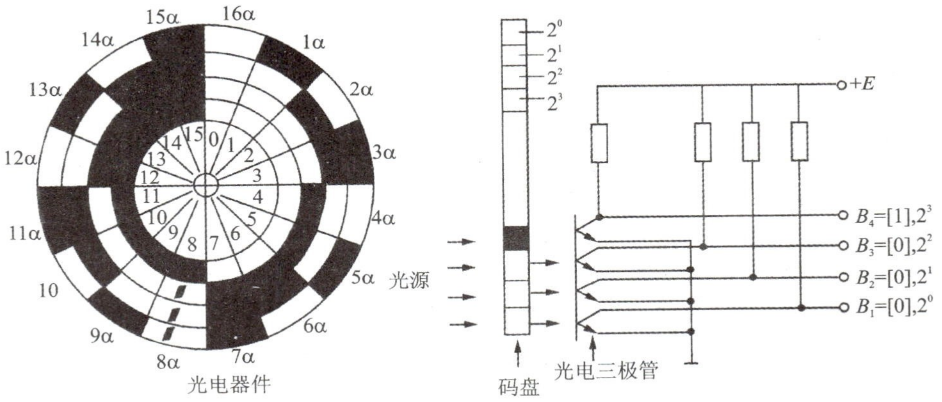

(a) 四位二进制码盘　　(b) 光电读出装置结构示意图

图 12.20　光电式编码盘的结构与工作原理

2. 光电式绝对编码器的工作原理

以图 12.20 所示码盘与其读出装置为例来说明码盘的角位移与数码的一一对应关系。四条码道分别对应四位二进制数的 2^0、2^1、2^2、2^3 位。最外圈码道为 2^0 位，最里圈码道为 2^3 位。图 12.20 中四个光电三极管的读出装置正处在码盘第 8 号角度(8α)位置，只有最里面码道的光电三极管对着不透光的扇形阴影区，故不受光照，管子截止，输出电平为 $B_4=[1]$。其他三个码道光电三极管均对着透光区(非阴影区)，故受光照而导通，输出电平均为[0]。因此，码盘的第 8 号角度位置，对应的输出数码 $[B_4B_3B_2B_1]$ 为[1000]。码盘转动某一角度，光电读出装置就输出一个数码。码盘转动一周光电读出装置就输出 16 种不同的四位二进制数码，也即四条码道有 $2^4=16$ 个数位状态。那么 10 条码道则有 $2^{10}=1\ 024$ 个数位状态。码盘随被测轴的转动而转动，转动后的角位移状态都对应一数码输出。四条码通的码盘不同角位置状态与对应的数码关系见表 12.3。

(1) 单圈绝对编码器的量程与分辨力

单圈绝对编码器又称单级绝对编码器,对于 N 条码道的码盘转动一周(360°)光电读出装置就输出 2^n 个数码,故二进制码盘所能分辨的最小角位移,即码盘的分辨力为

$$\alpha_n = \frac{360^\circ}{2^n} \tag{12-13}$$

式中:n 为码道数,也即数码的位数。故当 $n=4$ 时,四条码道,四位二进制数,$\alpha_n = \alpha_4 = 22.5^\circ$;$n=10$ 时,10 条码道,十位二进制数,$\alpha_n = \alpha_{10} = 0.35^\circ$。

由此可见,码道数越多,位数越多,能分辨的角度越小,分辨力越高。但是单圈绝对编码器,在转过 360°之后,输出的数码又回复原值,故不能用来测量大于 360°的角位移,其量程为 360°。目前国内已有 $n=16$ 的编码器产品,故分辨力最高可达 $\alpha_{16} = 0.005\,49^\circ = 0.33'$。

单圈绝对编码器其量程为 360°,分辨力受限于码道数 n,增加码道数要受到工艺机械条件的制约,故分辨力的进一步提高有困难。

(2) 多圈绝对编码器的量程与分辨力

多圈绝对编码器又称多级绝对编码器,它是运用钟表齿轮传动机械原理,当中心码盘旋转一周时,通过齿轮传动另一次级码盘旋转一个最小分度,从而扩大了量程并提高了分辨力。这种绝对编码器就称为多圈(级)绝对编码器,如同一个钟表的表盘,秒针移动 60 格(一圈)分针却只移动一格,分针移动一格代表一分,秒针移动一格代表一秒。分针与秒针相结合可以获得秒针的分辨力(比分针提高 60 倍),同时可以获得分针的量程(比一秒针扩大 60 倍)。由被测轴角位移带动的中心码盘,也称低位码盘,若有五条码道,其输出为 5 位数码[$B_5B_4B_3B_2B_1$];次级码盘,也称高位码盘,若有六条码道,输出 6 位数码[$B_6B_5B_4B_3B_2B_1$],两个码盘的关系同钟表的分针与秒针的关系类似。同理,其低位码盘旋转一圈,输出 $2^5=32$ 个数码后,高位码盘却只移动一个数码位,或者说低位码盘转 $2^5=32$ 圈,高位码盘才旋转一圈。那么分辨力将提高 $2^5=32$ 倍,可分辨的最小角位移是高位码盘的 1/32。即:

单级六位码盘,$n=6$ 有六条码道,其分辨力为

$$\alpha_6 = \frac{360^\circ}{2^6} = 5.625^\circ$$

由五位码盘(低位)与六位码盘(高位)组成的双级码盘,分辨力为

$$\alpha = \frac{\alpha_6}{2^5} = \frac{5.625^\circ}{32} = 0.176^\circ$$

也就是说,由五条码道的低位码道与六条码道的高位码盘相配合,可输出 11 位数码[$B_{11}B_{10}B_9B_8B_7B_6B_5B_4B_3B_2B_1$],其角位移分辨力可达

$$\alpha = \alpha_{11} = \frac{360^\circ}{2^{11}} = \frac{360^\circ}{2^6 \times 2^5} = 0.176^\circ$$

量程是高位码盘的量程,即 $360^\circ \times 2^6 = 64 \times 360^\circ = 23\,040^\circ$,比低位码盘量程 360°扩

大了 $2^6=64$ 倍。

3. 减小误码率的措施

采用二进制(2^n、2^{n-1}、…、2^3、2^2、2^1、2^0)码制的码盘,对码盘的制作和安装要求很严格,否则会产生严重的错码。如图 12.20(a)所示码盘由第 7 号角度位置转到第 8 号角度位置时,应输出二进制码[1000]。若因某种原因,内码道光电三极管首先进入非导电区,则会输出二进制码[1111];如果滞后进入非导电区,则将输出[0000],故本应由 7 变 8,却输出 15 或 0,角度误差达到 $7\alpha\sim8\alpha$ 之多。为了提高精度,限制错码率为一个位码,常用方法是采用循环码盘。

循环码又称格雷码,特点是相邻两个数的代码只有一位码是不同的。故用循环码(格雷码)来代替直接二进制,就可消除多位错码现象。光电读出装置输出的循环码必须先经循环码——二进制码转换电路再变回二进制码,转换电路如图 12.21(b)所示。若四位循环码[$R_4R_3R_2R_1$]为[1100],则对应的二进制码为[$B_4B_3B_2B_1$]的各位是:

最高位不变:$B_4=R_4=1$,$B_3=R_3\oplus B_4=0$,$B_2=R_2\oplus B_3=0$,$B_1=R_1\oplus B_2=0$,故相应的二进制码为[1000]。

将二进制码[B_n、B_{n-1}、…、B_{i+1}、B_i、B_{i-1}、…、B_2、B_1]与循环码[R_n、R_{n-1}、…、R_{i+1}、R_i、R_{i-1}、…、R_2、R_1]相互转换的规律为:

	由二进制码转换为循环码	由循环码转换为二进制码
最高位不变	$R_n=B_n$	$B_n=R_n$
第 i 位	$R_i=B_i\oplus B_{i+1}$	$B_i=R_i\oplus B_{i+1}$

式中:R 为循环码,B 为二进制码。

表 12.3 码盘的不同位置与对应的数码

角 度	位置序号	二进制码				循环码				十进制数
		B_4	B_3	B_2	B_1	R_4	R_3	R_2	R_1	
0α	0	0	0	0	0	0	0	0	0	0
1α	1	0	0	0	1	0	0	0	1	1
2α	2	0	0	1	0	0	0	1	1	2
3α	3	0	0	1	1	0	0	1	0	3
4α	4	0	1	0	0	0	1	1	1	4
5α	5	0	1	0	1	0	1	1	0	5
6α	6	0	1	1	0	0	1	0	0	6
7α	7	0	1	1	1	0	1	0	1	7
8α	8	1	0	0	0	1	1	0	1	8

续表 12.3

角　度	位置序号	二进制码				循环码				十进制数
		B_4	B_3	B_2	B_1	R_4	R_3	R_2	R_1	
9α	9	1	0	0	1	1	1	0	0	9
10α	10	1	0	1	0	1	1	1	0	10
11α	11	1	0	1	1	1	1	1	1	11
12α	12	1	1	0	0	1	0	1	0	12
13α	13	1	1	0	1	1	0	1	1	13
14α	14	1	1	1	0	1	0	0	1	14
15α	15	1	1	1	1	1	0	0	0	15

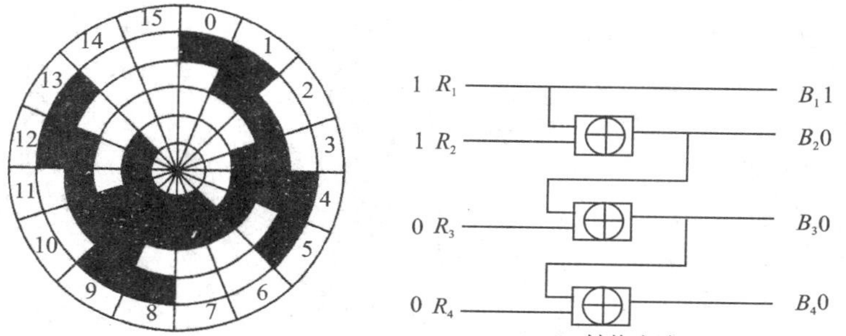

(a) 码盘　　(b) 转换电路

图 12.21　循环码

12.5.4　增量编码器式角位移数字传感器

增量编码器式角位移数字传感器，又称增量码盘式位移数字传感器、脉冲码盘式编码器，简称增量编码器。它与绝对编码器式角位移数字传感器一样广泛用于工业、军事、国防的角位移、线位移，及角速度、线速度的测量与控制系统中。

增量编码器是将被测机械旋转角位移改变量转换为输出计数脉冲数的改变量的数字式传感器。在结构上比绝对编码器简单，价格较低廉，故在位置与速度控制系统中得到广泛应用。

1. 光电式增量编码器的结构

光电式增量编码器也是由码盘与光电读出装置两部分组成。圆形码盘上有三条码道，但不具有绝对码盘的含义。这三条码通的两条内外码道称 A 码道与 B 码道，均等角距地开有透光的缝隙，但是相邻两缝错开半条缝宽。最外圈的是第三条码道，只开有一个透光狭缝，是用来确定码盘零位的。光电读出装置由光源与光电接收元件组成，并分别放置在码盘两侧，其功能与绝对编码器相同，增量编码器码道示意、展开图如图 12.22(a)、(b)所示。

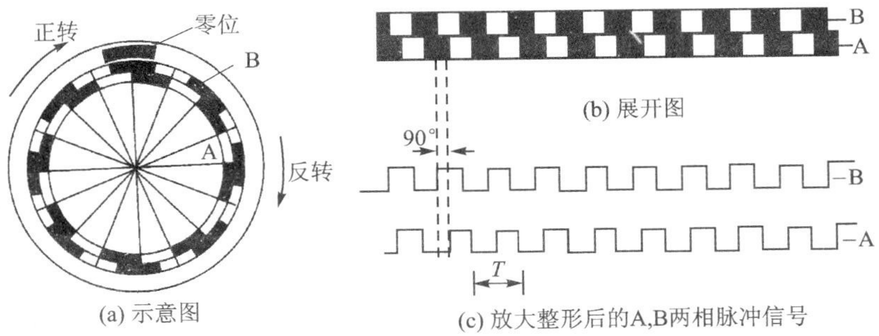

(a) 示意图　(b) 展开图　(c) 放大整形后的A,B两相脉冲信号

图 12.22　增量编码器内外码道(A,B 码道)缝隙

当码盘转动时,电源经过透光和不透光的区域,每个码道将有一系列光脉冲由光电元件输出,码道上有多少缝隙就有多少个脉冲输出。整形后 A、B 两列脉冲信号如图 12.22(c)所示。A、B 两相脉冲信号相差 90°相位,也就是 $T/4$,T 为 A 相脉冲的一个周期。

2. 光电式增量编码器的工作原理

编码器的码盘固定在被测轴上与它同速旋转,码盘转动一圈将输出三路脉冲。因 A、B 码道刻有 N 个透光狭缝,故其中两路各有 N 个脉冲,相位差为 90°。第三路仅有一个脉冲输出,第三路脉冲也称 C 相或 Z 相脉冲。

(1) 分辨力 α

以脉冲数目与码盘角位移改变量的关系计数一个脉冲对应的码盘角位移量,就是分辨力 α,即

$$\alpha = \frac{360^\circ}{N}$$

式中,N 为码盘在一圈(360°)刻有的透光狭缝数。

若 $N=1\ 024$,即一圈码道有 1 024 个透光狭缝,码盘旋转一周输出 1 024 个脉冲。

当计数器计了 $n=100$ 个脉冲,那么对应的角位移量 $\Delta\alpha$ 为

$$\Delta\alpha = \alpha \cdot n = \frac{360^\circ}{N} \times 100 = 3.51^\circ$$

(2) 旋转方向的判别

由计数系统累计的脉冲数不能反映当前增量码盘所处的角位移状态。由第 3 码道输出的脉冲作为零位标记,开机后脉冲计数增加表明轴旋转角位移增加,由脉冲计数减少则表明轴反向旋转角位移减少。因此需要判别码盘旋转方向,以控制可逆计数器是加数还是减数。

为了辨别码盘旋转方向,可采用图 12.23 所示原理图实现。经过放大整形后的 A、B 两相脉冲分别输入到 D 型触发器的 D 端和 CP 端,如图 12.23 (a)所示。由于

A、B两列脉冲相差90°,D触发器上CP脉冲的(A)上升沿触发。当正转时,B脉冲超前A脉冲90°,故$Q=1$,表示正转;当反转时,A脉冲超前B脉冲90°,在CP脉冲(A)上升沿触发时,D输入端的B脉冲正值低电平"0",故$Q=0$而$\overline{Q}=1$,表示反转。分别用$Q=1$和$\overline{Q}=1$控制可逆计数器是正向还是反向计数,即可将光脉冲变成编码输出。C相脉冲接至计数器的复位端,实现每转动一圈复位一次计数器。无论正转还是反转,计数码每次反映的都是相对上次角度的增量,故称增量编码器。

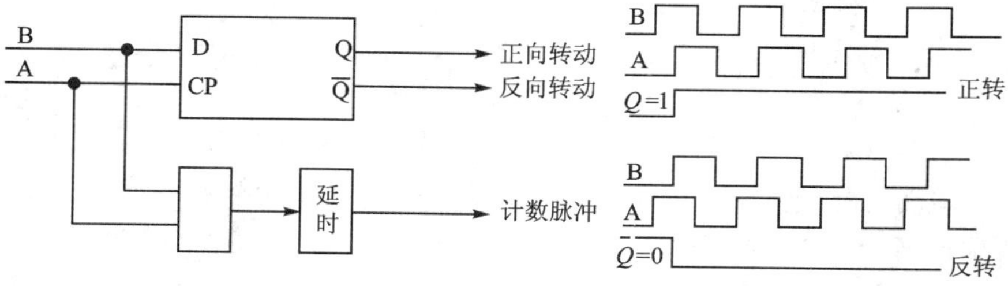

图12.23 增量编码器的辨向原理

12.6 智能传感器

从微处理器带来的数字化革命到虚拟仪器的飞速发展,对传感器的综合精度、稳定可靠性和响应速度要求越来越高,传统传感器已不能适应多种测试要求,随着微处理智能技术和微机械加工技术在传感器上的应用,智能传感器(Smart Sensor or Intelligent Sensor)诞生了。

所谓智能式传感器就是一种带有微处理机的,兼有信息检测、信息处理、信息记忆、逻辑思维与判断功能的传感器。它具有人工智能,是传感器集成化与微处理机相结合的产物。

与一般传感器相比,智能传感器具有以下三个优点:通过软件技术可实现高精度的信息采集,而且成本低;具有一定的编程自动化能力;功能多样化。

12.6.1 智能传感器的功能

智能传感器从其功能来说是具有一种或多种敏感功能,能够完成信号探测、变换处理、逻辑判断、功能计算以及双向通信;内部可实现自检、自校、自补偿、自诊断,具备以上部分功能或全部功能的器件。

智能传感器一般具有如下功能:

1. 复合敏感功能

我们观察周围的自然现象,常见的信号有声、光、电、热、力、化学等。敏感元件测量一般通过两种方式——直接测量和间接测量。而智能传感器具有复合功能,能够同时测量多种物理量和化学量,给出能够较全面反映物质运动规律的信息。例如,复合液体传感器可同时测量介质的温度、流速、压力和密度；复合力学传感器可同时测量物体某一点的三维振动加速度、速度、位移等。

2. 自补偿和计算功能

多年来从事传感器研制的工程技术人员一直为传感器的温度漂移和输出非线性做大量的补偿工作，但都没有从根本上解决问题。而智能传感器的自补偿和计算功能为传感器的温度漂移和非线性补偿开辟了新的道路。这样，放宽传感器加工精密度要求，只要能保证传感器的重复性好，利用微处理器对测试的信号进行软件计算，采用多次拟合和差值计算方法对漂移和非线性进行补偿，从而能获得较精确的测量结果。

3. 自检、自校、自诊断功能

普通传感器需要定期检验和标定以保证它在正常使用时具备足够的准确度，这些工作一般要求将传感器从使用现场拆卸送到实验室或检验部门进行，对于在线测量传感器出现异常则不能及时诊断。采用智能传感器情况则大有改观，首先自诊断功能在电源接通时进行自检，诊断测试以确定组件有无故障。其次根据使用时间可以在线进行校正，微处理器利用存在 EPROM 内的计量特性数据进行对比校对。

4. 信息存储和传输

随着全智能集散控制系统(Smart Distributed System)的飞速发展，对智能单元要求具备通信功能，用通信网络以数字形式进行双向通信，这也是智能传感器关键标志之一。智能传感器通过测试数据传输或接收指令来实现各项功能。如增益的设置、补偿参数的设置、内检参数设置、测试数据输出等。

12.6.2 智能传感器的特点

与传统传感器相比，智能传感器的特点如下所述。

1. 精度高

智能传感器有多项功能来保证它的高精度，如：通过自动校零去除零点漂移，与标准参考基准实时对比以自动进行整体系统标定，自动进行整体系统的非线性等系统误差的校正。

2. 高可靠性与稳定性

智能传感器能自动补偿因工作条件与环境参数发生变化而引起系统的特性漂移，如：自动补偿温度变化而产生的零点和灵敏度的漂移，在当被测参数变化后自动改换量程，实时自动进行系统的自我检验、分析、判断所采集数据的合理性并给出异常情况的应急处理(报警或故障提示)。

3. 高信噪比与高分辨率

由于智能传感器具有数据存储、记忆与信息处理功能，通过软件进行数字滤波、相关分析等处理可以去除输入数据中的噪声，将有用信号提取出来；通过数据融合、神经网络技术,可以消除多参数状态下交叉灵敏度的影响,从而保证在多参数状态下对特定参数测量的分辨能力。

4. 强的自适应性

智能传感器具有判断、分析与处理功能,它能根据系统工作情况决定各部分的供电情况,与高/上位机的数据传送速率,使系统工作在最优低功耗状态和优化传送速率。

5. 低价格性能比

因为智能传感器采用的是廉价的集成电路工艺和芯片以及强大的软件来实现的,所以具有低的价格性能比。

12.6.3 智能式传感器的构成

智能传感器的构成一般分为三大部分:主传感器、辅助传感器和微机硬件系统。图 12.24 为典型智能式压力传感器构成。

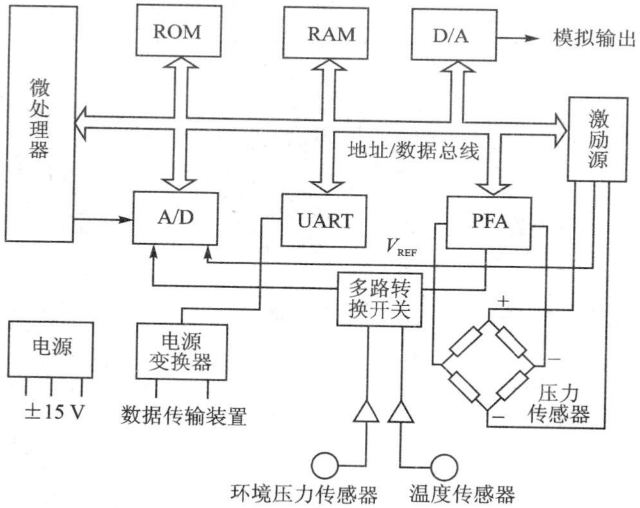

图 12.24 典型智能压力传感器构成

主传感器为压力传感器,它的作用是用来测量被测压力参数的。辅助传感器为温度传感器和环境压力传感器。温度传感器的作用是,监测主传感器工作时由环境温度变化或被测介质温度变化而使其压力敏感元件产生的温度变化,以便根据其温度变化修正与补偿由温度变化对测量带来的误差。而环境压力传感器的作用是测量工作环境大气压变化,以便修正大气压变化对测量的影响。由此可见,智能式传感器具有较强的自适应能力,它可以判断工作环境因素的变化,进行必要的修正,保证测量的准确性。一个智能式传感器中设置哪些辅助传感器应根据工作条件和对传感器性能指标的要求而定。例如工作环境比较潮湿时,就应设置湿度传感器,以便修正或补偿潮湿对测量的影响。

微机硬件系统,用于对传感器输出的微弱信号进行放大、处理、存储和与计算机通信。系统构成情况由其应具备的功能而定。

智能传感器的集成化:电子自动化产业的迅速发展与进步促使智能传感器技术,特别是集成智能传感器技术日趋活跃发展,集成智能传感器在应用领域成为传感器发展的总体趋势。集成智能传感器采用微机械加工技术和大规模集成电路工艺技术,利用硅作为基本材料来制作敏感元件、信号调制电路以及微处理器单元,并把它们集成在一块芯片上构成。这样,使智能传感器达到了微型化和结构一体化,从而提高了精度和稳定性。

集成智能传感器的功能有三个方面的优点:

(1) 较高信噪比

传感器的弱信号先经集成电路信号放大后再远距离传送,就可大大改进信噪比。

(2) 改善性能

由于传感器与电路集成于同一芯片上,对于传感器的零漂、温漂和零位可以通过自校单元定期自动校准,又可以采用适当的反馈方式改善传感器的频率响应。

(3) 信号归一化

传感器的模拟信号通过程控放大器进行归一化,又通过模数转换变成数字信号。微处理器按数字传输的几种形式进行数字规一化,如串行、并行、频率、相位和脉冲等。

目前集成智能传感器已经成为研究热点,其发展方向主要有以下几个方面:

① 向微型化发展;

② 应用新的物理现象、化学反应、生物效应作为传感器原理;

③ 使用新型材料;

④ 向微功耗及无源化发展;

⑤ 采用新的加工技术(如化学微腐技术、微机械加工技术);

⑥ 向高可靠性、宽温度范围发展。

小 结

本章主要介绍了传感器的概念和分类,限于篇幅仅选取航空控制系统常用的几种典型传感器进行了介绍,详细介绍霍耳传感器、加速度计、陀螺仪、数字式传感器的基本工作原理、技术参数和应用实例,最后结合传感器的发展介绍了智能传感器的发展和特点。在实际应用时可进一步查阅相关资料。

思考题与习题

12-1 什么是霍耳效应?为什么霍耳元件多由半导体材料制成?

12-2 基于霍耳效应可以制作哪几类传感器?为什么又能构成位移、压力、转速等传感器?

12-3 你能否说明由霍耳元件能构成一个检测线圈匝数的传感器?

12-4 线性霍耳传感器与开关型霍耳传感器各应用于什么场合?

12-5 什么是三自由陀螺仪的定轴性和进动性?如何判别外力矩作用的进动方向?

12-6 二自由度陀螺仪力矩是如何产生的,如何判别陀螺力矩的大小和方向?

12-7 简述数字式传感器的特点有哪些。

12-8 要想提高增量编码器的分辨力,如何实现?

参考文献

[1] 陈隆昌,阎治安,刘新正,等. 控制电机[M]. 4 版. 西安:西安电子科技大学出版社,2013.

[2] 刘向群. 自动控制元件[M]. 北京:北京航空航天大学出版社,2000.

[3] 程明. 微特电机及系统[M]. 北京:中国电力出版社,2008.

[4] 杨渝钦. 控制电机[M]. 2 版. 北京:机械工业出版社,2008.

[5] 梅晓榕,兰朴森,柏桂珍. 自动控制元件及线路[M]. 哈尔滨:哈尔滨工业大学出版社,1995.

[6] 叶瑰昀. 自动控制元件[M]. 哈尔滨:哈尔滨工程大学出版社,2005.

[7] 赵君友,张爱军. 控制电机[M]. 北京:中国水利水电出版社,2006.

[8] 谢卫. 控制电机[M]. 北京:中国电力出版社,2008.

[9] 张琛. 直流无刷电动机及应用[M]. 北京:机械工业出版社,2004.

[10] 叶云月. 直线电机技术手册[M]. 北京:机械工业出版社,2005.

[11] 王宏华. 开关型磁阻电动机调速控制技术[M]. 北京:机械工业出版社,1995.

[12] 刘刚,王志强,房建成. 永磁无刷直流电机控制技术及应用[M]. 北京:机械工业出版社,2008.

[13] 王晓明. 电动机的单片机控制[M]. 北京:北京航空航天大学出版社,2002.

[14] 佟为明,翟国富. 低压电器继电器及其控制系统[M]. 哈尔滨:哈尔滨工业大学出版社,2000.

[15] 刘君华,郝惠敏,林继鹏,等. 传感器技术及应用实例[M]. 北京:电子工业出版社,2008.

[16] 葛伟亮. 自动控制元件[M]. 北京:北京理工大学出版社,2004.

[17] 李钟明,刘卫国. 稀土永磁电机[M]. 北京:国防工业出版社,2004.

[18] 徐德淦. 电机学[M]. 北京:机械工业出版社,2008.

[19] 李鹏. 控制电机及应用[M]. 北京:中国水利水电出版社,2003.

[20] 刘明光. 飞机电器[M]. 广州:中山大学出版社,2008.

[21] 刘勇智. 飞机控制电机及电器[M]. 北京:国防工业出版社,2009.

[22] 史步海,张选正. 特种电动机调速控制技术及应用. 广州:华南理工大学出版社,2010.

[23] 常建生. 检测与转换技术[M]. 3 版. 北京:机械工业出版社,2007.

[24] 周严. 检测系统电子技术[M]. 北京:科学出版社,2007.

[25] 王吕明,孔德仁,何云峰,等. 传感与检测技术[M],北京:北京航空航天大学出版社,2005.

[26] 寇宝泉,程树康. 交流伺服电机及其控制[M]. 北京:机械工业出版社,2008.

[27] 张彦斌,张宁. 火炮控制系统及原理[M]. 北京:北京理工大学出版社,2009.
[28] 董爱华. 检测与转换技术[M]. 北京:中国水利水电出版社,2007.
[29] 林占江. 电子测量技术[M]. 北京:电子工业出版社,2007.
[30] 王宏宝. 电子测量[M]. 北京:科学出版社,2005.
[31] 金钰,胡祐德,李向春. 伺服系统设计指南[M]. 北京:北京理工大学出版社,2000.
[32] 李小民,李会来,向红军等. 飞机电磁弹射系统发展及其关键技术[J]. 装甲兵工程学院学报,2014,28(4):1-7.
[33] 秦曾煌,姜三勇. 电工学(第七版)(上册)电工技术. 北京:高等教育出版社,2011.